Digitale Signalverarbeitung
in der Meß- und Regelungstechnik

Von Dr.-Ing. Dr. h. c. Werner Leonhard
o. Professor an der
Technischen Universität Braunschweig

2., durchgesehene Auflage
Mit 207 Bildern

Springer Fachmedien Wiesbaden GmbH 1989

Prof. Dr.-Ing. Dr. h. c. Werner Leonhard

Geboren 1926 in Weiden/Oberpfalz. Von 1946 bis 1951 Studium der Elektrotechnik, von 1951 bis 1954 wiss. Mitarbeiter und Assistent am Institut für Theorie der Elektrotechnik der TH Stuttgart, 1954 Promotion zum Dr.-Ing. Von 1954 bis 1958 Westinghouse Electric Corp., Pittsburgh, Pa USA, von 1959 bis 1963 Siemens-Schuckert Werke AG, Erlangen, seit 1963 o. Prof. für Regelungstechnik an der Technischen Universität Braunschweig und Leiter des Instituts für Regelungstechnik. 1986 Dr. Eugene Mittelmann Award des Institute of Electrical and Electronics Engineers (IEEE), 1968 Dr. h. c. der Freien Universität Brüssel und VDE-Ehrenring.

CIP-Titelaufnahme der Deutschen Bibliothek

Leonhard, Werner:
Digitale Signalverarbeitung in der Meß- und Regelungstechnik
/ von Werner Leonhard. — 2., durchges. Aufl.
Stuttgart : Teubner, 1989
 (Teubner Studienbücher : Elektrotechnik)
ISBN 978-3-519-16120-2   ISBN 978-3-663-09806-5 (eBook)
DOI 10.1007/978-3-663-09806-5

Das Werk einschließlich aller seiner Teile ist urheberrechtlich geschützt. Jede Verwertung außerhalb der engen Grenzen des Urheberrechtsgesetzes ist ohne Zustimmung des Verlages unzulässig und strafbar. Das gilt besonders für Vervielfältigungen, Übersetzungen, Mikroverfilmungen und die Einspeicherung und Verarbeitung in elektronischen Systemen.

© Springer Fachmedien Wiesbaden 1988

Ursprünglich erschienen bei B. G. Teubner Stuttgart 1988.

Umschlaggestaltung: M. Koch, Ostfildern 1

Vorwort

Die elektronische Meß-, Signalverarbeitungs- und Übertragungstechnik ist seit einigen Jahren, ausgelöst durch die revolutionierenden Fortschritte der Mikroelektronik, in eine neue stürmische Entwicklungsphase eingetreten. Dabei ist vor allem eine starke Tendenz zur Digitalisierung zu beobachten, für die es wichtige Gründe gibt:

- Vergrößerter Signal-Stör-Abstand digitaler Signale,

- geringere Leistungsverluste in dichtgepackten Mikroschaltungen und in Bauelementen der Leistungselektronik,

- einfache Speicherfähigkeit digitaler Signale,

- unbegrenzte Flexibilität der digitalen Signalverarbeitung.

Alle diese Vorzüge sind seit langem bekannt, doch war in der Vergangenheit der gerätetechnische Aufwand einer digitalen Echtzeit-Signalverarbeitung zu groß, um sie auch bei schlichten erdgebundenen und industriellen Anwendungen nutzen zu können. Seitdem aber riesige Datenspeicher, leistungsfähige Rechner und gesamte Signalverarbeitungssysteme als Mikroschaltungen zu abnehmenden Kosten verfügbar wurden, begann dieses Argument, sich ins Gegenteil zu verkehren; wegen des Wegfalls der bei analogen Systemen nötigen Abgleicharbeiten und mit den Möglichkeiten einer rechnergestützten Überwachung, Diagnose und Optimierung versprechen digitale Verfahren nicht nur bessere, sondern sogar kostengünstigere Lösungen. Diese Veränderungen haben inzwischen alle Gebiete der Elektrotechnik erfaßt, wo elektronische Signale umgeformt, verarbeitet und übertragen werden, darunter auch die Meß- und Regelungstechnik.

Das Besondere bei der Digitalisierung ist die Diskretisierung der Signale; während man aber die nachteiligen Effekte der Amplituden-Quantisierung durch Wahl einer ausreichenden Wortlänge weitgehend unterdrücken kann, ist dies bei der zeitlichen Quantisierung nicht ohne weiteres der Fall und auch nicht immer erwünscht. Bei früheren Anwendungen der digitalen Echtzeit-Signalverarbeitung bestand sogar ein starker Anreiz, die Zeit-Diskretisierung möglichst grobstufig auszuführen, um die teuren Prozeßrechner durch Vielfachbetrieb besser nutzen zu können. Durch die Mikroelektronik ist die Situation auch hier völlig verändert. Da nun, verglichen mit früheren Prozeßrechnern, äußerst kompakte Mikrorechner hoher Leistung zur Verfügung stehen, die wegen der viel geringeren Kosten dezentral einsetzbar sind, entfällt der wirtschaftliche Zwang der Mehrfachnutzung; die Zeitdiskretisierung kann nun nach rein technischen Gesichtspunkten optimal gewählt werden.

Die in den 50er Jahren zu hoher Vollkommenheit entwickelte Theorie zeitdiskreter Systeme wird dadurch nicht verändert; es verschiebt sich nur der Schwerpunkt, weg von grobdiskretisierten, hin zu quasikontinuierlichen Signalen, also eine Umkehrung des früheren Trends.

Diese Veränderungen, die sich natürlich auch auf die Lehre auswirken, machen es wünschenswert, den Inhalt des Anfangs der 70er Jahre, d.h. vor Ankunft der Mikroelektronik, entstandenen Studienbuchs „Diskrete Regelsysteme" an die neue Situation anzupassen und zu erweitern. Das Ergebnis dieser Bemühungen ist das nun vorliegende Studienbuch, mit dem ich versucht habe, eine Synthese der genannten Entwicklungen zu finden und aus einem unüberschaubaren Gebiet das für den Regelungstechniker Wesentliche auszuwählen. Der Rahmen war durch eine Vorlesung mit zwei Semesterwochenstunden unverändert vorgegeben, er kann wegen der überall zu beobachtenden Expansion des technischen Wissensumfangs nicht erweitert werden. Der im Studienbuch dargebotene Stoff ist „vorlesungserprobt", manche der Ergebnisse gehen auf studentische und Forschungsarbeiten im Institut zurück.

Meinen Mitarbeitern möchte ich für die vielen Diskussionen und Anregungen danken, mit denen sie diese Arbeit begleitet und gefördert haben. Hier sind vor allem die Herren Dr. G. Fromme, M. Haverland, Dipl.-Ing. G. Heinemann, F. Krutemeier, K. Müller und K. Wefelmeier zu nennen, außerdem Frau J. Stich, die sich mit den Zeichnungen sehr viel Mühe gegeben hat. Die Schreibarbeiten haben Frau M. Niedner, Frau B. Bauer und Frau I. Weidlich mit Sorgfalt und Ausdauer erledigt, beim Computersatz brachten Frau U. Danisch und Herr Dipl.-Ing. G. Seeger Erstaunliches zuwege. Dem Verlag Teubner danke ich für die gute und verständnisvolle Zusammenarbeit.

Möge das neue Studienbuch den Studenten nützen und das Interesse an diesem schönen Arbeitsgebiet fördern.

Braunschweig, Herbst 1988   Werner Leonhard

Inhaltsverzeichnis

Vorwort   3

Einleitung   10

1 Kontinuierliche und zeitdiskrete Variable   14
- 1.1 Zinsrechnung 15
- 1.2 Mischvorgang 17
- 1.3 Optische Abtastung mit einem Stroboskop 18
- 1.4 Verzögerungsglied 1. Ordnung mit stufenförmig veränderlicher Anregung 19
- 1.5 Verzögerungsglied 2. Ordnung mit stufenförmig veränderlicher Anregung 23
- 1.6 Zeitdiskrete Beschreibung der Ausgleichsvorgänge eines kontinuierlichen Übertragungssystems 24
- 1.7 Lösung einer linearen homogenen Differenzengleichung durch einen Potenzreihen-Ansatz 26
- 1.8 Differenzengleichung in Zustands-Normalform 27
- 1.9 Andere Schreibweise einer linearen Differenzengleichung n. Ordnung 28

2 Stabilität und Dämpfung   30
- 2.1 z-Ebene und Tp-Ebene 30
- 2.2 Die Abbildung $w=(z-1)/(z+1)$ 34
- 2.3 Beispiele für Stabilitätsgrenzen 35
- 2.4 Graphische Stabilitätsprüfung anhand des Polynoms $N(z)$ ... 39
  - 2.4.1 Grenzkurven für vorgegebene absolute oder relative Mindestdämpfung 39
  - 2.4.2 Ortskurvenkriterium 41

3 Laplace-Transformation diskontinuierlicher Funktionen   44
- 3.1 Stufenfunktion 44
- 3.2 Impulsspeicher (Halteglied, Mittelwertbildner) 46
- 3.3 Modulierte Impulsreihe 47
- 3.4 Lineare Übertragung einer modulierten Impulsreihe 50

4 Die Impuls-Übertragungsfunktion 54
4.1 Rationale Übertragungsfunktion $F(p)$ mit Einzelpolen 55
4.2 Rationale Übertragungsfunktion $F(p)$ mit Einzel- und Doppelpolen 57
4.3 Übertragungsstrecke mit Laufzeit 58
4.4 Zusammenhang zwischen $F(p)$ und $F^*(p)$ 60
    4.4.1 Pole und Nullstellen 60
    4.4.2 Impulsmodulation und Abtasttheorem 62
4.5 Beispiele für Impuls-Übertragungsfunktionen 68
    4.5.1 Verzögerungsglied 1. Ordnung 68
    4.5.2 Verzögerungsglied 2. Ordnung mit komplexen Polen .. 68

5 Zusammengesetzte Übertragungsstrecken 70
5.1 Kettenschaltung mehrerer Teilstrecken 70
    5.1.1 Ohne Zwischenabtastung 70
    5.1.2 Mit Zwischenabtastung 71
5.2 Andere Kombinationen von Teilübertragungsstrecken 72
    5.2.1 Parallelschaltung mehrerer Teilstrecken 72
    5.2.2 Überlagerung von modulierten Impulsreihen und kontinuierlichen Zeitfunktionen 74
5.3 Berechnung von Zwischenwerten 74
5.4 Übertragung von amplitudenmodulierten Impulsen endlicher Höhe und Breite 76
5.5 Übertragung von Stufenfunktionen 79
5.6 Lineare Interpolation 82

6 Berechnung zeitdiskreter Einschwingvorgänge mit Hilfe der z-Transformation 85
6.1 Rechenoperationen 85
    6.1.1 Addition und Verstärkung 85
    6.1.2 Verzögerung um ein ganzzahliges Vielfaches eines Abtastintervalles T 86
    6.1.3 Differenzbildung 86
    6.1.4 Summation 87
    6.1.5 Dämpfung 88
    6.1.6 Faltung 88
6.2 Häufig vorkommende Funktionen 89
    6.2.1 Exponentialfunktion 89
    6.2.2 Lineare Rampenfunktion 90
    6.2.3 Parabolische Anstiegsfunktion 91
    6.2.4 Verzögerungsfunktion 92
    6.2.5 Gedämpfte Schwingung 92

6.3 Berechnung von Einschwingvorgängen ... 93
6.3.1 Zeit- und Frequenzbereich ... 93
6.3.2 Beispiele ... 95

7 Kontinuierlich wirkendes System mit Rückkopplung und einem Abtaster   98
7.1 Aufbau eines einfachen Abtast-Regelkreises ... 98
7.2 Berechnung der Impuls-Übertragungsfunktion des geschlossenen Kreises ... 99
7.3 Abtastregelkreis 2. Ordnung mit einem Integralregler ... 100
7.3.1 Wirkungsweise und Anwendungsbeispiel ... 100
7.3.2 Impuls-Übertragungsfunktion des geschlossenen Regelkreises ... 104
7.3.3 Stabilität ... 104
7.3.4 Wahl des Reglers für vorgegebene Mindestdämpfung ... 105
7.4 Abtastregelkreis mit Impulsspeicher ... 107
7.4.1 Impuls-Übertragungsfunktion ... 107
7.4.2 Stabilität und Dämpfung ... 108
7.5 Vertauschung der Reihenfolge von Übertragungsgliedern im Regelkreis ... 111

8 Anwendung der Abtastregelung bei einer Regelstrecke mit Laufzeit   113
8.1 Näherung für eine Tiefpaß-Regelstrecke höherer Ordnung ... 113
8.2 Impuls-Übertragungsfunktion eines Regelkreises mit Laufzeit ... 115
8.3 Stabilität und Dämpfung ... 116
8.4 Beispiel ... 119

9 Digitale Meßwertverarbeitung   122
9.1 Blockschema eines diskreten linearen Filters in Normalform ... 124
9.2 Diskretes lineares Filter in einer zweiten Normalform ... 131
9.3 Beispiele für diskrete lineare Filter ... 134
9.3.1 Idealer PID-Abtastregler ... 134
9.3.2 Diskrete Glättungsfilter ... 137
9.3.3 Diskretes Differenzierfilter ... 143
9.3.4 Zweifaches Differenzierfilter ... 147
9.3.5 Prädiktionsfilter ... 149
9.4 Angepaßtes Filter zur Laufzeitmessung ... 151
9.5 Auswirkungen von Rundungsfehlern infolge begrenzter Amplitudenauflösung der Wandler und des Rechners ... 158

10 Quasistetige lineare Abtastregelung mit digitalem Regler 162
10.1 Blockschaltbild und Übertragungsfunktion 162
10.2 Entwurf eines quasistetigen Abtastreglers im Frequenzbereich . 165

11 Rechnergestützter Entwurf linearer Abtastregler im z-Bereich 176
11.1 Entwurf eines kompensierenden Reglers 176
11.2 Entkoppelte Vorgabe des Stör- und Führungsverhaltens 183
11.3 Bestimmung einer nullstellenfreien diskreten Strecken-Übertragungsfunktion durch Regression 187
11.4 Kompensierender Regler für nullstellenfreie Strecken-Übertragungsfunktion 192
11.5 Störmodell zur Dämpfung von Strecken-Eigenschwingungen . . 196
11.6 Zeitdiskretes Streckenmodell für eine ganzzahlig vielfache Abtastperiode kT 201

12 Synthese eines Abtastregelkreises mit Einschwingvorgang endlicher Dauer 204
12.1 Zustandsgrößen einer kontinuierlichen linearen Regelstrecke . . 205
12.2 Synthese der Reglerfunktion für Einschwingvorgang endlicher Dauer bei Führungsanregung 207
12.3 Beispiel für endliche Dauer des Einschwingvorganges bei Führungsanregung 212
12.4 Synthese des Reglers für Einschwingvorgänge endlicher Dauer bei Stör- und Führungsanregung 216

13 Zeitreihenregler mit nicht-algebraischem Streckenmodell 222
13.1 Darstellung einer diskreten linearen Übertragungsstrecke durch eine Zeitreihe; Faltung und Entfaltung 222
13.2 Entfaltung durch Ansatz einer quadratischen Zielfunktion . . . 229
13.3 Entwurf einer Regelung mit Zeitreihen 231
    13.3.1 Verwendung einer Zeitreihe als nichtparametrisches dynamisches Modell 231
    13.3.2 Prinzip einer Reglerauslegung mit Zeitreihen 233
    13.3.3 Berechnung des Stellgrößenverlaufes 235
    13.3.4 Berechnung der Regler-Impulsantwort 237
13.4 Ergebnisse einer Reglerberechnung mit Zeitreihen 239

14 Entwurf eines prädiktiven Abtastreglers im Zeitbereich 245

15 Entwurf eines selbsteinstellenden Reglers mit einem Parameter-Suchverfahren — 254
15.1 Simulation des geschlossenen Kreises, Ansatz einer Zielfunktion 255
15.2 Minimisierung der Zielfunktion mit einem Suchverfahren 257
15.3 Selbsteinstellende Regelung für ein Zwei-Massen-Antriebssystem 261
15.4 Gesteuerte Adaptation bei einer nichtlinearen Strecke 272

16 Nichtlineare Abtastsysteme — 280
16.1 Pulsweiten-Modulation als Beispiel einer zeitdiskreten nichtlinearen Signalverarbeitung 280
16.2 Linearisierung am Arbeitspunkt, analoge Regelung 287
16.3 Verallgemeinerung 292
    16.3.1 Regelstrecke 2. Ordnung 292
    16.3.2 Netzgeführte Stromrichter 293
16.4 Digitale Stromregelung mit schaltendem Stellglied 296

Literaturverzeichnis — 302

Sachverzeichnis — 307

Einleitung

Alle technisch genutzten Vorgänge der Physik, Chemie oder Biologie haben mit Stoff- und Energieaustausch zu tun und laufen wegen begrenzter Material- und Leistungsflüsse mit endlicher, wenn auch sehr unterschiedlicher Geschwindigkeit ab. Deshalb haben die solche Vorgänge beschreibenden Variablen auch endliche Änderungsgeschwindigkeit, d.h. sie sind stetige Funktionen von Ort und Zeit; sie können daher nicht beliebige und von der Vorgeschichte unabhängige Werte annehmen, vielmehr sind die Variablen über ihre zeitlichen und örtlichen Ableitungen durch Differentialgleichungen verknüpft.

Kontinuierlich wirkende Übertragungsstrecken und Regelgeräte sind Gegenstand der klassischen Analyse- und Syntheseverfahren in der Nachrichten-, Meß- und Regelungstechnik. Sofern die zu untersuchenden Regelstrecken, Meß- und Stellglieder oder Regler, linearen Differentialgleichungen genügen, kann die Beschreibung außer im Zeitbereich auch durch Übertragungsfunktionen (Frequenzgänge) im Frequenz- (Spektral- oder Bild-) Bereich erfolgen; der Übergang ist durch die Fourier- oder Laplace-Transformation definiert. Er ist eindeutig und umkehrbar.

Diese Beschreibungsverfahren sind die gegebenen mathematischen Hilfsmittel, solange kontinuierliche Meßsignale zur Verfügung stehen und der Regler kontinuierliche Stellsignale erzeugt; bei Einsatz „analoger" elektronischer Regler, die heute durch integrierte Breitbandverstärker, sog. Rechen- oder Operationsverstärker, in zahllosen Anwendungen verwirklicht werden, ist dies der Fall. Das Übertragungsverhalten wird dort durch elektrische Gegenkopplungsschaltungen bestimmt, aus deren physikalischem Zusammenhang die „analoge" Differentialgleichung des Reglers folgt.

Zum Unterschied von kontinuierlichen Systemen gibt es Situationen, wo einzelne Variable nur absatzweise oder diskontinuierlich verarbeitet werden. Ein Beispiel ist der klassische „Abtastregler", der Anfang dieses Jahrhunderts mit elektromechanischen Hilfsmitteln gebaut wurde und der dem Gebiet der „Abtastregelung" den Namen gegeben hat. Dabei handelte es sich um Temperaturregelungen mit Thermoelementen als Sensoren, die sehr kleine Meßspannungen (z.B. 30 μV/K) liefern. Da damals keine geeigneten Gleichspannungsverstärker zur Verfügung standen, verwendete man empfindliche Galvanometer mit drehbar aufgehängter Spule; mit ihnen ließen sich die sehr kleinen Differenzströme im Diagonalzweig einer zum Soll-Ist-Vergleich dienenden Brückenschaltung messen. Um das Signal zu verstärken, wurde der bewegliche Zeiger periodisch (z.B. alle 30 sec.) mit einer Klemmvorrichtung arretiert und seine Stellung mit Hilfe eines mechanischen Kopierwerkes „abgetastet". Die anschließende Verstärkung des mechanisch fixierten Zeigerausschlages mit dem Ziel einer Steuerung der elektrischen Heizleistung bot dann kein besonderes Problem mehr.

Das Charakteristische dieses Verfahrens besteht darin, daß die Temperaturänderung der Meßstelle zwar in einen stetig veränderlichen Ausschlag des frei schwingenden Galvanometers abgebildet wird; von diesem Regelfehler werden aber nur zeitdiskrete Proben genommen und weiterverarbeitet. Die daraus abgeleitete Stellgröße kann selbst wieder stetig sein oder, etwa bei Steuerung der Heizleistung über elektromagnetische Schütze, absatzweise unstetig verlaufen.

Anordnungen dieser Art gibt es in großer Vielfalt; so steht z.B. bei einer Entfernungsmessung nach dem Radarprinzip, wo die Laufzeit eines periodisch ausgesendeten und vom Zielobjekt reflektierten elektromagnetischen Wellenzuges bestimmt wird, der Meßwert nur zu äquidistanten Zeitpunkten, d.h. als Wertefolge oder Zeitreihe, zur Verfügung. Eine kontinuierliche Messung ist auch nicht nötig, solange der vom Zielobjekt während einer Wiederholperiode der Messung zurückgelegte Weg klein gegenüber der angestrebten Meßtoleranz ist. Ähnliche absatzweise Meßverfahren sind in der Verfahrenstechnik verbreitet, wenn keine kontinuierlichen Sensoren existieren oder wenn eine kontinuierliche Messung sich nicht lohnt, da eine periodische Probennahme den wirklichen Verlauf genügend genau beschreibt. Die anfangs erwähnten Regelverfahren sind bei kontinuierlichen wie bei interpolierten Meßwerten anwendbar.

Es ist aber auch möglich, im Regler anstelle der stetigen oder zu glatten Funktionen ergänzten Meßwerte unmittelbar die periodisch entnommenen Proben als sog. zeitdiskrete Variable weiterzuverarbeiten. Das geeignete mathematische Werkzeug sind Differenzengleichungen, für die den Differentialgleichungen entsprechende Lösungsverfahren existieren. Die diskreten Wertefolgen sind im Fall einer linearen Verarbeitung mit entsprechenden Festlegungen auch in den Frequenzbereich transformierbar, so daß eine vollständige Analogie zur Theorie kontinuierlicher Signale entsteht.

Bedingt durch den verstärkten Einsatz von Digitalrechnern, die nur Zahlenfolgen und keine kontinuierlichen Funktionen verarbeiten können, hat die Verwendung zeitdiskreter Signale in den letzten Jahren stark zugenommen. Während früher die digitale Signalverarbeitung mit dem Nachteil eines hohen gerätetechnischen Aufwandes behaftet war, verliert dieser Aspekt durch das Vordringen der Mikroelektronik an Gewicht. Wegen der viel größeren Flexibilität eines Rechners mit variablem Programm, verglichen mit einer elektronischen Schaltung mit festen Eigenschaften, entstand eine starke Tendenz zur dezentralen Signalverarbeitung, sobald nur genügend leistungsfähige und kostengünstige Mikrorechner verfügbar waren. Diese Entwicklung vollzieht sich gegenwärtig in der Meß- und Regelungstechnik ebenso wie in der Übertragungstechnik; breitbandige Verbindungen mit serieller pulsmodulierter Datenübertragung, z.b. über Glasfasern, sind dabei von besonderer Bedeutung. Digitale Regelungen gehören heute ebenso zum Stand der Technik wie vollständig digitale Nachrichtengeräte.

Eine Besonderheit der digitalen, im Gegensatz zur analogen Signalverarbeitung ist die endliche Amplitudenauflösung infolge der begrenzten Wortlänge der Zahlendarstellung, was sich vor allem an den Schnittstellen, d.h. bei der Analog/Digital- und Digital/Analog-Wandlung bemerkbar macht. Da es sich bei der Amplituden-Quantisierung, anders als bei der Zeitdiskretisierung, um eine nichtlineare Abbildung handelt, deren Fehler nicht korrigiert werden können, ist die Wahl geeigneter Wandler und Rechengeräte mit ausreichender Auflösung unerläßlich.

Ein weiterer Aspekt, der die Beschäftigung mit zeitdiskreten Systemen höchst aktuell macht, ist die zunehmende Verbreitung der Leistungselektronik in quasi-digitalen Stellgliedern mit einem praktisch unbegrenzten Leistungsbereich, etwa zur Steuerung elektrischer Maschinen. Elektronische Schalter hoher Leistung können keine amplitudenmodulierten Spannungen und Ströme erzeugen, wie dies bei Signalen auf niedrigem Leistungsniveau möglich ist; die Modulation muß vielmehr über die Zeit erfolgen (z.B. Pulsweiten-Modulation), was Anlaß zu nichtlinearen Effekten gibt. Dennoch liegt es auch hier nahe, durch eine zeitdiskrete Signaldarstellung und -verarbeitung zu einer kompakten und transparenten Beschreibung zu gelangen.

Alle diese Gesichtspunkte haben in den letzten Jahren zu einem starken Anstieg des Interesses an Theorie und Praxis zeitdiskreter und digitaler Signalverarbeitung geführt. Die angewendeten Verfahren sind keineswegs auf lineare Algorithmen beschränkt; der entscheidende Vorteil eines programmgesteuerten Rechners ist ja gerade seine Flexibilität. So sind mit dem Einsatz von Mikrorechnern zur Echtzeit-Signalverarbeitung auch komplexe numerische Prozesse, etwa bei der Systemidentifizierung oder adaptiven Regelung, in den Bereich einer kostengünstigen Anwendung gerückt. Auch bei der zeitdiskreten Signalverarbeitung bleiben aber natürlich lineare Transformationen das Kernthema, da sie die Grundlage darstellen und wegen der Analogie zur kontinuierlichen Signalverarbeitung besondere Einblicke vermitteln.

Der vorliegende Text ist aus einer früheren einführenden Darstellung „Diskrete Regelsysteme" entstanden, die inzwischen vergriffen ist. Die Grundlagen konnten mit geringen Ergänzungen übernommen werden, dagegen haben sich durch die Entwicklung der Mikroelektronik zum kostengünstigen Massenartikel, d.h. den Übergang von zentralen und kostspieligen Prozeßrechnern zu leistungsfähigen dezentralen Mikrorechnern mit entsprechend hoher Abtastfrequenz, die anwendungsspezifischen Aspekte völlig verändert. In den

Einleitung 13

späteren Abschnitten wird versucht, dieser Entwicklung gerecht zu werden und zu einer unter den gegebenen Randbedingungen gültigen Darstellung des Gebietes diskreter Regelsysteme zu gelangen.

1 Kontinuierliche und zeitdiskrete Variable

Die in Meß- und Regelsystemen vorkommenden physikalischen Größen sind meist kontinuierliche Zeit- oder Orts-Funktionen, deren Zusammenhang mit anderen Größen durch Differentialgleichungen beschrieben wird. So gilt z.B. für Strom und Spannung an einem idealen Kondensator die Ladungsbilanz

$$\frac{d}{dt}(Cu) = C\frac{du}{dt} = i(t) \tag{1.1}$$

wobei $i(t)$ den Ladestrom, C die Kapazität und $u(t)$ die Spannung am Kondensator bedeuten. $i(t)$ und $u(t)$ sind an sich kontinuierliche, d.h. für jeden Wert der Zeit t definierte Größen; $u(t)$ ist darüber hinaus stetig, da bei endlichem Strom auch die Änderung der Spannung endlich ist,

$$C\left|\frac{du}{dt}\right| < i_{max} \ .$$

Es kann jedoch, z.B. wegen der verwendeten Meßgeräte, zweckmäßig oder notwendig sein, diese Größen nur in periodischen Abständen T intervallweise zu erfassen,

$$u(\nu T) = u(\nu),$$

wobei ν die Folge der ganzen Zahlen durchläuft. Die Abtastperiode T muß natürlich so gewählt sein, daß die $u(\nu T)$ den zeitlichen Verlauf hinreichend beschreiben, d.h. daß Zwischenwerte $u(t)$ durch Interpolation genügend genau aus den Abtastwerten gewonnen werden können. Eine Abschätzung der erforderlichen Abtastfrequenz wird in Abschnitt 4.4 behandelt.

Die Beschränkung auf die Abtastwerte bedeutet, daß man anstelle von analytischen oder empirischen Funktionen nur noch Zahlenreihen verwendet. Während kontinuierliche, sog. analoge Funktionen mit Analogrechnern verarbeitbar sind, ist eine zeitdiskrete Arbeitsweise vor allem für Digitalrechner charakteristisch.

Bei der digitalen Signaldarstellung kommt hinzu, daß wegen der begrenzten Wortlänge von n bit auch die Amplituden nur mit einem endlichen Zahlenvorrat von 2^n dargestellt werden können. Neben der Zeit- ist daher auch eine Amplituden-Quantisierung notwendig, so daß Rundungsfehler unvermeidlich sind. In Bild 1.1 ist einer Funktion $x(t)$ die punktweise Approximation durch eine zeit- und amplituden-diskrete Wertefolge $x(\nu T)$ gegenübergestellt.

1.1 Zinsrechnung

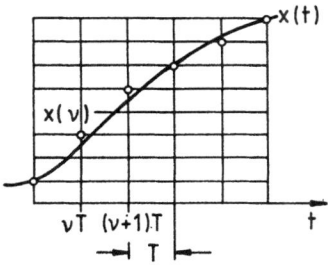

Bild 1.1: Kontinuierliche und diskretisierte Funktion

Mit heutigen Digitalrechnern, die in der Regel über eine Wortlänge von mindestens 16 bit, entsprechend $2^{16} = 65536$ Inkrementen, verfügen, lassen sich Effekte der Amplituden-Quantisierung in den meisten Fällen vernachlässigen, jedoch werden aus Kostengründen an den Schnittstellen zur analogen Rechnerumgebung Analog/Digital- und Digital/Analog-Wandler mit meist geringerer Auflösung eingesetzt, so daß die Amplituden-Quantisierung berücksichtigt werden muß.

Während der zeitliche Verlauf der Funktionen durch Differentialgleichungen beschrieben wird, bei denen die Ableitungen die Kontinuität, d.h. die Verbindung zwischen Vergangenheit und Zukunft herstellen, gelten bei zeitdiskreten Funktionen Differenzengleichungen, die zeitverschobene Abtastwerte miteinander verknüpfen [23,30]. Dies soll zunächst an einigen Beispielen gezeigt werden.

1.1 Zinsrechnung

Der Zins als Preis für leihweise zur Verfügung gestelltes Kapital ist an sich eine kontinuierliche Zeitfunktion, ebenso wie das Kapital selbst. Aus praktischen Gründen erfolgt die Berechnung jedoch in regelmäßigen Intervallen T zu den Zeitpunkten $t = \nu T$, $\nu = 1, 2, \ldots$ etwa jeweils zum Monatsersten. (Bei größeren Summen kann auch häufigere, z.B. tägliche Zinsberechnung vereinbart sein.) Hierfür wird das während des vergangenen Verrechnungszeitraums vorhandene Kapital $k(\nu T) = k(\nu)$ zugrunde gelegt (Bild 1.2); der Einfachheit halber sei angenommen, daß etwaige Einzahlungen $e(\nu)$ nur zu den Verrechnungszeitpunkten $t = \nu T$ erfolgen; das Kapital $k(\nu + 1)$ zum Zeitpunkt $t = (\nu + 1)T$ setzt sich dann aus dem verzinsten Kapital $k(\nu)$ und der Einzahlung $e(\nu + 1)$ zusammen,

$$k(\nu + 1) = (1 + \varepsilon)\, k(\nu) + e(\nu + 1); \qquad (1.2)$$

dabei ist ε der vereinbarte Zinssatz für das Intervall T. Das neue Kapital wird also rekursiv, d.h. einschließlich des früher berechneten Zinses ermittelt.

Wegen der kleinsten verwendeten Währungseinheit ist jeder verechnete Betrag außerdem quantisiert.

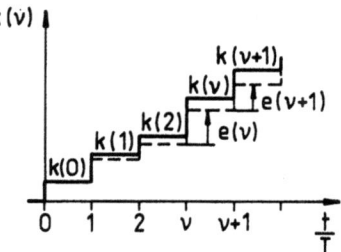

Bild 1.2: Kapitalverzinsung

Die Rekursionsformel (1.2) läßt sich als sog. Differenzengleichung schreiben,

$$k(\nu + 1) - (1 + \varepsilon) k(\nu) = e(\nu + 1). \tag{1.3}$$

Es handelt sich in diesem Fall um eine lineare Differenzengleichung 1. Ordnung, bei der zwei aufeinanderfolgende Funktionswerte linear verknüpft sind. Die linke Seite wird als homogener Teil der Differenzengleichung bezeichnet, während rechts die zeitdiskrete Anregungs- oder Störfunktion $e(\nu + 1)$ steht.

Die Stabilität der Lösung $k(\nu)$ bei beliebiger Anregung wird wie bei Differentialgleichungen durch die homogene Gleichung

$$k(\nu + 1) - (1 + \varepsilon) k(\nu) = 0 \tag{1.4}$$

bestimmt. Im vorliegenden Fall stellt sich z.B. für $e(\nu) = const.$ eine instabile Lösung in Form einer divergierenden geometrischen Reihe ein.

Die intervallweise Zinsberechnung ist eine durch praktische Erwägungen bedingte Annäherung an eine kontinuierliche Verzinsung. Schreibt man nämlich Gleichung (1.3) in der Form

$$T \frac{k(\nu + 1) - k(\nu)}{T} - \varepsilon\, k(\nu) = e(\nu + 1),$$

so entsteht daraus mit den Grenzübergängen

$$\lim_{T \to 0} \frac{k(\nu + 1) - k(\nu)}{T} = \frac{dk}{dt}$$

$$\lim_{T \to 0} \frac{T}{\varepsilon} = T_1, \quad \lim_{\varepsilon \to 0} \frac{e(\nu)}{\varepsilon} = e_1(t)$$

die instabile Differentialgleichung

$$T_1 \frac{dk(t)}{dt} - k(t) = e_1(t). \tag{1.5}$$

1.2 Mischvorgang

Bild 1.3 zeigt zwei Lösungskurven dieser Gleichung bei gleichbleibender Einzahlrate $e_1(t)$ für verschiedene Anfangsbedingungen. Die obere Kurve entspricht einer Kapitalansammlung, die untere einem Abzahlvorgang, etwa für eine Hypothek.

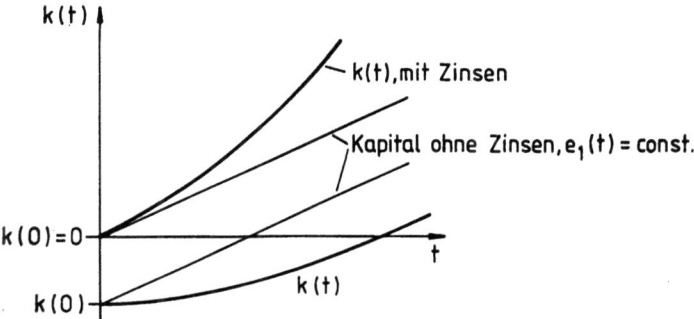

Bild 1.3: Kapitalverlauf bei kontinuierlicher Verzinsung

1.2 Mischvorgang

Eine ähnliche lineare Differenzengleichung 1. Ordnung erhält man bei einem diskontinuierlichen Mischvorgang, wie er in Bild 1.4 gezeigt ist. In einem Behälter befinde sich zum Zeitpunkt $t = \nu T$ das Volumen V_0 einer Flüssigkeit mit der Volumenkonzentration $x(\nu)$ eines Wirkstoffes. Fügt man das Volumen V_1 einer Flüssigkeit mit der Konzentration $y(\nu + 1)$ hinzu und mischt das entstehende Flüssigkeitsvolumen $V_0 + V_1$ gründlich, so ergibt sich eine Gemischkonzentration $x(\nu + 1)$; anschließend wird eine Menge mit dem Volumen V_1 entnommen, so daß das ursprünglich vorhandene Volumen V_0 wieder hergestellt ist. Diesen Vorgang, bestehend aus Zumischung und Entnahme, kann man sich beliebig oft wiederholt denken.

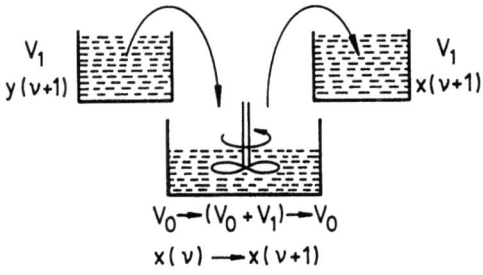

Bild 1.4: Mischvorgang

Vor der Entnahme befindet sich im Gefäß folgende Menge an Wirkstoff

$$(V_0 + V_1)\, x(\nu + 1) = V_0\, x(\nu) + V_1\, y(\nu + 1); \tag{1.6}$$

somit gilt eine lineare Differenzengleichung

$$x(\nu + 1) - \frac{V_0}{V_0 + V_1}\, x(\nu) = \frac{V_1}{V_0 + V_1}\, y(\nu + 1). \tag{1.7}$$

Bei konstanter Konzentration des zugemischten Stoffes, $y(\nu+1) = y_0 = const.$, ergibt sich als Lösung, wie später gezeigt wird, eine stabil verlaufende geometrische Reihe [4] mit dem asymptotischen Endwert

$$\lim_{\nu \to \infty} x(\nu) = y_0.$$

Bei Annahme kontinuierlicher Zu- und Abflüsse und vollständiger Mischung des im Behälter befindlichen Flüssigkeitsvolumens entsteht auch hier durch Grenzübergang eine kontinuierliche Lösung, die durch eine Differentialgleichung 1. Ordnung beschrieben wird.

1.3 Optische Abtastung mit einem Stroboskop

Die Diskretisierung einer kontinuierlichen Variablen läßt sich besonders anschaulich durch ein Gedankenexperiment deutlich machen, bei dem ein unter Einfluß der Schwerkraft herabfallender Gegenstand von einem Stroboskop mit kurzen Lichtblitzen beleuchtet wird. Der stetig veränderliche Ort $x(t)$ des Gegenstandes wird dadurch zu den äquidistanten Zeitpunkten $t, t+T, t+2T, \ldots$ optisch „abgetastet", Bild 1.5.

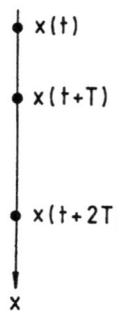

Bild 1.5: Stroboskopische Beleuchtung eines fallenden Gegenstandes

Bei Vernachlässigung der Luftreibung gelten für einen beliebigen Zeitpunkt t die Gleichungen

$$x(t) = \frac{1}{2} g\, t^2 \tag{1.8}$$

1.4 Verzögerungsglied 1. Ordnung

$$x(t+T) = \frac{1}{2}g(t+T)^2 = \frac{1}{2}g(t^2 + 2Tt + T^2), \tag{1.9}$$

$$x(t+2T) = \frac{1}{2}g(t+2T)^2 = \frac{1}{2}g(t^2 + 4Tt + 4T^2), \tag{1.10}$$

aus denen durch Linearkombination die unabhängige Variable t eliminiert werden kann,

$$x(t+2T) - 2x(t+T) + x(t) = gT^2. \tag{1.11}$$

Mit der Festlegung $x(t) = x(\nu T) = x(\nu)$ folgt daraus eine lineare Differenzengleichung 2. Ordnung

$$x(\nu+2) - 2x(\nu+1) + x(\nu) = gT^2 \tag{1.12}$$

die sich wieder rekursiv lösen läßt.

Dieser Zusammenhang wird unmittelbar verständlich, wenn man die linke Seite von Gleichung (1.12) als Differenzenquotienten deutet,

$$\lim_{T \to 0} \frac{x(t+2T) - 2x(t+T) + x(t)}{T^2} = \frac{d^2x}{dt^2} \ ; \tag{1.13}$$

damit ergibt sich als Grenzfall die bekannte Differentialgleichung für den freien Fall

$$\frac{d^2x}{dt^2} = g.$$

1.4 Verzögerungsglied 1. Ordnung mit stufenförmig veränderlicher Anregung

Die Steuergröße $y(t)$ des in Bild 1.6 angedeuteten linearen Übertragungsgliedes mit der Differentialgleichung

$$T_1 \frac{dx}{dt} + x = V y(t) \tag{1.14}$$

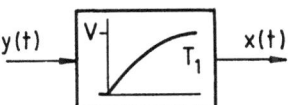

Bild 1.6: Lineare Übertragungsstrecke

habe den in Bild 1.7a skizzierten stufenförmigen Verlauf, wobei im Intervall $\nu T \leq t < (\nu+1)T$ gelten soll

$$y(t) = y(\nu T) = y(\nu) = const.$$

Die Ausgangsgröße $x(t)$ in diesem Intervall entsteht durch Überlagerung eines homogenen und eines inhomogenen Lösungsanteils,

$$x(t) = e^{-(t-\nu T)/T_1} x(\nu T) + V\left[1 - e^{-(t-\nu T)/T_1}\right] y(\nu T). \qquad (1.15)$$

Als Lösung ergibt sich somit die in Bild 1.7b gezeichnete Folge von Exponentialfunktionen mit der Zeitkonstanten T_1 [7,20].

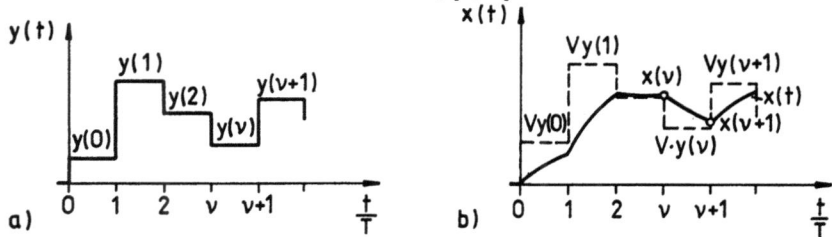

Bild 1.7: Signalverlauf bei stufenförmiger Anregung eines Verzögerungsgliedes

Beschränkt man sich wieder auf die Funktionswerte zu den Umschaltzeitpunkten νT, indem man jeweils die Grenzwerte von rechts bildet,

$$\begin{aligned} x(\nu T) &= x(\nu) \\ y(\nu T) &= y(\nu) = \lim_{\Delta \to 0} y(\nu T + \Delta), \qquad \Delta > 0, \end{aligned}$$

so folgt mit $t = (\nu + 1)T$ wieder eine Differenzengleichung 1. Ordnung mit konstanten Koeffizienten,

$$x(\nu + 1) = e^{-T/T_1} x(\nu) + V(1 - e^{-T/T_1}) y(\nu), \qquad (1.16)$$

oder allgemein

$$x(\nu + 1) + c_0 x(\nu) = r_0 y(\nu). \qquad (1.17)$$

Die Lösung $x(\nu)$ läßt sich damit bei Vorgabe einer beliebigen Wertefolge $y(\nu)$ als Anregung rekursiv berechnen.

Für den Sonderfall einer sprungförmig einsetzenden Anregung $y(\nu) = 0$ für $\nu < 0$ und $y(\nu) = y_0$ für $\nu = 0, 1, \ldots$ und mit der Anfangsbedingung

$$x(0) = 0$$

erhält man als Lösung eine geometrische Reihe

$$\begin{aligned} x(0) &= 0, & (1.18) \\ x(1) &= r_0 y_0, & (1.19) \\ x(2) &= r_0 y_0 \left[1 + (-c_0)\right], & (1.20) \\ x(3) &= r_0 y_0 \left[1 + (-c_0) + (-c_0)^2\right] & (1.21) \end{aligned}$$

1.4 Verzögerungsglied 1. Ordnung

mit dem Summenausdruck [4]

$$x(\nu) = \frac{1-(-c_0)^\nu}{1+c_0} r_0 y_0. \qquad (1.22)$$

Die Reihe konvergiert wegen $|c_0| < 1$ gegen den Grenzwert

$$\lim_{\nu \to \infty} x(\nu) = \frac{r_0}{1+c_0} y_0 . \qquad (1.23)$$

Mit den Koeffizienten

$$c_0 = -e^{-T/T_1}, \quad r_0 = V(1-e^{-T/T_1}) \qquad (1.24)$$

lautet die Lösung (1.22)

$$x(\nu) = V(1-e^{-\nu T/T_1}) y_0; \qquad (1.25)$$

es entsteht also, wie zu erwarten, die Abtastfolge für $t = \nu T$ der Sprungantwort des Verzögerungsgliedes.

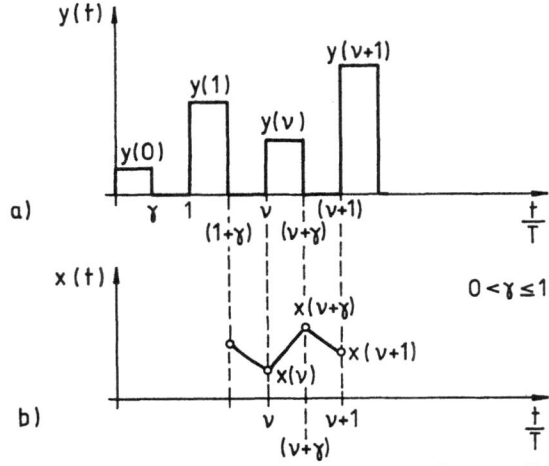

Bild 1.8: Stufenförmige Steuerfunktion mit verkürzter Stufenbreite

Für die in Bild 1.8 gezeichnete Steuerfunktion mit reduzierter Stufenbreite, $0 < \gamma \leq 1$, lauten die Lösungsabschnitte im Intervall $\nu T \leq t \leq (\nu+1)T$

$$x[(\nu+\gamma)T] = x(\nu+\gamma) = e^{-\gamma T/T_1} x(\nu) + V(1-e^{-\gamma T/T_1}) y(\nu), \qquad (1.26)$$

sowie

$$x(\nu+1) = e^{-(1-\gamma)T/T_1} x(\nu+\gamma) . \qquad (1.27)$$

Daraus folgt durch Elimination des Zwischenwertes $x(\nu + \gamma)$

$$x(\nu + 1) = e^{-T/T_1} x(\nu) + V (e^{\gamma T/T_1} - 1) e^{-T/T_1} y(\nu). \tag{1.28}$$

Ein Vergleich mit Gleichung (1.16) läßt erkennen, daß der homogene Teil der Differenzengleichung unverändert bleibt, während der Koeffizient r_0 von der Pulsbreite γ abhängt. Dies ist verständlich, da nur die Anregungsfunktion, nicht aber das Übertragungssystem selbst verändert wurde.

Bei der Anregungsfunktion gemäß Bild 1.8 handelt es sich offenbar um einen Sonderfall einer allgemeinen absatzweise amplitudenmodulierten Anregung, wie sie in Bild 1.9 an einem Beispiel gezeigt ist.

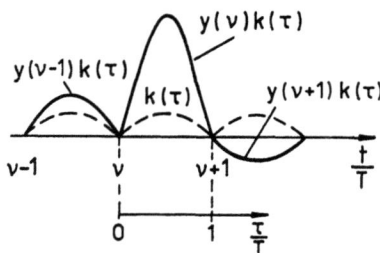

Bild 1.9: Amplitudenmodulierte periodische Trägerfunktion

Hier wirkt als Anregung im Intervall $\nu T \leq t < (\nu + 1)T$

$$y(t) = k(\tau) y(\nu), \quad 0 \leq \tau < T, \quad t = \nu T + \tau \quad , \tag{1.29}$$

wobei $k(\tau)$ eine sich in jedem Intervall ν wiederholende, sonst beliebige Basisfunktion darstellt. Mit der Impulsantwort des Verzögerungsgliedes $g(t)$ läßt sich die Ausgangsgröße im angegebenen Intervall durch das Faltungsintegral darstellen [7,20],

$$x(t) = e^{-(t-\nu T/T_1)} x(\nu T) + \left[\frac{1}{1s} \int_0^{t-\nu T} k(\tau) g(t - \nu T - \tau) d\tau \right] y(\nu T) \quad . \tag{1.30}$$

Mit $g(t) = \frac{1s}{T_1} V e^{-t/T_1}$ und $t = (\nu + 1)T$ folgt daraus die Differenzengleichung

$$x(\nu + 1) - e^{-T/T_1} x(\nu) = V \left[\frac{1}{T_1} \int_0^T k(\tau) e^{-(T-\tau)/T_1} d\tau \right] y(\nu). \tag{1.31}$$

Der homogene Teil wird durch die Form der Anregung nicht berührt.

1.5 Verzögerungsglied 2. Ordnung mit stufenförmig veränderlicher Anregung

Am Beispiel des fallenden Gegenstandes mit stroboskopischer Beleuchtung (Abschnitt 1.3) wurde gezeigt, daß eine Differentialgleichung 2. Ordnung bei zeitdiskreter Auswertung in eine Differenzengleichung 2. Ordnung übergeht. Dies muß auch für eine Verzögerungsstrecke 2. Ordnung mit stufenförmiger Steuergröße gelten, deren Übertragungsverhalten durch die Differentialgleichung

$$T_1 T_2 \frac{d^2 x}{dt^2} + (T_1 + T_2)\frac{dx}{dt} + x = V y(t) \tag{1.32}$$

beschrieben wird. Die Ausgangsgröße $x(t)$ und ihre stetige Ableitung lauten im Intervall $\nu T \leq t \leq (\nu+1)T$ mit den Integrationskonstanten $R_{1\nu}$, $R_{2\nu}$

$$x(t) = V y(\nu) + R_{1\nu} e^{-t/T_1} + R_{2\nu} e^{-t/T_2}, \tag{1.33}$$

$$\frac{dx}{dt} = x'(t) = -\frac{R_{1\nu}}{T_1} e^{-t/T_1} - \frac{R_{2\nu}}{T_2} e^{-t/T_2}. \tag{1.34}$$

Die Konstanten folgen aus dem Anfangszustand $x(\nu)$, $x'(\nu)$ sowie der Anregung $y(\nu)$ gemäß

$$R_{1\nu} = \frac{T_1}{T_1 - T_2} [x(\nu) + T_2 x'(\nu) - V y(\nu)] e^{\nu T/T_1}, \tag{1.35}$$

$$R_{2\nu} = -\frac{T_2}{T_1 - T_2} [x(\nu) + T_1 x'(\nu) - V y(\nu)] e^{\nu T/T_2}. \tag{1.36}$$

Der prinzipielle Verlauf von $x(t)$ bei stufenförmiger Anregungsfunktion ist in Bild 1.10 skizziert.

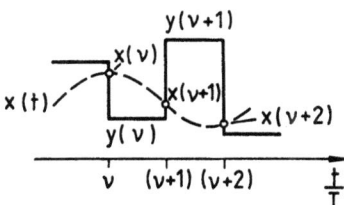

Bild 1.10: Stufenförmige Anregung eines Verzögerungsgliedes 2. Ordnung

Wegen der Stetigkeit von $x(t)$ und $x'(t)$ gelten die gleichen Konstanten $R_{1\nu}$, $R_{2\nu}$ auch bei $t = (\nu+1)T$; somit

$$x(\nu+1) = V y(\nu) + R_{1\nu} e^{-(\nu+1)T/T_1} + R_{2\nu} e^{-(\nu+1)T/T_2}, \tag{1.37}$$

$$x'(\nu+1) = -\frac{R_{1\nu}}{T_1} e^{-(\nu+1)T/T_1} - \frac{R_{2\nu}}{T_2} e^{-(\nu+1)T/T_2}. \tag{1.38}$$

Einsetzen der Gleichungen (1.35), (1.36) liefert zwei lineare Gleichungen

$$x(\nu+1) = a_1 y(\nu) + a_2 x(\nu) + a_3 x'(\nu), \tag{1.39}$$

$$x'(\nu+1) = b_1 y(\nu) + b_2 x(\nu) + b_3 x'(\nu), \tag{1.40}$$

die nach erfolgter Elimination von $R_{1\nu}$ und $R_{2\nu}$ für jeden Zeitabschnitt gelten, somit auch

$$x(\nu+2) = a_1 y(\nu+1) + a_2 x(\nu+1) + a_3 x'(\nu+1). \tag{1.41}$$

Durch Elimination von $x'(\nu)$ und $x'(\nu+1)$ aus Gln. (1.39,1.40,1.41) folgt schließlich eine lineare Differenzengleichung 2. Ordnung

$$x(\nu+2) + c_1 x(\nu+1) + c_0 x(\nu) = r_1 y(\nu+1) + r_0 y(\nu), \tag{1.42}$$

mit der sich nach Vorgabe zweier Anfangswerte $x(0)$, $x(1)$ und der Steuerfunktion die Lösung in den Abtastpunkten $t = \nu T$ rekursiv berechnen läßt. Die Koeffizienten haben im vorliegenden Fall die Form

$$c_1 = -\left[e^{-T/T_1} + e^{-T/T_2}\right];$$

$$r_1 = V\left[1 - \frac{T_1}{T_1 - T_2}e^{-T/T_1} + \frac{T_2}{T_1 - T_2}e^{-T/T_2}\right];$$

$$c_0 = e^{-(T/T_1 + T/T_2)};$$

$$r_0 = V\left[e^{-(T/T_1 + T/T_2)} + \frac{T_2 e^{-T/T_1} - T_1 e^{-T/T_2}}{T_1 - T_2}\right]. \tag{1.43}$$

In einem späteren Abschnitt wird ein Verfahren gezeigt, um diese Rechnung wesentlich abzukürzen.

Das Ergebnis läßt sich offenbar für ein lineares System n. Ordnung verallgemeinern, bei dem $n+1$ äquidistante Ausgangswerte $x(\nu), x(\nu+1)\ldots x(\nu+n)$ durch eine lineare Differenzengleichung n. Ordnung verknüpft sind.

1.6 Zeitdiskrete Beschreibung der Ausgleichsvorgänge eines kontinuierlichen Übertragungssystems

Der Ausgleichsvorgang $x(t)$ einer kontinuierlichen Übertragungsstrecke mit n unabhängigen Speichern wird bekanntlich durch eine lineare homogene Differentialgleichung n. Ordnung mit reellen Koeffizienten beschrieben [7,20].

$$a_n \frac{d^n x}{dt^n} + \cdots + a_1 \frac{dx}{dt} + a_0 x = 0; \tag{1.44}$$

1.6 Ausgleichsvorgänge eines kontinuierlichen Übertragungssystems

die zugehörige Lösung lautet

$$x(t) = \sum_{\lambda=1}^{n} R_\lambda e^{p_\lambda t}, \qquad (1.45)$$

wobei p_λ die reellen oder paarweise konjugiert komplexen Eigenwerte, d.h. die Lösungen der charakteristischen Gleichung sind,

$$a_n p^n + \cdots + a_1 p + a_0 = a_n \prod_{1}^{n}(p - p_\lambda) = 0. \qquad (1.46)$$

Der Einfachheit halber seien die Eigenwerte p_λ sämtlich verschieden angenommen. Im Fall konjugiert komplexer Eigenwerte, $p_{\lambda+1} = \bar{p}_\lambda$, sind auch die zugehörigen Integrationskonstanten R_λ konjugiert komplex, so daß die Lösungsfunktion $x(t)$ reell bleibt. Mit

$$R_\lambda = |R_\lambda| e^{j\varphi_\lambda}, \quad R_{\lambda+1} = |R_\lambda| e^{-j\varphi_\lambda}$$

und

$$p_\lambda = \sigma_\lambda + j\omega_\lambda, \quad p_{\lambda+1} = \sigma_\lambda - j\omega_\lambda$$

gilt dann

$$R_\lambda e^{p_\lambda t} + R_{\lambda+1} e^{p_{\lambda+1} t} = 2|R_\lambda| e^{\sigma_\lambda t} \cos(\omega_\lambda t + \varphi_\lambda). \qquad (1.47)$$

Schreibt man nun die Lösung für $n+1$ äquidistante Zeitpunkte auf,

$$t, \, t+T, \, t+2T, \ldots t+nT,$$

so folgt

$$\begin{aligned} x(t) &= \sum_{\lambda=1}^{n} \underbrace{R_\lambda e^{p_\lambda t}}_{A_\lambda} = \sum_{\lambda=1}^{n} A_\lambda, \\ x(t+T) &= \sum_{\lambda=1}^{n} R_\lambda e^{p_\lambda t} \underbrace{e^{p_\lambda T}}_{z_\lambda} = \sum_{\lambda=1}^{n} A_\lambda z_\lambda, \\ &\vdots \\ x(t+nT) &= \sum_{\lambda=1}^{n} R_\lambda e^{p_\lambda t} e^{n p_\lambda T} = \sum_{\lambda=1}^{n} A_\lambda z_\lambda^n. \end{aligned} \qquad (1.48)$$

Man erhält also ein lineares Gleichungssystem für die vom gewählten Zeitpunkt t abhängigen Koeffizienten A_λ. Berechnung der A_λ aus den ersten n Gleichungen und Einsetzen in die letzte Gleichung führt auf eine lineare homogene Differenzengleichung n. Ordnung

$$x(t+nT) + c_{n-1} x(t+(n-1)T) + \ldots + c_1 x(t+T) + c_0 x(t) = 0. \qquad (1.49)$$

Ein einfaches Verfahren zur Berechnung der reellen Koeffizienten c_μ wird in Abschnitt 3 gezeigt.

1.7 Lösung einer linearen homogenen Differenzengleichung durch einen Potenzreihen-Ansatz

Schreibt man Gleichung (1.49) mit $t = \nu T$ in der Form

$$x(\nu + n) + c_{n-1}x(\nu + n - 1) + \ldots + c_1 x(\nu + 1) + c_0 x(\nu) = 0 , \qquad (1.50)$$

so läßt sie sich, analog zu einer linearen homogenen Differentialgleichung, durch Ansatz einer geometrischen Reihe

$$x(\nu) = Az^\nu, \quad x(\nu + 1) = Az^{\nu+1}, \quad \text{usw.} \qquad (1.51)$$

lösen, wobei z eine zunächst beliebige reelle oder komplexe Konstante ist. Durch Einsetzen in Gl. (1.50) folgt

$$Az^\nu \left[z^n + c_{n-1}z^{n-1} \ldots + c_1 z + c_0 \right] = 0 . \qquad (1.52)$$

Soll die Lösungsfunktion nicht identisch Null sein, muß die Klammer verschwinden. Dies führt, analog zur Differentialgleichung, auf die charakteristische Gleichung

$$z^n + c_{n-1}z^{n-1} + \ldots + c_1 z + c_0 = \prod_1^n (z - z_\lambda) = 0 \qquad (1.53)$$

mit den als Eigenwerten zu bezeichnenden möglichen Lösungen $z_1, z_2, \ldots z_\lambda$, $\ldots z_n$. Die z_λ sind wegen der reellen Koeffizienten c_μ wieder reell oder paarweise konjugiert komplex. Die allgemeine Lösung findet man durch Überlagerung der Teillösungen; falls keine mehrfachen Eigenwerte vorkommen, lautet sie

$$x(\nu) = \sum_{\lambda=1}^n A_\lambda z_\lambda^\nu, \qquad (1.54)$$

entsprechend den kontinuierlichen Eigenfunktionen einer Differentialgleichung. Die Ähnlichkeit der Lösung liegt natürlich darin begründet, daß auch die Potenzreihe eine Exponentialfunktion darstellt,

$$z_\lambda^\nu = e^{\nu \ln z_\lambda}. \qquad (1.55)$$

Bei einer inhomogenen Differenzengleichung mit der diskreten Anregungsfunktion $y(\nu)$ ist die allgemeine Lösung Gl. (1.54) durch eine partikuläre Lösung zu ergänzen, ähnlich wie dies bei Differentialgleichungen der Fall ist. Die Integrationskonstanten A_λ sind auch hier aus den Anfangsbedingungen zu berechnen.

1.8 Differenzengleichung in Zustands-Normalform

Eine inhomogene lineare Differenzengleichung kann in Verallgemeinerung von Gl. (1.42) in folgender Form geschrieben werden

$$\sum_{\mu=0}^{n} c_\mu x(\nu - n + \mu) = \sum_{\mu=k}^{m \leq n} r_\mu y(\nu - n + \mu), \quad c_n = 1 \quad . \quad (1.56)$$

Aus Gründen der Kausalität ist $m \leq n$, die Ausgangsgröße x wäre andernfalls von einer erst später wirksamen Anregung y abhängig; dagegen kann $k < m$ beliebige Werte annehmen.

Mit der Normierung $c_n = 1$ läßt sich die Gleichung als rekursiver Ausdruck schreiben

$$x(\nu) = \sum_{\mu=k}^{m} r_\mu y(\nu - n + \mu) - \sum_{\mu=0}^{n-1} c_\mu x(\nu - n + \mu). \quad (1.57)$$

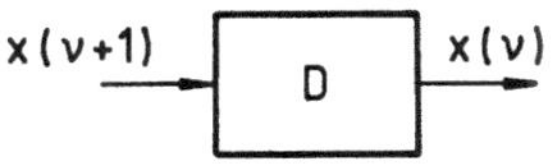

Bild 1.11: Definition eines Verschiebeoperators

Unter Verwendung des in Bild 1.11 angedeuteten Verschiebe-Operators D mit der Laufzeit T

$$x(\nu) = D\, x(\nu + 1) \quad (1.58)$$

wird die Rekursionsvorschrift Gl. (1.57) durch das in Bild 1.12 gezeichnete Schema mit verteilten Rückkopplungen graphisch beschrieben; dabei ist als Beispiel $n = m = 3$, $k = -1$ gewählt. Die gestrichelten Linien zeigen die Überlagerung einer zweiten Eingangsgröße y_2.

Wie aus Bild 1.12 abzulesen ist, gelten für die Ausgangsgrößen $x_\mu(\nu)$ der Verschiebespeicher folgende Differenzengleichungen 1. Ordnung

$$\begin{aligned}
x_0(\nu+1) &= r_{-1 1} y_1(\nu), \\
x_1(\nu+1) &= x_0(\nu) - c_0 x_3(\nu) + (r_{01} - c_0 r_{31}) y_1(\nu), \\
x_2(\nu+1) &= x_1(\nu) - c_1 x_3(\nu) + (r_{11} - c_1 r_{31}) y_1(\nu), \\
x_3(\nu+1) &= x_2(\nu) - c_2 x_3(\nu) + (r_{21} - c_2 r_{31}) y_1(\nu).
\end{aligned} \quad (1.59)$$

Die Ausgangsgröße ist

$$x(\nu) = x_3(\nu) + r_{31} y_1(\nu). \quad (1.60)$$

Es liegt nahe, die Ausgangsgrößen $x_\mu(\nu)$ der Verschiebespeicher als Zustandsgrößen eines dynamischen Systems und die Gln. (1.59) als Zustandsgleichungen zu deuten. Nach Definition eines Zustandsvektors

$$\mathbf{x}(\nu) = [x_0(\nu), x_1(\nu), \ldots x_n(\nu)]_T \quad (1.61)$$

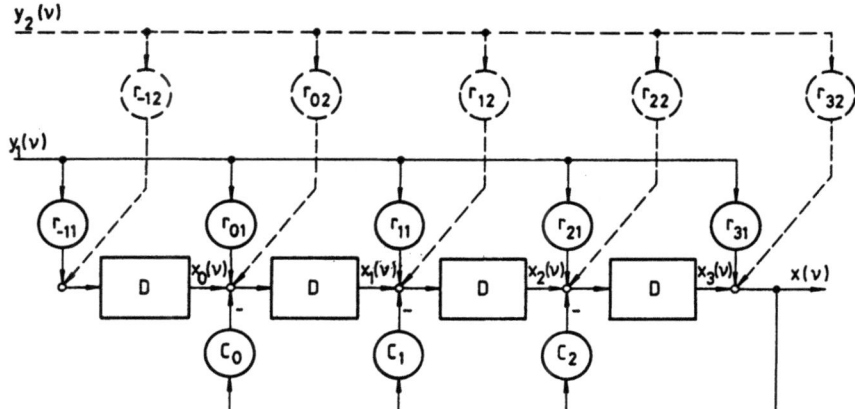

Bild 1.12: Rechenschema einer Differenzengleichung mit zwei Anregungsfunktionen

folgt dann die kompakte Schreibweise

$$\mathbf{x}(\nu + 1) = \mathbf{A}\,\mathbf{x}(\nu) + \mathbf{B}\,y(\nu) \tag{1.62}$$

die sich zwanglos auf Mehrgrößensysteme mit mehreren Steuergrößen $y(\nu)$ erweitern läßt; in Bild 1.12 ist dies gestrichelt angedeutet. Die Umformung der Differenzengleichung n. Ordnung in einen Satz von Zustandsgleichungen 1. Ordnung ist besonders vorteilhaft, wenn die Verarbeitung der Daten mit einem Digitalrechner erfolgen soll.

Ähnlich wie bei kontinuierlichen Systemen ist die Definition von Zustandsgrößen nicht eindeutig; es gibt beliebig viele gleichwertige Sätze von Zustandsgrößen, die durch lineare Transformationen auseinander hervorgehen. Bild 1.12 entspricht einer sog. Normalform, eine weitere wird in Abschnitt 9.2 abgeleitet.

1.9 Andere Schreibweise einer linearen Differenzengleichung n. Ordnung

Die lineare homogene Differenzengleichung (1.50) läßt sich nach Einführung von Differenzenoperatoren

$$\begin{aligned}
\Delta x(\nu) &= x(\nu) - x(\nu - 1), \\
\Delta^2 x(\nu) &= \Delta x(\nu) - \Delta x(\nu - 1) = x(\nu) - 2x(\nu - 1) + x(\nu - 2), \\
\Delta^3 x(\nu) &= \Delta^2 x(\nu) - \Delta^2 x(\nu - 1)
\end{aligned}$$

1.9 Lineare Differenzengleichung n. Ordnung

$$= x(\nu) - 3x(\nu - 1) + 3x(\nu - 2) - x(\nu - 3), \quad (1.63)$$

auch in folgender Weise schreiben

$$\Delta^n x(\nu) + h_{n-1} \Delta^{n-1} x(\nu) + \ldots + h_1 \Delta x(\nu) + h_0 x(\nu) = 0. \quad (1.64)$$

Diese Darstellung entspricht wegen des Grenzüberganges

$$\lim_{T \to 0} \frac{\Delta x(\nu)}{T} = \frac{dx}{dt}, \quad \lim_{T \to 0} \frac{\Delta^2 x(\nu)}{T^2} = \frac{d^2 x}{dt^2}, \quad \text{usw.}$$

unmittelbar der Differentialgleichung, sie ist für die weitere Darstellung aber weniger günstig und wird deshalb nicht verwendet. Wie man durch Einsetzen und Koeffizientenvergleich erkennt, sind die h_μ lineare Funktionen der c_μ. Die Differenzengleichung 3. Ordnung lautet zum Beispiel

$$c_0 \Delta^3 x(\nu) - (c_1 + 3c_0)\Delta^2 x(\nu) + (c_2 + 2c_1 + 3c_0)\Delta x(\nu)$$
$$-(1 + c_2 + c_1 + c_0)x(\nu) = 0 \quad . \quad (1.65)$$

Der allgemeine Zusammenhang zwischen den c- und h-Koeffizienten folgt aus dem linearen Gleichungssystem

$$\begin{bmatrix} \Delta^0 x(\nu) \\ \Delta^1 x(\nu) \\ \Delta^2 x(\nu) \\ \Delta^3 x(\nu) \\ \vdots \\ \Delta^n x(\nu) \end{bmatrix} = \begin{bmatrix} 1 & 0 & 0 & 0 & 0 & 0 & \ldots \\ 1 & -1 & 0 & 0 & 0 & 0 \\ 1 & -2 & 1 & 0 & 0 & 0 \\ 1 & -3 & 3 & -1 & 0 & 0 \\ \vdots & & & & \ddots & \end{bmatrix} \begin{bmatrix} x(\nu) \\ x(\nu - 1) \\ x(\nu - 2) \\ x(\nu - 3) \\ \vdots \\ x(\nu - n) \end{bmatrix} \quad . \quad (1.66)$$

Dabei ist $\Delta^0 x(\nu) = x(\nu)$ gesetzt.

2 Stabilität und Dämpfung

In Abschnitt 1.7 wurde gezeigt, daß eine lineare Differenzengleichung ähnlich wie eine lineare Differentialgleichung analytisch gelöst werden kann. Von besonderer Bedeutung ist dabei die homogene Gleichung, da sie — unabhängig von der zufälligen Anregungsfunktion — über das grundsätzliche Verhalten der Übertragungsstrecke Auskunft gibt, ob Stabilität vorliegt und welche Form die Ausgleichsvorgänge haben, ausgedrückt etwa durch Eigenfrequenzen und Dämpfung. Diese Zusammenhänge lassen sich in übersichtlicher Weise durch die geometrische Lage der Eigenwerte in der komplexen Ebene beschreiben.

2.1 z-Ebene und Tp-Ebene

Wie in Abschnitt 1.7 erläutert, erfordert die Lösung der homogenen Differenzengleichung n. Ordnung

$$\sum_{\mu=0}^{n} c_\mu x(\nu + \mu) = 0 , \quad c_n = 1 , \tag{2.1}$$

die Berechnung der reellen oder komplexen Eigenwerte z_λ aus der charakteristischen Gleichung

$$N(z) = \sum_{\mu=0}^{n} c_\mu z^\mu = \prod_{1}^{n}(z - z_\lambda) = 0 . \tag{2.2}$$

Bei Annahme nicht zusammenfallender Eigenwerte z_λ lautet dann die allgemeine Lösung mit den Integrationskonstanten A_λ

$$x(\nu) = \sum_{\lambda=1}^{n} A_\lambda z_\lambda^\nu . \tag{2.3}$$

Die Koeffizienten c_μ sind bei den hier behandelten Problemen reell, so daß sich reelle oder paarweise konjugiert komplexe z_λ ergeben. Da im komplexen Fall auch die zugehörigen Konstanten A_λ konjugiert komplex sind, erhält man insgesamt wieder reelle Lösungen $x(\nu)$. Falls das charakteristische Polynom $N(z)$ Mehrfachnullstellen aufweist, muß der Lösungsansatz (2.3) entsprechend erweitert werden; so gilt z.B. für $z_{n-1} = z_n$

$$x(\nu) = \sum_{\lambda=1}^{n-1} A_\lambda z_\lambda^\nu + A_n \nu z_n^\nu . \tag{2.4}$$

2.1 z-Ebene und Tp-Ebene

Auf den Zusammenhang des Potenzreihen-Ansatzes mit dem Exponentialansatz bei Differentialgleichungen wurde bereits hingewiesen. Schreibt man Gleichung (2.3) in der Form

$$x(\nu) = \sum_{\lambda=1}^{n} A_\lambda e^{\nu \ln z_\lambda} = \sum_{\lambda=1}^{n} A_\lambda e^{\nu T p_\lambda}, \qquad (2.5)$$

so ist zu erkennen, daß es sich bei $x(\nu)$ um äquidistante Abtastwerte von Exponentialfunktionen handelt.

Die Frage nach Stabilität und Dämpfung läßt sich somit am einfachsten anhand des Zusammenhanges

$$Tp = \ln z \qquad \text{oder} \qquad z = e^{Tp} \qquad (2.6)$$

beantworten, indem man entsprechende Bereiche der normierten Tp-Ebene auf die z-Ebene abbildet und umgekehrt.
Die Zerlegung in Real- und Imaginärteil,

$$Tp = T\sigma + jT\omega, \qquad (2.7)$$

bzw. nach Betrag und Phase,

$$z = |z| e^{j(\zeta + q2\pi)}, \quad q = 0, \pm 1, \pm 2, \ldots \qquad (2.8)$$

ergibt den Zusammenhang

$$T\sigma = \ln |z|, \qquad (2.9)$$
$$T\omega = \zeta + q2\pi. \qquad (2.10)$$

Man erhält also eine konforme Abbildung, bei der ein von

$$-j\pi < T\omega < j\pi, \quad \sigma < 0$$

begrenzter Grundstreifen der Tp-Ebene auf das Innere des Einheitskreises der z-Ebene abgebildet wird, Bild 2.1. Die unendlich vielen parallel liegenden Streifen der Tp-Ebene fallen kongruent auf zusammenhängende Blätter einer Riemannschen z-Fläche, die wendeltreppenartig angeordnet und längs der negativen reellen z-Achse aneinandergeheftet sind. Wegen der Vieldeutigkeit der Abbildung entsprechen also jedem Eigenwert in der z-Ebene unendlich viele Eigenwerte in der Tp-Ebene, die im Abstand $2\pi j$ auf einer Parallelen zur imaginären Achse liegen.

Die rechte Tp-Ebene wird in entsprechender Weise auf das Äußere des Einheitskreises in der z-Ebene abgebildet; die Riemannsche z-Fläche wird dabei einfach in den Außenbereich des Einheitskreises fortgesetzt. Die Stabilitätsbedingung lautet somit:

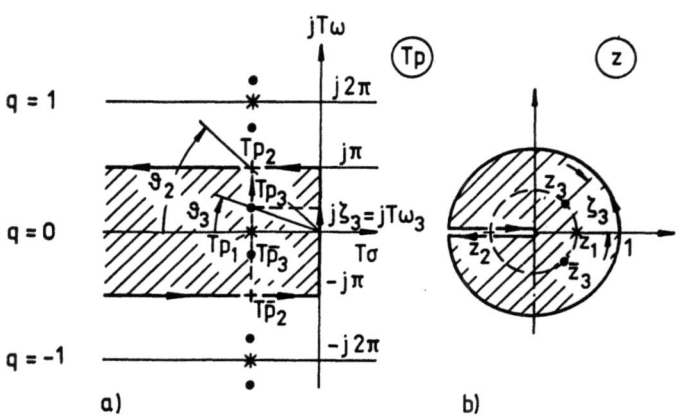

Bild 2.1: Konforme Abbildung von Tp- und z- Ebene

Das durch die Differenzengleichung (2.1) beschriebene zeitdiskrete System ist stabil, wenn alle n Lösungen z_λ der Gleichung $N(z) = 0$ im Einheitskreis der z-Ebene liegen.

Bei den in Abschnitt 1.4, 1.5 betrachteten Beispielen ist die Stabilitätsbedingung für die diskretisierte Ausgangsgröße $x(\nu)$ natürlich immer dann erfüllt, wenn die kontinuierliche Übertragungsstrecke stabil ist, d.h. die Pole p_λ von $F(p)$ in der linken p-Halbebene liegen. Dies folgt aus der Überlegung, daß die Stabilität eines linearen Übertragungssystems nicht von der Anregungsfunktion abhängt. Später wird gezeigt, daß in diesen Beispielen die Eigenwerte des kontinuierlichen gleichzeitig Eigenwerte des zeitdiskreten Systems sind.

Zu den in Bild 2.1 eingetragenen, betragsgleichen Eigenwerten z_1, z_2, z_3 gehören die in Bild 2.2 skizzierten und zu Stufenfunktionen ergänzten zeitdiskreten Ausgleichsvorgänge. Eine überschlägige Beurteilung der Dämpfung kann anhand der im Grundstreifen der Tp-Ebene liegenden sog. dominierenden Eigenwerte Tp_λ erfolgen. Der zum positiv reellen Eigenwert $0 < z_1 < 1$ gehörende Vorgang läßt sich durch eine einhüllende Exponentialfunktion mit der Zeitkonstanten

$$T_1 = -\frac{1}{p_1} = -\frac{T}{\ln z_1} \qquad (2.11)$$

charakterisieren, Bild 2.2a.

Dagegen führt ein negativer reeller Wert z_2 auf eine gedämpfte alternierende Folge; der Dämpfungsfaktor der zugehörigen Grundschwingung mit der

2.1 z-Ebene und Tp-Ebene

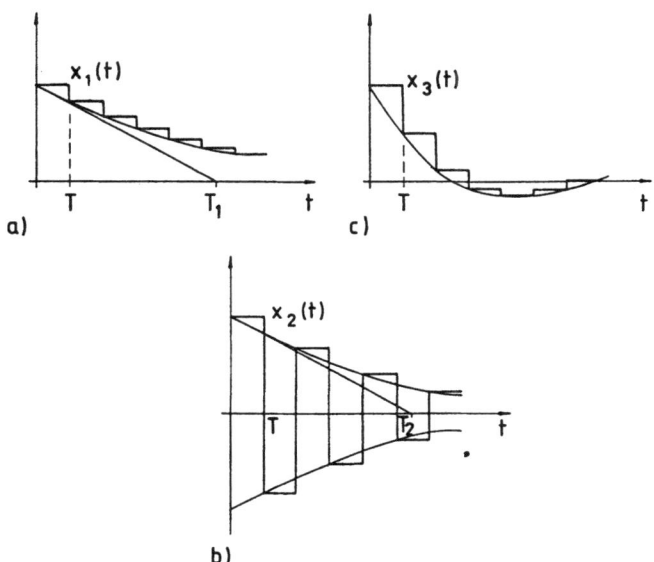

Bild 2.2: Einschwingvorgänge für verschiedene z_λ

Periode $2T$ ist (Bild 2.2b).

$$D_2 = \cos\vartheta_2 = \frac{-\ln|z_2|}{\sqrt{\pi^2 + (\ln|z_2|)^2}} = \frac{1}{\sqrt{1 + \left(\frac{\pi}{\ln|z_2|}\right)^2}}. \quad (2.12)$$

Im Fall $z_3, \bar{z}_3$ erhält man schließlich als Einhüllende eine gedämpfte Schwingung, deren Periodendauer in keinem rationalen Verhältnis zur Abtastperiode T stehen muß (Bild 2.2c). Die Frequenz des Ausgleichsvorgangs ist

$$\omega_3 = \frac{\zeta_3}{T},$$

der Dämpfungsfaktor

$$D_3 = \cos\vartheta_3 = \frac{-\ln|z_3|}{\sqrt{\zeta_3^2 + (\ln|z_3|)^2}} = \frac{1}{\sqrt{1 + \left(\frac{\zeta_3}{\ln|z_3|}\right)^2}}. \quad (2.13)$$

Die außerhalb des Grundstreifens liegenden Eigenwerte sind wegen der Periodizitätsbedingung, Gl. (2.10), bekannt; sie entsprechen Seitenbändern, die den (im Prinzip beliebig ergänzten) Verlauf des Ausgleichsvorganges innerhalb jeder Abtastperiode beschreiben und deren Beitrag mit dem dominierenden Vorgang abklingt.

2.2 Die Abbildung w=(z-1)/(z+1)

Ähnlich wie im Kontinuierlichen gibt es auch für Differenzengleichungen Stabilitätskriterien, die sicherstellen, daß die Lösungen der charakteristischen Gleichung

$$N(z) = \sum_{\mu=0}^{n} c_\mu z^\mu = 0 \qquad (2.14)$$

sämtlich im Einheitskreis liegen. Die Stabilitätsprüfung erfolgt dabei durch schrittweisen Abbau des Polynoms $N(z)$; die Nullstellen z_λ selbst werden nicht berechnet [37,67,70].

Man kann aber auch die von kontinuierlichen Systemen bekannten Verfahren übertragen, indem man mit Hilfe der linearen Funktion

$$w = \frac{z-1}{z+1} \qquad (2.15)$$

das Innere des Einheitskreises der z-Ebene konform auf die gesamte linke Halbebene, d.h. ohne Berücksichtigung der Periodizität, abbildet. Die Eigenschaften dieser Abbildung sind in Bild 2.3 dargestellt.

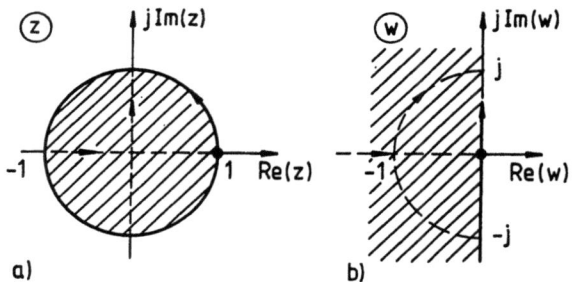

Bild 2.3: Konforme Abbildung von z-Ebene und w-Ebene

Die Umkehrung von Gl. (2.15) liefert den Ausdruck

$$z = \frac{1+w}{1-w}, \qquad (2.16)$$

mit dem z in Gl. (2.14) eliminiert wird,

$$N(z)(1-w)^n = N_1(w) = \sum_{\mu=0}^{n} c_\mu (1+w)^\mu (1-w)^{n-\mu} = 0. \qquad (2.17)$$

Man erhält also wieder ein Polynom n. Grades mit reellen Koeffizienten, dessen Nullstellen in der linken w-Halbebene liegen müssen, um Stabilität anzuzeigen. Der Faktor $(1-w)^n$ ist ohne Bedeutung, falls $N_1(w)$ seine Nullstellen, wie gefordert, nur in der linken Halbebene hat.

2.3 Beispiele für Stabilitätsgrenzen

Bei einer linearen Differenzengleichung 1. Ordnung wird die charakteristische Gleichung mit $c_1 = 1$

$$N(z) = z + c_0 = 0 \quad ; \tag{2.18}$$

die einzige Nullstelle $z_1 = -c_0$ ist wegen des reellen Koeffizienten c_0 reell. Die Stabilitätsbedingung lautet somit

$$-1 < c_0 < 1 \quad . \tag{2.19}$$

Wie aus Gl. (1.22) und Bild 2.2 ersichtlich, ergeben sich für $-1 < c_0 < 0$ aperiodische und für $0 < c_0 < 1$ gedämpfte alternierende Lösungsfolgen.

Eine größere Vielfalt an Lösungen erhält man bei einer Differenzengleichung 2. Ordnung mit dem charakteristischen Polynom

$$N(z) = z^2 + c_1 z + c_0 \, . \tag{2.20}$$

Die reellen oder konjugiert komplexen Nullstellen sind

$$z_{1,2} = -\frac{c_1}{2} \pm \sqrt{\left(\frac{c_1}{2}\right)^2 - c_0} = -\frac{c_1}{2} \pm j\sqrt{c_0 - \left(\frac{c_1}{2}\right)^2} \tag{2.21}$$

Da die Bedingung $|z_{1,2}| < 1$ zu unübersichtlichen Fallunterscheidungen führt, ist die Abbildung gemäß Gl. (2.17) in die w-Ebene zweckmäßig. Man erhält

$$\begin{aligned} N_1(w) &= (1+w)^2 + c_1(1+w)(1-w) + c_0(1-w)^2 \\ &= (1 - c_1 + c_0)w^2 + 2(1 - c_0)w + (1 + c_1 + c_0) \, . \end{aligned} \tag{2.22}$$

Aus dem Kontinuierlichen ist bekannt, daß die zugehörigen Nullstellen in der linken w-Halbebene liegen, wenn die Koeffizienten von N_1 gleiches Vorzeichen haben; im vorliegenden Fall führt nur die Annahme positiver Koeffizienten zu einer sinnvollen Lösung. Als Stabilitätsbedingung gelten somit die Ungleichungen

$$-(1 + c_0) < c_1; \quad c_0 < 1; \quad c_1 < 1 + c_0 \, . \tag{2.23}$$

Sie sind erfüllt, wenn die Koeffizienten c_0, c_1 einem Punkt innerhalb des in Bild 2.4 gezeichneten Dreiecks in der c_0, c_1-Ebene zugehören.

In Bild 2.4 ist die Lage der Nullstellen $z_{1,2}$ für die verschiedenen Teilgebiete des Stabilitätsbereichs eingetragen. Bei Wahl der Koeffizienten c_0, c_1 auf den Grenzgeraden liegt jeweils mindestens eine der Nullstellen auf dem Einheitskreis der z-Ebene, d.h. an der Stabilitätsgrenze. Dabei gilt folgende Zuordnung:

Linke	$z_{1,2} = 1;$	c_0	$Tp_{1,2} = 0;$	$\ln c_0$
obere	$z_{1,2} = e^{\pm j \arccos(-c_1/2)}$		$Tp_{1,2} = \pm j \arccos(-c_1/2)$	
rechte Begrenzung	$z_{1,2} = -c_0;$	-1	$Tp_{1,2} = \ln(-c_0);$	$j\pi$.

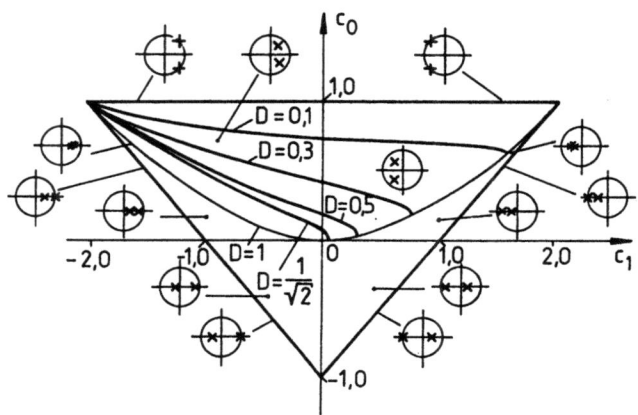

Bild 2.4: Stabilitätsbereich für lineare Differenzengleichung 2. Ordnung

Die linke Grenzgerade entspricht also einem Integrationsvorgang, die rechte einer ungedämpften Schwingung mit der Periode $2T$ und die obere einer ungedämpften Schwingung, die nur unter bestimmten Bedingungen periodisch verläuft; setzt man für diesen Sonderfall

$$z_{1,2} = e^{\pm j \arccos(-c_1/2)} = e^{\pm j \omega_1 T} , \tag{2.24}$$

so gilt

$$c_1 = -2\cos\omega_1 T = -2\cos(2\pi\frac{T}{T_1}) . \tag{2.25}$$

Eine periodische Schwingung entsteht bei einem ganzzahligen Verhältnis T_1/T; z.B. ergibt sich für $c_1 = 0$ eine Dauerschwingung mit der Periodendauer $T_1 = 4T$ (Bild 2.6h).

Das Dreieck in Bild 2.4 wird durch die Parabel $c_0 = c_1^2/4$ in zwei Bereiche unterteilt; im oberen Teil sind die Nullstellen $z_{1,2}$ komplex, im unteren reell. Auf der Parabel selbst erhält man reelle Doppelnullstellen $z_1 = z_2 = -c_1/2$. Außerdem teilt die Ordinatenachse ($c_1 = 0$) den Bereich komplexer Nullstellen in zwei gleiche Hälften; für die rechte Seite,

$$c_1 = -2Re(z_{1,2}) > 0 , \tag{2.26}$$

ergeben sich schlecht gedämpfte alternierende Einschwingvorgänge. Dagegen ist der linke obere Teil des Dreiecks, zwischen der Parabel und der oberen

2.3 Beispiele für Stabilitätsgrenzen

Begrenzungsgeraden, für die Anwendung von Interesse. Für die komplexen Nullstellen (2.21),

$$z_{1,2} = -\frac{c_1}{2} \pm j\sqrt{c_0 - \left(\frac{c_1}{2}\right)^2} = \sqrt{c_0}\,e^{\pm j\zeta}, \quad c_0 > 0 \qquad (2.27)$$

gilt

$$0 \leq \zeta = \arccos(-c_1/2\sqrt{c_0}) \leq \pi . \qquad (2.28)$$

Die entsprechenden dominierenden Eigenwerte im Grundstreifen der Tp-Ebene sind (Bild 2.5)

$$\begin{aligned} Tp_{1,2} = T\sigma_1 \pm jT\omega_1 &= \ln z_{1,2} \\ &= \ln \sqrt{c_0} \pm j\zeta \\ &= \ln \sqrt{c_0} \pm j \arccos(-c_1/2\sqrt{c_0}) . \end{aligned} \qquad (2.29)$$

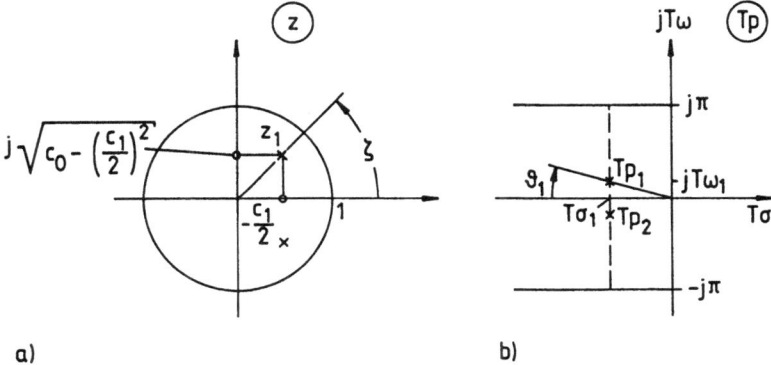

a) b)

Bild 2.5: Dominierende komplexe Eigenwerte in der Tp-Ebene

Die dominierenden Eigenwerte $Tp_{1,2}$ lassen sich gemäß Gl. (2.13) durch den zugehörigen Dämpfungsfaktor kennzeichnen

$$D = \cos \vartheta_1 = \left|\frac{\sigma_1}{p_1}\right| = \frac{1}{\sqrt{1 + \left(\frac{\arccos(-c_1/2\sqrt{c_0})}{\ln \sqrt{c_0}}\right)^2}} . \qquad (2.30)$$

Auflösung dieses Ausdrucks liefert eine Bedingung bei vorgeschriebener Mindestdämpfung $D_1 = \cos \vartheta_1$ des dominierenden Vorganges

$$c_1 < c_{1max} = -2\sqrt{c_0}\,\cos(\tan \vartheta_1 \ln \sqrt{c_0}) . \qquad (2.31)$$

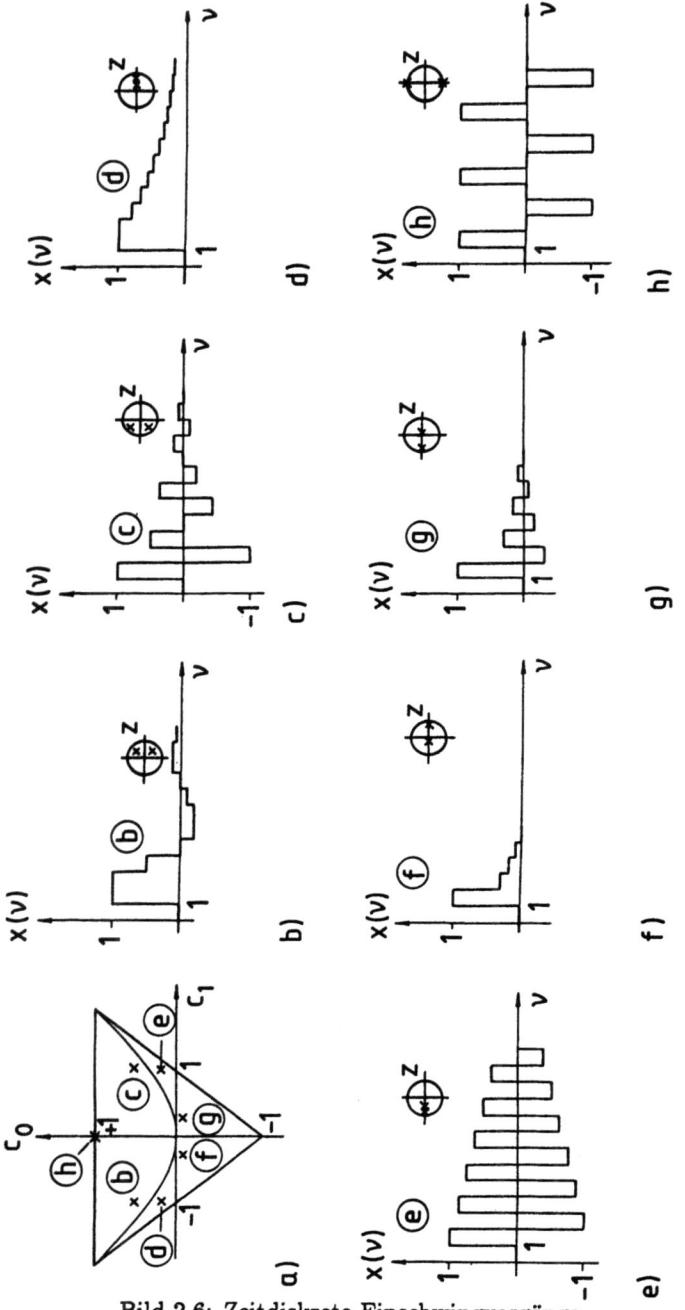

Bild 2.6: Zeitdiskrete Einschwingvorgänge

2.4 Graphische Stabilitätsprüfung

Im Koeffizientendreieck, Bild 2.4, sind diese Grenzkurven für verschiedene Werte des Dämpfungsfaktors $D = \cos\vartheta_1$ eingetragen. Brauchbare Einschwingvorgänge sind demnach nur zu erwarten, wenn die Koeffizienten c_0, c_1 zu einem Punkt in der linken Hälfte des Dreiecks nahe der Grenzparabel gehören.

In Bild 2.6b–h sind als Beispiele Lösungen der homogenen Differenzengleichung

$$x(\nu + 2) + c_1 x(\nu + 1) + c_0 x(\nu) = 0 \tag{2.32}$$

mit den gleichbleibenden Anfangsbedingungen $x(0) = 0$, $x(1) = 1$ für verschiedene c_0, c_1-Kombinationen aufgetragen; sie bestätigen die gefundenen Zusammenhänge.

2.4 Graphische Stabilitätsprüfung anhand des charakteristischen Polynoms $N(z)$

2.4.1 Grenzkurven für vorgegebene absolute oder relative Mindestdämpfung

Die Differenzengleichung ist nach dem vorher Gesagten stabil, wenn alle Nullstellen z_λ des charakteristischen Polynoms

$$N(z) = \sum_{\mu=0}^{n} c_\mu z^\mu \tag{2.33}$$

im Einheitskreis liegen. Ähnlich wie bei Differentialgleichungen läßt sich dieser Bereich noch weiter einschränken, um Einschwingvorgänge mit einer bestimmten absoluten oder relativen Mindestdämpfung zu erhalten [7,20]:
Aus

$$z = e^{Tp} = e^{T\sigma} e^{jT\omega} \tag{2.34}$$

folgt zum Beispiel, daß die Randkurve $\sigma = \sigma_0 = const.$ mit $\sigma_0 < 0$ in einen Kreis in der z-Ebene mit dem Radius $|z| = e^{T\sigma_0} < 1$ um den Ursprung abgebildet wird, Bild 2.7.

Sollen somit die Einschwingvorgänge eine vorgegebene maximale Abklingungszeitkonstante $T_0 = -1/\sigma_0$ aufweisen, so müssen alle Nullstellen z_λ im Kreis mit dem Radius $z_0 = e^{-T/T_0}$ liegen.

Bei Vorgabe einer bestimmten relativen Mindestdämpfung, entsprechend einem Dämpfungsfaktor D_0, müssen die dominierenden Eigenwerte p_λ in einem links liegenden Sektor der Tp-Ebene mit dem Öffnungswinkel $2\vartheta_0$ liegen; dabei gilt, Bild 2.8,

$$D_0 = \cos\vartheta_0 . \tag{2.35}$$

Die Begrenzungsgeraden des Sektors,

$$Tp = R e^{\pm j(\pi - \vartheta_0)} = -R\cos\vartheta_0 \pm jR\sin\vartheta_0 = -D_0 R \pm j\sqrt{1 - D_0^2} R \tag{2.36}$$

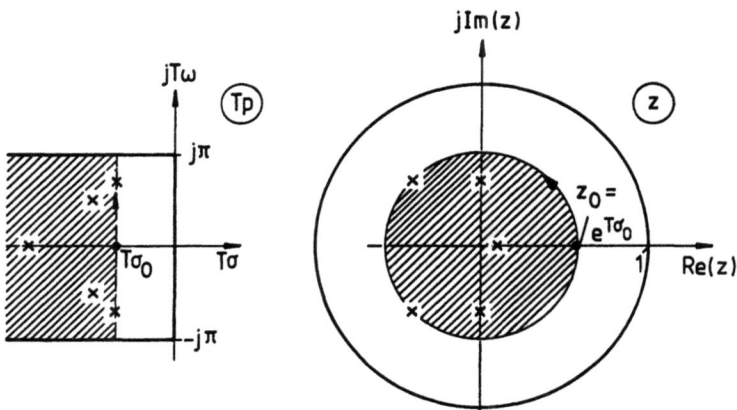

Bild 2.7: Grenzkurve für maximale Abklingzeitkonstante T_0

werden mit $z = e^{Tp}$ in Teile von logarithmischen Spiralen abgebildet,

$$z = e^{-D_0 R} e^{\pm j \sqrt{1-D_0^2} R} . \tag{2.37}$$

Um eine bestimmte relative Mindestdämpfung zu sichern, müssen somit alle Nullstellen z des charakteristischen Polynoms $N(z)$ in dem von zwei konjugiert komplexen Spiralen begrenzten herzförmigen Bereich des Einheitskreises liegen (Bild 2.8). Die Spiralen sind für $|T\omega| > \pi$ in den anschließenden Blättern der Riemannschen Fläche festgesetzt zu denken; da die Bedingung relativer Mindestdämpfung aber nur für die dominierenden Tp-Eigenwerte gelten kann, ist dies für die vorliegende Betrachtung ohne Bedeutung. Absolute und re-

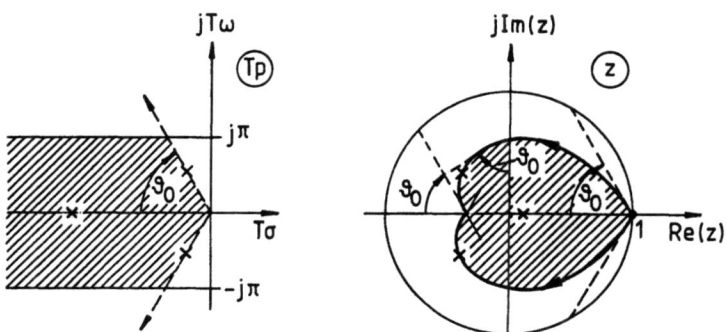

Bild 2.8: Grenzkurven für relative Mindestdämpfung

lative Mindestdämpfung können auch gleichzeitig vorgeschrieben sein. Als

2.4 Graphische Stabilitätsprüfung

zulässiges Gebiet für die Nullstellen z_λ von $N(z)$ erhält man dann einen durch zwei Spiralen und einen Kreisbogen begrenzten Teilbereich der z-Ebene.

2.4.2 Ortskurvenkriterium

Ähnlich wie bei kontinuierlichen Systemen läßt sich die Lage der Nullstellen z_λ auch durch den Verlauf von Ortskurven $N(z)$ eingrenzen, ohne die Nullstellen selbst berechnen zu müssen [7,20]. Das Polynom

$$N(z) = |N(z)|\, e^{j\varphi(z)} = \sum_{\mu=0}^{n} c_\mu z^\mu = \prod_{1}^{n}(z - z_\lambda)\,, \quad c_n = 1\,, \tag{2.38}$$

hat wegen der reellen Koeffizienten c_μ reelle oder paarweise konjugiert komplexe Nullstellen z_λ. Fordert man, daß die z_λ sämtlich in einem Gebiet G der z-Ebene liegen, das von einer einfach geschlossenen Kurve h berandet ist (Bild 2.9), so muß bei einem einfachen Umlauf von z auf h in mathematisch positivem Sinn die Phasendrehung der Ortskurve $N(z)$ den Wert

$${}^h\!\!\oint d\varphi = n\, 2\pi \tag{2.39}$$

aufweisen. Wenn sich die Randkurve h symmetrisch zur reellen z-Achse erstreckt, ist auch die Ortskurve $N(z)$ symmetrisch zur reellen Achse; es genügt dann, sich auf eine Hälfte der Ortskurve zu beschränken. Liegen von den n

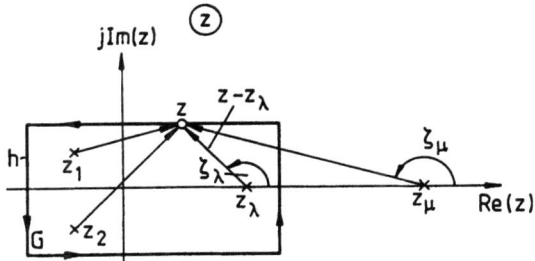

Bild 2.9: Integrationsweg in der z-Ebene

Nullstellen z_λ nur $m < n$ im Gebiet G, dann ist die Phasendrehung

$${}^h\!\!\oint d\varphi = m\, 2\pi\,, \tag{2.40}$$

die der halben Ortskurve $m\pi$. Diese Eigenschaft läßt sich bei passender Wahl von h somit zur Prüfung von Stabilität und Dämpfung der durch $N(z)$ beschriebenen Differenzengleichung heranziehen.

Die Begründung folgt unmittelbar aus Bild 2.9. Setzt man für den Fahrstrahl

$$z - z_\lambda = |z - z_\lambda| e^{j\zeta_\lambda}, \qquad (2.41)$$

so gilt

$$N(z) = \prod_1^n |z - z_\lambda| e^{j \sum_1^n \zeta_\lambda} = |N(z)| e^{j\varphi(z)},$$

d.h.

$$\varphi(z) = \sum_1^n \zeta_\lambda(z). \qquad (2.42)$$

Eine in G liegende Nullstelle z_λ liefert bei einem Umlauf von z auf h den Wert $\oint d\zeta_\lambda = 2\pi$, eine außerhalb befindliche Nullstelle $\oint d\zeta_\mu = 0$. Somit folgt bei m in G liegenden Nullstellen gerade Gleichung (2.40).

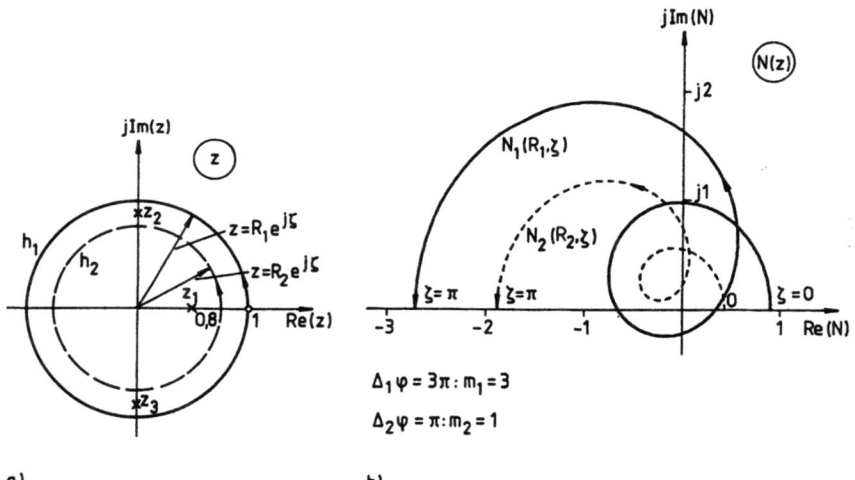

Bild 2.10: Ortskurve eines charakteristischen Polynoms 3. Grades

Zum Beispiel werde das Polynom

$$N(z) = z^3 - 0.5z^2 + 0.81z - 0.405$$

betrachtet. Als Randkurven dienen zwei konzentrische Kreise mit $R_1 = 1.0$ und $R_2 = 0.8$. Die anhand einiger Punkte für $0 < \zeta < \pi$ berechneten Ortskurven lassen erkennen (Bild 2.10b), daß der größere Kreis sämtliche Nullstellen einschließt ($m_1 = n = 3$), während der kleinere Kreis nur eine Nullstelle umfaßt ($m_2 = 1$). Die zugehörige Differenzengleichung ist zwar stabil, sie erfüllt aber nicht die vorgegebene Bedingung für absolute Mindestdämpfung. Die Nullstellen selbst liegen bei $z_1 = 0.5$ und $z_{2,3} = \pm j0.9$.

3 Laplace-Transformation diskontinuierlicher Funktionen

Lineare Übertragungssysteme können wahlweise im Zeit- oder Frequenzbereich (Spektralbereich) beschrieben werden. Das Bindeglied ist die Laplace-Transformation, die bei einer einseitigen Funktion, $y(t < 0) = 0$, durch das Funktional

$$L[y(t)] = Y(p) = \int_0^\infty y(t)e^{-pt}dt \,. \tag{3.1}$$

definiert ist;

$$p = \sigma + j\omega \tag{3.2}$$

ist dabei die komplexe Frequenzvariable. Als Sonderfall entsteht für $\sigma = 0$ die Fourier-Transformation, die allerdings eingeschränkten Konvergenzbedingungen unterliegt [7,18].

3.1 Stufenfunktion

Die Laplace-Transformation ist nicht auf stetige Funktionen beschränkt; sie ist z.B. auch auf die in Abschnitt 1.4 eingeführte Stufenfunktion mit der Schrittweite T anwendbar. Wie in Bild 3.1 gezeigt, läßt sich die als $y^{**}(t)$ bezeichnete Stufenfunktion (der Grund für diese Bezeichnung wird anschließend deutlich) aus einzelnen Abschnitten (in Bild 3.1 schraffiert) der Form

$$y(\nu T)\left[s(t - \nu T) - s(t - (\nu + 1)T)\right] \tag{3.3}$$

zusammensetzen, wobei

$$s(t) = \begin{cases} 0, & t < 0 \\ 1, & t \geq 0 \end{cases} \tag{3.4}$$

die normierte Sprungfunktion darstellt. Durch Überlagerung der einzelnen Blöcke entsteht die gesamte Stufenfunktion

$$y^{**}(t) = \sum_{\nu=0}^{\infty} y(\nu T)\left[s(t - \nu T) - s(t - (\nu + 1)T)\right] \,. \tag{3.5}$$

3.1 Stufenfunktion

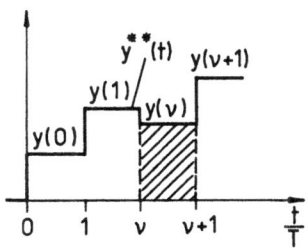

Bild 3.1: Aufbau einer Stufenfunktion aus verschobenen Sprungfunktionen

Die Laplace-Transformierte der Stufenfunktion wird abschnittsweise berechnet,

$$\begin{aligned}
L\left[y^{**}(t)\right] &= Y^{**}(p) = \sum_{\nu=0}^{\infty} y(\nu T) \int_{\nu T}^{(\nu+1)T} e^{-pt} dt \\
&= \sum_{\nu=0}^{\infty} y(\nu T) \frac{e^{-\nu T p} - e^{-(\nu+1)T p}}{p} \\
&= \underbrace{\frac{1 - e^{-T p}}{T p}}_{F_H(p)} \underbrace{T \sum_{\nu=0}^{\infty} y(\nu T) e^{-\nu T p}}_{Y^*(p)} \quad . \quad (3.6)
\end{aligned}$$

Die beiden Faktoren der Bildfunktion

$$F_H(p) = \frac{1 - e^{-Tp}}{Tp}, \quad (3.7)$$

und

$$Y^*(p) = T \sum_{\nu=0}^{\infty} y(\nu T) e^{-\nu T p} \quad (3.8)$$

werden anschließend genauer untersucht. Bild 3.2 zeigt den Zusammenhang dieser Funktionen anhand eines Blockschaltbildes.

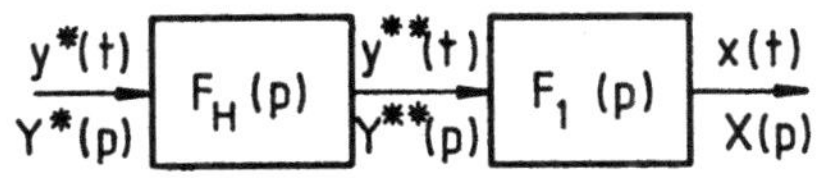

$$\frac{y^*(t)}{Y^*(p)} \boxed{F_H(p)} \frac{y^{**}(t)}{Y^{**}(p)} \boxed{F_1(p)} \frac{x(t)}{X(p)}$$

Bild 3.2: Stufenfunktion als Anregung einer linearen Übertragungsstrecke

Die Stufenfunktion $y^{**}(t)$ kann, wie in Abschnitt 1.4 gezeigt, als Anregung für eine kontinuierliche Strecke mit der Übertragungsfunktion $F_1(p)$ dienen. Die entstehende kontinuierliche Ausgangsgröße $x(t)$ läßt sich wieder am einfachsten im Bildbereich berechnen,

$$X(p) = F_1(p) Y^{**}(p) = F_1(p) F_H(p) Y^*(p) ; \quad (3.9)$$

$Y^{**}(p)$ ist ja das Ergebnis einer normalen Laplace-Transformation, lediglich angewendet auf eine spezielle stufenförmige Zeitfunktion.

3.2 Impulsspeicher (Halteglied, Mittelwertbildner)

Ein Übertragungselement mit der Übertragungsfunktion $F_H(p)$ gemäß Gl.(3.7) wird als Impulsspeicher oder Halteglied bezeichnet. Seine Eigenschaften gehen aus dem zugehörigen Blockschaltbild 3.3 hervor, das ein Laufzeitglied

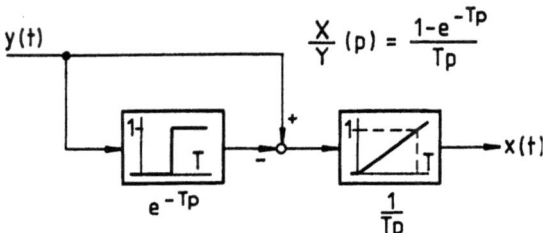

Bild 3.3: Blockschaltbild eines Impulsspeichers oder Haltegliedes

und einen Integrator enthält. Für die Ausgangsgröße $x(t)$ kann man auch schreiben

$$x(t) = \frac{1}{T}\int_0^t y(\tau)d\tau - \frac{1}{T}\int_0^{t-T} y(\tau)d\tau = \frac{1}{T}\int_{t-T}^t y(\tau)d\tau \quad . \tag{3.10}$$

Dies entspricht einer fortlaufenden Mittelwertbildung von $y(t)$ über das jeweils zurückliegende Intervall der Länge T. Das Intervall verschiebt sich dabei kontinuierlich mit der Zeit [21].

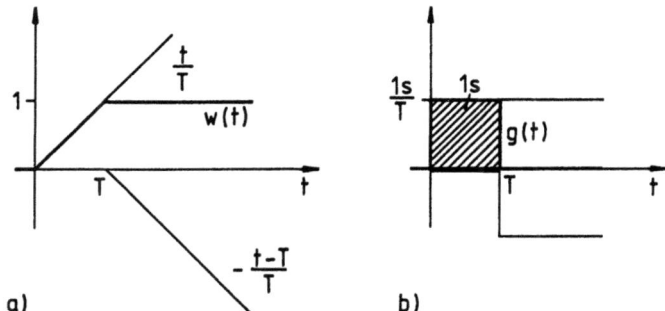

Bild 3.4: Sprungantwort und Impulsantwort des Impulsspeichers

Die zu $F_H(p)$ gehörige Sprungantwort $w(t)$ findet man durch Überlagerung beider Kanäle (Bild 3.4a). Auf entsprechende Weise entsteht die Impulsantwort $g(t)$; der zum Zeitpunkt $t = 0$ eintreffende Dirac-Impuls $\delta(t)$ mit der

3.3 Modulierte Impulsreihe

Fläche 1 s wird demnach durch das Halteglied zwischengespeichert und unter Beibehaltung der Fläche auf ein Intervall der Länge T ausgebreitet (Bild 3.4b). Die Impulsantwort $g(t)$ hat damit gerade die Form der in Bild 3.1 zum Aufbau von $y^{**}(t)$ verwendeten Rechteckblöcke. Sprung- und Impulsantwort eines linearen Übertragungsgliedes gehen bekanntlich durch Integration auseinander hervor [7,20],

$$w(t) = \frac{1}{1\,\text{s}} \int_0^t g(\tau)d\tau \; ; \qquad (3.11)$$

dies findet sich in Bild 3.4 bestätigt.
Die Ortskurve des Haltegliedes hat die Form einer Spirale, Bild 3.5,

$$F_H(j\omega) = \frac{1 - e^{-j\omega T}}{j\omega T} = \frac{\sin \omega T}{\omega T} - j\frac{1 - \cos \omega T}{\omega T} \; . \qquad (3.12)$$

Der Anfangswert $F_H(0)$ der Ortskurve ergibt sich durch Reihenentwicklung zu Eins, was der allgemeinen Beziehung $F(0) = \lim_{t \to \infty} w(t)$ entspricht.

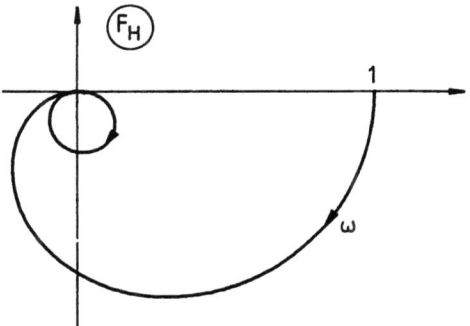

Bild 3.5: Ortskurve des Haltegliedes

3.3 Modulierte Impulsreihe

In Abschnitt 3.1 entstand eine synthetische Zeitfunktion und ihre Laplace-Transformierte, die vorerst $y^*(t)$ und $Y^*(p)$ genannt wurden (Bild 3.2). Die soeben besprochene Impulsantwort des Haltegliedes läßt vermuten, daß es sich bei $y^*(t)$ um eine Impulsreihe handelt.

Ein einzelner Dirac-Impuls $\delta(t - \nu T)$ zum Zeitpunkt $t = \nu T$ hat als Bildfunktion die Laplace-Transformierte

$$L[\delta(t - \nu T)] = 1\,\text{s}\, e^{-\nu T p} \; ; \qquad (3.13)$$

man kann sich die Verschiebung ja durch eine Laufzeit νT verursacht vorstellen. Im Interesse einer einfachen Normierung ist es zweckmäßig, weiterhin

Impulse mit der Fläche T anstelle solcher mit der Fläche 1 s zu verwenden; sie werden zur Unterscheidung mit $\delta_T(t)$ bezeichnet. Da diese Impulse sich nur durch ihre Fläche, d.h. einen konstanten Faktor, unterscheiden, gilt

$$L\left[\delta_T(t-\nu T)\right] = Te^{-\nu Tp}. \tag{3.14}$$

In Bild 3.6 ist der modifizierte Impuls $\delta_T(t-\nu T)$, zusammen mit der von ihm erzeugten Antwort des Mittelwertbildners, gekennzeichnet. Man erkennt,

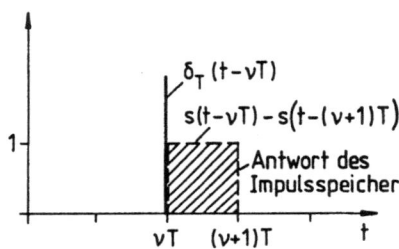

Bild 3.6: Zeitlich verschobener Dirac-Impuls und Reaktion eines Mittelwertbildners

daß dabei ein blockförmiger Signalverlauf entsteht, wie er in Bild 3.1 zum Aufbau der Stufenfunktion $y^{**}(t)$ diente. Die in Gl. (3.8) gefundene Anregungsfunktion

$$Y^*(p) = T\sum_{\nu=0}^{\infty} y(\nu T)e^{-\nu Tp}$$

ist somit als eine Reihe von äquidistanten Dirac-Impulsen zu deuten, deren Flächen durch $y(\nu T)$ moduliert sind,

$$y^*(t) = \sum_{\nu=0}^{\infty} y(\nu T)\delta_T(t-\nu T). \tag{3.15}$$

Das gleiche Ergebnis läßt sich noch auf andere Weise gewinnen: Ausgehend vom Einzelimpuls (Gl. 3.14) definiert man zunächst (Bild 3.7a) eine unmodulierte äquidistante Träger-Impulsreihe $h^*(t)$,

$$h^*(t) = \sum_{\nu=0}^{\infty} \delta_T(t-\nu T), \tag{3.16}$$

die durch Multiplikation mit einem kontinuierlichn Signal $y(t)$ moduliert wird, so daß eine flächenmodulierte Impulsreihe entsteht,

$$y^*(t) = y(t)h^*(t) = \sum_{\nu=0}^{\infty} y(\nu T)\delta_T(t-\nu T). \tag{3.17}$$

3.3 Modulierte Impulsreihe

Man kann die Modulation des impulsförmigen Trägers auch als einen idealen Abtastvorgang deuten; dabei werden zu den Zeitpunkten $t = \nu T$ Proben des Signals $y(t)$ entnommen und als Impulse mit der Fläche $T y(\nu T)$ weiter übertragen (Bild 3.7b). Die Verwendung von Impulsen ist natürlich eine mathematische Abstraktion, da Signale mit unendlicher Amplitude und verschwindender Dauer nur angenähert erzeugt werden können; auch negative Impulsflächen sind dabei zugelassen.

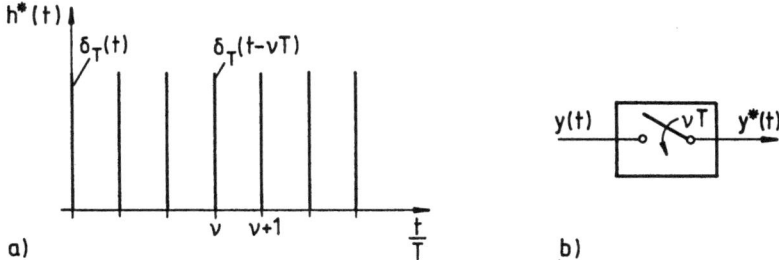

Bild 3.7: Träger-Impulsreihe und Abtastvorgang

Für die praktische Anwendung sind später vor allem stufenförmige Signale von Bedeutung, wie sie durch Einfügung eines Mittelwertbildners entstehen. Der gesamte Abtast- und Speichervorgang ist in Bild 3.8 nochmals dargestellt. Dabei werden im Abstand T Proben eines kontinuierlichen Signals $y(t)$ entnommen; sie werden zunächst in eine modulierte Impulsreihe und anschließend in eine Stufenfunktion umgewandelt, die mit dem kontinuierlichen Signalverlauf in den Abtastpunkten übereinstimmt.

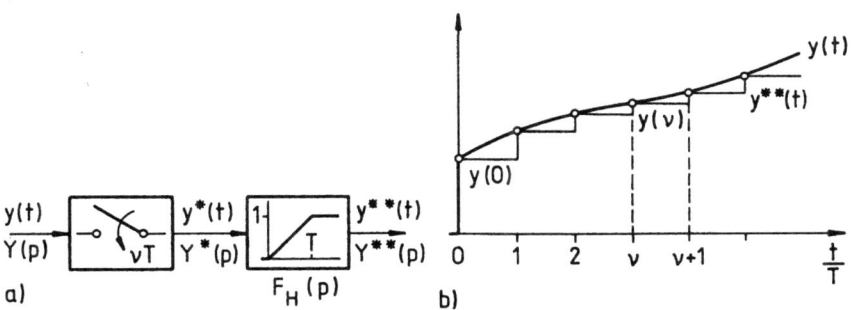

Bild 3.8: Abtastung und Interpolation durch Stufenfunktion

Hinter dem Abtaster sind nur noch die diskreten Proben $y(\nu T)$ verfügbar; eine Rekonstruktion des ursprünglichen Funktionsverlaufs ist nur mit bestimmten noch zu behandelnden Einschränkungen möglich.

3.4 Lineare Übertragung einer modulierten Impulsreihe

Bei dem in Bild 3.9 dargestellten Funktionsschema wird ein kontinuierlicher Tiefpaß mit der Übertragungsfunktion $F(p)$ und der Impulsantwort $g(t)$ durch eine modulierte Impulsreihe $y^*(t)$ angeregt. Am Ausgang der Übertragungsstrecke entsteht dadurch die kontinuierliche, wenn auch möglicherweise unstetige Antwortfunktion $x(t)$. Mit einem zweiten Abtaster, den man sich synchron zum ersten betätigt zu denken hat, werden auch der Antwortfunktion periodische Proben entnommen, um daraus eine neue modulierte Impulsreihe zu gewinnen. Falls die abgetastete Funktion im Abtastaugenblick unstetig verläuft, wird der neue Funktionswert (Grenzwert von rechts) als Abtastwert definiert. Das Schema in Bild 3.9 schließt auch den Fall einer Anregung durch eine Stufenfunktion der Schrittweite T ein, da die Strecke ja einen Impulsspeicher enthalten kann; in diesem Fall ist $F(p) = F_H F_1$. Zunächst wird die

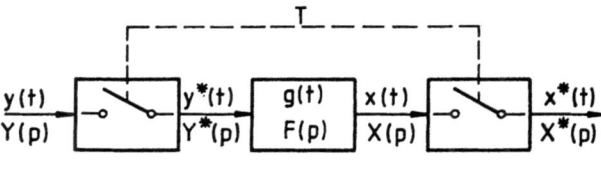

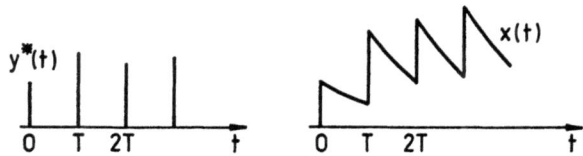

Bild 3.9: Übertragung einer modulierten Impulsreihe

kontinuierliche Antwortfunktion $x(t)$ bestimmt; sie entsteht durch Überlagerung zeitlich verschobener Impulsantworten. Ein einzelner Anregungsimpuls mit der Fläche $Ty(\nu)$ zum Zeitpunkt νT,

$$y(\nu)\,\delta_T(t - \nu T)\,, \qquad (3.18)$$

verursacht die Antwortfunktion

$$\frac{T}{1\,\text{s}} y(\nu) g(t - \nu T) = y(\nu) g_T(t - \nu T)\,; \qquad (3.19)$$

3.4 Lineare Übertragung einer modulierten Impulsreihe

dabei ist zur Abkürzung $g_T(t) = g(t)\,T/1\mathrm{s}$ geschrieben, entsprechend der Antwort bei Anregung durch einen Impuls der Fläche T. Durch Überlagerung der Wirkungen aller vor dem betrachteten Zeitpunkt wirkenden Impulse gilt im Abschnitt $\nu T \leq t < (\nu+1)T$ (Bild 3.10):

$$x(t) = \sum_{\mu=0}^{\nu} y(\mu) g_T(t - \mu T) \,. \tag{3.20}$$

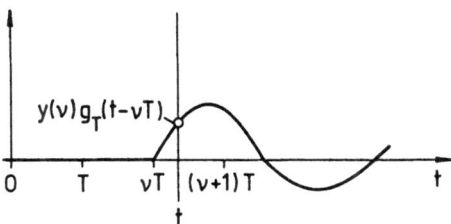

Bild 3.10: Berechnung der Ausgangsgröße im Intervall $\nu T \leq t < (\nu+1)T$

Dieses Ergebnis stellt eine Faltungssumme dar. In den Abtastzeitpunkten $t = \nu T$ ist somit

$$x(\nu T) = x(\nu) = \sum_{\mu=0}^{\nu} y(\mu)\, g_T(\nu - \mu) \,. \tag{3.21}$$

Falls $x(t)$ bei $t = \nu T$ unstetig ist, wird wieder

$$x(\nu) = \lim_{\Delta \to 0} x(\nu T + \Delta),\ \Delta > 0 \,, \tag{3.22}$$

vereinbart. Die am Ausgang des zweiten Tasters in Bild 3.9 entstehende modulierte Impulsreihe wird damit

$$x^*(t) = \sum_{\nu=0}^{\infty} x(\nu)\,\delta_T(t - \nu T) = \sum_{\nu=0}^{\infty} \left[\sum_{\mu=0}^{\nu} y(\mu)\,g_T(\nu - \mu) \right] \delta_T(t - \nu T) \,. \tag{3.23}$$

Die zugehörige Laplace-Transformierte folgt mit Gl. (3.14)

$$X^*(p) = L\left[x^*(t)\right] = T \sum_{\nu=0}^{\infty} \left[\sum_{\mu=0}^{\nu} y(\mu)\,g_T(\nu - \mu) \right] e^{-\nu T p} \,. \tag{3.24}$$

Schreibt man die ersten Glieder dieser Doppelsumme aus, so wird ersichtlich, daß sie als Produkt zweier Reihen dargestellt werden kann,

$$\begin{aligned}
X^*(p) &= [y(0)g_T(0)]\,Te^0 \\
&+ [y(0)g_T(1) + y(1)g_T(0)]\,Te^{-Tp} \\
&+ [y(0)g_T(2) + y(1)g_T(1) + y(2)g_T(0)]\,Te^{-2Tp} \\
&+ \ldots \\
&= \left[\sum_{\nu=0}^{\infty} g_T(\nu)e^{-\nu Tp}\right]\left[T\sum_{\nu=0}^{\infty} y(\nu)e^{-\nu Tp}\right] \\
&= \frac{1}{T}L\left[g_T^*(t)\right] \times L\left[y^*(t)\right]\,.
\end{aligned} \qquad (3.25)$$

Dabei ist $g_T^*(t)$ die durch $g_T(t)$ modulierte Impulsreihe (Bild 3.11),

$$g_T^*(t) = \sum_{\nu=0}^{\infty} g_T(\nu)\delta_T(t - \nu T)\,. \qquad (3.26)$$

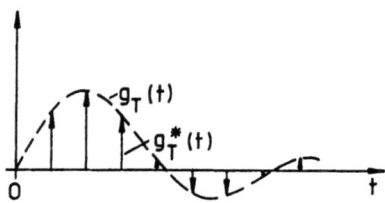

Bild 3.11: Modulation einer Impulsreihe durch die Impulsantwort $g_T(t)$ einer Tiefpaß-Übertragungsstrecke

Die zugehörige Laplace-Transformierte ist

$$L\left[g_T^*(t)\right] = G_T^*(p) = T\sum_{\nu=0}^{\infty} g_T(\nu)e^{-\nu Tp}\,. \qquad (3.27)$$

In Analogie zu

$$L\left[g_T(t)\right] = G_T(p) = L\left[\delta_T(t)\right] F(p) = T\,F(p) \qquad (3.28)$$

wird nun definiert

$$F^*(p) = \frac{L\left[g_T^*(t)\right]}{T} = \sum_{\nu=0}^{\infty} g_T(\nu)e^{-\nu Tp}\,. \qquad (3.29)$$

Man bezeichnet $F^*(p)$ als Impuls-Übertragungsfunktion. Für die Laplace-Transformierte von $x^*(t)$ folgt damit aus Gl. (3.25) der einfache Zusammenhang

$$X^*(p) = F^*(p)\,Y^*(p) \qquad (3.30)$$

3.4 Lineare Übertragung einer modulierten Impulsreihe

der dem bei kontinuierlichen Übertragungsstrecken geltenden,

$$X(p) = F(p)Y(p), \qquad (3.31)$$

vollständig analog ist [10,12,16,30].

Dieser lineare Ausdruck ermöglicht es, die durch Abtastung der Antwortfunktion $x(t)$ entstehende modulierte Impulsreihe $x^*(t)$ aus der anregenden Impulsreihe $y^*(t)$ und einer Übertragungsfunktion im Bildbereich zu berechnen. Da die Impuls-Übertragungsfunktion, abgesehen vom Faktor T, der Bildfunktion der abgetasteten Impulsantwort entspricht, ist sie durch die Übertragungsstrecke vollständig bestimmt. Daher bestehen enge Beziehungen zwischen $F(p)$ und $F^*(p)$. Aus Gl. (3.29) folgt zum Beispiel mit dem Grenzübergang

$$T \to dt$$
$$\nu T \to t$$

die Definitionsgleichung der kontinuierlichen Übertragungsfunktion

$$\lim_{T \to 0} F^*(p) = \frac{1}{1\,\text{s}} \int_0^\infty g(t) e^{-pt} dt = \frac{1}{1\,\text{s}} G(p) = F(p). \qquad (3.32)$$

4 Die Impuls-Übertragungsfunktion

Die in Abschnitt 3 eingeführte Impuls-Übertragungsfunktion $F^*(p)$ läßt sich anhand der Definition

$$F^*(p) = \frac{X^*(p)}{Y^*(p)} = \sum_{\nu=0}^{\infty} g_T(\nu) e^{-\nu T p} \tag{4.1}$$

berechnen, wobei

$$g_T(t) = L^{-1}\left[TF(p)\right] \tag{4.2}$$

aus der Übertragungsfunktion $F(p)$ folgt. In Bild 4.1 ist dieser Zusammenhang nochmals dargestellt. Um auszuschließen, daß der gedachte Abtaster am

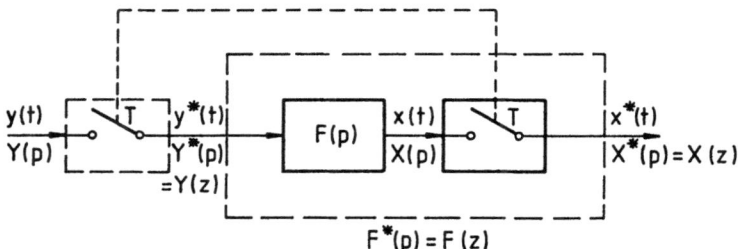

Bild 4.1: Definition der Impuls-Übertragungsfunktion

Ausgang der Übertragungsstrecke ein Signal mit unendlich großer Amplitude abtastet – dies würde nach der Definition einen Dirac-Impuls mit unendlicher Fläche ergeben – gilt Gl. (4.1) nur unter der Voraussetzung einer endlichen Impulsantwort $g(t)$, d.h. es muß gelten $\lim_{p \to \infty} F(p) = 0$. Wenn $F(p)$ eine rationale Funktion in p ist, muß der Grad des Zählers niedriger sein als der des Nenners. Dies bedeutet keine wesentliche Einschränkung, da die Verwendung unstetiger Steuergrößen ohnehin nur bei Tiefpaß-Übertragungsstrecken sinnvoll ist. Im folgenden wird die Impuls-Übertragungsfunktion für einige wichtige Sonderfälle anhand von Gln. (4.1, 4.2) berechnet. Die Ableitung erfolgt zunächst für rationale Übertragungsfunktionen mit Einzel- und Zweifachpolen; die Berechnung bei Mehrfachpolen geht entsprechend vor sich. Anschließend wird der Fall einer Übertragungsstrecke mit Laufzeit behandelt.

4.1 Rationale Übertragungsfunktion $F(p)$ mit Einzelpolen

Die Übertragungsfunktion $F(p)$ sei Quotient zweier Polynome $Z(p)$ und $N(p)$ mit den reellen Koeffizienten a, b, deren Dimension (Zeit)$^\mu$ ist; sie kann als Partialbruchreihe geschrieben werden,

$$F(p) = \frac{Z(p)}{N(p)} = \frac{\sum_{\mu=0}^{m} b_\mu p^\mu}{\sum_{\mu=0}^{n} a_\mu p^\mu} = \sum_{\lambda=1}^{n} \frac{R_\lambda(F)}{p - p_\lambda}, \quad m < n. \tag{4.3}$$

Die p_λ sind die reellen oder paarweise konjugierten Pole; die Koeffizienten

$$R_\lambda(F) = \operatorname{Res} F(p)\Big|_{p_\lambda}$$

sind die Residuen von $F(p)$ an den sämtlich verschiedenen angenommenen Polstellen p_λ. Ihre Dimension ist 1/Zeit, gleich der von p; mit den üblicherweise normierten Ein- und Ausgangssignalen ist die Übertragungsfunktion also insgesamt dimensionslos.

Rücktransformation von Gl. (4.3) in den Zeitbereich liefert gemäß Gl. (4.2) die Impulsantwort

$$g_T(t) = L^{-1}[TF(p)] = \sum_{\lambda=1}^{n} TR_\lambda(F)e^{p_\lambda t}, \quad t \geq 0, \tag{4.4}$$

aus der die Abtastwerte für $t = \nu T$ folgen,

$$g_T(\nu T) = g_T(\nu) = \sum_{\lambda=1}^{n} TR_\lambda(F)e^{\nu T p_\lambda}. \tag{4.5}$$

Mit Gl. (4.1) wird dann die Impuls-Übertragungsfunktion

$$F^*(p) = \sum_{\nu=0}^{\infty} \left[\sum_{\lambda=1}^{n} TR_\lambda(F)e^{\nu T p_\lambda}\right] e^{-\nu T p}. \tag{4.6}$$

Da die Summationsfolge vertauscht werden kann, gilt auch

$$F^*(p) = \sum_{\lambda=1}^{n} T R_\lambda(F) \sum_{\nu=0}^{\infty} e^{-\nu T(p - p_\lambda)}. \tag{4.7}$$

Bei der zweiten Summe handelt es sich um eine geometrische Reihe; sie konvergiert für

$$|b| = \left|e^{-T(p-p_\lambda)}\right| < 1 \quad \text{oder} \quad Re(p - p_\lambda) > 0, \quad \text{wobei} \quad \lambda = 1, 2, \ldots, n. \tag{4.8}$$

Dies entspricht gerade der Konvergenzbedingung der normalen Laplace-Transformation [4].

Die Summenformel für die geometrische Reihe lautet mit $|b| < 1$

$$S(\nu) = \sum_{\mu=0}^{\nu} b^{\mu} = \frac{1 - b^{\nu+1}}{1 - b},$$

oder für $\nu \to \infty$,

$$S(\infty) = \frac{1}{1 - b}. \qquad (4.9)$$

Die Impuls-Übertragungsfunktion erhält damit die Form

$$F^*(p) = \frac{X^*(p)}{Y^*(p)} = \sum_{\lambda=1}^{n} TR_\lambda(F) \frac{e^{Tp}}{e^{Tp} - e^{Tp_\lambda}}, \qquad (4.10)$$

sie folgt unmittelbar aus p_λ und $R_\lambda(F)$, d.h. den Bestimmungsstücken der Übertragungsfunktion $F(p)$. Die Impuls-Übertragungsfunktion $F^*(p)$ ist, ebenso wie $F(p)$, dimensionslos.

$F^*(p)$ ist jedoch nicht identisch mit $F(p)$, denn es gilt gemäß Bild 4.1

$$X(p) = F(p)Y^*(p), \qquad (4.11)$$

dagegen

$$X^*(p) = F^*(p)Y^*(p). \qquad (4.12)$$

Zwar ist die Anregungsfunktion $Y^*(p)$ in beiden Fällen die gleiche modulierte Impulsreihe, doch ist die Antwortfunktion im einen Fall $X(p)$, im anderen $X^*(p)$.

Die Tatsache, daß p in $Y^*(p), F^*(p)$ und $X^*(p)$ nur im Exponenten vorkommt, gibt wieder Anlaß zur Substitution

$$z = e^{Tp}, \quad z_\lambda = e^{Tp_\lambda}$$

so daß rationale Funktionen in z entstehen,

$$Y^*(p) = Y(z) = T \sum_{\nu=0}^{\infty} y(\nu) z^{-\nu}, \qquad (4.13)$$

$$X^*(p) = X(z) = T \sum_{\nu=0}^{\infty} x(\nu) z^{-\nu}, \qquad (4.14)$$

$$F^*(p) = F(z) = \frac{X(z)}{Y(z)} = \sum_{\lambda=1}^{\nu} TR_\lambda(F) \frac{z}{z - z_\lambda}. \qquad (4.15)$$

In Analogie zu kontinuierlichen Übertragungssystemen gilt

$$X(z) = F(z)Y(z). \qquad (4.16)$$

Die Impuls-Übertragungsfunktion ist also für die Ausgangsgrößen der beiden Abtaster erklärt.

Der durch die Gln. (4.13 - 4.15) definierte Zusammenhang wird als „Diskrete Laplace-Transformation" oder „z-Transformation" bezeichnet [8,10,12,16,17,30]. Aus der Ableitung ist jedoch ersichtlich, daß es sich dabei um die normale Laplace-Transformation handelt, die lediglich auf modulierte Impulsreihen angewendet wurde. Dieser Unterschied ist vor allem dann von Bedeutung, wenn, wie in Regelsystemen, kontinuierliche und impulsmodulierte Signale gemischt vorkommen. Durch einen Grenzübergang findet man wieder

$$\lim_{T \to 0} F(z) = F(p) , \quad \lim_{T \to 0} X(z) = X(p) \quad \text{usw.} \tag{4.17}$$

Dieses Ergebnis ist so zu deuten, daß z.B. nach dem zweiten Abtaster in Bild 4.1 die modulierten Impulse für $T \to 0$ immer dichter aufeinander folgen; gleichzeitig reduziert sich ihre Fläche $Tx(\nu T)$, so daß schließlich die kontinuierliche Funktion $x(t)$ entsteht.

4.2 Rationale Übertragungsfunktion $F(p)$ mit Einzel- und Doppelpolen

Wenn $F(p)$ einen Doppelpol bei $p_1 = p_2$, sonst aber lauter Einzelpole hat, ist die Partialbruchentwicklung für $m < n$

$$F(p) = \frac{A_1}{(p - p_1)^2} + \sum_{\lambda=2}^{n} \frac{R_\lambda}{p - p_\lambda} . \tag{4.18}$$

Aus der zugehörigen Impulsantwort

$$g_T(t) = L^{-1}[TF(p)] = A_1 T t e^{p_1 t} + \sum_{\lambda=2}^{n} TR_\lambda e^{p_\lambda t} \tag{4.19}$$

erhält man wieder die Abtastwerte

$$g_T(\nu) = T^2 A_1 \nu e^{\nu T p_1} + \sum_{\lambda=2}^{n} TR_\lambda e^{\nu T p_\lambda} , \tag{4.20}$$

so daß mit Gl. (4.1) die Impuls-Übertragungsfunktion die Form

$$F^*(p) = T^2 A_1 \sum_{\nu=0}^{\infty} \nu e^{-\nu T(p-p_1)} + \sum_{\lambda=2}^{n} TR_\lambda \frac{e^{Tp}}{e^{Tp} - e^{Tp_\lambda}} \tag{4.21}$$

annimmt.

Die Summen konvergieren wieder für $|b| = \left| e^{-T(p-p_\lambda)} \right| < 1$. Für die erste Summe gilt die Formel

$$\sum_{\nu=0}^{\infty} \nu b^\nu = \frac{b}{(1-b)^2} , \tag{4.22}$$

die zweite Summe entspricht der in Abschnitt 4.1.
Nach einer einfachen Erweiterung folgt aus den Gln. (4.21, 4.22)

$$F^*(p) = \frac{X^*}{Y^*} = T^2 A_1 \frac{e^{Tp_1} e^{Tp}}{(e^{Tp} - e^{Tp_1})^2} + \sum_{\lambda=2}^{n} TR_\lambda \frac{e^{Tp}}{e^{Tp} - e^{Tp_\lambda}} \;. \qquad (4.23)$$

Die Substitution $z = e^{Tp}, z_\lambda = e^{Tp_\lambda}$ führt auf

$$F(z) = \frac{X(z)}{Y(z)} = T^2 A_1 \frac{z_1 z}{(z - z_1)^2} + \sum_{\lambda=2}^{n} TR_\lambda \frac{z}{z - z_\lambda} \;, \qquad (4.24)$$

die Impuls-Übertragungsfunktion ist also wieder eine rationale Funktion in z.
Übertragungsfunktionen mit beliebigen Mehrfachpolen werden auf entsprechende Weise berechnet.

4.3 Übertragungsstrecke mit Laufzeit

Falls die in Bild 4.1 mit $F(p)$ bezeichnete Übertragungsstrecke eine Laufzeit T_L enthält, läßt sich dieser Anteil gemäß

$$F(p) = e^{-T_L p} F_1(p) \qquad (4.25)$$

abspalten; $F_1(p)$ ist dann eine rationale Funktion in p, wobei wieder $m < n$ gelten soll. Es empfiehlt sich, die Laufzeit T_L auf die Abtastperiode zu beziehen, $T_L = (a + \alpha)T$, wobei $a = 0, 1, 2 \ldots$ den ganzzahligen und $0 < \alpha \leq 1$ den bruchzahligen Laufzeitanteil kennzeichnet. Damit gilt

$$F(p) = e^{-(a+\alpha)Tp} F_1(p) \;. \qquad (4.26)$$

Die Berechnung der Impuls-Übertragungsfunktion erfolgt wieder anhand der Impulsantwort $g_T(t)$. Der Einfachheit halber wird angenommen, daß $F_1(p)$ nur Einzelpole aufweise,

$$F_1(p) = \sum_{\lambda=1}^{n} \frac{R_\lambda(F_1)}{p - p_\lambda} \;; \qquad (4.27)$$

die Impulsantwort des rationalen Anteils lautet dann

$$g_{1T}(t) = \sum_{\lambda=1}^{n} TR_\lambda(F_1) e^{p_\lambda t} \;. \qquad (4.28)$$

Die Impulsantwort der gesamten Strecke, $g_T(t)$, geht daraus durch zeitliche Verschiebung um $T_L = (a + \alpha)T$ hervor, Bild 4.2,

$$g_T(t) = g_{1T}(t - T_L) = \sum_{\lambda=1}^{n} TR_\lambda(F_1) e^{p_\lambda (t - T_L)}, \quad t > T_L \;. \qquad (4.29)$$

4.3 Übertragungsstrecke mit Laufzeit

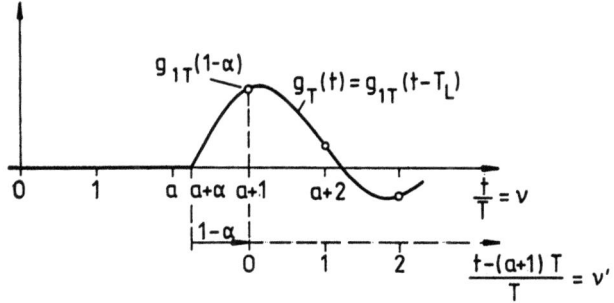

Bild 4.2: Impulsantwort einer Übertragungsstrecke mit Laufzeit

Die Abtastwerte sind

$$g_T(\nu T) = 0, \quad \nu \le a,$$
$$g_T(\nu T) = g_{1T}(\nu T - (a+\alpha)T), \quad \nu > a. \quad (4.30)$$

Der erste möglicherweise von Null verschiedene Abtastwert liegt bei $\nu = a+1$; er hat den Wert $g_{1T}[(1-\alpha)T]$.
Die Impuls-Übertragungsfunktion wird damit

$$F^*(p) = \sum_{\nu=0}^{\infty} g_T(\nu) e^{-\nu T p} = \sum_{\nu=a+1}^{\infty} g_{1T}(\nu - a - \alpha) e^{-\nu T p}. \quad (4.31)$$

Um die früher abgeleitete Summenformel verwenden zu können, wird substituiert (Bild 4.2), $\nu - a - 1 = \nu'$. Damit folgt

$$\begin{aligned} F^*(p) &= \sum_{\nu'=0}^{\infty} g_{1T}(\nu' + 1 - \alpha) e^{-(\nu'+a+1)T p} \\ &= e^{-(a+1)T p} \sum_{\nu'=0}^{\infty} g_{1T}(\nu' + 1 - \alpha) e^{-\nu' T p}. \end{aligned} \quad (4.32)$$

Anschließend wird anstelle von ν' wieder ν geschrieben. Einsetzen von $g_{1T}(\nu + 1 - \alpha)$ liefert

$$F^*(p) = e^{-(a+1)T p} \sum_{\nu=0}^{\infty} \left[\sum_{\lambda=1}^{n} T R_\lambda(F_1) e^{(\nu+1-\alpha)T p_\lambda} \right] e^{-\nu T p} \quad (4.33)$$

und nach Vertauschung der Summenzeichen

$$F^*(p) = e^{-(a+1)T p} \sum_{\lambda=1}^{n} T R_\lambda(F_1) e^{(1-\alpha)T p_\lambda} \sum_{\nu=0}^{\infty} e^{-\nu T (p-p_\lambda)}. \quad (4.34)$$

Daraus folgt unter Beachtung der Konvergenzbedingung schließlich

$$F^*(p) = e^{-(a+1)Tp} \sum_{\lambda=1}^{n} TR_\lambda(F_1) e^{(1-\alpha)Tp_\lambda} \frac{e^{Tp}}{e^{Tp} - e^{Tp_\lambda}}, \qquad (4.35)$$

oder mit $e^{Tp_\lambda} = z_\lambda$ in z geschrieben

$$F(z) = \frac{X(z)}{Y(z)} = z^{-(a+1)} \sum_{\lambda=1}^{n} TR_\lambda(F_1) z_\lambda^{1-\alpha} \frac{z}{z - z_\lambda}. \qquad (4.36)$$

Dieses Ergebnis läßt sich auf folgende Weise interpretieren:
Der Faktor $e^{-(a+1)Tp}$ bedeutet eine Verschiebung um $(a+1)T$. Der Grund liegt in der Abtastung am Ausgang, die wegen der Laufzeit erstmals bei $\nu = a + 1$ auf einen möglicherweise von Null verschiedenen Wert trifft. Der Faktor $z_\lambda^{1-\alpha}$ unter der Summe kennzeichnet die Voreilung der Impulsantwort gegenüber dem Abtastraster, d.h. das Intervall vom Ende der Laufzeit $T_L = (a + \alpha)T$ bis zur ersten Abtastung $t = (a+1)T$.

Falls die Laufzeit ein ganzzahliges Vielfaches der Tastperiode ist, $T_L = kT$ mit k ganz, ist $a = k-1$ und $\alpha = 1$ zu setzen. Dies folgt aus der Annahme von $(a+1)T$ als dem Zeitpunkt des ersten möglicherweise von Null verschiedenen Abtastwertes.

Für den Sonderfall $T_L = kT$ gilt somit

$$F(z) = z^{-k} \sum_{\lambda=1}^{n} TR_\lambda(F_1) \frac{z}{z - z_\lambda} ; \qquad (4.37)$$

der Verschiebung um k Abtastperioden entspricht also eine Multiplikation von $F(z)$ mit z^{-k}.

4.4 Zusammenhang zwischen $F(p)$ und $F^*(p)$

4.4.1 Pole und Nullstellen

Die in Bild 4.1 enthaltene Übertragungsstrecke sei laufzeitfrei und habe die rationale Übertragungsfunktion $(m < n)$

$$F(p) = \sum_{\lambda=1}^{n} \frac{R_\lambda(F)}{p - p_\lambda} \qquad (4.38)$$

mit den Einzelpolen p_λ. Falls die Strecke stabil ist, liegen alle p_λ in der linken p-Halbebene; sie sind entweder reell oder paarweise konjugiert komplex, Bild 4.3a.

Die zugehörige Impuls-Übertragungsfunktion lautet

$$F^*(p) = \frac{X^*}{Y^*} = \sum_{\lambda=1}^{n} TR_\lambda(F) \frac{e^{Tp}}{e^{Tp} - e^{Tp_\lambda}}. \qquad (4.39)$$

4.4 Zusammenhang zwischen $F(p)$ und $F^*(p)$

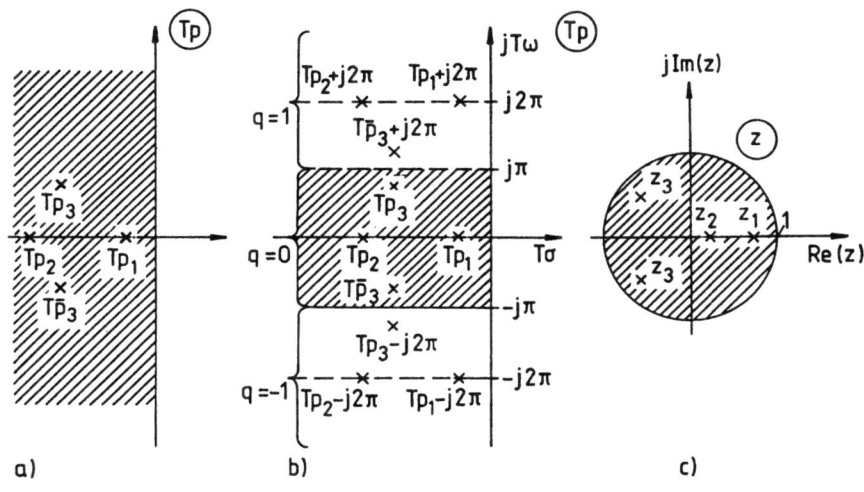

Bild 4.3: Pole von $F(p), F^*(p)$ und $F(z)$

Da p nur in der Exponentialfunktion vorkommt, ist $F^*(p)$ längs der $j\omega$-Achse periodisch mit $2\pi/T$. Die Pole liegen somit bei

$$Tp = Tp_\lambda + jq2\pi, \quad q = 0, \pm 1, \pm 2, \ldots$$

Durch die Transformation $z = e^{Tp}$ werden die periodischen Streifen der Tp-Ebene auf kongruente Blätter einer Riemann-Fläche z abgebildet (Bild 4.3c). Die Pole der in z geschriebenen Übertragungsfunktion

$$F(z) = \frac{X}{Y}(z) = \sum_{\lambda=1}^{n} TR_\lambda(F) \frac{z}{z - z_\lambda}. \tag{4.40}$$

liegen dann bei $z_\lambda = e^{Tp_\lambda}$.

Die Partialbruch-Darstellungen, Gln. (4.38, 4.40), lassen erkennen, daß bezüglich der Nullstellen von $F(p)$ und $F(z)$ kein einfacher Zusammenhang wie bei den Polen besteht. $F(z)$ hat jedoch in jedem Fall eine Nullstelle bei $z = 0$. Falls die Übertragungsstrecke $F(p)$ einen Laufzeitfaktor enthält, kommen bei $F(z)$ Pole im Ursprung hinzu.

Der Zusammenhang zwischen einem kontinuierlichen Signal und der zugehörigen modulierten Impulsreihe soll durch ein Rechenbeispiel verdeutlicht werden, bei dem gemäß Bild 4.4a eine Übertragungsstrecke 2. Ordnung mit der Übertragungsfunktion

$$F(p) = \frac{V}{\left(\frac{p}{\omega_0}\right)^2 + 2D\frac{p}{\omega_0} + 1} \tag{4.41}$$

durch eine Impulsreihe $y^*(t)$ mit unterschiedlicher Abtastfrequenz angeregt wird. Nimmt man als Eingangssignal eine Sprungfunktion an, $y(t) = s(t)$, so entsteht am Ausgang des Abtasters eine bei $t = 0$ einsetzende periodische Reihe von Impulsen konstanter Fläche,

$$y^*(t) = \sum_{\nu=0}^{\infty} \delta_T(t - \nu T) . \tag{4.42}$$

Die Ausgangsgröße $x(t)$ wurde für verschiedene Werte der normierten Abtastperiode $\omega_0 T$ durch numerische Lösung der Differentialgleichung berechnet. In Bild 4.4b ist für $D = 0.5$ zunächst die Sprungantwort $w(t)$ und die Impulsantwort $g(t)$ der Verzögerungsstrecke aufgetragen; anschließend ist in Bild 4.4c-f die Ausgangsgröße $x(t)$ bei periodischer Impulsanregung für abnehmende Werte der normierten Abtastperiode $\omega_0 T$ dargestellt. Wegen der mit T kleiner werdenden Impulsflächen geht die Wirkung der Impulsreihe in die Sprungantwort der kontinuierlichen Strecke über, $\lim_{T \to 0} x(t) = w(t)$.
Dies ist verständlich, da die Gesamtfläche der Anregung unabhängig von T konstant bleibt, d.h. für $T \to 0$ folgt $y^*(t) \to s(t)$ und die Wirkung des Abtasters verschwindet.

4.4.2 Impulsmodulation und Abtasttheorem

Neben der aus Gln. (4.38, 4.39) ersichtlichen Korrespondenz besteht noch ein expliziter Zusammenhang zwischen $F(p)$ und $F^*(p)$ in Form eines Summenausdruckes. Setzt man zunächst die in Bild 3.7a eingeführte Trägerimpulsreihe in den negativen Zeitbereich fort,

$$h_1{}^*(t) = \sum_{-\infty}^{\infty} \delta_T(t - \nu T) , \tag{4.43}$$

so entsteht eine unbegrenzte periodische Funktion, die durch eine Fourier-Reihe dargestellt werden kann; sie ergibt sich als Grenzfall für $\gamma \to 0$ der in Bild 4.5 gezeichneten geraden Hilfsfunktion mit der cos-Reihe

$$h(t) = 1 + \sum_{q=1}^{\infty} \hat{h}_q \cos(q \frac{2\pi}{T} t) . \tag{4.44}$$

Die Fourierkoeffizienten

$$\hat{h}_q = \frac{4}{\gamma T} \int_0^{\gamma \frac{T}{2}} \cos(q \frac{2\pi}{T} t) \, dt = 2 \frac{\sin q \gamma \pi}{q \gamma \pi} \tag{4.45}$$

nehmen für $\gamma \to 0$ einen von q unabhängigen Grenzwert an,

$$\lim_{\gamma \to 0} \hat{h}_q = 2 .$$

4.4 Zusammenhang zwischen $F(p)$ und $F^*(p)$

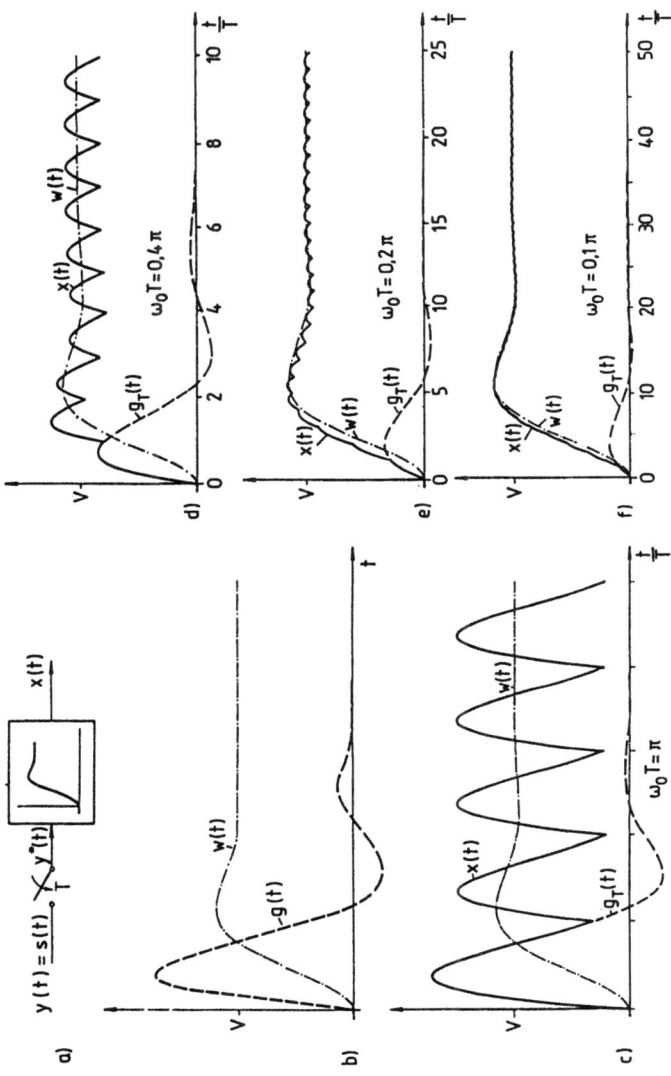

Bild 4.4: Lineare Übertragungsstrecke mit Anregung durch Impulsreihe zunehmender Frequenz

Für die impulsförmige Trägerfunktion gilt damit die Fourier-Reihe

$$h_1^*(t) = 1 + 2\sum_{q=1}^{\infty} \cos(q\frac{2\pi}{T}t) = \sum_{q=-\infty}^{\infty} e^{jq\omega_0 t} ; \qquad (4.46)$$

als Grundfrequenz ist dabei

$$\omega_0 = \frac{2\pi}{T} \qquad (4.47)$$

gesetzt. Wird diese Trägerimpulsreihe entsprechend Bild 3.11 durch die Im-

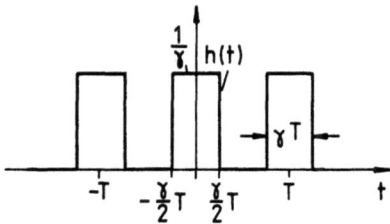

Bild 4.5: Periodische Hilfsfunktion mit Rechteckimpulsen

pulsantwort $g_T(t)$ einer Tiefpaß-Übertragungsstrecke moduliert, so entsteht gemäß Gl. (3.17)

$$\begin{aligned} g_T^*(t) &= g_T(t)h_1^*(t) = g_T(t)\sum_{-\infty}^{\infty} e^{jq\omega_0 t} \\ &= \sum_{-\infty}^{\infty} g_T(t)e^{jq\omega_0 t} ; \end{aligned} \qquad (4.48)$$

$g^*(t)$ läßt sich somit auch als Überlagerung amplitudenmodulierter Teilschwingungen deuten.

Aus der Definitionsgleichung (3.1) der Laplace-Transformation folgt durch Anwendung des Dämpfungssatzes [4]

$$\begin{aligned} G_T^*(p) &= \sum_{-\infty}^{\infty} L\left[g_T(t)e^{jq\omega_0 t}\right] \\ &= \sum_{-\infty}^{\infty} G_T(p - jq\omega_0) = T\sum_{-\infty}^{\infty} F(p - jq\omega_0) . \end{aligned} \qquad (4.49)$$

Wegen Gl. (3.29) und nach Vertauschung von q mit $-q$ gilt schließlich

$$F^*(p) = \sum_{-\infty}^{\infty} F(p + jq\omega_0), \quad q = 0, 1, 2, \ldots . \qquad (4.50)$$

Der Wert von $F^*(p)$ an der Stelle p entsteht somit durch Überlagerung sämtlicher Werte $F(p + jq\omega_0)$ für $-\infty < q < \infty$, wie dies in Bild 4.6 anhand

4.4 Zusammenhang zwischen $F(p)$ und $F^*(p)$

der Ortskurve $F(j\omega)$ einer Tiefpaßstrecke für $p = j\omega_1$ angedeutet ist. Falls $F(j\omega_1)$ bei den Seitenfrequenzen $\omega_1 + q\omega_0$ schnell abklingt, d.h. wenn T hinreichend klein gewählt ist, genügen wenige Anteile, um einen Näherungswert für $F^*(j\omega_1)$ zu erhalten.

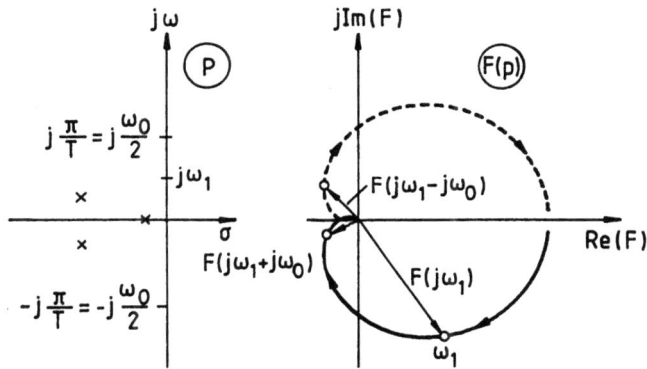

Bild 4.6: Übertragungsfunktion für kontinuierliche und impulsmodulierte Signale

Aus Gl. (4.50) folgt auch die Periodizität der Impulsübertragungsfunktion

$$F^*(p) = F^*(p + jq\omega_0), \tag{4.51}$$

da es gleichgültig ist, welchem der Summanden in Gl. (4.50) der Parameter $q = 0$ zugeordnet wird.

Ebenso wie am Beispiel von $g_T(t)$ und $g_T^*(t)$ bzw. $F(p)$ und $F^*(p)$ gezeigt, gilt der gefundene Zusammenhang natürlich auch für ein beliebiges anderes Signal $y(t)$ und die zugehörige, durch periodische Abtastung entstehende modulierte Impulsreihe $y^*(t)$,

$$Y^*(p) = \sum_{-\infty}^{\infty} Y(p + jq\omega_0). \tag{4.52}$$

Das Spektrum der abgetasteten Funktion ist wieder mit ω_0 periodisch

$$Y^*(p) = Y^*(p + jq\omega_0), \quad q = 0, \pm 1, \ldots. \tag{4.53}$$

Sofern das Nutzsignal $y(t)$ bandbegrenzt ist,

$$Y(j\omega) \approx 0 \quad \text{für} \quad \omega > \omega_0/2, \tag{4.54}$$

stellt $Y^*(j\omega)$ eine einfache periodische Wiederholung von $Y(j\omega)$ dar, wie dies in Bild 4.7b angedeutet ist. In diesem Fall läßt sich das Nutzsignal $y(t)$ mit einem idealen Tiefpaß unverzerrt aus dem Signal $y^*(t)$ zurückgewinnen. Die Bedingung (4.54) wird als Shannonsches Abtasttheorem bezeichnet, es stellt eine obere Grenze für den nutzbaren Frequenzbereich bei Zeitmultiplex-Übertragungen in der Nachrichtentechnik, z.B. mit dem Pulse-Code-Modulationsverfahren (PCM), dar [68]. In Bild 4.8 ist die Impulsmodulation eines band-

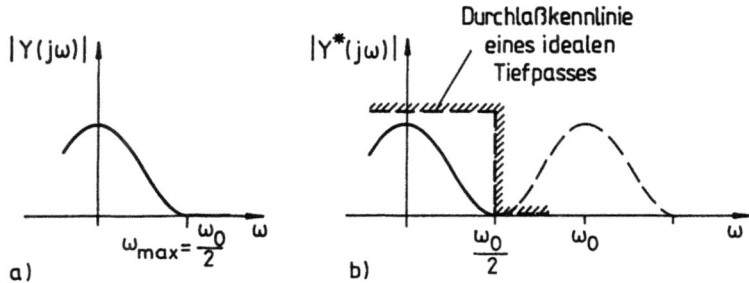

Bild 4.7: Spektrum eines bandbegrenzten Signals und des zugehörigen abgetasteten Signals

begrenzten Signals und die anschließende Rekonstruktion des Nutzsignals angedeutet.

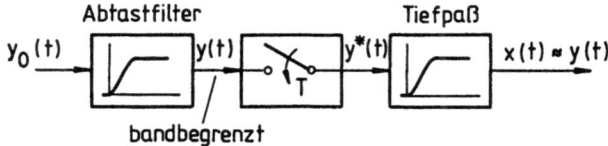

Bild 4.8: Abtastung eines bandbegrenzten Nutzsignals

Ist die Bedingung (4.54) nicht erfüllt, da die Abtastfrequenz ω_m zu niedrig gewählt wurde, so durchdringen sich die benachbarten Seitenbänder und das Nutzsignal kann auch mit einem idealen Tiefpaß nicht mehr zurückgewonnen werden. Diese Frage interessiert vor allem in der Nachrichtentechnik, ist jedoch auch in der Regelungstechnik von Bedeutung, z.B. wenn eine Signalabtastung in Form einer Analog-Digital-Wandlung erfolgt. Um zu vermeiden, daß Signal-Komponenten auftreten, die das Abtasttheorem verletzen und somit das Signal verfälschen, ist es wichtig, dem Abtaster immer einen Tiefpaß zur Bandbegrenzung vorzuschalten, wie dies in Bild 4.8 gezeigt ist. Man bezeichnet ein solches Abtastfilter, mit dem eine Signalverfälschung durch Überlagerung der Seitenbänder verhindert werden soll, in der Literatur als „Anti-aliasing-filter".

Die Bedingung (4.54) läßt sich auch so ausdrücken, daß die im Eingangssignal enthaltene Komponente höchster Frequenz ω_m mindestens zweimal je

4.4 Zusammenhang zwischen $F(p)$ und $F^*(p)$

Periode abgetastet werden muß, um Verfälschungen zu vermeiden. Wie der in Bild 4.9b dargestellte Grenzfall zeigt, ist eine gewisse Frequenzband-Reserve notwendig, da bei voller Ausnutzung der Frequenzbedingung phasenabhängige Fehler entstehen können.

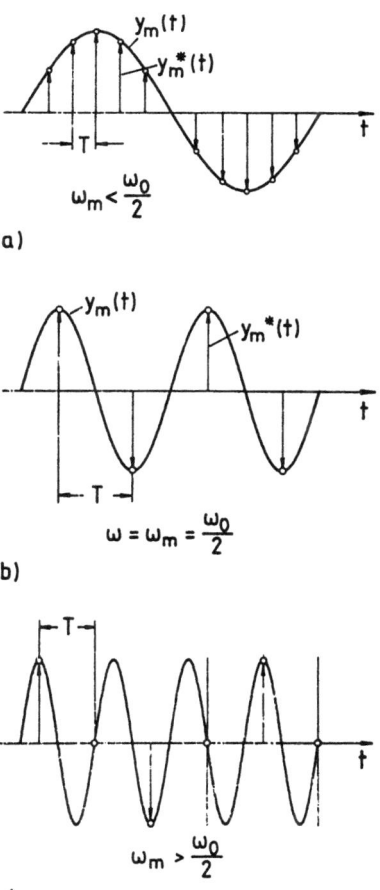

Bild 4.9: Abtastung bei Beachtung und Verletzung des Abtasttheorems

4.5 Beispiele für Impuls-Übertragungsfunktionen

4.5.1 Verzögerungsglied 1. Ordnung

Die Übertragungsfunktion eines PT_1-Gliedes,

$$F(p) = \frac{V}{T_1 p + 1} = \frac{V}{T_1} \frac{1}{p + 1/T_1} \qquad (4.55)$$

hat den reellen Pol $p_1 = -1/T_1$ und das Residuum $R_1 = V/T_1$. Die Abtastwerte sind somit

$$g_T(\nu) = V\frac{T}{T_1} z_1^\nu, \quad z_1 = e^{-T/T_1}. \qquad (4.56)$$

Die Impuls-Übertragungsfunktion ergibt sich als geometrische Reihe mit dem in Gl. (4.15) gefundenen Ergebnis,

$$F(z) = V\frac{T}{T_1} \sum_{\nu=0}^{\infty} \left(\frac{z_1}{z}\right)^\nu = V\frac{T}{T_1} \frac{z}{z - z_1}. \qquad (4.57)$$

4.5.2 Verzögerungsglied 2. Ordnung mit komplexen Polen

Die Übertragungsfunktion

$$F(p) = \frac{V}{\left(\frac{p}{\omega_0}\right)^2 + 2D\frac{p}{\omega_0} + 1}, \quad 0 < D < 1 \qquad (4.58)$$

mit den Polen

$$p_{1,2} = \omega_0 \left[-D \pm j\sqrt{1 - D^2}\right] \qquad (4.59)$$

lautet in Partialbruchform

$$F(p) = V\frac{\omega_0^2}{p_1 - p_2} \left[\frac{1}{p - p_1} - \frac{1}{p - p_2}\right]. \qquad (4.60)$$

Die Impulsantwort ist somit

$$g_T(t) = V\frac{\omega_0^2 T}{p_1 - p_2} \left[e^{p_1 t} - e^{p_2 t}\right] \qquad (4.61)$$

und die Impuls-Übertragungsfunktion lautet gemäß Gl. (4.40)

$$F(z) = V\frac{\omega_0^2 T}{p_1 - p_2} \left[\frac{z}{z - z_1} - \frac{z}{z - z_2}\right]. \qquad (4.62)$$

4.5 Beispiele für Impuls-Übertragungsfunktionen

Daraus folgt mit

$$z_{1,2} = e^{-D\omega_0 T} e^{\pm j\sqrt{1-D^2}\omega_0 T} \qquad (4.63)$$

$$F(z) = V \frac{\omega_0 T}{\sqrt{1-D^2}} e^{-D\omega_0 T} \sin\left[\sqrt{1-D^2}\omega_0 T\right] \frac{z}{(z-z_1)(z-z_2)}$$

$$= \frac{r_1 z}{z^2 + c_1 z + c_0}. \qquad (4.64)$$

Das Ergebnis ist wieder eine rationale Funktion in z.

5 Zusammengesetzte Übertragungsstrecken

5.1 Kettenschaltung mehrerer Teilstrecken

5.1.1 Ohne Zwischenabtastung

Bei der in Bild 5.1 dargestellten Anordnung besteht der kontinuierliche lineare Systemteil aus der rückwirkungsfreien Kettenschaltung zweier Streckenteile mit den Übertragungsfunktionen $F_1(p)$ und $F_2(p)$.

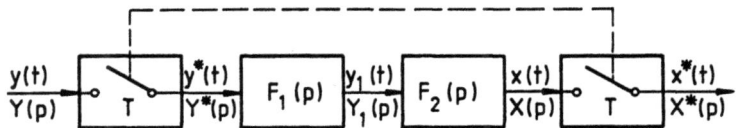

Bild 5.1: Kettenschaltung zweier Übertragungsstrecken ohne Zwischenabtastung

Der zweite Abtaster ist wieder synchron mit dem ersten betätigt zu denken; es kann sich bei dem Abtaster am Ausgang auch wieder nur um ein Gedankenexperiment handeln, um auf einfache Weise die Abtastwerte $x(\nu)$ berechnen zu können. Die Impulsübertragungsfunktion der gesamten Strecke lautet dann

$$\frac{X^*}{Y^*}(p) = F^*(p) = [F_1 F_2]^*(p) \tag{5.1}$$

oder

$$\frac{X}{Y}(z) = F(z) = [F_1 F_2](z). \tag{5.2}$$

Die in Abschnitt 4 abgeleitete Rechenvorschrift ist auf die Übertragungsfunktion $F(p) = F_1 F_2$ des zwischen den Abtastern befindlichen kontinuierlichen Systemteils anzuwenden; die Reihenfolge der Teilstrecken F_1, F_2 ist wegen der angenommenen Rückwirkungsfreiheit gleichgültig. Im Fall von Einzelpolen und bei $m_1 + m_2 < n_1 + n_2$ gilt also

$$F(z) = \sum_{\lambda=1}^{n_1+n_2} T R_\lambda(F_1 F_2) \frac{z}{z - z_\lambda}, \quad z_\lambda = e^{T p_\lambda}, \tag{5.3}$$

wobei p_λ die Pole und $R_\lambda(F_1 F_2)$ die zugehörigen Residuen sind.

5.1 Kettenschaltung mehrerer Teilstrecken

Für das Beispiel
$$F_1(p) = \frac{1}{T_1 p + 1}, \quad F_2(p) = \frac{1}{T_2 p + 1}, \quad (5.4)$$
d.h.
$$F(p) = \frac{1}{(T_1 p + 1)(T_2 p + 1)} = \frac{1}{T_1 - T_2}\left[\frac{1}{p + \frac{1}{T_1}} - \frac{1}{p + \frac{1}{T_2}}\right] \quad (5.5)$$
lautet das Ergebnis
$$F(z) = \frac{T}{T_1 - T_2}(z_1 - z_2)\frac{z}{(z - z_1)(z - z_2)} = \frac{r_1 z}{z^2 + c_1 z + c_0}. \quad (5.6)$$

5.1.2 Mit Zwischenabtastung

Die in Bild 5.2 gezeigte Anordnung unterscheidet sich von der in Bild 5.1 durch einen zusätzlichen Abtaster, der zwischen den beiden kontinuierlichen Übertragungsgliedern eingefügt ist. Damit wird auch der zweite Systemteil mit modulierten Impulsen angeregt, was das Übertragungsverhalten natürlich verändert.

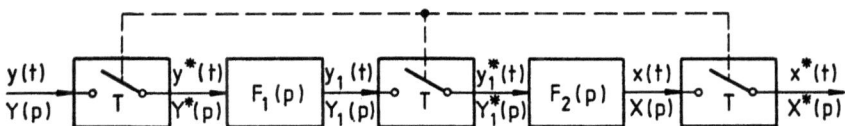

Bild 5.2: Kettenschaltung zweier Übertragungsstrecken mit Zwischenabtastung

Wegen
$$Y_1(z) = F_1(z)Y(z) \quad (5.7)$$
und
$$X(z) = F_2(z)Y_1(z) \quad (5.8)$$
gilt nun
$$X(z) = F_1(z)F_2(z)Y(z) \quad (5.9)$$
oder
$$\frac{X}{Y}(z) = F(z) = F_1(z)F_2(z), \quad (5.10)$$
die beiden Impuls-Übertragungsfunktionen sind also zu multiplizieren. Jede Impuls-Übertragungsfunktion ist ja für die Übertragung vom Ausgang eines Abtasters zum Ausgang des nächsten definiert.

Für das vorher betrachtete einfache Beispiel, Gl. (5.4), gilt nun

$$F(z) = \frac{T^2}{T_1 T_2} \frac{z^2}{(z-z_1)(z-z_2)} = \frac{r_2 z^2}{z^2 + c_1 z + c_0}. \qquad (5.11)$$

Wie in einem späteren Abschnitt gezeigt wird, bedeutet $r_2 \neq 0$ bei einem diskreten System 2. Ordnung, daß eine sprungförmige Eingangsgröße $y(t)$ unverzögert am Ausgang wirksam wird. Bei der Anordnung in Bild 5.2 rührt dies daher, daß auch der zweite Systemteil mit modulierten Impulsen $y_1^*(t)$ beaufschlagt wird, während in Bild 5.1 das Signal $y_1(t)$ zwar unstetig, aber endlich ist.

5.2 Andere Kombination von Teilübertragungsstrecken

5.2.1 Parallelschaltung mehrerer Teilstrecken

Bei der Überlagerung zweier durch synchrone und gleichphasige Abtastung entstandener modulierter Impulsreihen

$$x_1^*(t) = \sum_{\nu=0}^{\infty} x_1(\nu) \delta_T(t - \nu T) \qquad (5.12)$$

und

$$x_2^*(t) = \sum_{\nu=0}^{\infty} x_2(\nu) \delta_T(t - \nu T) \qquad (5.13)$$

erhält man als Summen-Impulsreihe

$$x^*(t) = x_1^*(t) + x_2^*(t) = \sum_{\nu=0}^{\infty} [x_1(\nu) + x_2(\nu)] \delta_T(t - \nu T), \qquad (5.14)$$

die Flächen zusammentreffender Impulse werden also addiert.

Dieser Definition entspricht die Umformung der in Bild 5.3a gezeichneten Anordnung mit getrennter Abtastung in das in Bild 5.3b dargestellte System mit Abtastung der gemeinsamen Ausgangsgröße. Als Impuls-Übertragungsfunktion gilt somit

$$\frac{X}{Y}(z) = F(z) = F_1(z) + F_2(z) = [F_1(p) + F_2(p)](z). \qquad (5.15)$$

5.2 Andere Kombination von Teilübertragungsstrecken 73

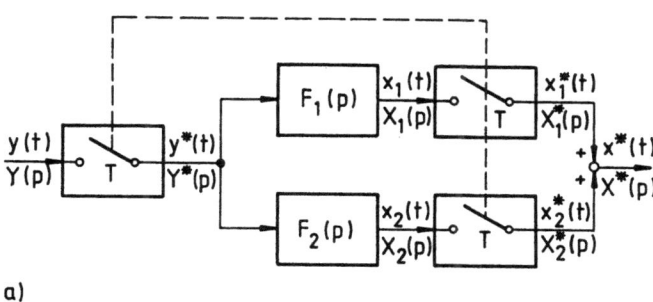

a)

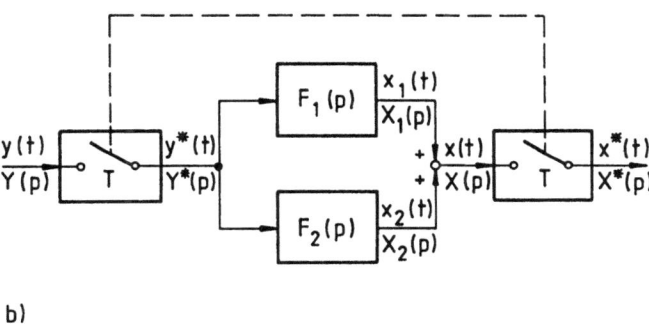

b)

Bild 5.3: Abtastsystem mit parallelgeschalteten Übertragungsstrecken

5.2.2 Überlagerung von modulierten Impulsreihen und kontinuierlichen Zeitfunktionen

Bei der in Bild 5.4 skizzierten Anordnung werden die Wirkungen eines kontinuierlichen Signals $y_1(t)$ und einer modulierten Impulsreihe $y_2^*(t)$ überlagert; $x_2(t)$ kann auch die Form einer Stufenfunktion haben, sofern der mit F_2 bezeichnete Block nur einen Impulsspeicher enthält. Wegen der Identität der

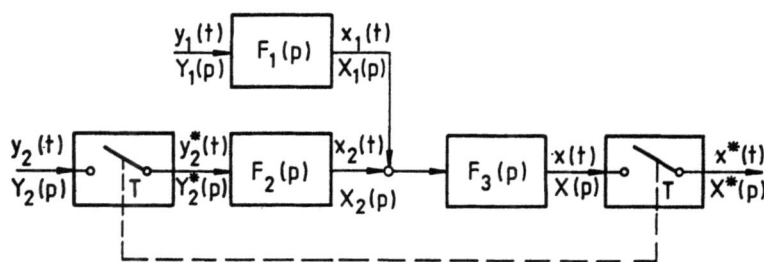

Bild 5.4: Überlagerung von kontinuierlichen und abgetasteten Signalen

Laplace-Transformation für kontinuierliche und impulsförmige Funktionen gilt

$$X(p) = F_3(p)\left[X_1(p) + X_2(p)\right] = F_1 F_3(p) Y_1(p) + F_2 F_3(p) Y_2^*(p) . \qquad (5.16)$$

Somit ist die Laplace-Transformierte der abgetasteten Ausgangsfunktion

$$X^*(p) = [F_1 F_3 Y_1]^*(p) + [F_2 F_3 Y_2^*]^* . \qquad (5.17)$$

Mit den Ergebnissen in Abschnitt 3.4 wird der zweite Term umgeschrieben,

$$X^*(p) = [F_1 F_3 Y_1]^*(p) + [F_2 F_3]^*(p) Y_2^*(p) . \qquad (5.18)$$

Der Unterschied der Wirkung der Eingangssignale besteht also darin, daß bei $y_2(t)$ nur die Abtastwerte $y_2(\nu T)$, bei $y_1(t)$ dagegen die Abtastwerte von $L^{-1}[F_1 F_3 Y_1]$, d.h. der gesamte Funktionsverlauf $y_1(t)$ in das Ergebnis $x^*(t)$ eingehen.

5.3 Berechnung von Zwischenwerten

Der — möglicherweise nur angenommene — Abtaster am Ausgang einer Übertragungsstrecke mit der Ausgangsgröße $x(t)$ bedeutet nach dem vorher Gesagten eine Beschränkung auf diskrete Funktionswerte $x(\nu T)$; nur mit den in Abschnitt 4.4.2 genannten Einschränkungen läßt sich aus $x(\nu T)$ der Verlauf $x(t)$ angenähert rekonstruieren. Falls jedoch die Anregung $y^*(t)$ und die Übertragungseigenschaften der Strecke bekannt sind, ist es natürlich auch möglich,

5.3 Berechnung von Zwischenwerten

die zwischen den Abtastzeitpunkten νT liegenden Funktionswerte $x(t)$ exakt zu berechnen. Zur Vereinfachung der Rechnung und um die in den vorherigen Abschnitten abgeleiteten Ergebnisse übernehmen zu können, empfiehlt sich das in Bild 5.5 skizzierte Gedankenmodell, bei dem in Reihe mit der Übertragungsstrecke ein Laufzeitglied mit der negativen Laufzeit $-\varepsilon T, \varepsilon \leq 0 < 1$, eingefügt ist.

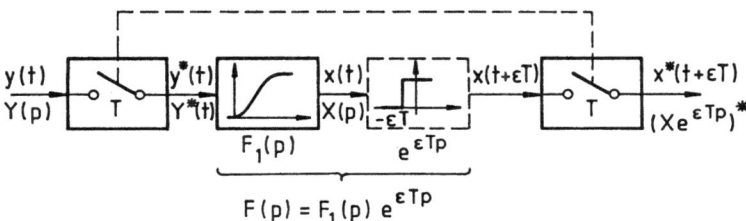

Bild 5.5: Berechnung von Zwischenwerten durch Einführung einer negativen Laufzeit $-\varepsilon T$

Da ein solches Übertragungsverhalten bei einer Echtzeit-Signalverarbeitung nicht verwirklichbar ist – das Ausgangssignal würde der Anregung ja zeitlich voreilen – kann es sich bei einer Anordnung nach Bild 5.5 nur um einen Gedankenversuch handeln. Anstelle der negativen Laufzeit könnte auch eine positive Laufzeit gewählt werden, doch wären dann die in Abschnitt 4.3 aufgetretenen Komplikationen zu beachten.

In Bild 5.6 ist der Vorgang anhand eines angenommenen Verlaufes $x(t)$ erläutert.

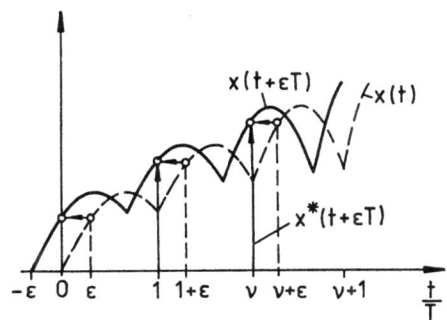

Bild 5.6: Abtastung eines zeitverschobenen Signals

Das Laufzeitglied bewirkt eine Verschiebung des Signals entgegen der Zeitrichtung um εT, so daß bei unveränderter Abtastphase zeitlich verschobene

Funktionswerte erfaßt werden,

$$x^*(t + \varepsilon T) = \sum_{\nu=0}^{\infty} x(\nu + \varepsilon)\delta_T(t - \nu T). \qquad (5.19)$$

Der zu $t = \nu T$ gehörige Abtastwert wird bei der wirklichen Übertragungsstrecke erst bei $t = (\nu + \varepsilon)T$ erreicht. Durch Variation von ε im Bereich $0 \leq \varepsilon < 1$ lassen sich damit beliebige Zwischenwerte ermitteln.

Der Gang der Rechnung wird durch die negative Laufzeit nicht verändert, es ist lediglich $F(p) = e^{\varepsilon Tp}F_1(p)$ zu setzen; die Impuls-Übertragungsfunktion wird dadurch vom Parameter ε abhängig. Da $e^{\varepsilon Tp}$ eine „ganze Funktion" ist, die selbst keine Pole in der endlichen p-Ebene hat, trägt sie keine eigenen Partialbrüche bei, sondern wirkt sich lediglich auf die Residuen aus. Mit der Annahme, daß $F_1(p)$ rational ist, d.h. keine Laufzeit enthält und nur Einzelpole aufweist, gilt

$$\begin{aligned}\frac{X^*}{Y^*}(p,\varepsilon) &= F^*(p,\varepsilon) = \sum_{\lambda=1}^{n} T R_\lambda(F_1 e^{\varepsilon Tp})\frac{e^{Tp}}{e^{Tp} - e^{Tp_\lambda}} \\ &= \sum_{\lambda=1}^{n} T R_\lambda(F_1)e^{\varepsilon Tp_\lambda}\frac{e^{Tp}}{e^{Tp} - e^{Tp_\lambda}},\end{aligned} \qquad (5.20)$$

oder mit $z_\lambda = e^{Tp_\lambda}$

$$F(z,\varepsilon) = \sum_{\lambda=1}^{n} T R_\lambda(F_1) z_\lambda^\varepsilon \frac{z}{z - z_\lambda}. \qquad (5.21)$$

Entsprechend wird bei Mehrfachpolen verfahren. Falls die Übertragungsstrecke (F_1) eine Laufzeit $T_L > 0$ enthält, wirkt die angenommene Verschiebung um $-\varepsilon T$ wie eine Verkleinerung von T_L. Je nach dem Vorzeichen von $T_L - \varepsilon T$ sind für die Berechnung von $F(z,\varepsilon)$ die vorstehenden oder die in Abschnitt 4.3 abgeleiteten Formeln zu verwenden. Man bezeichnet den Gl. (5.20, 5.21) entsprechenden Zusammenhang auch als modifizierte z-Transformation [16].

5.4 Übertragung von amplitudenmodulierten Impulsen endlicher Höhe und Breite

Die bisher angenommenen Impulsreihen enthalten flächenmodulierte Dirac-Impulse mit unendlicher Amplitude und verschwindender Dauer. Dies ist mathematisch bedingt und stellt für die Anwendung eine Idealisierung dar, denn technisch verwirklichbar sind nur Impulse mit endlicher Amplitude und Dauer. Durch Einführung eines veränderten Impulsspeichers mit wählbarer Speicherzeit γT läßt sich dies berücksichtigen. Die zugehörige Übertragungsfunktion

$$F_{H\gamma}(p) = \frac{1 - e^{-\gamma Tp}}{\gamma Tp} \qquad (5.22)$$

5.4 Übertragung von amplitudenmodulierten Impulsen

hat für $0 \leq \gamma \leq 1$ die in Bild 5.7a,b dargestellten Impuls- und Sprungantworten. $F_{H\gamma}$ enthält die Grenzfälle für $\gamma = 0$, wenn die Speicherwirkung entfällt, $\lim_{\gamma \to 0} F_{H\gamma}(p) = 1$, und für $\gamma = 1$, wo die Speicherwirkung sich über genau eine Abtastperiode erstreckt und das in Abschnitt 3.2 eingeführte Halteglied entsteht. Die Fläche der Impulsantwort und der Endwert der Sprungant-

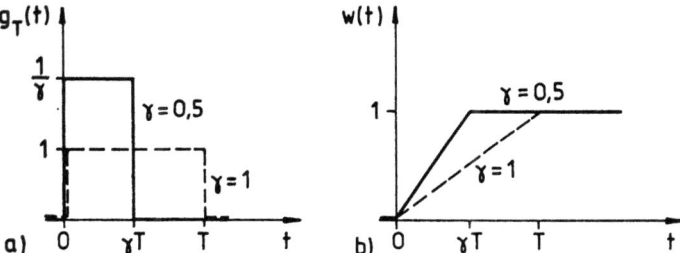

Bild 5.7: Erzeugung von Impulsen endlicher Höhe und Dauer durch modifiziertes Halteglied

wort sind wegen der Normierung von γ unabhängig. Da die modulierende Funktion $y(t)$ nur die Amplitude des Ausgangssignals beeinflußt, während die Impulsbreite γT ein fester Parameter ist, handelt es sich nach wie vor um eine lineare Pulshöhenmodulation. Die bei elektronischen Leistungsschaltern übliche Pulsweitensteuerung stellt dem gegenüber eine nichtlineare Modulation dar, wie in Abschnitt 16 gezeigt wird.

Bei der in Bild 5.8a dargestellten Anordnung dient das Signal $y_1(t)$ als Anregung für eine Strecke mit der Übertragungsfunktion $F_1(p)$, deren Ausgangsgröße $x(t)$ wieder phasenstarr abgetastet wird. Die Impuls-Übertragungsfunktion der Gesamtanordnung wird damit vom Parameter γ abhängig; durch Aufspaltung von $F_{H\gamma}(p)$ erhält man

$$\frac{X^*}{Y^*}(p,\gamma) = F^*(p,\gamma) = [F_{H\gamma}F_1]^* = \left[\frac{F_1(p)}{\gamma T p}\right]^* - \left[\frac{e^{-\gamma T p}F_1(p)}{\gamma T p}\right]^* ; \quad (5.23)$$

es entsteht also ein zusätzlicher Pol bei $p = 0$. Die Berechnung der beiden Anteile erfolgt mit den in Abschnitt 4 beschriebenen Verfahren. Wenn $F_1(p)$ eine rationale Funktion mit n Einzelpolen $p_\lambda \neq 0$ ist, d.h. selbst nicht integrierend wirkt, läßt sich der Ausdruck mit $a = 0$, $\alpha = \gamma > 0$, $z_\lambda = e^{Tp_\lambda}$ umformen; $p_0 = 0$ ist dabei der neu hinzugekommene Integratorpol,

$$\begin{aligned} F(z,\gamma) &= \sum_{\lambda=0}^{n} T R_\lambda \left(\frac{F_1}{\gamma T p}\right) \frac{z}{z - z_\lambda} - \frac{1}{z}\sum_{\lambda=0}^{n} T R_\lambda \left(\frac{F_1}{\gamma T p}\right) z_\lambda^{1-\gamma} \frac{z}{z - z_\lambda} \\ &= \sum_{\lambda=0}^{n} T R_\lambda \left(\frac{F_1}{\gamma T p}\right) \frac{z - z_\lambda^{1-\gamma}}{z - z_\lambda} . \end{aligned} \quad (5.24)$$

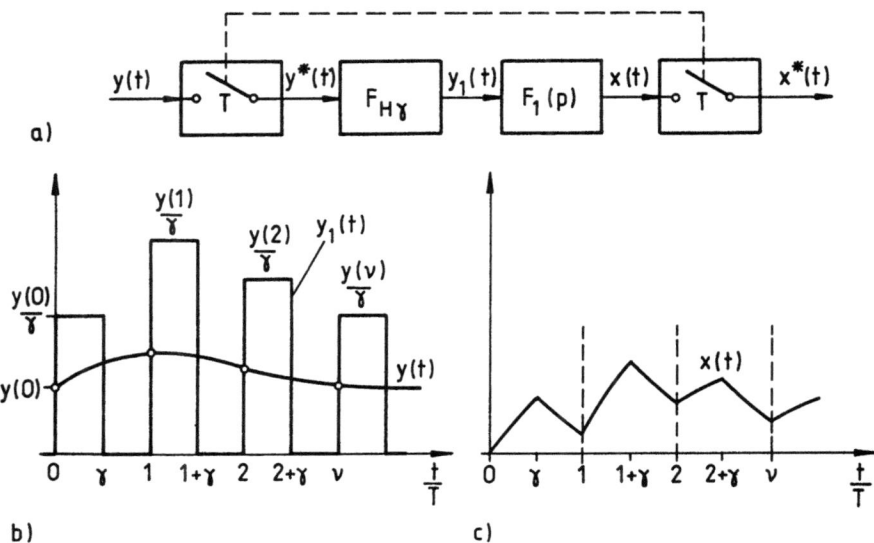

Bild 5.8: Anregung durch Impulse endlicher Höhe und Breite

Zieht man den Partialbruch mit p_0 vor die Summe, so gilt mit $z_0 = e^{Tp_0} = 1$

$$F(z,\gamma) = \frac{F_1(0)}{\gamma} + \sum_{\lambda=1}^{n} \frac{R_\lambda(F_1)}{\gamma p_\lambda} \frac{z - z_\lambda^{1-\gamma}}{z - z_\lambda}. \qquad (5.25)$$

Durch Erweiterung des Zählers unter der Summe läßt sich dieser Ausdruck umschreiben

$$F(z,\gamma) = \frac{F_1(0)}{\gamma} + \sum_{\lambda=1}^{n} \frac{R_\lambda(F_1)}{\gamma p_\lambda} + \sum_{\lambda=1}^{n} \frac{R_\lambda(F_1)}{\gamma p_\lambda} \frac{z_\lambda - z_\lambda^{1-\gamma}}{z - z_\lambda}. \qquad (5.26)$$

Wie aus der Definition der Partialbruchreihe für $F_1(p)$

$$F_1(p) = \sum_{\lambda=1}^{n} \frac{R_\lambda(F_1)}{p - p_\lambda} \qquad (5.27)$$

abzulesen ist, gilt

$$F_1(0) = \sum_{\lambda=1}^{n} \frac{R_\lambda(F_1)}{-p_\lambda}. \qquad (5.28)$$

Damit vereinfacht sich Gl. (5.26) zu

$$F(z,\gamma) = \sum_{\lambda=1}^{n} \frac{R_\lambda(F_1)}{-\gamma p_\lambda} \frac{z_\lambda^{1-\gamma} - z_\lambda}{z - z_\lambda} = \sum_{\lambda=1}^{n} \frac{B_\lambda(\gamma)}{z - z_\lambda}. \qquad (5.29)$$

5.5 Übertragung von Stufenfunktionen

Es entsteht also auch hier eine rationale Funktion in z. Da der Impulsspeicher proportionales Übertragungsverhalten hat, ist der zusätzliche Pol $p_0 = 0$ in der entstehenden Übertragungsfunktion nicht mehr enthalten.

5.5 Übertragung von Stufenfunktionen

Von besonderem Interesse ist der in Bild 5.9 gezeigte Sonderfall für $\gamma = 1$, bei dem die Übertragungsstrecke $F_1(p)$ durch Stufenfunktionen angeregt wird.

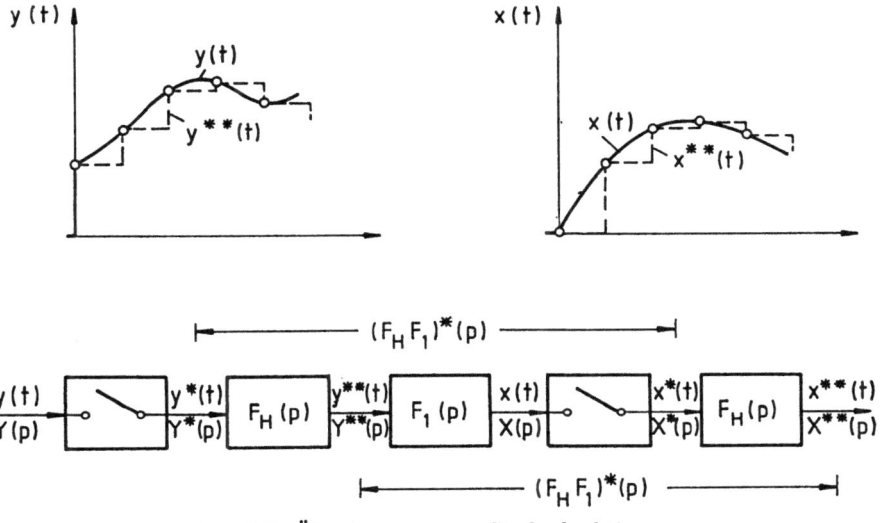

Bild 5.9: Übertragung von Stufenfunktionen

Die zugehörige Impuls-Übertragungsfunktion hat dann die Form einer Partialbruchreihe

$$\frac{X^*}{Y^*}(p,1) = (F_H F_1)^*(p) = (F_H F_1)(z) = \sum_{\lambda=1}^{n} \frac{R_\lambda(F_1)}{-p_\lambda} \frac{1-z_\lambda}{z-z_\lambda}$$

$$= \sum_{\lambda=1}^{n} \frac{B_\lambda}{z - z_\lambda} \qquad (5.30)$$

mit den Residuen

$$B_\lambda = \frac{1-z_\lambda}{-p_\lambda} R_\lambda(F_1) \,. \qquad (5.31)$$

Bringt man die Partialbrüche auf einen gemeinsamen Nenner, so zeigt sich, daß nun auch im z-Bereich der Grad des Zählers kleiner ist als der des Nenners.

Aus Bild 5.9 läßt sich mit

$$F_H(p)Y^*(p) = Y^{**}(p), \quad F_H(p)X^*(p) = X^{**}(p) \tag{5.32}$$

auch folgender Zusammenhang ablesen

$$\frac{X^{**}}{Y^{**}}(p) = F^{**}(p) = (F_H F_1)^*(p) . \tag{5.33}$$

Die unter Einschluß eines Haltegliedes berechnete Impuls-Übertragungsfunktion $(F_H F_1)^*$ hat also auch die Bedeutung einer Stufen-Übertragungsfunktion, die als Quotient der in Abschnitt 3.1 eingeführten Bildfunktionen $Y^{**}(p)$, $X^{**}(p)$ definiert werden kann. In Bild 5.10 ist Gl. (5.30) in Form eines Blockschaltbildes mit rückgekoppelten Schiebespeichern $1/z$ gezeichnet.

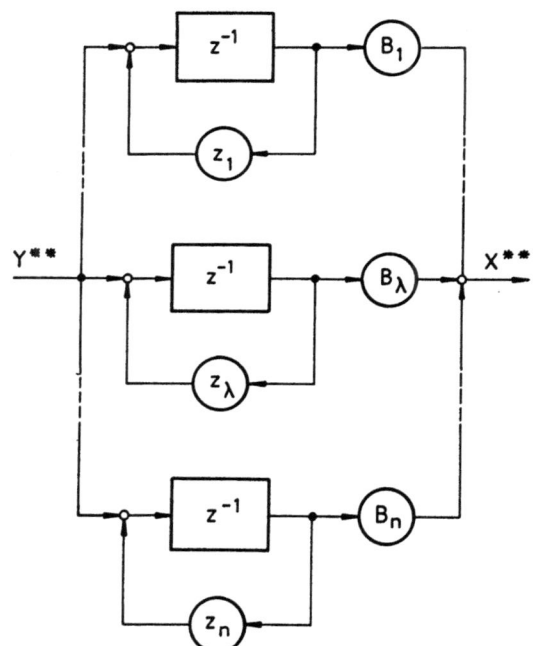

Bild 5.10: Blockschaltbild einer Stufen-Übertragungsfunktion in Partialbruchform

Als Beispiel wird die Stufen-Übertragungsfunktion für ein Verzögerungsglied 2. Ordnung berechnet. Aus

$$F_1(p) = \frac{V}{(T_1 p + 1)(T_2 p + 1)} = \frac{V}{T_1 - T_2}\left[\frac{1}{p + \frac{1}{T_1}} - \frac{1}{p + \frac{1}{T_2}}\right] \tag{5.34}$$

5.5 Übertragung von Stufenfunktionen

folgt mit

$$p_1 = -\frac{1}{T_1}, \quad z_1 = e^{-T/T_1}, \quad R_1 = \frac{V}{T_1 - T_2}$$
$$p_2 = -\frac{1}{T_2}, \quad z_2 = e^{-T/T_2}, \quad R_2 = \frac{-V}{T_1 - T_2}$$

durch Anwendung von Gln. (5.30, 5.31)

$$(F_H F_1)(z) = \frac{V}{T_1 - T_2}\left[T_1\frac{1-z_1}{z-z_1} - T_2\frac{1-z_2}{z-z_2}\right] = \frac{r_1 z + r_0}{z^2 + c_1 z + c_0}. \quad (5.35)$$

Bei diesem Beispiel handelt es sich um den gleichen Gedankenversuch, wie er in Abschnitt 1.5 im Zeitbereich durch Lösung der Differentialgleichung bei stufenförmiger Anregung behandelt wurde. Dort ergab sich eine lineare Differenzengleichung der Form (Gl. 1.42)

$$x(\nu + 2) + c_1 x(\nu + 1) + c_0 x(\nu) = r_1 y(\nu + 1) + r_0 y(\nu).$$

Ein Vergleich von Gl. (1.43) mit Gl. (5.35) zeigt, daß es sich dabei um die gleichen Koeffizienten r_μ, c_μ handelt. Das neue Berechnungsverfahren ist jedoch einfacher und auch sofort auf Systeme höherer Ordnung anwendbar.

Eine andere Schreibweise der Stufen-Übertragungsfunktion ($\gamma = 1$) folgt unmittelbar aus

$$F^{**}(p) = [F_H F_1]^*(p) = \left[\frac{1 - e^{-Tp}}{Tp} F_1\right]^*(p). \quad (5.36)$$

Nach Zerlegung in zwei Summanden, die mit $a = 0, \alpha = 1$ gemäß Abschnitt 4.3 getrennt in den z-Bereich übertragen werden, erhält man den zu Gln. (5.30, 5.31) gleichwertigen Ausdruck

$$(F_H F_1)(z) = \frac{z-1}{z}\left[\frac{F_1}{Tp}\right](z). \quad (5.37)$$

Man erkennt, daß die Definition der Stufen-Übertragungsfunktion – im Gegensatz zur Impuls-Übertragungsfunktion – auch für $m = n$ sinnvoll ist.

Die Übertragung von Stufenfunktionen ist von erheblicher praktischer Bedeutung, da solche Signalverläufe als Ausgangsgrößen von Digital-Analog- und Analog-Digital-Wandlern entstehen, d.h. immer dann, wenn analoge Signale mit digitalen Hilfsmitteln, z.B. Mikrorechnern, verarbeitet werden. In Gl. (5.37) erscheint ein zusätzlicher Pol im Ursprung, der aber durch eine entsprechende Nullstelle des Haltegliedes aufgehoben wird; ein Beispiel macht dies deutlich:

Falls $F_1(p)$ zwar nur Einzelpole p_λ aufweist, darunter aber einen bei $p_1 = 0$, entsteht wegen des vom Halteglied herrührenden Pols $p_0 = 0$ eine Partialbruchreihe mit einem Doppelpol im Ursprung

$$\frac{F_1}{Tp} = \frac{A_0}{p^2} + \frac{R_1}{Tp} + \sum_{\lambda=2}^{n} \frac{R_\lambda(F_1)}{Tp_\lambda} \frac{1}{p - p_\lambda} . \tag{5.38}$$

Daraus folgt gemäß Abschnitt 4.2 mit $z_0 = z_1 = 1$

$$\begin{aligned} F(z) &= \frac{z-1}{z} \left[T^2 A_0 \frac{z}{(z-1)^2} + R_1 \frac{z}{z-1} + \sum_{\lambda=2}^{n} \frac{R_\lambda(F_1)}{p_\lambda} \frac{z}{z - z_\lambda} \right] \\ &= T^2 A_0 \frac{1}{z-1} + R_1 + \sum_{\lambda=2}^{n} \frac{R_\lambda(F_1)}{p_\lambda} \frac{z-1}{z - z_\lambda} . \end{aligned} \tag{5.39}$$

Die resultierende Stufen-Übertragungsfunktion hat somit nur einen einzelnen Integratorpol bei $z = 1$, der von der integrierenden Wirkung der Strecke (F_1) herrührt; das Halteglied hat ja wegen $\lim\limits_{p \to 0} F(p) = 1$ Proportionalverhalten.

5.6 Lineare Interpolation

In Abschnitt 3.2 wurde gezeigt, daß ein Impulsspeicher (Halteglied) mit der Übertragungsfunktion

$$F_H(p) = \frac{1 - e^{-Tp}}{Tp} \tag{5.40}$$

eine modulierte Impulsreihe $y^*(t)$ in eine Stufenfunktion $y^{**}(t)$ umwandelt. Indem der Impulsspeicher den Funktionswert für die Dauer eines Abtastintervalls festhält, wirkt er als einfachster Interpolator (Bild 5.11a). Die nächst

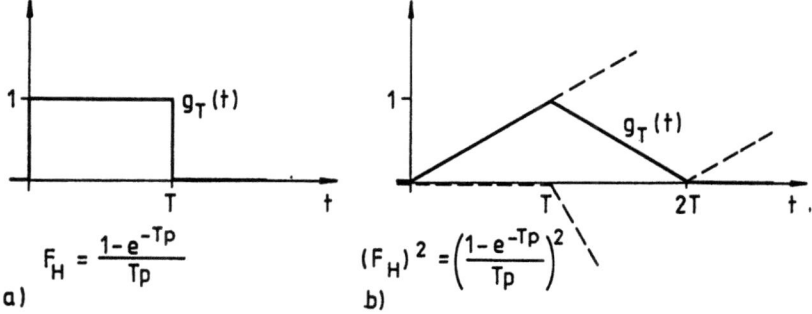

Bild 5.11: Impulsantwort eines einfachen und doppelten Haltegliedes

höhere Stufe wäre eine lineare Interpolation in Form eines Polygonzuges. Man

5.6 Lineare Interpolation

erhält sie durch Kettenschaltung zweier Halteglieder mit der Gesamt-Übertragungsfunktion

$$F_H{}^2(p) = \left[\frac{1-e^{-Tp}}{Tp}\right]^2 = \frac{1-2e^{-Tp}+e^{-2Tp}}{(Tp)^2}\ . \tag{5.41}$$

Die zugehörige Impulsantwort setzt sich aus drei zeitlich verschobenen Rampenfunktionen zusammen (Bild 5.11b). In Bild 5.12 ist das zugehörige Blockschaltbild dargestellt, bei dem aus der modulierten Impulsreihe $y^*(t)$ zunächst eine Stufenfunktion $y^{**}(t)$ und dann ein Polygonzug $x(t)$ entsteht. Bild 5.13

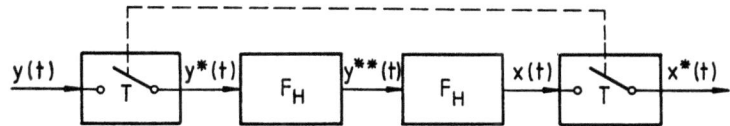

Bild 5.12: Lineare Interpolation mit doppeltem Halteglied

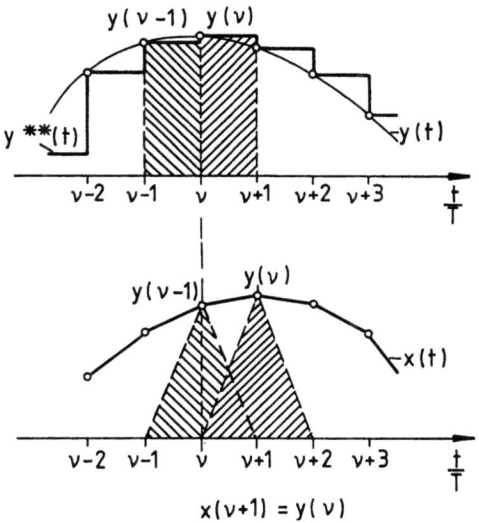

Bild 5.13: Signalverlauf bei Approximation einer kontinuierlichen Funktion durch einen Polygonzug

zeigt schließlich die zugehörige Konstruktion des Signalverlaufs $x(t)$ aus der abgetasteten Eingangsfunktion $y(t)$. Dabei ist die Auswirkung eines einzelnen Abtastwertes $y(\nu)$ auf die Ausgangsgröße schraffiert angedeutet. Man erkennt, daß die Eckpunkte des Polygonzuges zwar mit den Abtastwerten übereinstimmen, jedoch gegenüber diesen um ein Abtastintervall verschoben sind. Dies ist einleuchtend, da der nächste Abtastwert bekannt sein muß, bevor die neue Steigung des Polygonzuges bestimmt werden kann.

Das gleiche Ergebnis erhält man formal durch Berechnung der Impuls-Übertragungsfunktion gemäß Abschnitt 4.2, 4.3

$$\begin{aligned}\frac{X}{Y}(z) &= \left[F_H{}^2\right](z) = \left(1 - \frac{2}{z} + \frac{1}{z^2}\right)\left[\frac{1}{(Tp)^2}\right](z) \\ &= \frac{z^2 - 2z + 1}{z^2}\frac{z}{(z-1)^2} = \frac{1}{z}\,. \end{aligned} \qquad (5.42)$$

Die aus zwei Impulsspeichern bestehende Übertragungsstrecke bewirkt also eine getreue Wiedergabe der Abtastwerte, allerdings mit einer Verschiebung um ein Intervall T.

Durch Kettenschaltung weiterer Impulsspeicher entstehen Interpolationen höherer Ordnung, z.B. bei drei Impulsspeichern durch Parabeln.

6 Berechnung zeitdiskreter Einschwingvorgänge mit Hilfe der z-Transformation

In den vorhergehenden Abschnitten wurde gezeigt, daß zeitdiskrete Vorgänge in linearen Abtastsystemen sich ebenso im Bildbereich berechnen lassen, wie dies bei kontinuierlichen linearen Systemen der Fall ist. Die Rechenregeln werden im folgenden für einige Operationen und häufig vorkommende Funktionen zusammengestellt.

6.1 Rechenoperationen

a) Zeitfunktion, modulierte Impulsreihe:

$$y(t),\ y(\nu T) = y(\nu),\quad y(\nu < 0) = 0\ ,$$

$$y^*(t) = \sum_{\nu=0}^{\infty} y(\nu)\, \delta_T(t - \nu T) \tag{6.1}$$

b) Bildfunktion, Potenzreihe in z^{-1}:

$$Y(z) = L\left[y^*(t)\right] = T\sum_{\nu=0}^{\infty} y(\nu) z^{-\nu},\quad z = e^{Tp}\ . \tag{6.2}$$

$Y(z)$ ist die „Laplace-Transformierte" von $y^*(t)$ oder die „z-Transformierte" von $y(t)$.

Falls $y(t)$ zeitlich begrenzt ist, $y(t > nT) = 0$, wird $Y(z)$ eine rationale Funktion mit einem n-fachen Pol bei $z = 0$.

$$Y(z) = T\sum_{\nu=0}^{n} y(\nu) z^{-\nu} = Tz^{-n}\sum_{\nu=0}^{n} y(\nu) z^{n-\nu} = \frac{P(z)}{z^n}\ , \tag{6.3}$$

wobei $P(z) = $ ein Polynoms n-ten Grades in z ist.

6.1.1 Addition und Verstärkung

Wegen der Linearität der z-Transformation gehört zu

$$y(t) = a_1 y_1(t) + a_2 y_2(t) \tag{6.4}$$

die z-Transformierte

$$Y(z) = a_1 Y_1(z) + a_2 Y_2(z)\ . \tag{6.5}$$

Dabei sind $Y_1(z), Y_2(z)$ die z-Transformierten von $y_1(t), y_2(t)$.

6.1.2 Verzögerung um ein ganzzahliges Vielfaches eines Abtastintervalles T

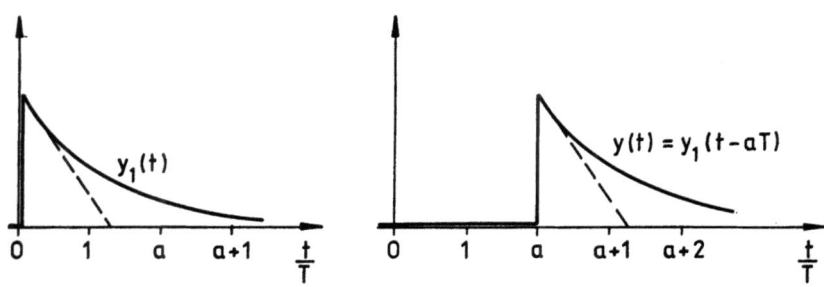

Bild 6.1: Verzögerung einer Zeitfunktion um a Abtastintervalle

$$y(t) = y_1(t - aT), \quad a = 0, 1, 2 \ldots . \tag{6.6}$$

Die zugehörigen Beziehungen im Bildbereich lauten

$$Y(z) = T \sum_{\nu=0}^{\infty} y_1(\nu - a) z^{-\nu} .$$

Wegen $y_1(t < 0) \equiv 0$ folgt daraus

$$Y(z) = T z^{-a} \sum_{\nu=a}^{\infty} y_1(\nu - a) z^{-(\nu-a)}$$

oder mit $\nu - a = \nu'$

$$Y(z) = T z^{-a} \sum_{\nu'=0}^{\infty} y_1(\nu') z^{-\nu'} = z^{-a} Y_1(z) . \tag{6.7}$$

6.1.3 Differenzbildung

Aus der Definition
$$\Delta^1 y(\nu) = y(\nu) - y(\nu - 1) \tag{6.8}$$
folgt gemäß Gl. (6.7) mit $a = 1$

$$L\left[\Delta^1 y(\nu)\right] = (1 - \frac{1}{z}) Y(z) = \frac{z - 1}{z} Y(z) . \tag{6.9}$$

Dies ist in Bild 6.2 durch ein einfaches Blockschaltbild mit dem Verschiebeoperator $z^{-1} = e^{-Tp}$ angedeutet. Die absatzweise Differenzbildung ist nach Gl. (1.63) als diskrete Differentiation zu deuten.

6.1 Rechenoperationen

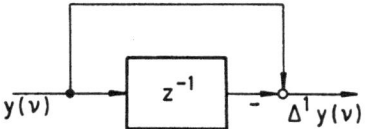

Bild 6.2: Bildung einer Differenzfunktion

6.1.4 Summation

Die Summenfunktion

$$y(\nu) = \sum_{\mu=0}^{\nu} y_1(\mu) \tag{6.10}$$

entspricht gemäß Bild 6.3 der Fläche unter der Stufenkurve $y_1^{**}(t)$.

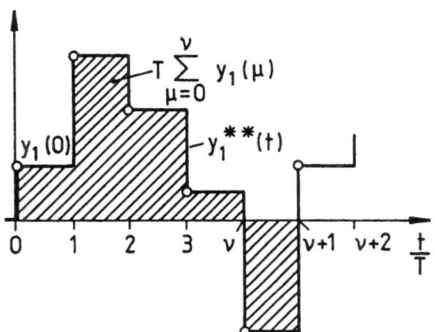

Bild 6.3: Summation

Die zugehörige Bildfunktion lautet

$$Y(z) = T \sum_{\nu=0}^{\infty} \left[\sum_{\mu=0}^{\nu} y_1(\mu) \right] z^{-\nu} . \tag{6.11}$$

Schreibt man die ersten Glieder dieser Doppelsumme ähnlich wie in Abschnitt 3, so folgt

$$\begin{aligned} Y(z) &= y_1(0) & Tz^0 & + \\ & [y_1(1) + y_1(0)] & Tz^{-1} & + \\ & [y_1(2) + y_1(1) + y_1(0)] & Tz^{-2} & + \ldots \\ &= \left[\sum_{\nu=0}^{\infty} z^{-\nu} \right] \left[T \sum_{\nu=0}^{\infty} y_1(\nu) z^{-\nu} \right] \\ &= \frac{z}{z-1} Y_1(z) . \end{aligned} \tag{6.12}$$

Dieser Ausdruck entspricht einer Integration, wie durch den Vorfaktor mit dem Pol bei $z = 1$ angedeutet ist. Bild 6.4 zeigt das zugehörige Blockschaltbild mit einem Schiebespeicher $1/z$. Die Summation kann wiederholt werden, der Faktor $z/(z-1)$ tritt dann mehrfach auf. Anstelle von Gl. (6.10) gilt auch die rekursive Schreibweise

$$y(\nu) = y(\nu - 1) + y_1(\nu) \,. \tag{6.13}$$

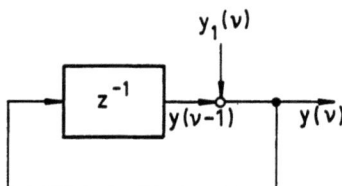

Bild 6.4: Schema einer diskreten Integration

6.1.5 Dämpfung

Die zu
$$y(t) = e^{p_1 t} y_1(t) \tag{6.14}$$
gehörige Bildfunktion lautet mit $z_1 = e^{T p_1}$

$$Y(z) = T \sum_{\nu=0}^{\infty} y_1(\nu) z_1^{\nu} z^{-\nu} = T \sum_{\nu=0}^{\infty} y_1(\nu) \left(\frac{z}{z_1}\right)^{-\nu} = Y_1\left(\frac{z}{z_1}\right) \,. \tag{6.15}$$

6.1.6 Faltung

Hat die diskrete Zeitfunktion die Form einer Faltungssumme

$$y(\nu) = \sum_{\mu=0}^{\nu} y_1(\mu) y_2(\nu - \mu), \tag{6.16}$$

dann gilt

$$Y(z) = T \sum_{\nu=0}^{\infty} \left[\sum_{\mu=0}^{\nu} y_1(\mu) y_2(\nu - \mu) \right] z^{-\nu} \,.$$

Die innere Summe darf wegen $y_2(\nu < \mu) = 0$ unendlich fortgesetzt werden, ohne das Ergebnis zu ändern. Nach Vertauschung der Reihenfolge der Summen gilt dann

$$Y(z) = \sum_{\mu=0}^{\infty} y_1(\mu) \left[T \sum_{\nu=0}^{\infty} y_2(\nu - \mu) z^{-\nu} \right] \,.$$

6.2 Häufig vorkommende Funktionen

Durch Anwendung der Verschiebungsregel (Gl. 6.7) folgt daraus

$$Y(z) = Y_2(z) \sum_{\mu=0}^{\infty} y_1(\mu) z^{-\mu} = \frac{1}{T} Y_1(z) Y_2(z) \;. \tag{6.17}$$

Die Faltung im Zeitbereich führt, ebenso wie im kontinuierlichen, auf eine Multiplikation im Bildbereich. Dieses Ergebnis war in Abschnitt 3.4 Anlaß zur Einführung der Impuls-Übertragungsfunktion gewesen.

6.2 Häufig vorkommende Funktionen

6.2.1 Exponentialfunktion

Eine oft vorkommende Zeitfunktion ist die Exponentialfunktion (Bild 6.5)

$$y(t) = e^{p_1 t}, \quad p_1 = -\frac{1}{T_1} \;, \tag{6.18}$$

aus der die zugehörige Bildfunktion mit $z_1 = e^{T p_1}$ als geometrische Reihe folgt

$$Y(z) = T \sum_{\nu=0}^{\infty} z_1^{\nu} z^{-\nu} = T \sum_{\nu=0}^{\infty} \left(\frac{z}{z_1}\right)^{-\nu} = T \frac{z}{z - z_1} \;; \tag{6.19}$$

Ausdrücke dieser Art treten als Partialbrüche bei der Rücktransformation vom Bildbereich in den Zeitbereich auf.

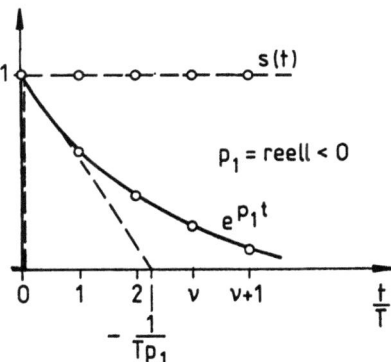

Bild 6.5: Exponential- und Sprungfunktion

Als Sonderfall für $p_1 = 0$, $z_1 = 1$ entsteht die Sprungfunktion

$$y(t) = s(t), \quad \text{d.h.} \quad y(\nu \geq 0) = 1 \;. \tag{6.20}$$

Durch die Abtastung erhält man eine Reihe äquidistanter Impulse gleicher Fläche,

$$y^*(t) = \sum_{\nu=0}^{\infty} \delta_T(t - \nu T) \,.$$

Die zugehörige Bildfunktion lautet somit

$$Y(z) = S(z) = T \sum_{\nu=0}^{\infty} z^{-\nu} = T \frac{z}{z-1} \,. \tag{6.21}$$

6.2.2 Lineare Rampenfunktion

Die linear ansteigende Funktion (Bild 6.6),

$$y(t) = \frac{t}{T}, \quad \text{d.h.} \quad y(\nu) = \nu, \quad \nu \geq 0 \tag{6.22}$$

hat die Bildfunktion

$$Y(z) = T \sum_{\nu=0}^{\infty} \nu z^{-\nu} \,. \tag{6.23}$$

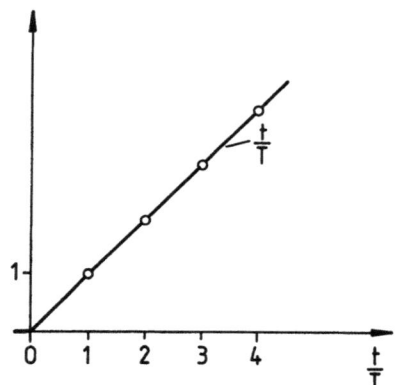

Bild 6.6: Lineare Anstiegsfunktion

Für diese Reihe existiert die in Abschnitt 4.2 verwendete Summenformel. Ein anderes Berechnungsverfahren folgt aus der in Abschnitt 6.1.3 abgeleiteten Transformationsregel für Differenzen. Für die vorliegende Funktion $y(\nu) = \nu$ entspricht die 1. Differenz wegen $y(-1) = 0$ der verschobenen Sprungfunktion

$$\Delta^1 y(\nu) = y(\nu) - y(\nu - 1) = s(\nu - 1) \,.$$

Für die transformierte Differenz gilt somit

$$L\left[\Delta^1 y(\nu)\right] = \left(1 - \frac{1}{z}\right) Y(z) = T \frac{1}{z-1} \,,$$

6.2 Häufig vorkommende Funktionen

so daß die Bildfunktion der Rampe folgende Form annimmt,

$$Y(z) = T\frac{z}{(z-1)^2}. \tag{6.24}$$

6.2.3 Parabolische Anstiegsfunktion

Für die in Bild 6.7 skizzierte parabolische Anstiegsfunktion

$$\begin{aligned} y(t) &= \left(\frac{t}{T}\right)^2 \text{ mit den Abtastwerten} \\ y(\nu) &= \nu^2 \end{aligned} \tag{6.25}$$

lautet die erste Differenz

$$\Delta^1 y(\nu) = \nu^2 - (\nu-1)^2 = 2\nu - 1, \quad \nu \geq 1;$$

sie läßt sich aus der vorher berechneten linearen Anstiegsfunktion und der verschobenen Sprungfunktion zusammensetzen. Im Bildbereich gilt somit

$$L\left[\Delta^1 y(\nu)\right] = \frac{z-1}{z} Y(z) = T\left[\frac{2z}{(z-1)^2} - \frac{1}{z-1}\right],$$

oder

$$Y(z) = T\frac{z(z+1)}{(z-1)^3}. \tag{6.26}$$

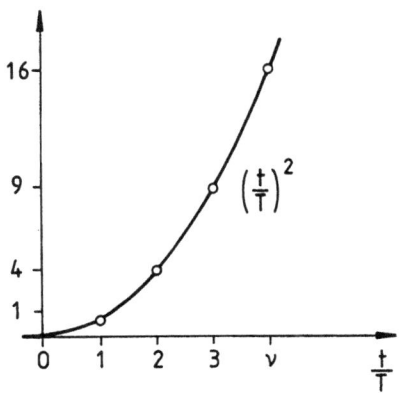

Bild 6.7: Parabolische Anstiegsfunktion

6.2.4 Verzögerungsfunktion

Für die in Bild 6.8 gezeichnete Verzögerungsfunktion mit den Abtastwerten

$$y(\nu) = 1 - e^{\nu T p_1} = 1 - z_1^\nu \qquad (6.27)$$

erhält man durch Kombination von Gln. (6.19, 6.21)

$$Y(z) = T\frac{z}{z-1} - T\frac{z}{z-z_1} = T\frac{(1-z_1)z}{(z-1)(z-z_1)}. \qquad (6.28)$$

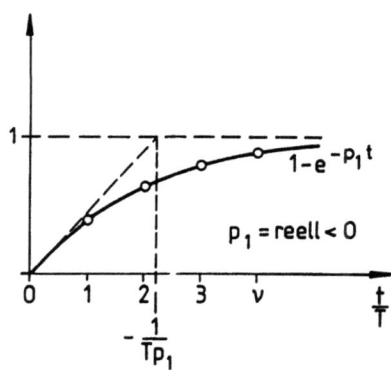

Bild 6.8: Verzögerungsfunktion

6.2.5 Gedämpfte Schwingung

Eine gedämpfte Schwingung gemäß Bild 6.9 läßt sich bekanntlich in zwei Exponentialfunktionen mit konjugiert komplexen Amplituden und Exponenten zerlegen.
Der Ansatz mit reellen Parametern $A_1, \sigma_1, \omega_1, \alpha_1$

$$y(t) = A_1 e^{\sigma_1 t} \cos(\omega_1 t + \alpha_1) \qquad (6.29)$$

führt mit

$$\frac{A_1}{2} e^{j\alpha_1} = a_1 \quad \text{und} \quad \sigma_1 + j\omega_1 = p_1,$$

auf

$$y(t) = a_1 e^{p_1 t} + \bar{a}_1 e^{\bar{p}_1 t}.$$

6.3 Berechnung von Einschwingvorgängen

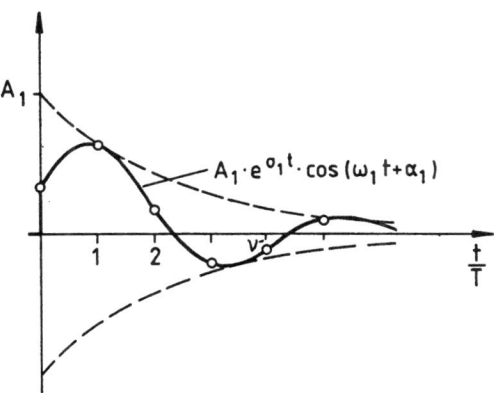

Bild 6.9: Gedämpfte Schwingung

Die zugehörige Bildfunktion folgt aus Gl. (6.19) mit $z_1 = e^{Tp_1}$

$$\begin{aligned}
Y(z) &= a_1 T \frac{z}{z-z_1} + \bar{a}_1 T \frac{z}{z - \bar{z}_1} \\
&= T \frac{(a_1 + \bar{a}_1)z^2 - (a_1 \bar{z}_1 + \bar{a}_1 z_1)z}{z^2 - (z_1 + \bar{z}_1)z + z_1 \bar{z}_1} \\
&= T \frac{r_2 z^2 + r_1 z}{z^2 + c_1 z + c_0} \, .
\end{aligned} \qquad (6.30)$$

Die Koeffizienten r_μ, c_μ dieser rationalen Funktion sind sämtlich reell.

6.3 Berechnung von Einschwingvorgängen

6.3.1 Zeit- und Frequenzbereich

In Abschnitt 3 wurde gezeigt, daß die Ausgangsgröße einer linearen diskreten Übertragungsstrecke durch eine Faltungssumme unter Verwendung der diskreten Impulsantwort $g_T(\nu)$ berechnet werden kann.

$$x(\nu) = \sum_{\mu=0}^{\infty} y(\mu) g_T(\nu - \mu) \, ; \qquad (6.31)$$

$Ty(\mu)$ ist dabei die Fläche der als Anregung angenommenen modulierten Impulse. In Bild 6.10 ist dieser Zusammenhang nochmals angedeutet; die kontinuierliche Übertragungsstrecke enthält dabei gewöhnlich einen Impulsspeicher ($F = F_H F_1$), so daß die eigentliche Strecke (F_1) von einer Stufenfunktion $y^{**}(t)$ angeregt wird. Dies entspricht dem bei Echtzeit-Rechneranwendungen üblichen Verfahren, wo die Abtastung durch einen schnell wirkenden Analog-Digital-Wandler erfolgt und das digitale Ergebnis für jeweils einen Takt zwischengespeichert wird. Die Umwandlungszeit des A/D-Wandlers kann im Bereich weniger Mikrosekunden liegen, so daß die Annahme einer impulsförmigen Abtastung der Wirklichkeit recht nahekommt.

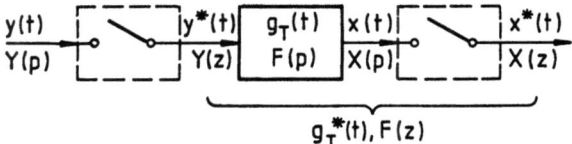

Bild 6.10: Schema einer diskreten Signalübertragung

Anstelle einer Berechnung der Faltungssumme mit Gl. (6.31) ist es auch möglich, die zugehörige Differenzengleichung mit den gegebenen Anfangsbedingungen rekursiv zu lösen. Bei einem System n-ter Ordnung gilt ja gemäß Gl. (1.57)

$$x(\nu) = \sum_{\mu=0}^{m<n} r_\mu y(\nu - n + \mu) - \sum_{\mu=0}^{n-1} c_\mu x(\nu - n + \mu) \,. \tag{6.32}$$

Die Koeffizienten r_μ, c_μ lassen sich, wie in Abschnitt 5 gezeigt, auf einfache Weise über die Stufen-Übertragungsfunktion berechnen.

Die Berechnungsverfahren nach Gln. (6.31, 6.32) eignen sich vor allem für die Echtzeit-Signalverarbeitung, wenn die Wertefolge $y(\nu)$ nicht analytisch gegeben ist, sondern z.B. aus einer Messung hervorgeht. Als analytisches Lösungsverfahren ist dagegen der Umweg über den Bildbereich mit anschließender Rücktransformation in den Zeitbereich besser geeignet. Ausgangspunkt ist dabei Gl. (4.16)

$$X(z) = F(z)Y(z) \,, \tag{6.33}$$

so daß $X(z)$ als rationale Funktion in z erscheint,

$$X(z) = T \frac{r_m z^m + \cdots r_1 z + r_0}{z^n + \cdots c_1 z + c_0} \,. \tag{6.34}$$

Die Rücktransformation kann anhand der Definitionsgleichung (4.14)

$$X(z) = T \sum_{\nu=0}^{\infty} x(\nu) z^{-\nu} \tag{6.35}$$

durch eine Reihenentwicklung des Ausdrucks (6.34) nach fallenden Potenzen von z erfolgen, der durch Koeffizientenvergleich unmittelbar die Wertefolge $x(\nu)$ liefert.

6.3 Berechnung von Einschwingvorgängen

Eine andere Möglichkeit ist die Partialbruchzerlegung

$$X(z) = \frac{1}{z^{n-m}} \sum_{\lambda=1}^{n} T R_\lambda \frac{z}{z - z_\lambda}, \quad (6.36)$$

wobei der Einfachheit halber angenommen ist, daß $X(z)$ nur einfache Pole aufweist.
Durch gliedweise Rücktransformation entstehen daraus geometrische Reihen,

$$x(\nu) = \sum_{\lambda=1}^{n} R_\lambda z_\lambda^{\nu-n+m}. \quad (6.37)$$

Falls $X(z)$ nur Pole im Ursprung hat, so daß sich eine Partialbruchzerlegung nach Gl. (6.36) erübrigt, deutet dies gemäß Gl. (6.3) auf einen zeitlich begrenzten Vorgang hin.

Die beiden analytischen Verfahren der Rücktransformation aus dem Frequenzbereich in den diskreten Zeitbereich sollen nun an Beispielen gezeigt werden.

6.3.2 Beispiele

Ein anfangs im Ruhezustand befindliches lineares System mit der Impuls-Übertragungsfunktion $F(z)$ werde durch eine abgetastete Sprungfunktion $s(t)$, d.h. eine bei $t = 0$ einsetzende äquidistante Impulsreihe

$$Y(z) = S(z) = T \frac{z}{z - 1} \quad (6.38)$$

angeregt (wie dies in Bild 4.4 gezeigt wurde). Sofern $F(z)$ nur Einzelpole $z_\lambda \neq 1$ aufweist, gilt mit der in Abschnitt 5 eingeführten Verschiebung um eine fiktive negative Laufzeit $-\varepsilon T$

$$X(z,\varepsilon) = F(z,\varepsilon)Y(z) = T \frac{z}{z-1} \sum_{\lambda=1}^{n} T R_\lambda z_\lambda^{\varepsilon} \frac{z}{z - z_\lambda}. \quad (6.39)$$

Daraus folgt mit $z_0 = 1$ eine erweiterte Partialbruchreihe

$$X(z,\varepsilon) = \sum_{\lambda=0}^{n} T B_\lambda(\varepsilon) \frac{z}{z - z_\lambda} \quad (6.40)$$

mit der zugehörigen diskreten Zeitfunktion

$$x(\nu + \varepsilon) = \sum_{\lambda=0}^{n} B_\lambda(\varepsilon) z_\lambda^{\nu} = B_0 + \sum_{\lambda=1}^{n} B_\lambda(\varepsilon) z_\lambda^{\nu}. \quad (6.41)$$

Für den einfachen Fall eines Verzögerungsgliedes 1. Ordnung,

$$F(p,\varepsilon) = \frac{V_1}{T_1 p + 1} e^{\varepsilon T p} \qquad (6.42)$$

lautet die Impuls-Übertragungsfunktion

$$F(z,\varepsilon) = V_1 \frac{T}{T_1} z_1{}^{\varepsilon} \frac{z}{z - z_1}, \qquad z_1 = e^{-T/T_1} \qquad (6.43)$$

und die Antwortfunktion

$$X(z,\varepsilon) = V_1 \frac{T^2}{T_1} z_1{}^{\varepsilon} \frac{z^2}{(z-1)(z-z_1)}. \qquad (6.44)$$

Die Partialbruchzerlegung von $X(z,\varepsilon)/z$ führt auf

$$X(z,\varepsilon) = V_1 \frac{T}{T_1} \frac{z_1{}^{\varepsilon}}{1 - z_1} \left[T \frac{z}{z - 1} - T \frac{z_1 z}{z - z_1} \right]. \qquad (6.45)$$

Durch Rücktransformation mit der in Abschnitt 6.2 angegebenen Korrespondenz erhält man als Lösung im Zeitbereich

$$x(\nu + \varepsilon) = V_1 \frac{T}{T_1} \frac{e^{-\varepsilon T/T_1}}{1 - e^{-T/T_1}} \left[1 - e^{-(\nu+1)T/T_1} \right], \quad \nu \geq 0. \qquad (6.46)$$

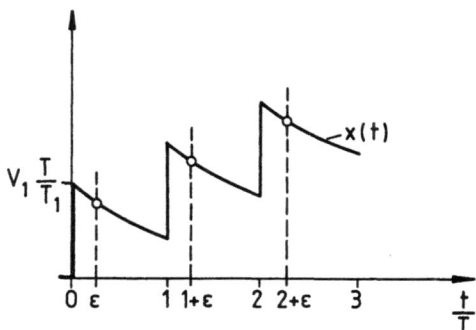

Bild 6.11: Antwort eines Verzögerungsgliedes auf eine abgetastete Sprungfunktion

In Bild 6.11 ist die Antwort $x(t)$ des Verzögerungsgliedes auf die Impulsreihe $s^*(t)$ gezeichnet; die zu $t = \nu T$ gehörigen verschobenen Abtastwerte sind eingetragen. Die Wertefolge strebt für $\nu \to \infty$ einem Grenzwert zu, da $x(t)$ dann mit T periodisch wird.

6.3 Berechnung von Einschwingvorgängen

Zum gleichen Ergebnis kommt man durch Reihenentwicklung von $X(z,\varepsilon)$. Durch fortlaufende Division des Ausdrucks in Gl. (6.44) folgt

$$z^2 : z^2 - (1+z_1)z + z_1 = 1 + \frac{1+z_1}{z} + \frac{1+z_1+z_1{}^2}{z^2}$$
$$+ \ldots \frac{1}{z^\nu} \sum_{\mu=0}^{\nu} z_1{}^\mu + \ldots \quad (6.47)$$

Im vorliegenden einfachen Fall lassen sich die Koeffizienten der geometrischen Reihe durch eine Summenformel ausdrücken

$$\sum_{\mu=0}^{\nu} z_1{}^\mu = \frac{1 - z_1{}^{\nu+1}}{1 - z_1}, \quad |z_1| < 1. \quad (6.48)$$

Man findet das gleiche Ergebnis wie in Gl. (6.46).

Schließlich soll anhand einer Kontrollrechnung gezeigt werden, welches Ergebnis entsteht, wenn die Übertragungstrecke in Bild 6.10 zusätzlich einen Impulsspeicher enthält,

$$F(p) = \frac{1 - e^{-Tp}}{Tp} F_1(p). \quad (6.49)$$

Er bewirkt, daß die durch den Abtaster entstandene Impulsreihe zunächst wieder in eine Sprungfunktion zurückverwandelt wird,

$$s^{**}(t) \equiv s(t).$$

Die Ausgangsgröße $x(t)$ muß deshalb der Sprungantwort des Blockes $F_1(p)$ entsprechen.

Mit Gl. (6.38) und Gl. (5.37) gilt

$$X(z) = F(z)Y(z) = \frac{z-1}{z}\left[\frac{F_1}{Tp}\right](z)Y(z) = \left[\frac{F_1}{p}\right](z). \quad (6.50)$$

Falls $F_1(p)$ nur Einzelpole $p_\lambda \neq 0$ aufweist, gilt mit $z_\lambda = e^{Tp_\lambda}$ die Partialbruchreihe

$$X(z) = F_1(0)T\frac{z}{z-1} + \sum_{\lambda=1}^{n} \frac{TR_\lambda(F_1)}{p_\lambda} \cdot \frac{z}{z-z_\lambda}. \quad (6.51)$$

Die Rücktransformation in den Zeitbereich liefert

$$x(\nu) = F_1(0) + \sum_{\lambda=1}^{n} \frac{R_\lambda(F_1)}{p_\lambda} z_\lambda{}^\nu, \quad (6.52)$$

was für $\nu \geq 0$ gerade den Abtastwerten der Sprungantwort von $F_1(p)$,

$$w(t) = L^{-1}\left[\frac{F_1}{p}\right], \quad (6.53)$$

entspricht.

7 Kontinuierlich wirkendes System mit Rückkopplung und einem Abtaster

7.1 Aufbau eines einfachen Abtast-Regelkreises

Wird in einem offenen Übertragungssystem oder einem geschlossenen Regelkreis das Signal nicht kontinuierlich, sondern zeitdiskret in Form von Abtastwerten übertragen, so kann man diesen Vorgang der Wirkung eines periodischen Tasters zuschreiben; sofern stufenförmige Signale vorkommen, ist der Abtaster durch einen nachfolgenden Integrator oder Impulsspeicher zu ergänzen.

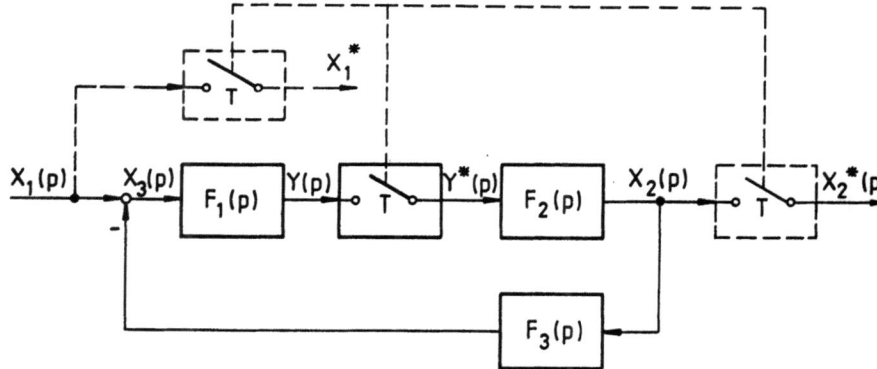

Bild 7.1: Lineares Regelsystem mit einem Abtaster

Das Blockschaltbild eines solchen Abtast-Regelkreises ist in Bild 7.1 skizziert. Dabei wird die durch $F_1(p)$, z.B. den Regler, verformte Regelabweichung periodisch abgetastet und als gedachte modulierte Impulsreihe auf die Regelstrecke (F_2) übertragen. Da eine impulsförmige Anregung der Strecke weder technisch möglich noch zulässig wäre, wird ein Interpolator z.B. in Form eines Integrators oder Haltegliedes eingefügt; die eigentliche (interne) Stellgröße hat dann einen stufenförmigen Verlauf. F_3 beschreibt das dynamische Verhalten des Meßgliedes, mit dem die Regelgröße erfaßt und z.B. geglättet wird. Der Abtaster kann auch unmittelbar hinter der Vergleichsstelle eingefügt sein, so daß er die unverformte Regelabweichung abtastet; in diesem Fall ist $F_1 = 1$; die Regler-Übertragungsfunktion ist dann in $F_2(p)$ enthalten. Der gestrichelt angedeutete Abtaster am Ausgang ist meist nicht vorhanden; er dient lediglich zur eindeutigen Abgrenzung bei Berechnung der Impuls-Übertragungsfunktion, auf die Wirkungsweise des Regelkreises hat er keinen Einfluß. Auch der gestrichelte Abtaster der Führungsgröße ist in Wirklichkeit nicht erforderlich.

Die in Bild 7.1 gezeichnete Anordnung war z.B. bei einer Temperaturregelung mit einem klassischen Fallbügelregler, einem frühen elektromechanischen Regler nach dem Abtastprinzip, verwirklicht; dabei beschreibt $F_1(p)$ das dynamische Verhalten eines empfindlichen Drehspulmeßwerkes zur Bildung der Regelabweichung, während die Abtastung durch periodische Arretierung des Zeigers erfolgt. $F_2(p)$ umfaßt die Speicherung des Abtastwertes durch das mechanische Kopierwerk und das dynamische Verhalten der Regelstrecke bis zur Temperatur der Meßstelle (x_2). Die Übertragungseigenschaften des Meßfühlers und des Meßumformers werden durch F_3 beschrieben.

Als ein aktuelleres Anwendungsbeispiel der in Bild 7.1 gezeichneten Anordnung wäre eine digitale Drehzahlregelung zu nennen, wobei als Drehzahl-Istwert die Zahl N der während der Abtastzeit T zurückgelegten Winkelinkremente Δ gewertet wird, die ein optischer oder magnetischer Impulsgeber liefert. Da bei einem solchen Meßverfahren nicht der Augenblickswert, sondern der Mittelwert der Drehzahl über die vorhergehende Abtastperiode, $\bar{\omega} = N\Delta/T$, ausgewertet wird, enthält $F_1(p)$ einen Mittelwertbildner, d.h. ein Halteglied (Abschnitt 3.2). Sofern der Abtastwert anschließend zwischengespeichert, d.h. in eine Stufenfunktion umgewandelt wird, ist hinter dem Abtaster ein weiterer Impulsspeicher eingefügt zu denken [41,51,53,73].

7.2 Berechnung der Impuls-Übertragungsfunktion des geschlossenen Kreises

Die Stabilitäts- und Dämpfungsforderungen bei einer Regelung sind auf die Übertragungsfunktion des geschlossenen Kreises anzuwenden, die mit dem in Abschnitt 5.2 beschriebenen Überlagerungsverfahren berechnet werden kann. Für die Anordnung in Bild 7.1 gilt

$$Y^*(p) = (F_1 X_1)^*(p) - (F_1 F_2 F_3)^*(p) Y^*(p)$$

oder

$$Y^*(p) = \frac{(F_1 X_1)^*}{1 + (F_1 F_2 F_3)^*} \,. \tag{7.1}$$

Mit

$$X_2^*(p) = F_2^*(p) Y^*(p)$$

folgt daraus

$$X_2^*(p) = \frac{F_2^*}{1 + (F_1 F_2 F_3)^*}(F_1 X_1)^* \,. \tag{7.2}$$

Der Term $(F_1 X_1)^*$ deutet wieder daraufhin, daß die Abtastwerte der durch F_1 verformten Führungsgröße und nicht der Führungsgröße $x_1(t)$ selbst wirksam werden. Nach formaler Erweiterung mit $X_1^*(p)$ entsteht die Impuls-Übertragungsfunktion des geschlossenen Kreises, gleich in z geschrieben,

$$\frac{X_2}{X_1}(z) = F_g(z) = \frac{F_2(z)}{1 + (F_1 F_2 F_3)(z)} \frac{(F_1 X_1)(z)}{X_1(z)} . \tag{7.3}$$

Der zweite Faktor beschreibt dabei die Übertragung vom Führungsgrößen-Eingang bis zum Ausgang des ersten Abtasters.

Stabilität und Dämpfung werden durch die Pole von $F_g(z)$ bestimmt. Die freien Parameter des Reglers sind also so zu wählen, daß die Pole vorgegebenen Bedingungen genügen. Sofern $F_1(p)$ zu einer stabilen und gut gedämpften Übertragungsstrecke gehört, genügt es, die Pole des ersten Faktors, d.h. die Nullstellen des Nenners zu prüfen,

$$1 + (F_1 F_2 F_3)(z) = 1 + F_k(z) = 0 , \tag{7.4}$$

wobei $F_k(z)$ die von kontinuierlichen Systemen her bekannte Kreis-Übertragungsfunktion ist [20]. Gl. (7.4) führt auf die charakteristische Gleichung des Systems. Die Festlegung des Reglers anhand von Stabilitäts- und Dämpfungsbedingungen wird im folgenden anhand von zwei einfachen Beispielen erläutert.

7.3 Abtastregelkreis 2. Ordnung mit einem Integralregler

7.3.1 Wirkungsweise und Anwendungsbeispiel

Der in Bild 7.2 gezeichnete Regelkreis entsteht als Sonderfall der allgemeinen Schaltung in Bild 7.1, indem die unverformte Regelabweichung $x_3(t)$ abgetastet und ein unverzögertes Meßglied mit der Verstärkung Eins angenommen wird; somit ist $F_1 = F_3 = 1$. Im Gegensatz zum allgemeineren Fall gehen nur die Abtastwerte der Führungsgröße als Anregung ein. Die Wirkungsweise

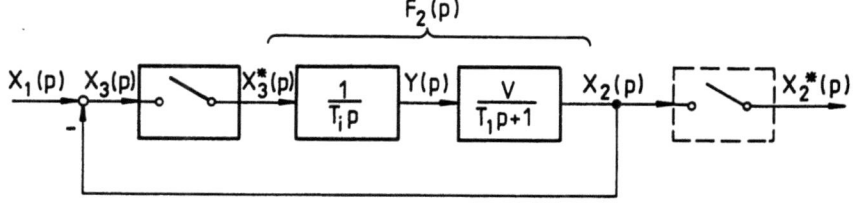

Bild 7.2: Einfacher Abtastregelkreis mit Integralregler

7.3 Abtastregelkreis 2. Ordnung mit einem Integralregler

dieser Anordnung ist folgende:
Der als Regler und Stellglied dienende Integrator summiert und speichert die vom Abtaster gelieferten Stellimpulse mit den Flächen $Tx_3(\nu)$, so daß sich für $y(t)$ eine Stufenfunktion mit der Sprunghöhe

$$y(\nu) - y(\nu - 1) = \frac{T}{T_i} x_3(\nu) \tag{7.5}$$

ergibt. T/T_i hat also die Bedeutung einer Verstärkungsziffer.

Im Gegensatz zu der anschließend untersuchten Anordnung mit einem Impulsspeicher $F_H(p)$ anstelle des Integrators erfolgt hier keine Rücksetzung. Ein stationärer Ruhezustand ist für $x_1 = const.$ also erst erreicht, wenn die diskrete Regelabweichung $x_3(\nu)$ Null geworden ist; dies entspricht der Wirkung des Integralreglers bei kontinuierlichen Regelsystemen. Die besondere Wirkung des Abtasters wird in Bild 7.3 erläutert:

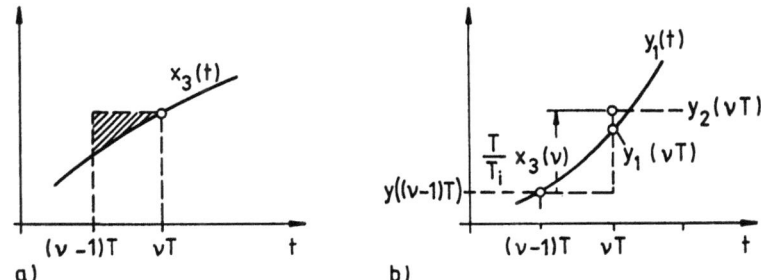

Bild 7.3: Kontinuierliche und zeitdiskrete Integration

$x_3(t)$ sei ein angenommener Verlauf der Regelabweichung; $y(t)$ habe bei $t = (\nu - 1)T$ den Anfangswert $y(\nu - 1)$. Dann findet man im kontinuierlichen Fall ohne Abtaster

$$y_1(\nu T) = y((\nu - 1)T) + \frac{1}{T_i} \int_{(\nu-1)T}^{\nu T} x_3(t)dt \ , \tag{7.6}$$

während bei Anwesenheit eines Abtasters eine einfache Summation erfolgt

$$y_2(\nu T) = y((\nu - 1)T) + \frac{T}{T_i} x_3(\nu T) \ . \tag{7.7}$$

Die Stellgröße ändert sich im ersten Fall also stetig um einen Betrag, der durch die Fläche unter $x_3(t)$ gegeben ist, im zweiten dagegen sprungförmig um einen Wert proportional der Fläche des umschriebenen Rechtecks. Für $T \to 0$ verschwindet die schraffiert gezeichnete Differenzfläche in Bild 7.3a und die Wirkung des diskreten geht in die des kontinuierlichen Integrators über.

Das in Bild 7.2 skizzierte Regelschema entspricht z.B. einer Registerregelung einfachster Art bei Mehrfarben-Rotationsdruckmaschinen. Dort besteht das Problem, mehrere Farbauszüge, z.b. gelb, rot, blau und schwarz, mit einer entsprechenden Zahl von gemeinsam angetriebenen Druckzylindern lagerichtig (registerhaltig) nacheinander auf eine durchlaufende Papierbahn zu drucken, so daß die Mischtöne des farbigen Bildes entstehen. Bild 7.4 zeigt Ausschnitte von Tiefdruck-Rotationsmaschinen anhand von zwei aufeinanderfolgenden Druckwerken. Der Antrieb aller Druckwerke erfolgt dabei über eine gemeinsame Längswelle mit Winkelgetrieben.

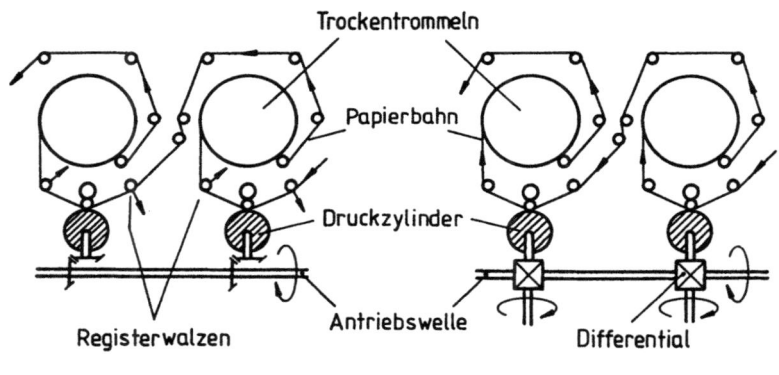

Bild 7.4: Registerverstellung bei einer Tiefdruck-Rotationsmaschine
a) mit Registerwalzen b) mit Differentialgetriebe

Da der Druckvorgang ein mehrmaliges rasches Anfeuchten und Trocknen der Papierbahn bedingt und die Ausgangseigenschaften des Papiers unvermeidlicherweise variieren, ist es nicht möglich, das Druckwerk ein für allemal fest einzustellen; vielmehr ist eine laufende Korrektur durch geringfügige Änderungen der Papierlänge zwischen den Druckwerken mit Hilfe der in Bild 7.4a angedeuteten Registerwalzen notwendig, um die relative Verschiebung der Farben in zulässigen Toleranzen (z.B. ± 0.1mm) zu halten. Die Regelung erfolgt für jedes Druckwerk durch einen eigenen Regler. Außer einer Änderung der Papierbahn besteht auch die Möglichkeit, über ein Differentialgetriebe die Winkelstellung des Druckzylinders bezüglich der Längswelle, d.h. der anderen Druckzylinder, zu verändern, wie dies in Bild 7.4b gezeigt ist.

Um den Registerfehler, d.h. den Farbversatz in Längsrichtung, messen zu können, wird von jedem Druckzylinder eine farbige Marke mitgedruckt, die in einer freien Fläche, etwa dem Falz der späteren Druckseite, angeordnet

7.3 Abtastregelkreis 2. Ordnung mit einem Integralregler

ist und das Bild nicht stört. Durch optische Abtastung der relativen Lage zweier Registermarken kann somit — einmal je Umdrehung des Druckzylinders — die Phasenverschiebung der beiden Farbauszüge gegeneinander erfaßt werden. Die aufzulösenden Zeitdifferenzen sind sehr klein; bei einer Papiergeschwindigkeit $v = 10\,\text{m/s}$ entspricht ein Registerfehler $\Delta x = 0.1\,\text{mm}$ einem Zeitintervall $\Delta t = 10\,\mu\text{s}$. In Bild 7.5 ist das Meßprinzip nochmals vereinfacht angedeutet.

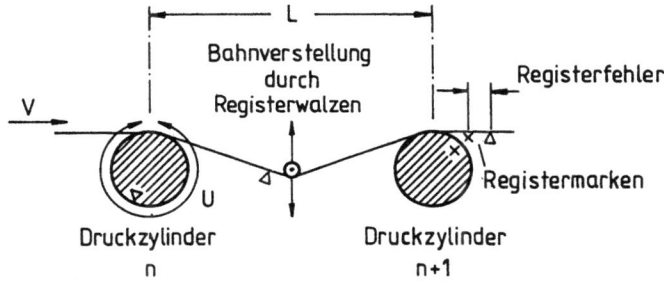

Bild 7.5: Messung des Registerfehlers durch Zeitvergleich zweier Registermarken

Der aus der Zeitintervall-Messung berechnete Registerfehler $\Delta x = v\Delta t$ wird im Regler gedehnt und anschließend vorzeichenrichtig in eine Winkeländerung des Stellmotors umgesetzt, um z.B. die Lage der Registerwalzen des zugehörigen Druckwerkes zu korrigieren.

Im einfachsten Fall ist die Winkelverdrehung des Stellmotors je Korrekturimpuls dem gemessenen Fehlerimpuls proportional (nach Betrag und Vorzeichen). Dies entspricht der Speicherwirkung des Integralreglers, wie er in Bild 7.2 eingetragen ist. Das darauffolgende Verzögerungsglied (V, T_1) beschreibt den Ausgleichsvorgang in der Papierbahn, da die Verstellung der Registerwalzen sich nicht unverzögert auf die Lage der Registermarken auswirken kann; der Registerimpuls ändert sich erst, wenn als Folge der veränderten Papierspannung die Massenbilanz des Papiers zwischen den Druckwerken sich ändert. Genauere Untersuchungen haben ergeben [32,50,61], daß die wirksame Verzögerung des Meßsignals ungefähr der Laufzeit des Materials zwischen zwei Klemmstellen entspricht, $T_1 = L/v$, wobei L die durch viele Umlenkungen, z.B. an den Trockenzylindern, bestimmte Materiallänge bedeutet. Mit U als dem Umfang des Druckzylinders wird die Abtastperiode $T = U/v$, so daß das Verhältnis $T_1/T = L/U$ unabhängig von der Papiergeschwindigkeit, d.h. der Drehzahl der Druckzylinder ist; die Einstellung der Regelung wird dadurch sehr erleichtert. Bei einer Hochleistungs-Druckmaschine ist z.B. in Nenn-Arbeitspunkt

$$U = 1\,\text{m},\ L = 10\,\text{m},\ v = 10\,\text{m/s},\ \text{d.h.}\ T = 0.1\,\text{s},\ T_1 = 1\,\text{s}\,.$$

7.3.2 Impuls-Übertragungsfunktion des geschlossenen Regelkreises

Für die in Bild 7.2 gezeichnete Anordnung erhält man mit $F_1 = F_3 = 1$

$$F_2(p) = F_k(p) = \frac{X_2}{X_3} = \frac{V}{T_i p(T_1 p + 1)} = \frac{1}{T_{ik}}\left[\frac{1}{p} - \frac{1}{p + 1/T_1}\right] ; \qquad (7.8)$$

dabei ist $T_{ik} = T_i/V$ die normierte Integrationszeit (Kreis-Integrierzeit). Die zugehörige Impuls-Übertragungsfunktion ist mit $z_0 = 1, z_1 = e^{-T/T_1}$

$$F_k(z) = \frac{T}{T_{ik}}\left[\frac{z}{z-1} - \frac{z}{z-z_1}\right] = \frac{T}{T_{ik}}(1 - z_1)\frac{z}{(z-1)(z-z_1)} . \qquad (7.9)$$

Daraus folgt gem. Gl. (7.3) die Impuls-Übertragungsfunktion des geschlossenen Kreises

$$\begin{aligned}F_g(z) &= \frac{X_2}{X_1}(z) = \frac{F_k(z)}{1 + F_k(z)} \\ &= \frac{T}{T_{ik}}(1 - z_1)\frac{z}{z^2 + \left[\frac{T}{T_{ik}}(1 - z_1) - (1 + z_1)\right]z + z_1} \\ &= \frac{r_1 z}{z^2 + c_1 z + c_0} . \end{aligned} \qquad (7.10)$$

Das charakteristische Polynom ist also vom Grad $n = 2$.

7.3.3 Stabilität

Die Regelung ist stabil, wenn die Pole von $F_g(z)$, d.h. die Nullstellen des Nennerpolynoms im Einheitskreis liegen; dies ist erfüllt, wenn die Koeffizienten c_0, c_1 zu einem Punkt im Stabilitätsdreieck gehören (Bild 2.4). Die zugehörigen Bedingungen lauten

$$-(1 + c_0) < c_1, \quad c_0 < 1, \quad c_1 < 1 + c_0 . \qquad (7.11)$$

Durch Einsetzen der Koeffizienten aus Gl. (7.10) findet man, daß mit der Annahme $T_{ik} > 0$ die ersten beiden Ungleichungen stets erfüllt sind; dagegen führt die dritte Bedingung, entsprechend der rechten Kante des Stabilitätsdreiecks auf

$$c_1 = \frac{T}{T_{ik}}(1 - z_1) - (1 + z_1) < 1 + c_0 = 1 + z_1$$

oder

$$\frac{T}{T_{ik}} < 2\frac{1 + z_1}{1 - z_1} = 2\coth\frac{T}{2T_1} . \qquad (7.12)$$

7.3 Abtastregelkreis 2. Ordnung mit einem Integralregler

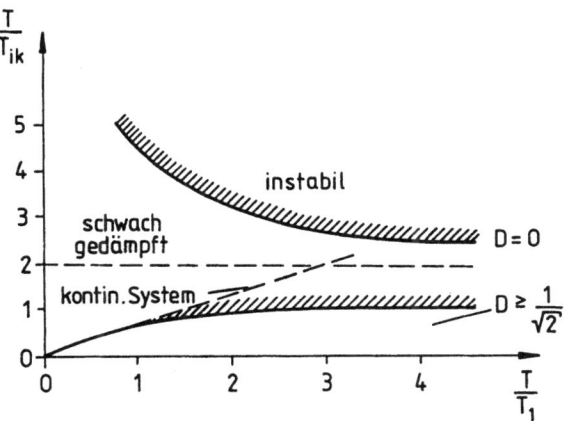

Bild 7.6: Stabilitäts- und Dämpfungsgrenzkurven des Regelkreises in Bild 7.2

Die zugehörige Grenzkurve ist in Bild 7.6, abhängig vom Parameter T/T_1 gezeichnet. Überschreitung durch zu hohe Reglerverstärkung T/T_{ik} führt zu einer aufklingenden Schwingung mit halber Abtastfrequenz. Für $T/T_1 \to 0$ hat die in Bild 7.6 skizzierte Stabilitätsgrenzkurve eine senkrechte Asymptote, die Verstärkung T/T_{ik} könnte also theoretisch beliebig erhöht werden, ohne daß Instabilität eintritt. Dies ist einleuchtend, da für $T \to 0$ eine kontinuierliche Regelung mit der Kreis-Übertragungsfunktion [20]

$$F_k(p) = \frac{1}{T_{ik}p(T_1p + 1)} \tag{7.13}$$

entsteht; die Pole von F_g liegen dann für $T_{ik} > 0$ stets in der linken p-Halbebene. Allerdings wird bei zu kleinen Werten von T_{ik}/T_1 die Dämpfung so gering, daß das Ergebnis unbrauchbar ist. Es ist deshalb notwendig, für die Wahl der Reglerverstärkung T/T_{ik} auch die in Abschnitt 2.3 abgeleitete Dämpfungsbedingung heranzuziehen.

7.3.4 Wahl des Reglers für vorgegebene Mindestdämpfung

Ebenso wie bei einem kontinuierlichen ist es bei einem diskreten Regelsystem notwendig, neben der Stabilität eine bestimmte Mindestdämpfung zu fordern, um zu brauchbaren Ergebnissen zu kommen. Bei einem System 2. Ordnung kann dafür die in Abschnitt 2.3 gefundene Dämpfungsbedingung für den dominierenden Vorgang herangezogen werden,

$$c_1 < -2\sqrt{c_0} \cos\left[\sqrt{(1/D^2{}_{min}) - 1} \ln \sqrt{c_0}\right]. \tag{7.14}$$

Mit den in Gl. (7.10) gefundenen Koeffizienten c_0, c_1 gilt somit

$$\frac{T}{T_{ik}}(1-z_1) - (1+z_1) < -2\sqrt{z_1}\cos\left[\sqrt{(1/D^2_{min})-1}\ln\sqrt{z_1}\right]. \qquad (7.15)$$

Auflösung nach T/T_{ik} liefert mit $z_1 = e^{-T/T_1}$

$$\frac{T}{T_i} < \frac{1}{\sinh\frac{T}{2T_1}}\left[\cosh\frac{T}{2T_1} - \cos\left[\sqrt{(1/D^2_{min})-1}\frac{T}{2T_1}\right]\right]. \qquad (7.16)$$

Für den häufig angestrebten Dämpfungsgrenzwert $D_{min} = 1/\sqrt{2}$ vereinfacht sich dieser Ausdruck zu

$$\frac{T}{T_{ik}} \leq \frac{\cosh\frac{T}{2T_1} - \cos\frac{T}{2T_1}}{\sinh\frac{T}{2T_1}}; \qquad (7.17)$$

diese Kurve ist ebenfalls in Bild 7.6 eingetragen. Man erkennt den beträchtlichen Unterschied gegenüber der Stabilitätsgrenzkurve; für $T/2T_1 \ll 1$ liefert eine Reihenentwicklung die Näherung

$$T_{ik} \geq 2T_1,$$

was dem Ergebnis bei einem vergleichbaren kontinuierlichen System 2. Ordnung entspricht [20].

Die mit der Abtastung synchronisierte Sprungantwort des geschlossenen Regelkreises ist in Bild 7.7 für eine der Deutlichkeitkeit halber sehr große Abtastperiode $T = 2T_1$, und dem zu $D = 1/\sqrt{2}$ gehörigen Wert $T/T_{ik} = 0.85$ aufgetragen. Die Stellgröße wurde dabei schrittweise aus

$$y(\nu) = y(\nu-1) + \frac{T}{T_{ik}}[x_1(\nu) - x_2(\nu)] \qquad (7.18)$$

berechnet; die Führungsgröße ist $x_1(\nu) = 1$, während die Abtastwerte der Regelgröße $x(\nu)$ in jedem Intervall aus

$$x_2(\nu) = e^{-T/T_1}x_2(\nu-1) + V\left(1 - e^{-T/T_1}\right)y(\nu-1) \qquad (7.19)$$

rekursiv ermittelt werden. Der Verlauf von $x_2(t)$ setzt sich also aus Stücken von Exponentialfunktionen zusammen.

Anhand des Verlaufs der berechneten Sprungantwort läßt sich auch die in Bild 7.6 gefundene Asymptote der Stabilitätsgrenzkurve für $T \gg T_1$ deuten: Da dann bei jeder Abtastung der von der vorherigen Verstellung herrührende Einschwingvorgang der Regelstrecke nahezu vollständig abgeklungen ist, $x_2(\nu) \approx Vy(\nu)$, entsteht für $T/T_{ik} = 2$ gerade eine ungedämpfte Dauerschwingung mit der halben Abtastfrequenz. Eine solche Einstellung des Reglers ist natürlich ohne praktischen Wert.

7.4 Abtastregelkreis mit Impulsspeicher

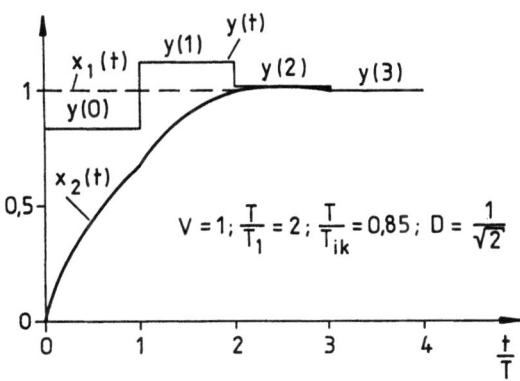

Bild 7.7: Sprungantwort des Regelkreises in Bild 7.2 für $D = 1/\sqrt{2}$

7.4 Abtastregelkreis mit Impulsspeicher

7.4.1 Impuls-Übertragungsfunktion

In Bild 7.8 ist ein einfaches Regelsystem gezeichnet, das sich von Bild 7.2 durch ein zusätzliches Halteglied unterscheidet. Die Regelabweichung x_3 wird dadurch nach der Abtastung zunächst in eine Stufenfunktion x_3^{**} umgewandelt, aus der der Integrator einen Polygonzug $y(t)$ bildet.

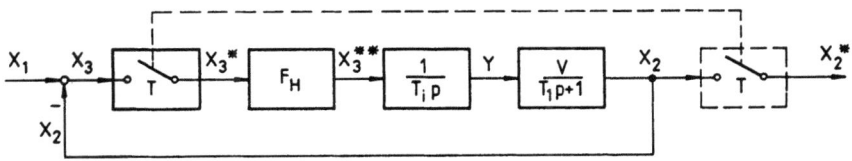

Bild 7.8: Einfacher Abtastregelkreis mit Halteglied und Integrator

Da der Impulsspeicher ein Proportionalglied darstellt und gemäß Abschnitt 5.5 die Ordnung des Systems nicht erhöht, ist zu erwarten, daß das Verhalten wieder anhand des Stabilitätsdreiecks diskutiert werden kann.

Die Impuls-Übertragungsfunktion des geschlossenen Kreises ist wegen $F_1 \doteq F_3 = 1$

$$\frac{X_2}{X_1}(z) = F_g(z) = \frac{F_k(z)}{1 + F_k(z)} \,. \tag{7.20}$$

Dabei erhält man für $F_k(z)$ gemäß Gl. (5.37)

$$F_k(z) = \frac{z-1}{z}\left[\frac{1}{TT_{ik}p^2(T_1p+1)}\right](z), \quad \frac{T_i}{V} = T_{ik}\,. \tag{7.21}$$

Durch Partialbruchzerlegung des Klammerausdrucks

$$\frac{1}{TT_{ik}p^2(T_1p+1)} = \frac{1}{TT_{ik}}\left[\frac{1}{p^2} - \frac{T_1}{p} + \frac{T_1}{p+1/T_1}\right] \qquad (7.22)$$

findet man nach einer Zwischenrechnung die Kreis-Übertragungsfunktion

$$F_k(z) = \frac{T(z-z_1) - T_1(1-z_1)(z-1)}{T_{ik}(z-1)(z-z_1)} \qquad (7.23)$$

und durch Einsetzen in Gl. (7.20) die Übertragungsfunktion des geschlossenen Kreises

$$F_g(z) = \frac{T(z-z_1) - T_1(1-z_1)(z-1)}{T_{ik}(z-1)(z-z_1) + T(z-z_1) - T_1(1-z_1)(z-1)}. \qquad (7.24)$$

Das System ist wieder stabil, wenn die Nullstellen des Nennerpolynoms im Einheitskreis liegen.

7.4.2 Stabilität und Dämpfung

Auch in Gl. (7.24) ist das Nennerpolynom quadratisch,

$$\begin{aligned} N_g(z) &= z^2 + \left[\frac{T}{T_{ik}} - (1+z_1) - \frac{T_1}{T_{ik}}(1-z_1)\right]z \\ &\quad + z_1 + \frac{T_1}{T_{ik}}(1-z_1) - \frac{T}{T_{ik}}z_1 \,; \end{aligned} \qquad (7.25)$$

der zusätzliche Impulsspeicher wirkt sich also nicht in einer Erhöhung der Ordnung aus. Um sicherzustellen, daß die Nullstellen im Einheitskreis liegen, müssen wieder die in Abschnitt 2.3 gefundenen Ungleichungen erfüllt sein

$$c_0 = z_1 + \frac{T_1}{T_{ik}}(1-z_1) - \frac{T}{T_{ik}}z_1 < 1, \qquad (7.26)$$

$$\begin{aligned} -(1+c_0) &= -\left[1 + z_1 + \frac{T_1}{T_{ik}}(1-z_1) - \frac{T}{T_{ik}}z_1\right] \\ &< \frac{T}{T_{ik}} - (1+z_1) - \frac{T_1}{T_{ik}}(1-z_1) = c_1, \end{aligned} \qquad (7.27)$$

$$\begin{aligned} c_1 &= \frac{T}{T_{ik}} - (1+z_1) - \frac{T_1}{T_{ik}}(1-z_1) \\ &< 1 + z_1 + \frac{T_1}{T_{ik}}(1-z_1) - \frac{T}{T_{ik}}z_1 = 1 + c_0. \end{aligned} \qquad (7.28)$$

Während Gl. (7.27) für alle $T_{ik} > 0$ erfüllt ist, führen die Gln. (7.26, 7.28) auf Stabilitätsgrenzwerte

$$T_{ik} > T_1 - T\frac{z_1}{1-z_1}, \qquad (7.29)$$

$$T_{ik} > \frac{T}{2} - T_1\frac{1-z_1}{1+z_1}. \qquad (7.30)$$

7.4 Abtastregelkreis mit Impulsspeicher

Diese Ungleichungen sind als Stabilitätsgrenzkurven in Bild 7.9 aufgetragen; da beide Bedingungen erfüllt sein müssen, gilt die Einhüllende der Kurven als Stabilitätsgrenze. Der Schnittpunkt S entspricht der rechten Ecke des Stabilitätsdreiecks (Bild 2.4). Bei Überschreitung der rechten Grenzkurve (7.30) entsteht eine Schwingung mit halber Abtastfrequenz, oberhalb der linken Grenzkurve (7.29) eine Schwingung, deren Periode nur in Sonderfällen ein Vielfaches der Abtastperiode ist.

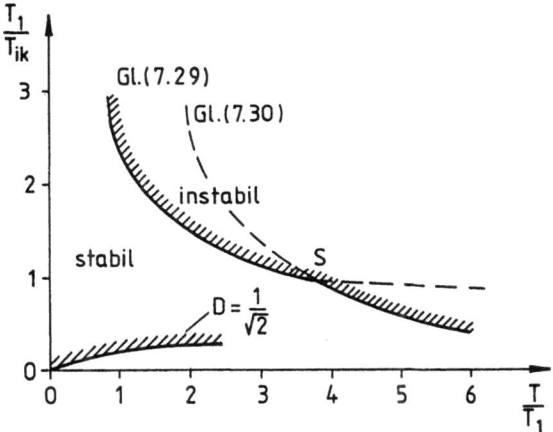

Bild 7.9: Grenzlinien für Stabilität und Dämpfung des Abtastsystems in Bild 7.8

Um ein gut gedämpftes Einschwingverhalten zu erreichen, kann man wieder die Dämpfungsgrenzkurve Gl. (2.31) für die Eigenwerte im Grundstreifen der Tp-Ebene heranziehen; zwar ist mit den Koeffizienten c_0, c_1 aus Gl. (7.25) eine Auflösung nach T_{ik} nicht möglich, doch kann diese Schwierigkeit durch eine einfache graphische Konstruktion umgangen werden. Schreibt man c_0, c_1 in der Form

$$c_0 - z_1 = \frac{1}{T_{ik}}[T_1(1-z_1) - T z_1] \;, \tag{7.31}$$

$$c_1 + 1 + z_1 = -\frac{1}{T_{ik}}[T_1(1-z_1) - T] \;, \tag{7.32}$$

so entsteht nach Elimination von T_{ik} eine Geradengleichung in der c_0, c_1-Ebene, deren Schnitt mit der vorgegebenen Dämpfungs-Grenzkurve ein Wertpaar c_0, c_1 und damit T_{ik} ergibt. Für $T = 2T_1$ lautet die Geradengleichung

$$c_0 \approx 0.730 + 0.525\, c_1 \;;$$

der Schnitt mit der Stabilitäts-Grenzkurve für $D = 1/\sqrt{2}$ ergibt $c_0 \approx 0.28, c_1 \approx -0.86$. Daraus folgt schließlich aus Gln. (7.31, 7.32) die gesuchte Kreis-Verstärkung $T_1/T_{ik} \approx 0.244$, ein Wert, der weit unter der zu $T = 2T_1$ gehörigen Stabilitätsgrenze $T_1/T_{ik} \approx 1.49$ liegt. Der Verlauf der auf diese Weise punktförmig ermittelten Dämpfungsgrenzlinie ist in Bild 7.9 skizziert [39].

In Bild 7.10a,b sind zwei Sprungantworten des Regelkreises in Bild 7.8 für $T = 2T_1$ gezeichnet. Die Regler-Integrierzeit ist dabei so gewählt, daß im einem Fall (a) ein noch gut gedämpfter Vorgang ($D \approx 0.5$) entsteht, während sich das System im anderen Fall (b) an der Stabilitätsgrenze befindet; wegen $c_0 = 1$ bilden sich nicht periodische Dauerschwingungen mit einer in keinem rationalen Verhältnis zur Abtastfrequenz stehenden mittleren Frequenz aus.

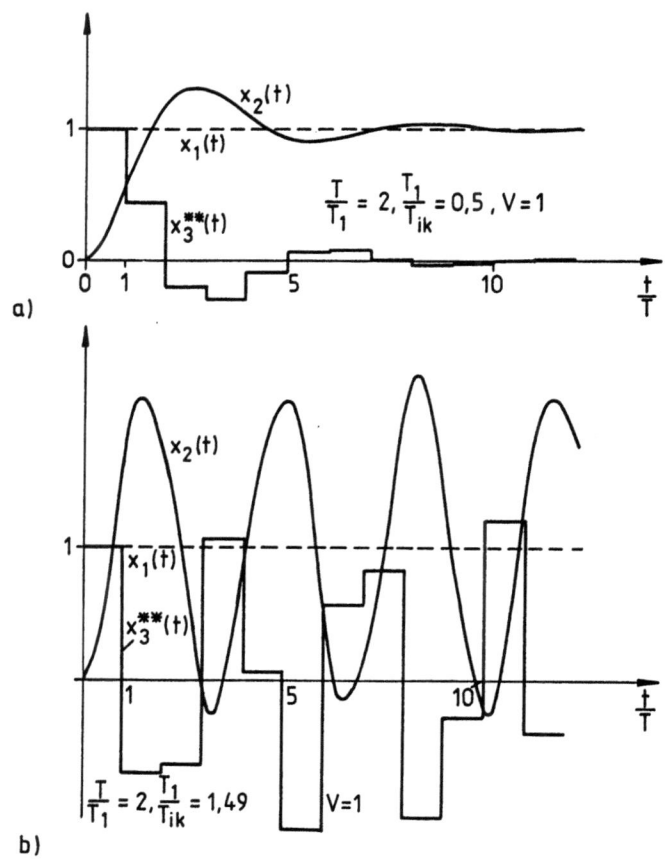

Bild 7.10: Sprungantworten des in Bild 7.8 gezeichneten Regelkreises
a) für $D \approx 0.5$, b) an der Stabilitätsgrenze ($c_0 = 1$)

7.5 Vertauschung der Reihenfolge von Übertragungsgliedern im Regelkreis

Der in Bild 7.11 gezeichnete Regelkreis unterscheidet sich von dem in Bild 7.8 lediglich durch eine andere Anordnung des Integrators, der nun die Regelabweichung vor der periodischen Abtastung integriert. Der abgetastete Wert wird im Halteglied zwischengespeichert, so daß das Verzögerungsglied durch eine Stufenfunktion y^{**} angeregt wird, während die Steuergröße $y(t)$ in Bild 7.8 die Form eines Polygonzuges hatte.

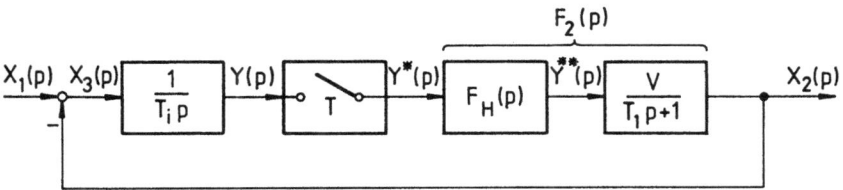

Bild 7.11: Regelkreis mit einer gegenüber Bild 7.8 veränderten Reihenfolge

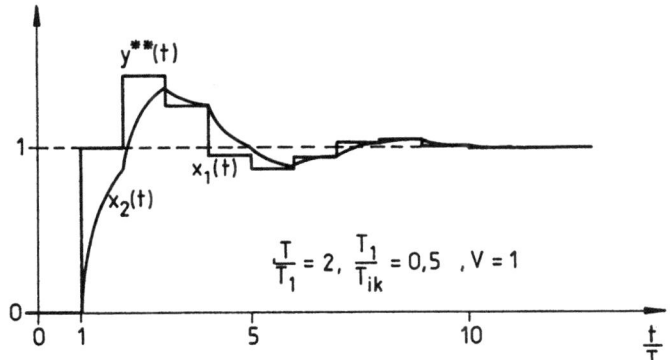

Bild 7.12: Sprungantwort des Regelkreises in Bild 7.11

Der Vergleich von Bild 7.8 und 7.11 läßt vermuten, daß die Stabilitäts- und Dämpfungs-Bedingungen in beiden Fällen identisch sind, da es sich um ein lineares System handelt, bei dem lediglich die interne Reihenfolge vertauscht ist; bei fehlender Anregung $x_1 = 0$ (homogene Gleichung) sind beide Anordnungen vollständig gleichwertig. Der unterschiedliche Kurvenverlauf $x_2(t)$ muß also durch Abweichungen nur der Zähler in den Übertragungsfunktionen $F_g(z)$ des geschlossenen Kreises entstehen. In der Tat findet man aus

$$\frac{X_2^*}{X_1^*}(p) = F_g^*(p) = \frac{(F_2)^*}{1+\left(\frac{F_2}{T_i p}\right)^*} \frac{\left(\frac{X_1}{T_i p}\right)^*}{X_1^*} \tag{7.33}$$

durch Anwendung der bekannten Umformungen den Ausdruck

$$F_g(z) = \frac{(1-z_1)(z-1)}{T_{ik}(z-1)(z-z_1) + T(z-z_1) - T_1(1-z_1)(z-1)} \cdot \frac{[X_1/p](z)}{X_1(z)}.$$
(7.34)

Ein Vergleich mit Gl. (7.24) zeigt die erwartete Übereinstimmung der Nennerpolynome. Der zweite Faktor in Gl. (7.34) bedeutet wieder, daß der gesamte Verlauf von $x_1(t)$ und nicht nur die Abtastfolge $x_1(\nu T)$ in das Ergebnis eingeht. Bild 7.12 zeigt die Sprungantwort des Regelkreises mit den gleichen Parametern wie in Bild 7.10a. Da die Stufenfunktion nun ein Verzögerungsglied und nicht wie in Bild 7.10a einen verzögerten Integrator ansteuert, enthält die Ausgangsgröße x_2 stärkere Wechselanteile. Die Dämpfungseigenschaften im großen sind dagegen erwartungsgemäß unverändert.

8 Anwendung der Abtastregelung bei einer Regelstrecke mit Laufzeit

Laufzeiteffekte sind bei kontinuierlichen Regelungen besonders störend, da sie wegen der mit der Frequenz unbegrenzt zunehmenden Phasennacheilung leicht die Stabilität gefährden können; außerdem begrenzt die Laufzeit die Regelgeschwindigkeit. Bei einer diskontinuierlich arbeitenden Regelung könnte man zunächst günstigere Bedingungen erwarten, wenn man die Abtastperiode so groß wählt, daß sie die Laufzeiteffekte überdeckt; dadurch wird z.B. das Aufintegrieren der Regelabweichung im Regler während der Laufzeit der Strecke, das zu einem nachfolgenden Überschwingen führen kann, vermieden.

Die folgenden Überlegungen werden allerdings zeigen, daß diese Erwartungen sich nur teilweise erfüllen lassen.

8.1 Näherung für eine Tiefpaß-Regelstrecke höherer Ordnung

Wegen der in allen praktischen Regelstrecken vorhandene Energiespeicher und der begrenzten Steuerleistung wirken sich Änderungen der Steuergröße am Streckenausgang verzögert aus. Bei Verwendung einer diskreten Regelung ist diese Eigenschaft sogar erwünscht, um die unstetig verlaufende Steuergröße zu glätten. Gut gedämpfte Regelstrecken haben eine mit zunehmender Frequenz monoton fallende Verstärkung

$$|F(j\omega_2)| < |F(j\omega_1)| \quad \text{für } \omega_2 > \omega_1 ;$$

man bezeichnet sie als Tiefpaßglieder. Die Pole der zugehörigen Übertragungsfunktion

$$F_S(p) = \frac{X_2}{Y}(p) = \frac{e^{-T_{L0}p}}{a_n p^n + \ldots + a_1 p + a_0} \tag{8.1}$$

liegen gewöhnlich in einem schmalen Sektor um die negative reelle Achse der p-Ebene; die Sprungantwort $w(t)$ kann z.B. den in Bild 8.1 skizzierten charakteristischen Verlauf haben, der keine schwach gedämpften Schwingungen enthält. Bei $F_S(p)$ kann es sich auch um eine Übertragungsstrecke handeln, die bereits durch ein kontinuierliches Korrekturglied, etwa mit PD-Verhalten, verändert wurde.

8 Anwendung der Abtastregelung bei einer Regelstrecke mit Laufzeit

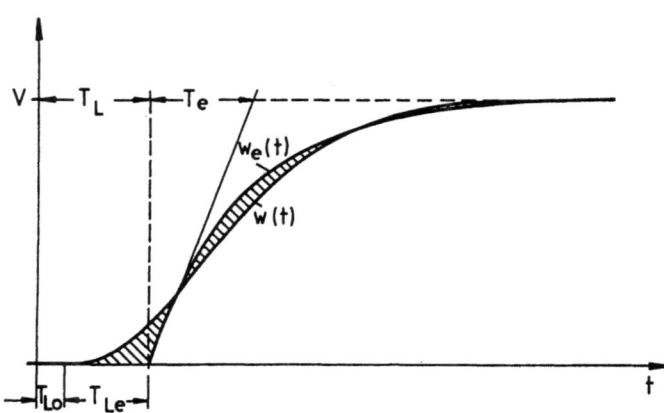

Bild 8.1: Sprungantwort einer Übertragungsstrecke mit ausgeprägtem Tiefpaßverhalten

Die Auslegung eines Abtast-Regelkreises kann nach dem beschriebenen Verfahren für beliebige Ordnungszahl n der Strecken-Übertragungsfunktion $F_S(p)$ erfolgen, doch wird die Rechnung bei praktischen Strecken mühsam und unübersichtlich. Da bei der angenommenen Struktur der Regelung nur die Regler-Integriezeit T_i vorkommt, wäre ein derart genaues Verfahren auch unnötig kompliziert, vor allem, da die Übertragungseigenschaften meist nicht exakt bekannt sind und betriebspunkt-abhängigen Änderungen unterworfen sind.

Für den vorhergesehenen Zweck reicht es häufig aus, die Regelstrecke durch ein verzögertes Laufzeitglied mit der einfachen Übertragungsfunktion

$$F_S(p) \approx F_e(p) = V \frac{e^{-T_L p}}{T_e p + 1} \tag{8.2}$$

zu ersetzen [52]. Die Parameter V, $T_L = T_{L0} + T_{Le}$ und T_e sind dabei zweckmässigerweise so zu wählen, daß zwischen $F_S(p)$ und $F_e(p)$ eine möglichst gute Übereinstimmung besteht; naturgemäß ist aber nur eine globale Ähnlichkeit erreichbar, da sich Details mit der einfachen Funktion (8.2) nicht abbilden lassen. Sofern das Übertragungsverhalten durch eine gemessene Sprungantwort $w(t)$ beschrieben ist, wird die Approximation am einfachsten von Hand ausgeführt, indem man gemäß Bild 8.1 eine Exponentialfunktion $w_e(t)$ an die gemessene Kurve anpaßt. Bei analytischer Vorgabe von $F_S(p)$ empfiehlt sich dagegen eine Reihenentwicklung für kleine Werte von p,

$$\frac{e^{-T_{Le}p}}{T_e p + 1} \approx \frac{1}{(T_e p + 1)\left[1 + T_{Le}p + \frac{1}{2}(T_{Le}p)^2 + \ldots\right]} ; \tag{8.3}$$

durch Koeffizientenvergleich mit dem rationalen Anteil von $F_S(p)$ (Gl. 8.1) findet man
$$\frac{a_1}{a_0} = T_e + T_{Le}, \quad \frac{a_2}{a_0} = T_{Le}(T_e + T_{Le}/2),$$
somit
$$T_e = \frac{a_1}{a_0}\sqrt{1 - 2\frac{a_0 a_2}{a_1^2}}, \quad T_{Le} = \frac{a_1}{a_0} - T_e, \quad V = \frac{1}{a_0}. \tag{8.4}$$

Damit stimmen die Reihenentwicklungen von $F_S(p)$ und $F_e(p)$ bis zum quadratischen Glied in p überein; insbesondere sind auch die Regelflächen gleich. Die mit dieser Näherung erreichbare Genauigkeit ist für den vorliegenden Zweck einer einfachen Integral-Regelung ausreichend.

8.2 Impuls-Übertragungsfunktion eines Regelkreises mit Laufzeit

Die so vereinfachte Regelstrecke wird nun gemäß Bild 8.2 in einen Abtast-Regelkreis eingefügt. Als Interpolator zur Erzeugung einer stufenförmigen Stellgröße ist wieder ein Integrator angenommen, der bei Regelstrecken mit mechanischer Steuergröße durch den Stellantrieb verwirklicht sein kann; bei verfahrenstechnischen Regelstrecken, die über Ventile gesteuert werden, ist dies der Normalfall. Eine hohe Verstellgeschwindigkeit und eine schnelle Regelung sind bei solchen Anwendungen unnötig und unerwünscht, da sie zusätzliche dynamische Beanspruchungen der Regelstrecke verursachen würden.

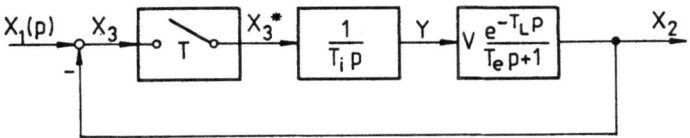

Bild 8.2: Abtastregelkreis mit Laufzeit-Strecke

Die Kreis-Übertragungsfunktion des kontinuierlichen Teils lautet damit
$$F_k(p) = \frac{F_e(p)}{T_i p} = V \frac{e^{-T_L p}}{T_i p (T_e p + 1)} = e^{-T_L p} F_1(p) ; \tag{8.5}$$

der rationale Anteil ist
$$F_1(p) = \frac{1}{T_{ik} p (T_e p + 1)} = \frac{1}{T_{ik}}\left[\frac{1}{p} - \frac{1}{p + 1/T_e}\right], \quad T_{ik} = \frac{T_i}{V}. \tag{8.6}$$

Mit der Normierung der Laufzeit
$$T_L = (a + \alpha)T, \quad 0 \leq a \text{ ganz}, \quad 0 < \alpha \leq 1 \tag{8.7}$$

116   8 Anwendung der Abtastregelung bei einer Regelstrecke mit Laufzeit

lautet die Impuls-Übertragungsfunktion des offenen Kreises gemäß Abschnitt 4.3 für Einzelpole

$$F_k(z) = \frac{1}{z^{a+1}} \sum_{\lambda=1}^{n} T R_\lambda(F_1) z_\lambda^{1-\alpha} \frac{z}{z - z_\lambda} \; ; \qquad (8.8)$$

im vorliegenden Fall ist

$$p_1 = 0, \quad z_1 = 1; \quad p_2 = -\frac{1}{T_e}, \quad z_2 = e^{-T/T_e} \; .$$

Nach einer Zwischenrechnung folgt damit die Kreis-Übertragungsfunktion

$$F_k(z) = \frac{T}{T_{ik}} \frac{1}{z^a} \frac{(1 - z_2^{1-\alpha})z + (z_2^{1-\alpha} - z_2)}{(z-1)(z - z_2)} \qquad (8.9)$$

und die Übertragungsfunktionen des geschlossenen Kreises

$$F_g(z) = \frac{X_2}{X_1}(z) = \frac{F_k(z)}{1 + F_k(z)}$$

$$= \frac{T}{T_{ik}} \frac{(1 - z_2^{1-\alpha})z + z_2^{1-\alpha} - z_2}{z^a(z-1)(z-z_2) + \frac{T}{T_{ik}}[(1 - z_2^{1-\alpha})z + z_2^{1-\alpha} - z_2]} \; . (8.10)$$

Das Nennerpolynom ist vom Grad $n = a+2$, T/T_{ik} hat wieder die Bedeutung einer Kreisverstärkung.

Wie in früheren Abschnitten gezeigt, geht das Abtastsystem für $T \to 0$ in das entsprechende kontinuierliche System ohne Abtaster über; die für $a > 0$ zu erwartenden Ergebnisse bieten deshalb nichts Neues. Für ein Abtastsystem charakteristische Ergebnisse sind allenfalls für $T \geq T_L, a = 0$ zu erwarten. Für eine überschlägige Berechnung hat dies den Vorteil, daß das Nennerpolynom sich auf den Grad $n = 2$ reduziert.

8.3 Stabilität und Dämpfung

Mit $a = 0$ wird das charakteristische Polynom

$$N_g(z) = z^2 + \left[\frac{T}{T_{ik}}\left(1 - z_2^{1-\alpha}\right) - (1 + z_2)\right] z$$
$$+ \left[\frac{T}{T_{ik}}\left(z_2^{-\alpha} - 1\right) + 1\right] z_2 \; . \qquad (8.11)$$

Die in Abschnitt 2.3 abgeleiteten Stabilitätsbedingungen lauten somit

$$c_0 = \frac{T}{T_{ik}}\left(z_2^{1-\alpha} - z_2\right) + z_2 \; < \; 1, \qquad (8.12)$$

8.3 Stabilität und Dämpfung

$$-(1+c_0) =$$
$$-(1+z_2) - \tfrac{T}{T_{ik}}(z_2^{1-\alpha} - z_2) \quad < \quad \tfrac{T}{T_{ik}}\left(1 - z_2^{1-\alpha}\right) - (1+z_2) = c_1,$$
(8.13)

$$c_1 = \tfrac{T}{T_{ik}}\left(1 - z_2^{1-\alpha}\right) - (1+z_2) \quad < \quad 1 + z_2 + \tfrac{T}{T_{ik}}\left(z_2^{1-\alpha} - z_2\right) = 1 + c_0.$$
(8.14)

Gl. (8.13), entsprechend der linken Kante des Stabilitätsdreiecks, ist wieder für alle Werte $T_{ik} > 0$ erfüllt; dagegen müssen die beiden anderen Bedingungen beachtet werden. Es muß gelten

$$\frac{T}{T_{ik}} < \frac{1 - z_2}{z_2^{1-\alpha} - z_2} = \frac{e^{T/T_e} - 1}{e^{T_L/T_e} - 1},$$
(8.15)

$$\frac{T}{T_{ik}} < 2\frac{1 + z_2}{1 + z_2 - 2z_2^{1-\alpha}} = \frac{2}{1 - \dfrac{2e^{T_L/T_e}}{e^{T/T_e} + 1}}.$$
(8.16)

Die Ausdrücke beschreiben Grenzwerte für die zulässige Kreisverstärkung T/T_{ik}; sie sind in Bild 8.3 für $T_e = 2T_L$ über der normierten Abtastperiode $T/T_L = 1/\alpha$ aufgetragen. Der Schnittpunkt S der beiden Grenzkurven entspricht wieder dem rechten Eckpunkt des Stabilitätsdreiecks (Bild 2.4).

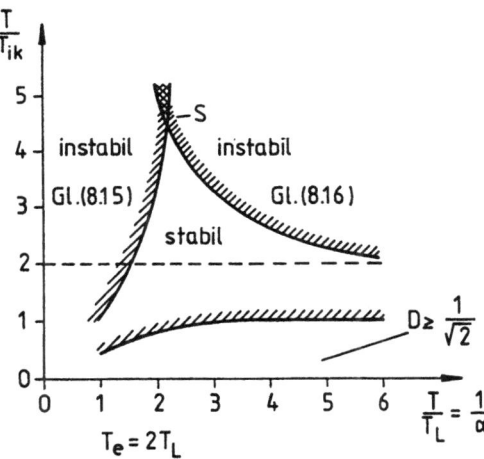

Bild 8.3: Grenzkurven für Stabilität und Dämpfung des Abtastsystems mit Laufzeit in Bild 8.2

Um brauchbare Einschwingvorgänge zu erhalten, muß wieder die Dämpfungsbedingung berücksichtigt werden. Da eine Auflösung von Gl. (2.31)

nach dem Parameter T/T_{ik} nicht möglich ist, bietet sich auch hier die in Abschnitt 7.4.2 verwendete graphische Lösung an.
Aus Gl. (8.11) folgt

$$c_1 + 1 + z_2 = \frac{T}{T_{ik}} \left(1 - z_2^{1-\alpha}\right) \tag{8.17}$$

und

$$c_0 - z_2 = \frac{T}{T_{ik}} \left(z_2^{1-\alpha} - z_2\right) ; \tag{8.18}$$

Elimination von T/T_{ik} durch Division liefert wieder eine Geradengleichung in der c_0, c_1-Ebene. Aus dem Schnitt mit der gewählten Dämpfungskurve gewinnt man schließlich die gesuchte Integrierzeit.

Der Sonderfall $\alpha = 1$, d.h. Abtastperiode gleich Laufzeit, führt auf

$$c_1 = -(1 + z_2) ,$$

d.h. auf eine Gerade parallel zur c_0-Achse. Aus dem Schnittpunkt der Dämpfungsgrenzlinie folgt der gesuchte Wert von c_0 und daraus mit Gl. (8.18)

$$\frac{T}{T_{ik}} = \frac{c_0 - z_2}{1 - z_2} < 1 . \tag{8.19}$$

In Bild 8.3 ist für $T_e = 2T_L$ auch die bei $D = 1/\sqrt{2}$ zulässige Kreisverstärkung T/T_{ik} als Funktion der Abtastperiode eingetragen; dabei wurde die beschriebene graphische Konstruktion verwendet.

Bild 8.4a,b zeigt schließlich zwei mit dem Abtastvorgang synchrone Sprungantworten des Regelkreises in Bild 8.2. Dabei sind bei gleicher Regelstrecke, $T_e = 2T_L$, und bei gleicher Dämpfung des dominierenden Polpaars, $D = 1/\sqrt{2}$, zwei verschiedene Abtastperioden angenommen, $T = T_L$ und $T = 5T_L$. Im ersten Fall nähert sich die Stellgröße dem Endwert in zahlreichen kleinen Schritten, während für $T = 5T_L$ die Verstellung wesentlich zügiger vor sich geht; da bei jeder Abtastung die von der vorherigen Verstellung verursachten Ausgleichsvorgänge weitgehend abgeklungen sind, ist im zweiten Fall eine viel höhere Verstärkung zulässig. Bei unbegrenzt vergrößerter Abtastperiode würde die Stellgröße schon bei der ersten Abtastung auf den Endwert springen; die Regelung hätte dann den Charakter einer Steuerung ohne Rückkopplung eines Meßwertes.

Eine übermäßige Vergrößerung der Abtastperiode ist natürlich nicht sinnvoll, da Störgrößen zu jedem beliebigen Zeitpunkt angreifen können und erst bei der folgenden Abtastung entdeckt werden; die zwischen Null und T liegende Wartezeit muß deshalb zur eigentlichen Regelung hinzugerechnet werden. Bei gegebener Dämpfung läßt sich somit zwar die Regelfläche der synchronen Sprungantwort durch Vergrößerung der Abtastperiode reduzieren, doch wird dieser Gewinn durch die Wartezeit aufgezehrt [56,58].

8.4 Beispiel 119

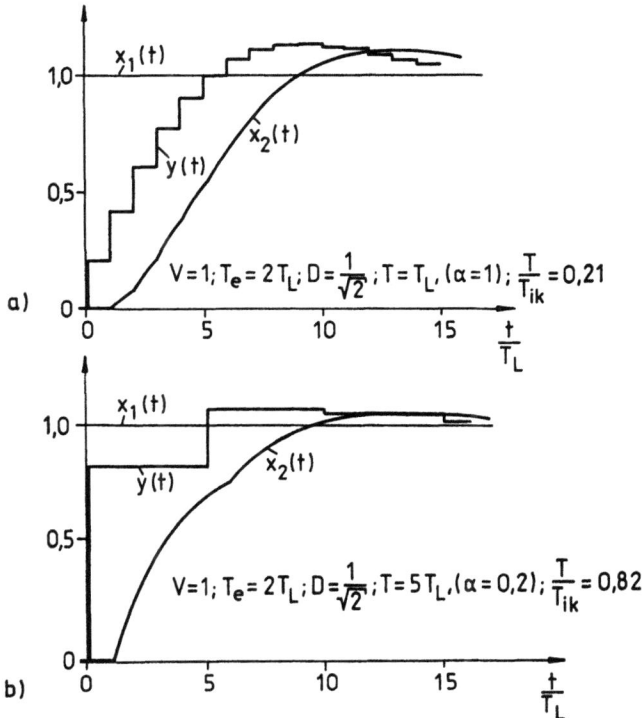

Bild 8.4: Berechnete Sprungantworten für verschiedene Abtastperioden

8.4 Beispiel

Das beschriebene Verfahren einer Schrittregelung mit niedriger Abtastfrequenz wird nun an einem einfachen Beispiel erprobt.

Als Regelstrecke diene ein Tiefpaß-System mit einem reellen Vierfachpol,

$$F_S(p) = \frac{V}{(T_0 p + 1)^4},$$

das als verzögertes Laufglied approximiert wird,

$$F_S(p) \approx F_e(p) = V \frac{e^{-T_L p}}{T_e p + 1}.$$

Durch Reihenentwicklung der Exponentialfunktion und Koeffizientenvergleich findet man $T_e = T_L = 2T_0$, so daß der Regelkreis mit $T_i/V = T_{ik}$ die in Bild 8.2 gezeichnete Form annimmt.

8 Anwendung der Abtastregelung bei einer Regelstrecke mit Laufzeit

Die Kreisverstärkung T/T_{ik} wird nun für verschiedene Abtastperioden T bei gleicher Ersatzdämpfung bestimmt. Bild 8.5 zeigt die mit dem so gefundenen Regler und der wirklichen Regelstrecke $F_S(p)$ berechneten synchronen Sprungantworten des geschlossenen Kreises. Man erkennt, daß die Regelung mit zunehmender Abtastperiode schneller reagiert. Bei $T = 10T_0 = 5T_L$ ist der Vorgang nach einer Abtastperiode im wesentlichen abgeschlossen. Eine kontinuierliche Regelung mit I- oder PI-Regelung ist vergleichsweise langsamer, erweist sich jedoch bei Berücksichtigung der zusätzlichen Wartezeit stets als überlegen.

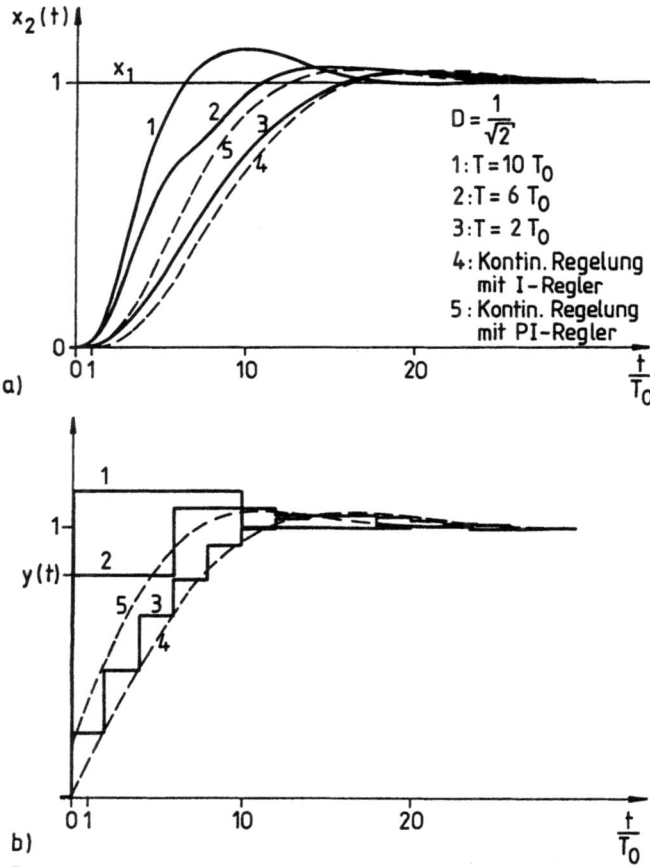

Bild 8.5: Sprungantworten eines Regelkreises mit Tiefpaß-Strecke und Abtastregler verschiedener Abtastfrequenz, Vergleich mit kontinuierlicher Regelung

8.4 Beispiel

Sieht man von der Wartezeit ab, so hat eine solche schrittweise Regelung mit großer Abtastperiode den Vorzug besonderer Einfachheit. Von der Regelstrecke müssen lediglich die ungefähre Verstärkung und der Zeitmaßstab bekannt sein. Da bei jeder Abtastung des Regelfehlers die vorher angeregten Einschwingvorgänge im wesentlichen abgeklungen sind, ist Instabilität nicht zu befürchten. Bei manchen Regelstrecken, etwa in der Wirtschaft, ist dies das einzig praktikable Regelprinzip.

9 Digitale Meßwertverarbeitung

Bei den in Abschnitt 7 und 8 betrachteten Anwendungen handelte es sich um einfachste Fälle von Abtastsystemen, wo der Abtastvorgang durch meß- oder gerätetechnische Umstände bedingt war und die Abtastwerte ohne weitere dynamische Umformung einer Speichereinrichtung, etwa einem Integrator oder Halteglied, zugeführt wurden; dadurch entstand aus dem kontinuierlichen Eingangssignal auf dem gedanklichen Umwege über eine modulierte Impulsreihe ein absatzweise veränderliches Stellsignal zur Steuerung der kontinuierlichen Regelstrecke. Die modulierte Impulsreihe war nur zum Zweck einer eindeutigen mathematischen Abgrenzung eingeführt worden; sie ist in Wirklichkeit nicht vorhanden, da der Abtaster mit der Speichereinrichtung funktionsmäßig vereinigt ist. Bei der Verwendung anderer Interpolationsverfahren wäre es auch möglich, einen bis zu höheren Ableitungen stetigen Stellgrößenverlauf zu erzeugen. Allen diesen Anordnungen ist gemeinsam, daß nur ein einziger Abtaster vorhanden ist.

Ein allgemeinerer Ansatz besteht darin, das abgetastete Eingangssignal vor der Ausgabe dynamisch umzuformen, was durch einen schrittweise ablaufenden Rechenvorgang, vorzugsweise digital, geschehen kann. Das erhaltene Ergebnis kann anschließend im Rhythmus der Abtastung ausgegeben werden, wobei wieder eine Interpolation erfolgt, um einen praktisch verwendbaren geglätteten Stellgrößenverlauf zu erhalten.

Zur Kopplung des notwendigerweise zeitdiskreten digitalen Rechenwerkes mit der kontinuierlich arbeitenden Umgebung sind nun zwei Taster für den kurzzeitigen periodischen Signalaustausch erforderlich; abgesehen von den kurzen Abtastaugenblicken arbeiten der kontinuierliche und der zeitdiskrete Systemteil jedoch unabhängig voneinander.

Der diskrete Teil ist in Bild 9.1 nochmals gezeichnet. Wie schon erwähnt, kann man sich den ersten Abtaster mit Halteglied durch einen elektronischen Analog/Digital-Wandler mit sehr kurzer Umwandlungszeit im Bereich weniger Mikrosekunden vorstellen, der das digital verschlüsselte Eingangssignal in einer Speicherzelle des Rechners ablegt; der Abtastwert $y(\nu)$ steht dann, ebenso wie vorhergehende, für den Zugriff durch den Rechner zur Verfügung. Die Umrechnung erfordert gewöhnlich nicht das volle Abtastintervall T, so daß das Ergebnis bis zur synchronen Ausgabe zwischengespeichert wird. Die vom D/A-Wandler erzeugte Ausgangsgröße $x(\nu)$ hat damit die Form einer mit der Eingangsgröße synchronen Stufenkurve. Sofern die Rechenzeit gegenüber

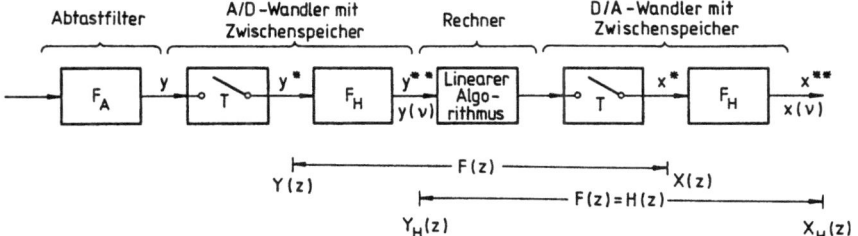

Bild 9.1: Echtzeit-Signalverarbeitung mit einem Digitalrechner

der Abtastperiode vernachlässigbar ist, kann die Ausgabe mit einer geringen Zeitverschiebung noch im gleichen Intervall erfolgen, so daß das Ausgangssignal praktisch zeitgleich mit dem Eingangssignal gebildet wird und auch den letzten Abtastwert berücksichtigt.

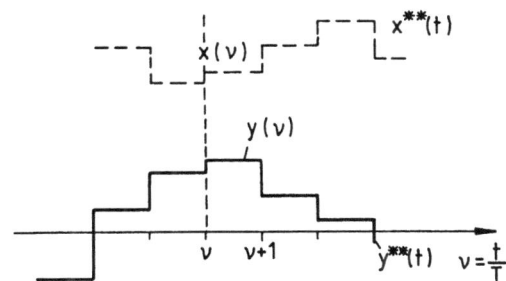

Bild 9.2: Stufenfunktionen als Ein- und Ausgangsgrößen einer digitalen Echtzeit-Signalverarbeitungskette

Die Amplituden-Auflösung der A/D-Wandler und die Wortlänge des Rechners müssen natürlich ausreichen, um die bei jeder digitalen Verarbeitung unvermeidliche Quantisierung unberücksichtigt lassen zu können; auch dürfen keine Übersteuerung des A/D-Wandlers bzw. Überläufe im Rechner entstehen. Für viele Anwendungen der digitalen Signalverarbeitung genügen A/D- und D/A-Wandler mit 10 – 12 bit und Mikrorechner mit einer Wortlänge von 16 bit, doch gibt es auch Fälle, wo eine höhere oder geringere Auflösung nötig ist bzw. ausreicht.

Das in Bild 9.1 gezeichnete Abtastfilter (F_A) soll dazu dienen, die Bandbreite des Eingangssignals zu begrenzen, um die Einhaltung des Abtast-Theorems sicherzustellen (Abschnitt 4.4.2) und eine Signalverfälschung durch Überlagerung der verschobenen Spektren zu verhindern. Auf die Übertragung im Nutzfrequenzbereich hat das Abtastfilter bei richtiger Anpassung an die Abtastfrequenz keinen nennenswerten Einfluß.

9.1 Blockschema eines diskreten linearen Filters in Normalform

Bei Anwendung eines linearen Algorithmus im signalverarbeitenden diskreten Teil wird die Ausgangsgröße $x(\nu)$ rekursiv aus den vorhergehenden Werten der Ein- und Ausgangsgrößen berechnet (Abschnitt 1.8). Die Differenzengleichung (1.57) lautet, in allgemeiner Form und nach $x(\nu)$ aufgelöst,

$$x(\nu) = \sum_{\mu=k}^{m \le n} r_\mu y(\nu - n + \mu) - \sum_{\mu=0}^{n-1} c_\mu x(\nu - n + \mu). \tag{9.1}$$

r_μ und c_μ sind dabei reelle dimensionslose Koeffizienten. Die diskreten Variablen $x(\nu), y(\nu)$ lassen sich somit, wie in Bild 9.2 gezeigt, als Augenblickswerte von Stufenkurven $x^{**}(t), y^{**}(t)$ deuten.

Die zugehörigen Bildfunktionen (Abschnitt 5.5) werden im folgenden mit $Y_H(z), X_H(z)$ bezeichnet,

$$\begin{aligned} Y_H(z) &= F_H Y^* = F_H T \sum_{\nu=0}^{\infty} y(\nu) z^{-\nu}, \\ X_H(z) &= F_H X^* = F_H T \sum_{\nu=0}^{\infty} x(\nu) z^{-\nu}, \end{aligned} \tag{9.2}$$

Wie in Abschnitt 1.8 gezeigt, läßt sich der als Differenzengleichung, Gl. (9.1), gegebene Zusammenhang eines diskreten Filters graphisch besonders übersichtlich darstellen, wenn man einen Verschiebeoperator

$$x(\nu) = D\, x(\nu + 1) \tag{9.3}$$

einführt, mit dem eine zeitdiskrete Variable zwischengespeichert und um einen Takt verschoben wird, ähnlich wie es mit binären Variablen in einem Schieberegister geschieht. Im Bildbereich entspricht der Verschiebung eine Multiplikation mit z^{-1}, d.h.

$$L\left[x(\nu)\right] = X_H(z)\,; \quad L\left[Dx(\nu)\right] = X_H(z)/z. \tag{9.4}$$

Durch Überlagerung der um eine entsprechende Anzahl von Takten verschobenen Ein- und Ausgangsvariablen entsteht damit als graphisches Abbild von Gl. (9.1) das in Bild 9.3 für $n = m = 3, k = -1$ gezeichnete Schema. Man bezeichnet diese Darstellungsweise auch als Beobachter-Normalform; wie in Bild 1.12 gezeigt, eignet sich diese Normalform besonders in Fällen, in denen mehrere Eingangsgrößen überlagert werden [1,13,17,27].

Der Zusammenhang zwischen Eingangs- und Ausgangsgröße im Bildbereich läßt sich unmittelbar ablesen; es gilt

$$X_H(z) = \left[r_3 + \frac{r_2}{z} + \frac{r_1}{z^2} + \frac{r_0}{z^3} + \frac{r_{-1}}{z^4}\right] Y_H(z) - \left[\frac{c_2}{z} + \frac{c_1}{z^2} + \frac{c_0}{z^3}\right] X_H(z).$$

9.1. Blockschema eines diskreten linearen Filters in Normalform

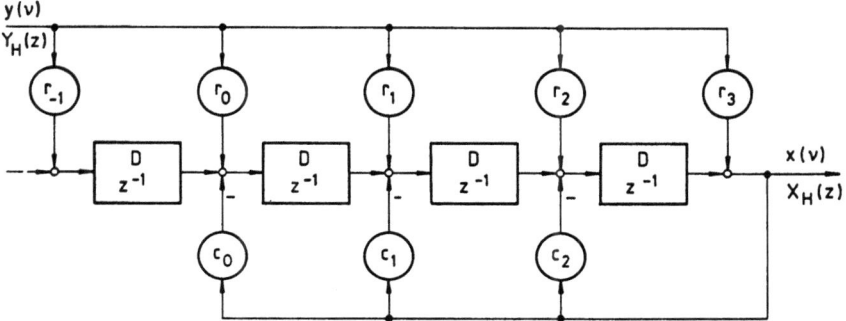

Bild 9.3: Blockschema eines diskreten Filters 3. Ordnung in Normalform

Die Auflösung liefert die Übertragungsfunktion

$$H(z) = \frac{X_H(z)}{Y_H(z)} = \frac{r_3 z^3 + r_2 z^2 + r_1 z + r_0 + r_{-1} z^{-1}}{z^3 + c_2 z^2 + c_1 z + c_0}, \qquad (9.5)$$

oder allgemein geschrieben,

$$H(z) = \frac{\sum_{\mu=k}^{m} r_\mu z^\mu}{\sum_{\mu=0}^{n} c_\mu z^\mu}, \quad c_n = 1. \qquad (9.6)$$

Zur deutlichen Unterscheidung von den Impuls-Übertragungsfunktionen $F(z)$ werden Stufen-Übertragungsfunktionen weiterhin mit $H(z)$ bezeichnet.

Da die Lösung der Differenzengleichung (9.1) im Zeitbereich meistens mit Digitalrechnern erfolgt, bezeichnet man ein derartiges Rechenschema auch als digitales Filter. Die Lösung in Echtzeit, d.h. schritthaltend mit dem Signalverlauf $y(t)$, kann bei größeren Nutzfrequenzen eine erhebliche dezentrale Rechenleistung erfordern; heutige Mikrorechner sind hierzu durchaus in der Lage. Bei Frequenzen der Nachrichtentechnik (kHz – MHz) kommen auch spezielle Rechenbausteine zum Einsatz, in denen der Filteralgorithmus nicht durch Programme, sondern schaltungstechnisch verwirklicht ist.

In Bild 9.3 erfolgt die Überlagerung der von $y(\nu)$ herrührenden Einflüsse durch gewichtete Einspeisung an verschiedene Stellen. Auch die vorhergehenden Ausgangsgrößen $x(\nu)$ werden durch zeitgerechte Überlagerung berücksichtigt; die zugehörigen Einflußfaktoren c_μ erhalten somit die Bedeutung von Verstärkungsziffern in Gegenkopplungsschleifen. Sie bestimmen die Eigenwerte der Differenzengleichung, d.h. die Pole der Übertragungsfunktion, und kennzeichnen damit Stabilität und Dämpfung des diskreten Filters. Dagegen wirken die Koeffizienten der rechten Seite, r_μ, lediglich als Überlagerungsfaktoren in den Eingangskanälen, sie sind ohne Einfluß auf die Stabilität.

Für $r_n = r_3 \neq 0$ besteht ein unmittelbarer Durchgriff vom Eingang zum Ausgang, was eine gegenüber der Abtastperiode vernachlässigbare Rechenzeit voraussetzt. Ist diese Bedingung nicht erfüllt, kann das Ergebnis $x(\nu)$ erst einen oder mehrere Takte später synchronisiert ausgegeben werden; es gilt dann $r_n = 0$ oder $m < n$, d.h. das Filter hat eine Laufzeit von $n - m$ Takten. $m > n$ ist bei einer Echtzeitverarbeitung nicht sinnvoll, da dies die Kenntnisse künftiger, noch nicht verfügbarer Signale erfordern würde; dagegen bedeutet $k < 0$ eine ohne weiteres zulässige Erweiterung des Meßwertefensters in die Vergangenheit.

Falls das Filter integrierend wirken soll, müssen ein oder mehrere Pole bei $z = 1$ liegen; die entsprechende Bedingung lautet

$$\sum_{\mu=0}^{n} c_\mu = 0 \,, \tag{9.7}$$

d.h. die Nennerkoeffizienten müssen sich zu Null ergänzen. Entsprechendes gilt bei differenzierenden Filtern, wenn Nullstellen bei $z = 1$ auftreten. Dies führt auf die Bedingung

$$\sum_{\mu=k}^{m} r_\mu = 0 \,. \tag{9.8}$$

Eine Gleichkomponente des Eingangssignals wird damit im eingeschwungenen Zustand unterdrückt.

Als Sonderfall mit $c_0 = c_1 = \ldots c_{n-1} = 0$ entsteht ein sog. Transversalfilter mit der Differenzengleichung

$$x(\nu) = \sum_{\mu=k}^{m} r_\mu y(\nu - n + \mu) \,, \tag{9.9}$$

das einen fortlaufenden gewichteten Mittelwert über $m - k + 1$ Eingangswerte bildet. Das zugehörige Funktionsschema in Bild 9.4 enthält keine Rückkopplungsschleifen und die Übertragungsfunktion

$$H(z) = \frac{r_m z^m + \ldots r_1 z + r_0 + r_{-1} z^{-1} + \ldots r_k z^k}{z^m} \tag{9.10}$$

hat sämtliche Pole im Ursprung der z-Ebene.

Denkt man sich ein Filter dieser Art durch einen endlichen Einheitsimpuls, d.h. einen vom Halteglied umgeformten Dirac-Impuls, angeregt, Bild 9.5a, so entsteht eine Impulsantwort endlicher Dauer; da der Einheitsimpuls die

9.1. Blockschema eines diskreten linearen Filters in Normalform   127

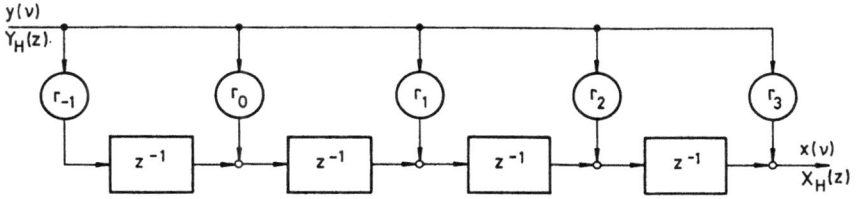

Bild 9.4: Blockschema eines Transversalfilters

Speicherkette in $m - k + 1$ Takten durchläuft, werden die Amplituden der Impulsantwort nacheinander von den Gewichtsfaktoren bestimmt,

$$g(\nu) = r_{m-\nu} \quad \text{für} \quad 0 \leq \nu \leq m - k,$$
$$g(\nu) = 0 \quad \text{für} \quad \nu > m - k. \tag{9.11}$$

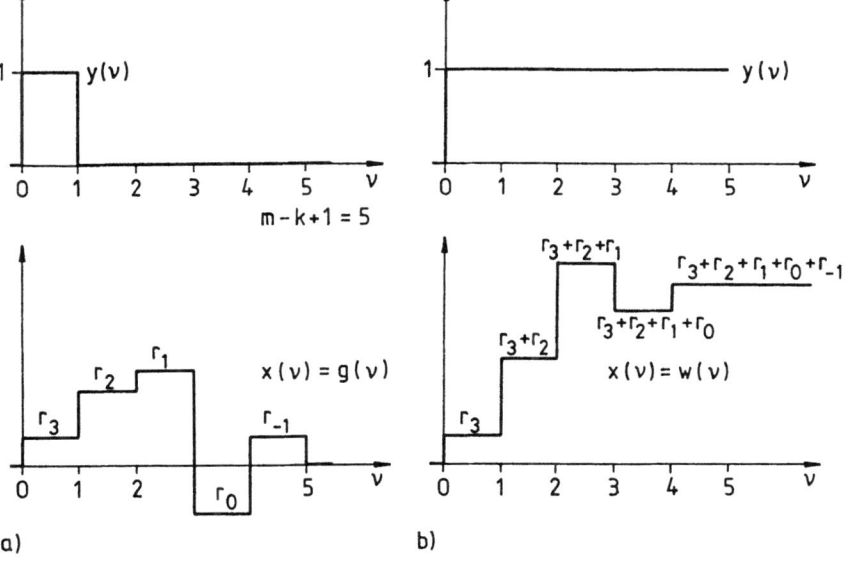

Bild 9.5: Einschwingvorgänge endlicher Dauer bei einem Transversalfilter
a) Impulsantwort, b) Sprungantwort

Bei Anregung durch eine Sprungfunktion ist für $\nu \geq 0$ ein Dauersignal $y(\nu) = 1$ wirksam, so daß sich die Einflüsse der Gewichtsfaktoren nacheinander überlagern (Bild 9.5b)

$$w(\nu) = \sum_{\mu=0}^{\nu} g(\mu) = \sum_{\mu=0}^{\nu} r_{m-\mu}, \qquad (9.12)$$

bis die Ausgangsgröße bei $\nu = m - k$ einen konstanten Endwert annimmt. Transversale Filter werden auch „finite impulse response"-Filter (FIR) genannt.

Besonders einfache Verhältnisse liegen beim gleichgewichteten gleitenden Mittelwert vor,

$$x(\nu) = \frac{1}{m+1} \sum_{\mu=0}^{m} y(\nu - m + \mu) = \frac{1}{m+1} \sum_{\mu=0}^{m} y(\nu - \mu), \qquad (9.13)$$

dessen Blockschema sowie Kennfunktionen $g(\nu)$ und $w(\nu)$ in Bild 9.6 gezeichnet sind; der gemeinsame Faktor ist dabei so gewählt, daß die statische Verstärkung für Gleichsignale zu Eins wird.

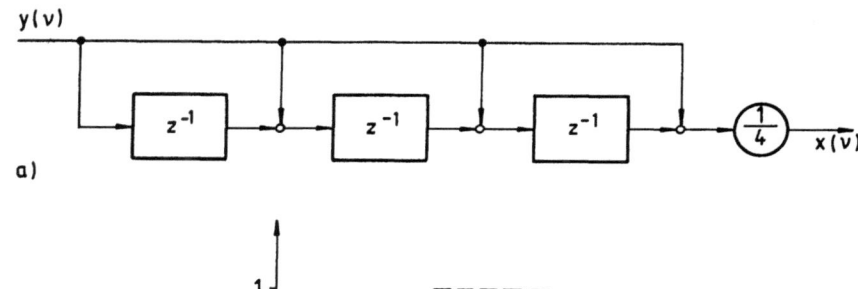

Bild 9.6: Gleichgewichtete Mittelwertbildung für $m = 3$
a) Blockschema, b) Kennfunktionen

Bei längeren Mittelwertintervallen ist es im Interesse der Rechenzeit vorteilhaft, Gl. (9.13) in rekursiver Form, d.h. mit Rückkopplung der Ausgangsgröße, zu schreiben,

$$x(\nu) = x(\nu - 1) + \frac{1}{m+1} \left[y(\nu) - y(\nu - m - 1) \right], \qquad (9.14)$$

9.1. Blockschema eines diskreten linearen Filters in Normalform

indem man nur die Änderungen am Rande des Abtastfensters berücksichtigt. Die zugehörige Übertragungsfunktion lautet dann

$$H(z) = \frac{1}{m+1} \frac{z^m - z^{-1}}{z^m - z^{m-1}} = \frac{1}{m+1} \frac{z^{m+1} - 1}{(z-1)z^m} . \tag{9.15}$$

Der scheinbare Integratorpol bei $z = 1$ wird jedoch durch eine entsprechende Nullstelle aufgehoben, so daß nach einer Division wieder die ursprüngliche Übertragungsfunktion eines Filters mit endlicher Einschwingzeit entsteht,

$$H(z) = \frac{1}{m+1} \frac{z^m + \ldots + z + 1}{z^m} . \tag{9.16}$$

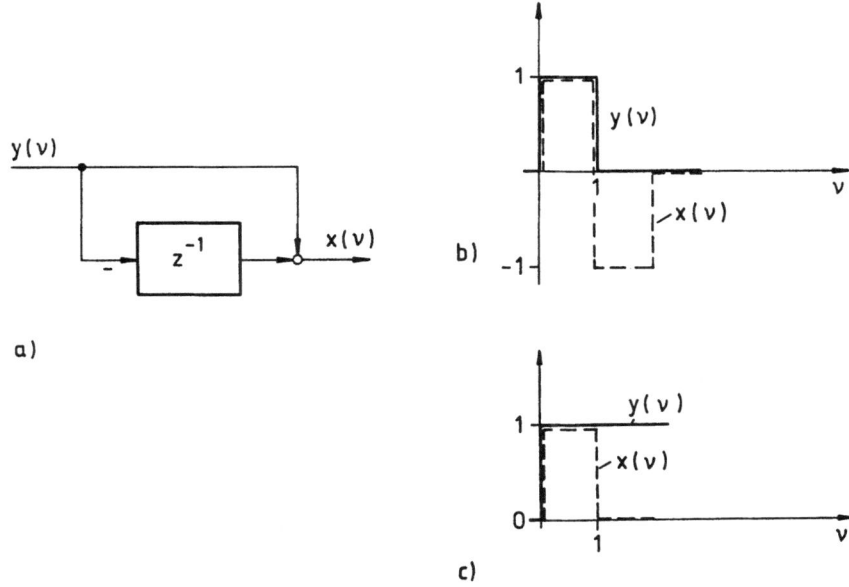

Bild 9.7: Diskrete Differenzbildung
a) Blockschema, b) Impulsantwort c) Sprungantwort

Ein häufig vorkommender Sonderfall eines Transversalfilters ist der in Abschnitt 6 bereits erwähnte Differenzbildner

$$x(\nu) = y(\nu) - y(\nu - 1) \tag{9.17}$$

mit dem in Bild 9.7a gezeichneten Blockschema; die zugehörige Übertragungsfunktion ist

$$H(z) = 1 - \frac{1}{z} = \frac{z-1}{z} . \tag{9.18}$$

Die inverse Operation einer Differenzbildung ist die diskrete Integration, die entweder als unbegrenzte Summe oder rekursiv geschrieben werden kann,

$$x(\nu) = \sum_{-\infty}^{\nu} y(\nu) = x(\nu - 1) + y(\nu) ; \qquad (9.19)$$

die zugehörige Stufen-Übertragungsfunktion lautet

$$H(z) = \frac{1}{1 - 1/z} = \frac{z}{z - 1} . \qquad (9.20)$$

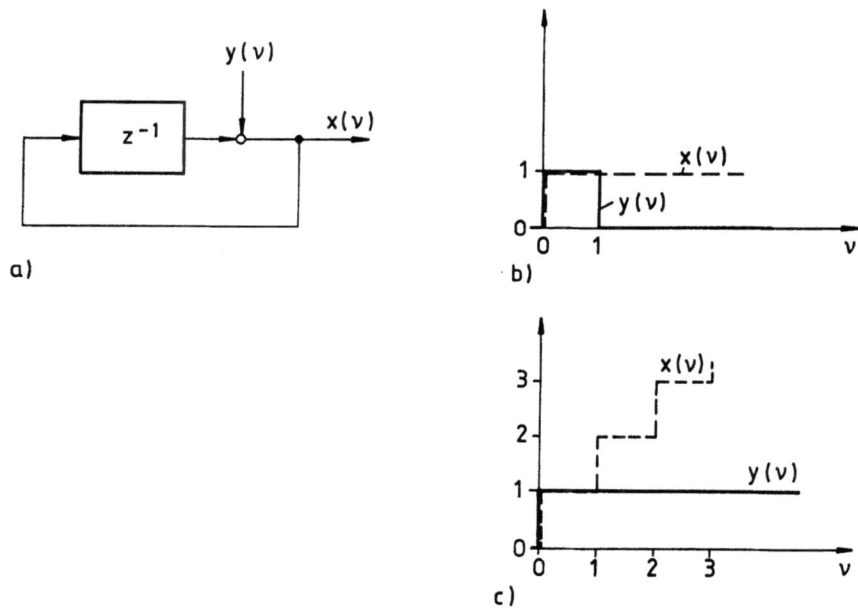

Bild 9.8: Diskrete Integration
a) Blockschema, b) Impulsantwort c) Sprungantwort

Bild 9.8 zeigt nochmals das bereits in Abschnitt 6 gefundene Schema eines Integrators mit $r_1 = 1, c_0 = -1$ und die Impulsantwort. Die Mitkopplung des Ausgangssignals bewirkt eine unbegrenzte Signalspeicherung; die bei analoger Signalverarbeitung unvermeidliche Nullpunktsdrift von Integratoren entfällt bei der digitalen Verarbeitung, wenn fehlerfreie Algorithmen verwendet werden und keine Überläufe oder Rundungsfehler vorkommen.

9.2 Blockschema eines diskreten linearen Filters in einer zweiten Normalform

Neben der in Bild 9.3 gezeigten Blockstruktur gibt es noch andere äquivalente Anordnungen, die den durch die lineare Differenzengleichung (9.1) gegebenen Zusammenhang graphisch beschreiben. Ein wegen der entkoppelten Koeffizienten ebenfalls besonders übersichtliches Schema ist die sog. Regelungs-Normalform. Man erhält sie durch Überlagerung von Teillösungen $x_\mu(\nu)$, die aus Gl. (9.1) durch Teilanregungen hervorgehen, z.B.

$$x_n(\nu) + c_{n-1}x_n(\nu - 1) + \ldots + c_1 x_n(\nu - n + 1) + c_0 x_n(\nu - n) = y(\nu) ; \quad (9.21)$$

das zugehörige Schema ist in Bild 9.9a dargestellt, wie man durch Auflösung nach $x_n(\nu)$ leicht nachprüfen kann.

Eine zweite Teillösung $x_{n-1}(\nu)$ erhält man aus Gleichung

$$\begin{aligned}x_{n-1}(\nu) + c_{n-1}x_{n-1}(\nu - 1) + \ldots \\ + c_1 x_{n-1}(\nu - n + 1) + c_0 x_{n-1}(\nu - n) = y(\nu - 1) .\end{aligned} \quad (9.22)$$

entsprechend Bild 9.9b. Dieses Verfahren wird schrittweise fortgesetzt.

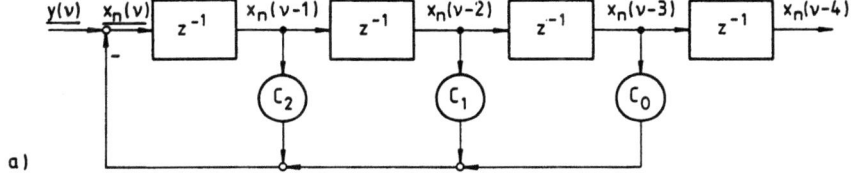

a)

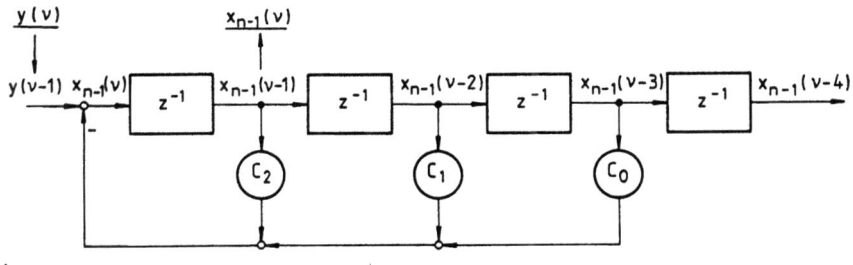

b)

Bild 9.9: Teillösungen der Differenzengleichung (9.1)

Die gesamte Lösung von Gl. (9.1) folgt daraus durch Überlagerung der Teillösungen

$$x(\nu) = \sum_{\mu=k}^{n} r_\mu x_\mu(\nu) . \quad (9.23)$$

Durch Verschiebung des Arguments läßt sich Gl. (9.22) aber auch in folgender Weise schreiben

$$x_{n-1}(\nu+1) + c_{n-1}x_{n-1}(\nu) + \ldots$$
$$+ c_1 x_{n-1}(\nu - n + 2) + c_0 x_{n-1}(\nu - n + 1) = y(\nu). \quad (9.24)$$

Vergleicht man nun die Gln. (9.22, 9.24) so findet man die einfache Identität

$$x_{n-1}(\nu) \equiv x_n(\nu - 1), \quad \text{usw.}$$

Alle Teillösungen $x_\mu(\nu)$ sind also bereits in dem ursprünglichen Schema in Bild 9.9a enthalten, so daß die gesamte Ausgangsgröße $x(\nu)$ gemäß Gl. (9.23) durch Überlagerung von Signalen in Bild 9.9a gebildet werden kann; dies führt auf das Schema in Bild 9.10. Die Ausgangsgröße $x(\nu)$ wird somit durch Überlagerung von Teillösungen gebildet, die in einem der homogenen Gleichung entsprechenden gemeinsamen Schema entstehen.

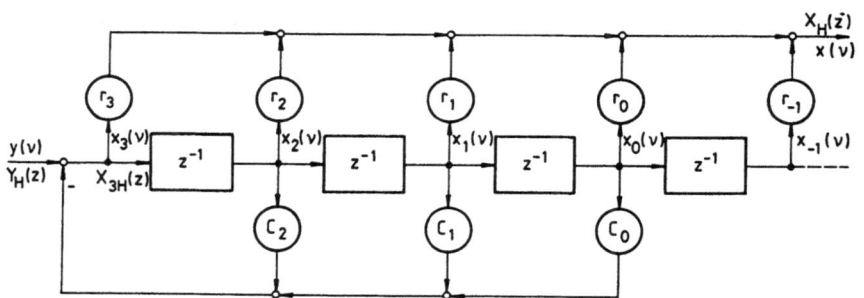

Bild 9.10: Blockschema eines linearen diskreten Filters in Regelungs-Normalform

Im Unterschied zu Bild 9.3 ist hier nur eine einzige Summierstelle für die Steuergröße $y(\nu)$ und die Rückkopplungsgrößen vorhanden. Stabilität und Dämpfung werden wieder nur von den in den Rückkopplungsschleifen enthaltenen Koeffizienten c_μ der homogenen Differenzengleichung bestimmt, während die in Abgriffen vorhandenen Faktoren r_μ nicht stabilitätsrelevant sind.

Durch Berechnung der zu Bild 9.10 gehörenden Übertragungsfunktion findet man auch hier Gl. (9.6) bestätigt. Z.B. läßt sich aus Bild 9.10 für die Zwischengröße $X_{3H}(z)$ ablesen

$$X_{3H}(z) = Y_H(z) - \left[\frac{c_2}{z} + \frac{c_1}{z^2} + \frac{c_0}{z^3}\right] X_{3H}(z)$$

oder

$$X_{3H}(z) = \frac{z^3}{z^3 + c_2 z^2 + c_1 z + c_0} Y_H(z). \quad (9.25)$$

9.2 Diskretes lineares Filter in einer zweiten Normalform

Außerdem gilt

$$X_H(z) = \left[r_3 + \frac{r_2}{z} + \frac{r_1}{z^2} + \frac{r_0}{z^3} + \frac{r_{-1}}{z^4}\right] X_{3H}(z). \tag{9.26}$$

Einsetzen führt dann auf die Übertragungsfunktion in Gl. (9.6).
Die in Abschnitt 9.1 behandelten Sonderfälle sind auch hier charakteristisch. Für $c_{n-1} = \ldots c_1 = c_0 = 0$ entsteht wieder ein nichtrekursives oder transversales Filter mit dem in Bild 9.11 gezeichneten Blockschema, das sich nun als Laufzeitkette ohne-Rückkopplung mit gewichteten Abgriffen darbietet. Falls einer oder mehrere der ersten Koeffizienten Null sind, z.B. $r_3 = 0$, weist das Filter eine Laufzeit von einer oder mehreren Abtastperioden auf.

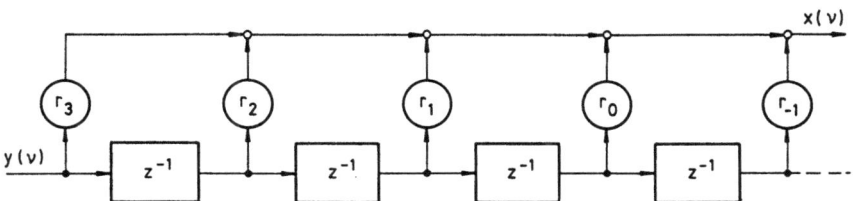

Bild 9.11: Transversales Filter in Regelungs-Normalform

Die Einschwingvorgänge entsprechen denen in Bild 9.5. Daß die Impulsantwort und damit auch alle anderen Ausgleichsvorgänge bei einem Transversalfilter genau $n - k + 1$ Takte dauern, ist anhand von Bild 9.11 besonders leicht zu erkennen, da der einzelne Anregungsimpuls nach genau $m - k$ Takten die Laufzeitkette verläßt.

Differenzbildung und Integrator haben in dieser Normalform die in Bild 9.12 gezeichnete Gestalt; sie sind den entsprechenden Anordnungen in Bild 9.7 und 9.8 vollständig gleichwertig.

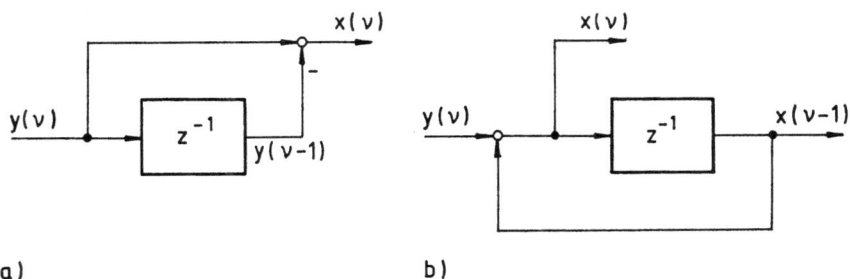

a)   b)

Bild 9.12: Einfache diskrete Filter in Regelungs-Normalform
a) Differenzbildung, b) Integration

9.3 Beispiele für diskrete lineare Filter

Die vielfältigen Möglichkeiten einer digitalen Verarbeitung von Meßwerten sollen nun anhand einiger Beispiele gezeigt werden. Durch die schnelle Entwicklung der Mikroelektronik, die es gestattet, mit geringem gerätetechnischen Aufwand dezentral einsetzbare leistungsfähige Rechner zu bauen, bietet sich erstmals eine kostenmäßig vertretbare Alternative zur analogen Signalverarbeitung. Da bei Mikrorechnern eine Nutzung ohne nennenswerte Belastung durch anderweitige Aufgaben sinnvoll ist, kann die Abtastzeit T entsprechend der verfügbaren Rechnerleistung gewählt werden; man kommt damit bei vielen Meß- und Regelaufgaben zu einer relativ hohen Abtastfrequenz im kHz-Bereich, was einen quasistetigen Signalverlauf für $x^{**}(t)$ ergibt. Die Frequenz läßt sich durch Verwendung sog. Signalprozessoren mit interner Parallelstruktur, die eine Multiplikation im 100 ns-Zeitraster ausführen können, weiter steigern. Für noch höhere Frequenzen, etwa bei nachrichtentechnischen Anwendungen, gibt es spezielle integrierte digitale Rechenwerke. Damit bietet sich die Möglichkeit, anstelle von herkömmlichen analogen Filterschaltungen für viele Aufgaben digitale Rechner mit entsprechenden diskreten Algorithmen einzusetzen. Der Vorzug besteht vor allem in der programmtechnischen Flexibilität, mit der die Filter entworfen und während des Betriebs verändert werden können; dies ist z.B. bei selbsteinstellenden und adaptiven Regelungen von Bedeutung. Bauteiletoleranzen und Drift, etwa infolge von Temperatureinflüssen, die bei einer analogen Signalverarbeitung stören können, entfallen vollständig. Alle diese Effekte sind nun auf den durch A/D- und D/A- Wandler abgegrenzten Analogteil beschränkt und können deshalb in ihrer Wirkung leichter abgeschätzt werden [3,25,26].

Ein weiterer Vorzug digitaler Filter ist schließlich, daß der Zeitmaßstab durch die Taktfrequenz einstellbar ist und im Bedarfsfall auch sehr langsam gewählt werden kann, ohne die Wirkungsweise zu verändern; sie sind also, abgesehen von den noch bestehenden, aber an Bedeutung verlierenden Einschränkungen durch den Rechner, zeitinvariant. Schließlich können diskrete Filter auch eine andere unabhängige Variable als die Zeit haben; es kann sich bei $y(\nu)$ beispielsweise um zeitsynchrone Meßwerte aus einem räumlich verteilten System, etwa einem Rohrleitungsnetz oder einem Fernsehbild handeln.

9.3.1 Idealer PID-Abtastregler

Bei Einsatz eines Mikrorechners als Regler liegt natürlich der Gedanke nahe, zunächst von den bewährten kontinuierlichen P, PD, I, PI und PID-Reglern auszugehen und sie digital zu verwirklichen. Später wird sich zeigen, daß die mögliche Vielfalt bei digitalen Reglern ungleich höher ist als bei analogen Reglerschaltungen.

Die Übertragungsfunktion eines verzögerungsfreien linearen PID-Reglers

9.3 Beispiele für diskrete lineare Filter

läßt sich bekanntlich in der Form [20]

$$F(p) = V\frac{(T_ip+1)(T_vp+1)}{T_ip} = V\left[T_vp + \left(1+\frac{T_v}{T_i}\right) + \frac{1}{T_ip}\right] \quad (9.27)$$

schreiben, entsprechend der Parallelschaltung ideal differenzierend, proportional und integrierend wirkender Kanäle; eine entsprechende Anordnung ist auch bei einer diskreten Reglerfunktion möglich. Unter Verwendung der in Abschnitt 9.1 und 9.2 beschriebenen Funktionsbausteine erhält man ein diskretes Filter 2. Ordnung

$$\begin{aligned} H(z) &= k_D\frac{z-1}{z} + k_P + k_I\frac{1}{z-1} \\ &= \frac{(k_D+k_P)z^2 + (k_I-k_P-2k_D)z + k_D}{z(z-1)}. \end{aligned} \quad (9.28)$$

Der I-Kanal ist dabei gegenüber Gl. (9.20) um einen Takt verzögert, entsprechend einem kontinuierlichen Integrator, dessen Ausgangsgröße stetig verläuft. Das zu Gl. (9.28) gehörige Blockschema ist in Bild 9.13a,b in Parallel- und Normal-Form gezeichnet. Durch wahlweises Nullsetzen verschiedener Verstärkungsfaktoren k_D, k_P, k_I entstehen die übrigen Reglerfunktionen als Sonderfälle.

Aus der zugehörigen Differenzengleichung

$$x(\nu) = x(\nu-1) + (k_D+k_P)y(\nu) + (k_I-k_P-2k_D)y(\nu-1) + k_D\,y(\nu-2) \quad (9.29)$$

ist ersichtlich, daß diese idealisierte PID-Funktion nur verwirklichbar ist, wenn die Rechenzeit gegenüber der Abtastperiode vernachlässigt werden kann.

Aus Gl. (9.29) läßt sich z.B. die diskrete Sprungantwort berechnen. Mit

$$y(\nu < 0) \equiv 0, \quad y(\nu \geq 0) \equiv 1, \quad x(-1) = x(-2) = 0$$

erhält man die in Bild 9.14 skizzierte Ausgangsgröße $x(\nu)$, die der Sprungantwort eines kontinuierlichen PID-Reglers vollständig entspricht.

Der PID-Regler ist natürlich nur als Beispiel zu verstehen; wie in späteren Abschnitten gezeigt wird, kann jede beliebige algorithmische Reglerfunktion, linear oder nichtlinear, programmtechnisch verwirklicht werden.

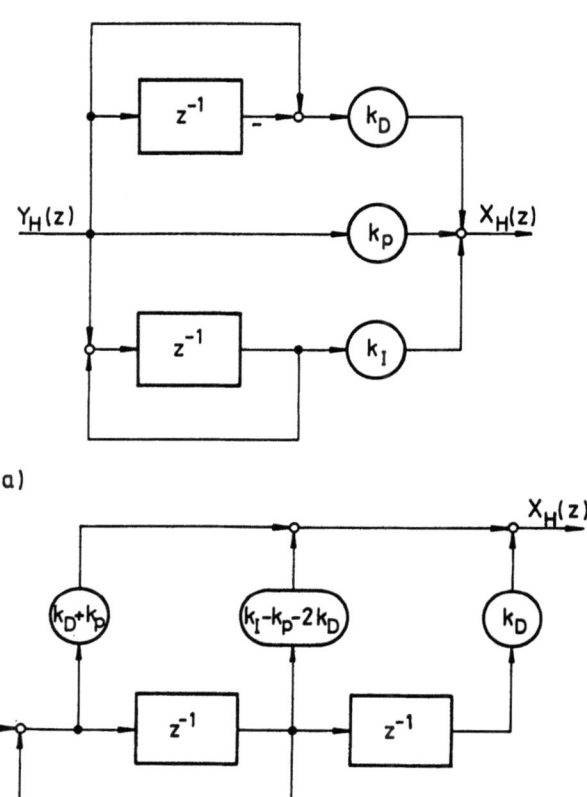

a)

b)

Bild 9.13: Blockschema eines diskreten PID-Reglers in
a) entkoppelter Parallelform b) Regelungs-Normalform

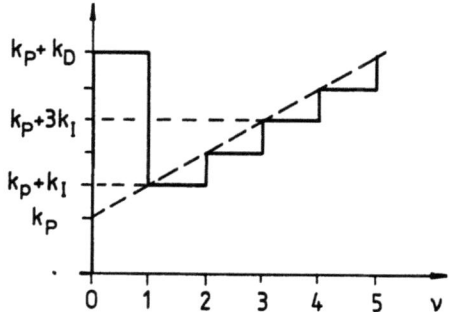

Bild 9.14: Sprungantwort eines diskreten PID-Reglers

9.3 Beispiele für diskrete lineare Filter

9.3.2 Diskrete Glättungsfilter

9.3.2.1 PT_1-Glied

Die Wirkung eines einfachen Tiefpaßfilters mit aperiodischem Einschwingverhalten ergibt sich gemäß Abschnitt 1 durch die Differenzengleichung

$$x(\nu) + c_0 x(\nu - 1) = r_1 y(\nu) , \quad -1 < c_0 < 0 ; \tag{9.30}$$

die zugehörige Übertragungsfunktion

$$H(z) = \frac{r_1 z}{z + c_0} \tag{9.31}$$

wird durch das Blockschema in Bild 9.15 beschrieben.

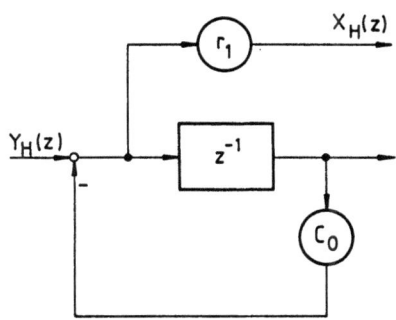

Bild 9.15: Diskreter Tiefpaß 1. Ordnung

Die Verstärkung für Gleichsignale erhält man aus Gl. (9.30) mit dem Ansatz $y(\nu) = y(\infty), x(\nu) = x(\nu - 1) = x(\infty)$ oder aus Gl. (9.31) für $z = 1$

$$\frac{x(\infty)}{y(\infty)} = H(1) = \frac{r_1}{1 + c_0} . \tag{9.32}$$

Die wirksame Verzögerung, d.h. die Bandbreite des Filters, wird durch die Zeitkonstante T_1 der Umhüllenden, entsprechend der Regelfläche der Sprungantwort, bestimmt. Schreibt man für den Pol der diskreten Übertragungsfunktion

$$z_1 = -c_0 = e^{-T/T_1} , \tag{9.33}$$

so folgt

$$T_1 = T \frac{1}{\ln 1/z_1} . \tag{9.34}$$

Die diskretisierte Impulsantwort lautet im Bildbereich mit dem durch das Halteglied verformten Dirac-Impuls $Y_H(z) = F_H T$

$$X_H(z) = G_H(z) = F_H T \frac{r_1 z}{z - z_1} = F_H T r_1 \sum_{\nu=0}^{\infty} \left(\frac{z_1}{z}\right)^{\nu} ; \tag{9.35}$$

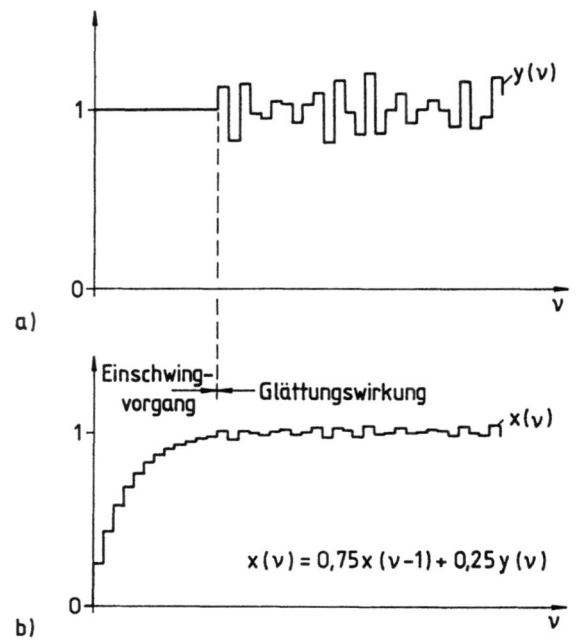

Bild 9.16: Sprungantwort und Stör-Übertragungsverhalten eines diskreten PT_1-Gliedes

hierzu gehört die Zeitfunktion

$$g(\nu) = r_1 z_1^\nu = r_1(-c_0)^\nu \,, \qquad (9.36)$$

so daß die Ausgangsgrößen auch als Faltungssumme geschrieben werden kann,

$$x(\nu) = \sum_{\mu=0}^{\infty} g(\mu)y(\nu-\mu) = r_1 \sum_{\mu=0}^{\infty} (-c_0)^\mu y(\nu-\mu) \,. \qquad (9.37)$$

Man kann dieses Ergebnis als unendlichen Mittelwert mit exponentiell abnehmenden Gewichtsfaktoren, also nachlassendem Gedächtnis, deuten.

In Bild 9.16 ist die Sprungantwort des diskreten PT_1-Gliedes für $c_0 = -0.75, T_1 \approx 3.5T$ gezeichnet; nach Abklingen des Ausgleichsvorganges ist am Eingang ein Rauschsignal überlagert, das durch die Filterwirkung gedämpft wird.

9.3 Beispiele für diskrete lineare Filter

9.3.2.2 Mittelwertbildner

Wie in Abschnitt 9.1, 9.2 erläutert, läßt sich die Glättungswirkung auch durch einen Mittelwertbildner mit der Differenzengleichung

$$x(\nu) = \frac{1}{m+1} \sum_{\mu=0}^{m} y(\nu - \mu) \qquad (9.38)$$

erzielen. Während die Faltungssumme des vorher beschriebenen Tiefpasses sich mit abnehmendem Gewicht über den gesamten zurückliegenden Zeitraum erstreckte, läßt sich Gl. (9.38) als eine endliche Faltungssumme mit gleichbleibenden Gewichtsfaktoren $1/(m+1)$ deuten; ein aus Wechselkomponenten bestehenden Störsignal wird damit ebenfalls gedämpft. Wegen der unvermeidlichen Verzögerung (Bild 9.6) erfordert auch die Wahl des Mittelwertintervalls $(m+1)T$ einen Kompromiß zwischen der Güte der Filterung und einer möglichen Verfälschung des Nutzsignals.

Die Regelfläche der Sprungantwort, entsprechend der Ersatzzeitkonstanten, folgt aus Bild 9.6

$$T_e = \frac{m(m+1)}{2} \frac{1}{m+1} T = \frac{m}{2} T \; . \qquad (9.39)$$

Eine ähnliche Verzögerungswirkung wie in Bild 9.16 ergibt sich damit für $m = 7$. Bild 9.17 zeigt die Sprungantwort und den Verlauf der Ausgangsgröße bei gleicher Störanregung wie in Bild 9.16.

Der Vergleich zeigt, daß die Dämpfung des Störsignals in beiden Fällen ähnlich ist. Die Wirkung einer kurzzeitigen starken Störanregung wäre im Fall des Mittelwertbildners nach $m+1$ Takten völlig verschwunden, dafür ist der erforderliche Aufwand an Rechenleistung beim Verzögerungsglied möglicherweise etwas geringer. Falls beim Mittelwertbildner, wie im vorliegenden Fall, $m+1$ eine Dualzahl ist, kann man die Multiplikation durch eine sehr schnell auszuführende Schiebeoperation ersetzen; außerdem besteht die Möglichkeit, den Mittelwert gemäß Gl. (9.14) rekursiv zu bilden und damit die Rechenzeit weiter zu reduzieren.

In Abschnitt 9.1 wurde gezeigt, daß die Übertragungsfunktion $H(z)$ eines diskreten Mittelwertbildners ausschließlich Pole im Ursprung der z-Ebene aufweist. Die Nullstellen z_λ sind, da sie keinen Einfluß auf die Stabilität haben, zunächst beliebig, reell oder paarweise konjugiert komplex. Einige Aussagen sind jedoch möglich.

Schreibt man die Übertragungsfunktion eines Transversalfilters in der Form

$$H_1(z) = \frac{r_m z^m + r_{m-1} z^{m-1} + \ldots + r_1 z + r_0}{z^m} = \frac{r_m}{z^m} \prod_{\lambda=1}^{m} (z - z_\lambda) \; , \qquad (9.40)$$

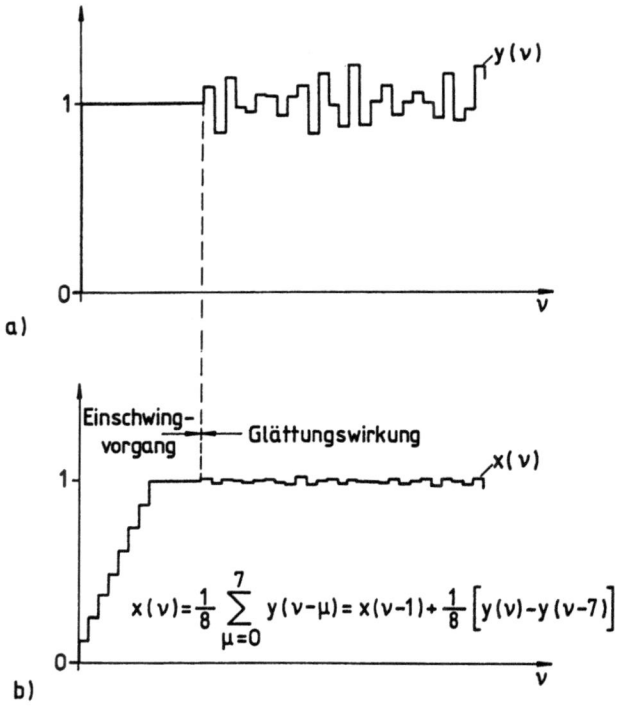

Bild 9.17: Sprungantwort und Stör-Übertragungsverhalten eines Mittelwertbildners

so gilt für den Mittelwertbildner mit einer zeitlich gespiegelten Impulsantwort (Bild 9.18a), wie er in Abschnitt 9.4 diskutiert wird,

$$\begin{aligned} H_2(z) &= \frac{r_0 z^m + r_1 z^{m-1} + \ldots + r_{m-1} z + r_m}{z^m} \\ &= \frac{1}{z^m} \frac{r_m z^{-m} + r_{m-1} z^{-(m-1)} + \ldots + r_1 z^{-1} + r_0}{z^{-m}} . \end{aligned} \quad (9.41)$$

Ein Vergleich mit Gl. (9.40) ergibt

$$H_2(z) = \frac{1}{z^m} H_1\left(\frac{1}{z}\right) = r_m \prod_1^m \left(\frac{1}{z} - z_\lambda\right) = \frac{r_m}{z^m} \prod_1^m (1 - z_\lambda z) . \quad (9.42)$$

Aus den Nullstellen z_λ der ursprünglichen Übertragungsfunktion $H_1(z)$ folgen somit die Nullstellen $1/z_\lambda$ der Übertragungsfunktion $H_2(z)$ mit gespiegelter Impulsantwort.

9.3 Beispiele für diskrete lineare Filter 141

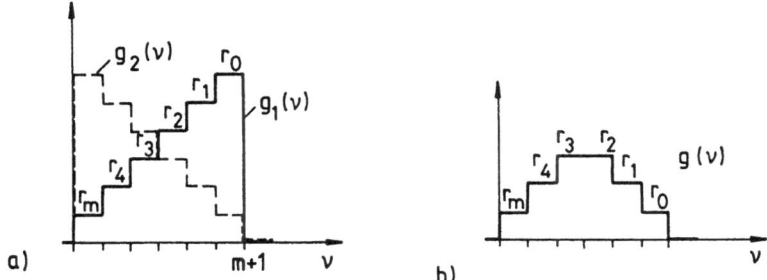

Bild 9.18: Transversalfilter mit (a) gespiegelter und (b) symmetrischer Impulsantwort

Betrachtet man nun ein Transversalfilter mit symmetrischer Impulsantwort (Bild 9.18b),

$$r_0 = r_m \quad r_1 = r_{m-1} \quad \text{usw.},$$

so gilt $H_2(z) = H_1(z)$, d.h. die Nullstellen der Polynome befinden sich an den Stellen z_λ und $1/z_\lambda$. Wegen der Bedingung reeller Koeffizienten r_μ müssen komplexe Nullstellen somit Quadrupel $z_\lambda, 1/z_\lambda, \bar{z}_\lambda, 1/\bar{z}_\lambda$ bilden, es sei denn, sie liegen auf dem Einheitskreis, wo $1/z_\lambda = \bar{z}_\lambda$ gilt.

Ein gleichgewichteter Mittelwertbildner mit $r_0 = r_1 = \ldots = r_m$ ist ein Sonderfall eines Transversalfilters mit symmetrischer Impulsantwort, was sich in der beschriebenen Weise auf die Lage der Nullstellen auswirkt. Ein solcher Mittelwertbildner sperrt sinusförmige Signale, wenn das Meßfenster $(m+1)T$ ein ganzzahliges Vielfaches der Periodendauer ist; die Übertragungsfunktion $H(z)$ muß somit für die zugehörigen Werte $z_\lambda = e^{jT\omega_\lambda}$ Nullstellen aufweisen, d.h. es gilt $|z_\lambda| = 1$. Die Nullstellen auf dem Einheitskreis wirken wie die Sperrfrequenzen eines idealen Bandfilters. Auch bei einer analogen Signalübertragung werden oft mittelwertbildende Filter verwendet, um z.B. netzfrequente Einstreuungen zu unterdrücken.

In der folgenden Tabelle sind einige Übertragungsfunktionen mit ihren Nullstellen auf dem Einheitskreis und den zugehörigen Sperrfrequenzen für verschiedene Werte von m zusammengestellt.

$m = 1$	$m = 2$	$m = 3$
$H(z) = \dfrac{1}{2}\dfrac{z+1}{z}$	$H(z) = \dfrac{1}{3}\dfrac{z^2+z+1}{z^2}$	$H(z) = \dfrac{1}{4}\dfrac{z^3+z^2+z+1}{z^3}$
$z_1 = -1$	$z_{1,2} = \dfrac{1}{2}(-1 \pm j\sqrt{3})$	$z_1 = -1,\ z_{2,3} = \pm j$
$\omega_1 = \dfrac{2\pi}{2T}$	$\omega_{1,2} = \dfrac{2\pi}{3T}$	$\omega_1 = \dfrac{2\pi}{2T},\ \omega_{2,3} = \dfrac{2\pi}{4T}$

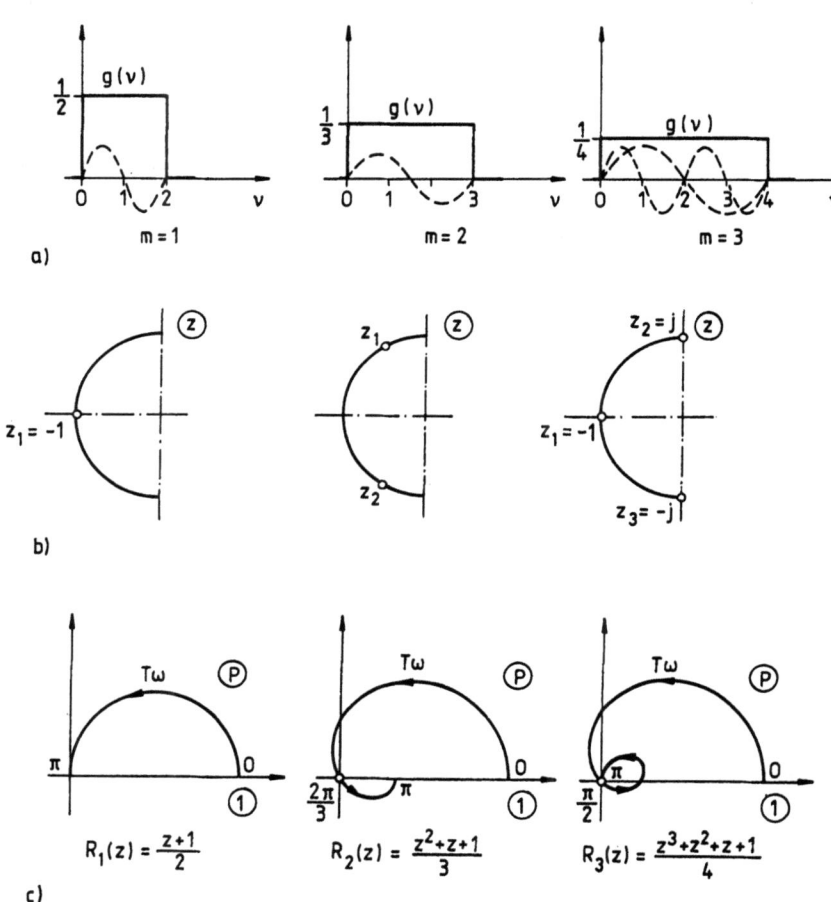

Bild 9.19: Gleichgewichtete Mittelwertbildner
  a) Impulsantworten mit Sperrfrequenzen b) Nullstellenverteilung
  c) Ortskurven der Zählerpolynome $R(z)$ für $z = e^{jT\omega}, 0 < T\omega < \pi$

9.3 Beispiele für diskrete lineare Filter

Bild 9.19 zeigt die zugehörigen Impulsantworten, die Lage der Nullstellen in der z-Ebene und die Ortskurven der Zählerpolynome $R(z)$ für $z = e^{jT\omega}$, $0 < T\omega < \pi$. Da die Nullstellen von $R(z)$ auf dem Einheitskreis liegen, verlaufen die gemäß Abschnitt 2.4 spiralförmigen Ortskurven für $-\pi < T\omega < \pi$ gerade so oft durch den Ursprung, wie es dem Grad des Polynoms $R(z)$ entspricht.

Transversale Filter dienen in der Nachrichtentechnik vor allem zur Signalentzerrung, wobei die Koeffizienten abhängig vom Signalverlauf verstellt werden können (adaptive Filter) [3,25].

9.3.3 Diskretes Differenzierfilter

Bei vielen meßtechnischen Anwendungen besteht der Wunsch, ein Signal zu differenzieren, etwa um aus einer Lage- oder Winkelinformation die Geschwindigkeit oder aus einem Geschwindigkeitsmeßwert die Beschleunigung zu erhalten. Der ursprüngliche Meßwert kann bereits in digitaler Form vorliegen, z.B. wenn er aus einem Zählvorgang resultiert. Von der analogen Meßtechnik ist bekannt, daß Differentiationen Schwierigkeiten bereiten können, wenn den niederfrequenten Meßgrößen Störsignale überlagert sind; da die Störungen durch die Differentiation betont werden, erscheint das Ausgangssignal stärker aufgerauht. Die Differentiation ist deshalb meistens nur praktikabel, wenn gleichzeitig durch eine absichtliche oder parasitäre Glättung eine gewisse Vor-Filterung des Signals erfolgt; dabei ist zu beachten, daß Differentiation und Glättung gegensinnig wirken und sich in der Tendenz aufheben. Ein typischer Kompromiß dieser Art ist ein kontinuierliches verzögertes Differentialfilter (DT_1) mit der Übertragungsfunktion

$$F(p) = \frac{Tp}{Tp+1}, \qquad (9.43)$$

das nur unterhalb der Grundfrequenz $\omega_0 = 1/T$ das gewünschte differenzierende Verhalten aufweist.

Im folgenden werden die Übertragungseigenschaften verschiedener diskreter Differenzierfilter 1. und 2. Ordnung verglichen, deren Übertragungsfunktionen in Bild 9.20 zusammengestellt sind. Allen Filtern gemeinsam ist die rechte Seite der Differenzengleichung, entsprechend einer Nullstelle der Übertragungsfunktion bei $z = 1$.

Das Übertragungsverhalten der Filter ist in Bild 9.20a-c anhand der Sprungantworten gezeigt. Während im Fall a) zwar die Gleichkomponente des Eingangssignals unterdrückt, eine störende Wechselkomponente aber ungedämpft übertragen wird, ist in den anderen Fällen bei geeigneter Wahl der Filterkoeffizienten c_1, c_0 eine Dämpfung von Störsignalen möglich.

Die Festlegung des Koeffizienten c_0 erfolgt im Fall b) durch Vorgabe der Grenzfrequenz. Mit der Annahme $c_0 = -0.75$, d.h. $T_1 \approx 3.5T$, entsteht die

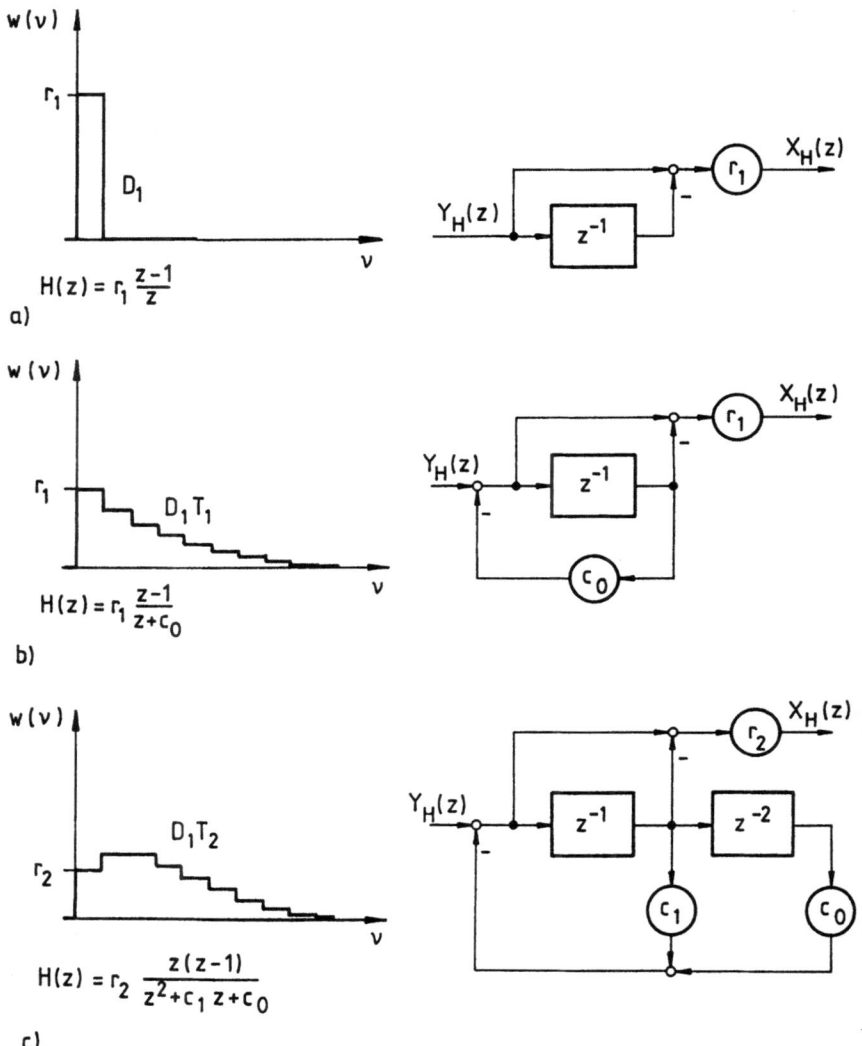

Bild 9.20: Verschiedene Differenzierfilter, Sprungantworten und Blockschaltbilder

9.3 Beispiele für diskrete lineare Filter

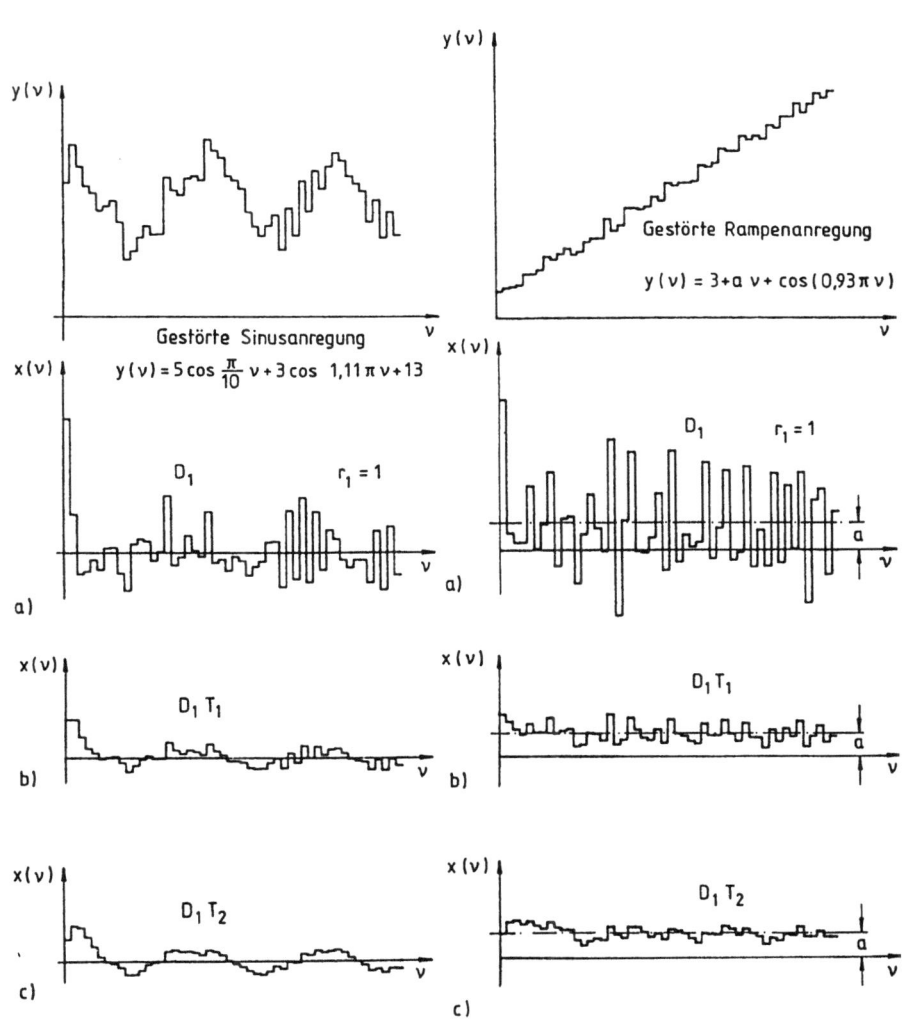

Bild 9.21: Übertragungseigenschaften der in Bild 9.20 gezeichneten Differenzierfilter bei gestörter Sinusanregung

Bild 9.22: Übertragungseigenschaften der Differenzierfilter bei gestörter zeitlinearer Anregung

in Bild 9.20b gezeichnete aperiodische Sprungantwort $w(\nu)$. Im Fall c) findet man mit dem in Abschnitt 2 angegebenen Zusammenhang zwischen den Tp- und z-Ebenen bei gleicher Grenzfrequenz und für $D = 1/\sqrt{2}$ die Parameter $c_1 = -1.438, c_0 = 0.563$.

Bild 9.21 zeigt das Übertragungsverhalten der drei Differenzierfilter bei Anregung durch eine periodische Schwingung mit Gleichkomponente und höherfrequentem Störanteil. Die glättende Wirkung der zusätzlichen Pole der Übertragungsfunktion ist deutlich erkennbar.

In Bild 9.22 ist schließlich das Übertragungsverhalten der drei diskreten Filter bei einer zeitlinear veränderlichen Anregung mit Störschwingung dargestellt. Während den Ausgangsgrößen der D_1- und D_1T_1- Filter noch starke Störsignale überlagert sind, liefert das D_1T_2-Filter nach Abklingen des Einschwingvorgangs einen recht brauchbaren Wert für die Steigung der als Nutzsignal zu verstehenden Rampe.

9.3.4 Zweifaches Differenzierfilter

Manchmal ist es notwendig, wenigstens angenähert eine zweifache diskrete Differentiation auszuführen, z.B. um aus dem Meßsignal eines digitalen Winkelgebers einen Schätzwert der Winkelbeschleunigung zu gewinnen. Nach den Ergebnissen des vorherigen Abschnittes sind dann zusätzliche Maßnahmen zur Unterdrückung der Störanteile unerläßlich, so daß der Ansatz mindestens eines D_2T_2-Filters ratsam erscheint. Die zugehörige Differenzengleichung lautet

$$x(\nu) + c_1 x(\nu - 1) + c_0 x(\nu - 2) = r_2 \left[y(\nu) - 2y(\nu - 1) + y(\nu - 2) \right], \quad (9.44)$$

d.h. die zugehörige Übertragungsfunktion muß eine zweifache Nullstelle bei $z = 1$ und zwei Dämpfungspole aufweisen,

$$H_1(z) = r_2 \frac{z^2 - 2z + 1}{z^2 + c_1 z + c_0}. \quad (9.45)$$

Das Blockschaltbild entspricht Bild 9.20c, es sind lediglich die Zählerkoeffizienten entsprechend zu ergänzen.

Bei einer zweifachen Differentiation können dem Ausgangssignal starke Wechselkomponenten mit der Periode $2T$ überlagert sein, die sich durch eine zusätzliche Mittelwertbildung über zwei Taktperioden, d.h. mit $m = 1$, reduzieren lassen. Die so entstehende Übertragungsfunktion eines D_2T_3-Gliedes hat die Form

$$H_2(z) = r_2 \frac{z^2 - 2z + 1}{z^2 + c_1 z + c_0} \frac{z + 1}{2z} = \frac{r_2}{2} \frac{z^3 - z^2 - z + 1}{z^3 + c_1 z^2 + c_0 z}. \quad (9.46)$$

Das Übertragungsverhalten dieser beiden Filter ist in Bild 9.23 anhand der Ausgangssignale bei sprungförmiger und gestörter parabolischer Anregung gezeigt. Die Sprungantworten beider Filter haben ähnliche Form, jedoch unterscheiden sich die Ausgangssignale bei gestörter Anregung beträchtlich. Im Fall des D_2T_3-Gliedes ist das parabolische Nutzsignal als Gleichkomponente der Ausgangsgröße deutlich zu erkennen, während es im Fall des D_2T_2-Gliedes durch die Störungen überdeckt ist.

Eine Mittelwertbildung gemäß Gl. (9.46) läßt sich somit auch so deuten, daß dadurch in der resultierenden Übertragungsfunktion $H_2(z)$ eine zusätzliche Nullstelle bei $z = -1$ entsteht, so daß eine Komponente des Eingangssignals mit der Bildfunktion

$$Y_{1H}(z) = F_H T \frac{z}{z + 1} \quad (9.47)$$

unterdrückt wird. Dies ist aber gerade die Impulsantwort des in Bild 9.24 gezeichneten diskreten Oszillators, der eine mit $2T$ periodische Eigenschwingung erzeugt.

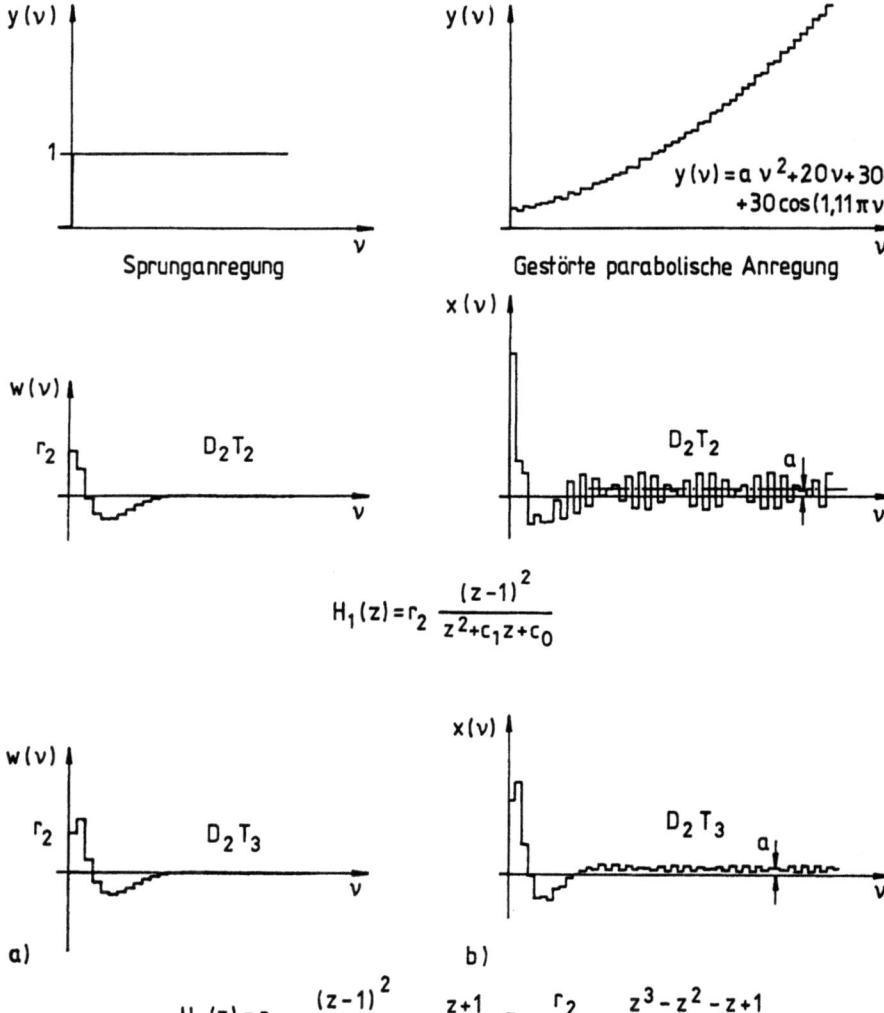

Bild 9.23: Übertragungsverhalten von zweifachen Differenzierfiltern ohne und mit nachfolgender Mittelung
a) Sprungantworten b) Ausgangssignale bei gestörter parabolischer Anregung

9.3 Beispiele für diskrete lineare Filter

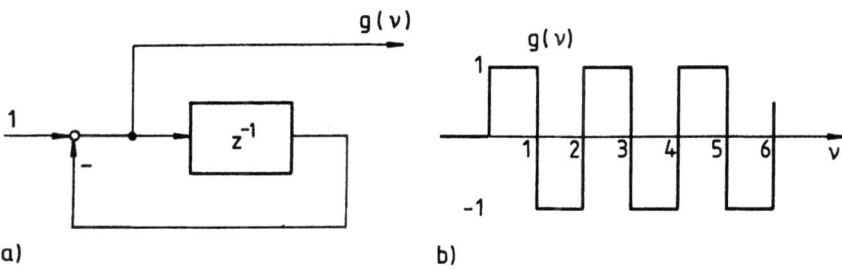

a) b)

Bild 9.24: Diskreter Oszillator mit halber Abtastfrequenz
a) Blockschema b) Impulsantwort

9.3.5 Prädiktionsfilter

Bei manchen Anwendungen, etwa in der Prozeßmeßtechnik oder bei der Echtzeit-Auswertung von Radarsignalen, ist es wünschenswert, eine periodisch anfallende Folge von Meßwerten in die Zukunft zu extrapolieren. Eine einfache Möglichkeit besteht darin, durch die jeweils letzten verfügbaren Meßwerte $y(\nu), y(\nu-1), y(\nu-2), \ldots$ eine Polynomkurve zu legen und in die Zukunft zu verlängern. In Bild 9.25 ist dies für den Fall einer quadratischen Extrapolation mit drei Stützpunkten gezeigt. Zum Zeitpunkt νT werden die letzten

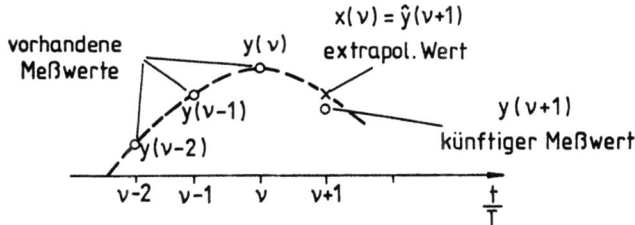

Bild 9.25: Extrapolation einer Meßwertfolge

Meßwerte $y(\nu), y(\nu-1), y(\nu-2)$ als Stützpunkte einer achsenparallelen Parabel

$$y(t) = y_S + a(t - t_S)^2 = y_S + at_S^2 - 2at_St + at^2 \qquad (9.48)$$

mit drei jeweils zu bestimmenden Parametern für die Scheitelkoordinaten (t_S, y_S) und Krümmung (a) herangezogen. Demnach muß gelten

$$y(\nu) = y_S + a(\nu T - t_S)^2 , \qquad (9.49)$$
$$y(\nu - 1) = y_S + a(\nu T - T - t_S)^2 , \qquad (9.50)$$
$$y(\nu - 2) = y_S + a(\nu T - 2T - t_S)^2 . \qquad (9.51)$$

Aus diesen Gleichungen werden die Parameter bestimmt, um damit einen extrapolierten Schätzwert $\hat{y}(\nu+1)$ zu berechnen,

$$\hat{y}(\nu+1) = y_S + a(\nu T + T - t_S)^2 \ . \tag{9.52}$$

Die Elimination der Parameter aus Gln. (9.49-9.51) liefert ein äußerst einfaches Ergebnis

$$x(\nu) \equiv \hat{y}(\nu+1) = 3y(\nu) - 3y(\nu-1) + y(\nu-2) \ , \tag{9.53}$$

d.h. die Berechnung der in jedem Zeitpunkt neuen Parameter ist unnötig. Das prädiktive Filter hat die Form eines einfachen Transversalfilters ohne innere Rückkopplung (Bild 9.26a).

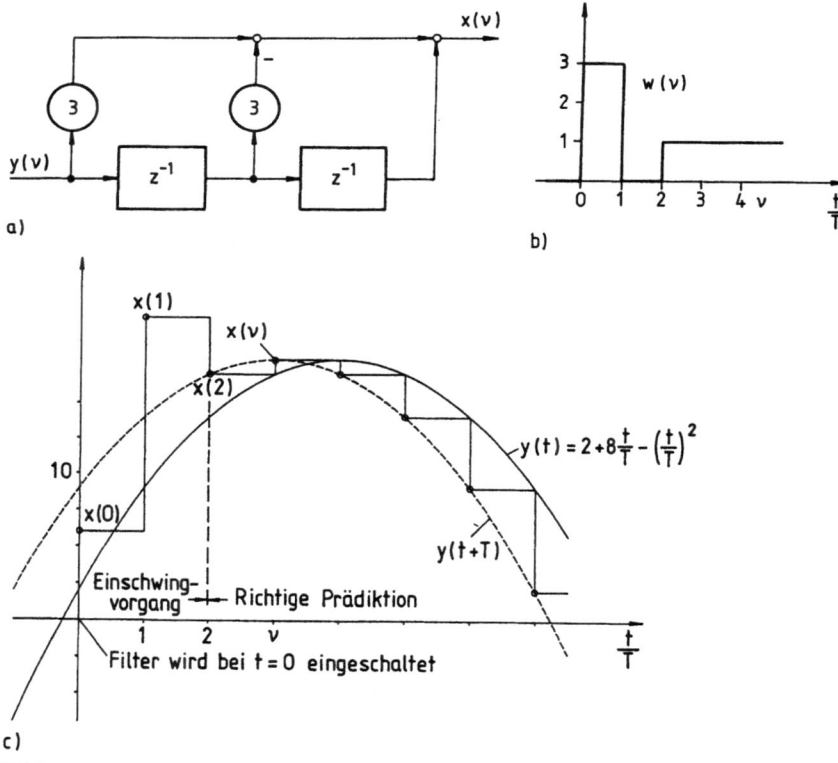

Bild 9.26: Parabolisch extrapolierendes Prädiktionsfilter
    a) Rechenschema b) Sprungantwort c) Antwort auf eine parabolische Anregung

Der Vorhersagewert $x(\nu)$ stimmt mit dem tatsächlichen späteren Meßwert $y(\nu+1)$ immer dann überein, wenn dieser auf einer Geraden oder achsenparallelen Parabel durch die drei vorhergehenden Stützpunkte liegt, Bild 9.26c. Andernfalls ergibt sich ein Prädiktionsfehler, der durch geeignete Wahl des Prädiktionsintervalls T oder eines anderen Extrapolationspolynoms auf das wünschenswerte Maß reduziert werden muß. Wenn den Meßwerten zufällige Störsignale überlagert sind, kann eine zusätzliche dynamische Glättung der Signale das Ergebnis verbessern. Dabei ist jedoch wieder zu beachten, daß Extrapolation und Glättung, ebenso wie Differentiation und Verzögerung im Kontinuierlichen, gegensinnige Operationen sind; zusammenfallende Pole und Nullstellen einer Übertragungsfunktion können ja durch Kürzung entfernt werden.

Wie die in Bild 9.26b dargestellte Sprungantwort zeigt, eignet sich der prädiktive Algorithmus nicht für unstetige Eingangssignale.

Das in Gl. (9.53) gefundene Ergebnis läßt sich am einfachsten so interpretieren, daß die dritte Differenz einer parabolischen Folge verschwinden muß,

$$\Delta^3 y(\nu+1) = \hat{y}(\nu+1) - 3y(\nu) + 3y(\nu-1) - y(\nu-2) \stackrel{!}{=} 0 ; \quad (9.54)$$

mit $x(\nu) = \hat{y}(\nu+1)$ folgt damit gerade das gefundene Ergebnis, das leicht für andere Polynomgrade erweitert werden kann.

9.4 Angepaßtes Filter zur Laufzeitmessung

Verschiedene Ortungsverfahren (Radar, Sonar) beruhen darauf, die Laufzeit eines als Schwingung oder Impulsfolge ausgesendeten und vom Zielobjekt reflektierten Signal zu messen und daraus, bei bekannter Ausbreitungsgeschwindigkeit, die Entfernung zum reflektierenden Objekt zu bestimmen. Da das empfangene Nutzsignal nach Reflexion und zweimaliger Übertragung durch Wellenausbreitung nur noch einen winzigen Bruchteil der Sendeleistung aufweist, sind starke Störungen unvermeidlich, so daß besonders wirksame Filtermaßnahmen notwendig sind. Als günstiger Umstand ist zu werten, daß der Verlauf des erwarteten Nutzsignals bekannt ist, da Sender und Empfänger sich häufig am selben Ort befinden, möglicherweise sogar die gleiche Antenne benutzen. Als Beispiel für die vielseitigen Anwendungsmöglichkeiten linearer diskreter Filter soll im folgenden ein Verfahren beschrieben werden, das es erlaubt, spezielle Nutzsignale auch bei sehr starken Störpegeln, wie sie z.B. bei Übertragungen im Weltraum vorkommen, noch sicher zu entdecken. Das Prinzip ist als angepaßtes (engl.: matched) Filter bekannt [6,22,57,64].

Bei der in Bild 9.27 skizzierten Anordnung wird ein als Signalgenerator dienendes diskretes Transversalfilter, dessen Impulsantwort die Dauer nT hat, durch Trägerimpulse y_{0H} im Abstand nT angeregt, so daß ein zeitdiskretes Sendesignal y_{1H} entsteht, das eine periodische Wiederholung der Impulsantwort des Signalgenerators darstellt; ein solcher Signalverlauf ist in Bild 9.28 angedeutet.

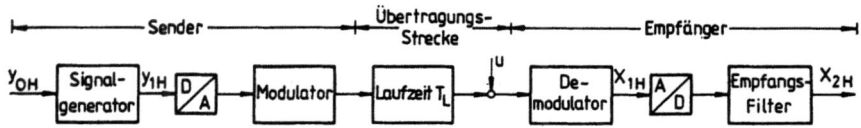

Bild 9.27: Laufzeitmessung mit angepaßtem Filter

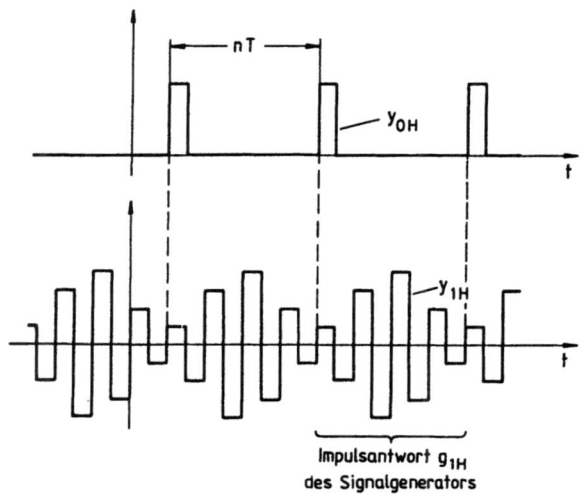

Bild 9.28: Verlauf des periodischen Sendesignals für $n = 8$

Mit Hilfe eines D/A-Wandlers und nachfolgenden Modulators wird das digitale Sendesignal y_{1H} in eine für die Aussendung als Wellenzug geeignete Form gebracht; es kann sich z.B. um eine Frequenzmodulation des Trägersignals im GHz-Bereich handeln, die als linear anzunehmen ist und hier nicht weiter betrachtet wird. Entsprechendes gilt für die Demodulation auf der Empfangsseite, wobei natürlich auch herkömmliche analoge Filterverfahren zur bestmöglichen Unterdrückung der bei der Übertragung hinzugetretenen Störsignale u verwendet werden.

Da die Information in der zeitlichen Verschiebung des Nutzsignals x_{1H} gegenüber y_{1H} besteht, wird das Empfangssignal nach der Demodulation und analogen Filterung abgetastet und in einem diskreten Empfangsfilter aufbereitet. Je nach Wahl des Verhältnisses Periodendauer nT/Laufzeit T_L kann die zeitliche Verschiebung des Empfangssignals ein Vielfaches der Perioden-

9.4 Angepaßtes Filter zur Laufzeitmessung

dauer nT betragen,

$$T_L = \left(k + \frac{a}{n}\right)nT\,; \quad k,\, 0 \le a \le n-1 \text{ ganz}\,, \tag{9.55}$$

so daß eine Grob- und Feinmessung möglich ist. Zur Bestimmung des ganzzahligen Anteils knT läßt sich das erstmalige Echo nach dem Einschalten des Sendesignals verwenden; dagegen ist der bruchteilige Anteil aT in jeder Sendeperiode als Phasenverschiebung meßbar. Außerdem kann man aus einer beobachteten Folge, z.B. $a = n-2, n-1, 0, 1, 2, \ldots$ auch inkrementell auf einen Übergang der Grundperiode schließen, sofern die Laufzeit T_L, d.h. die Entfernung zum Zielobjekt sich langsam genug verändert. Eine neue Meßreihe wäre in größeren Zeitabständen trotzdem wünschenswert, um evtl. Fehlmessungen von k korrigieren zu können.

Die örtliche Auflösung des Meßverfahrens ist naturgemäß durch die Ausbreitungsgeschwindigkeit und die Wahl der Abtastperiode T gegeben; bei Verwendung elektromagnetischer Wellen im Vakuum als Übertragungsmedium entspricht $T = 1\,\mu s$ einer örtlichen Auflösung $\Delta l = 150$ m.

Für eine einfache Beschreibung der Filterwirkung genügt es, sich auf die diskreten Signalverläufe zu beschränken. Mit einer unmodulierten Impulsreihe als Taktsignal

$$Y_{0H}(z) = F_H T \sum_{i=0}^{\infty} z^{-in} \tag{9.56}$$

und der Stufenübertragungsfunktion des Signalgenerators

$$H_1(z) = \sum_{\mu_1=0}^{n-1} g_1(\mu_1) z^{-\mu_1} \tag{9.57}$$

entsteht das diskrete Sendesignal

$$Y_{1H}(z) = H_1(z) Y_{0H}(z)\,. \tag{9.58}$$

Die Nutzkomponente des Empfangssignals ist um die Laufzeit verschoben; mit Gl. (9.55) gilt für $u = 0$

$$X_{1H}(z) = Y_{1H}(z) z^{-(kn+a)}\,. \tag{9.59}$$

Wird dieses Signal durch ein Empfangsfilter verarbeitet, das ebenfalls Transversalstruktur hat und die gleiche Einschwingdauer aufweist,

$$H_2(z) = \sum_{\mu_2=0}^{n-1} g_2(\mu_2) z^{-\mu_2}\,, \tag{9.60}$$

so ist auch die Nutzkomponente des Ausgangssignals X_{2H} periodisch mit nT,

$$\begin{aligned} X_{2H}(z) &= H_2(z)X_{1H}(z) = H_1(z)H_2(z)z^{-(kn+a)}Y_{0H}(z) \\ &= \left[\sum_{\mu_1=0}^{n-1} g_1(\mu_1)z^{-\mu_1}\right] \left[\sum_{\mu_2=0}^{n-1} g_2(\mu_2)z^{-\mu_2}\right] z^{-(kn+a)}Y_{0H}(z) \ . \end{aligned} \quad (9.61)$$

In Bild 9.29 ist das Meßprinzip vereinfacht angedeutet.

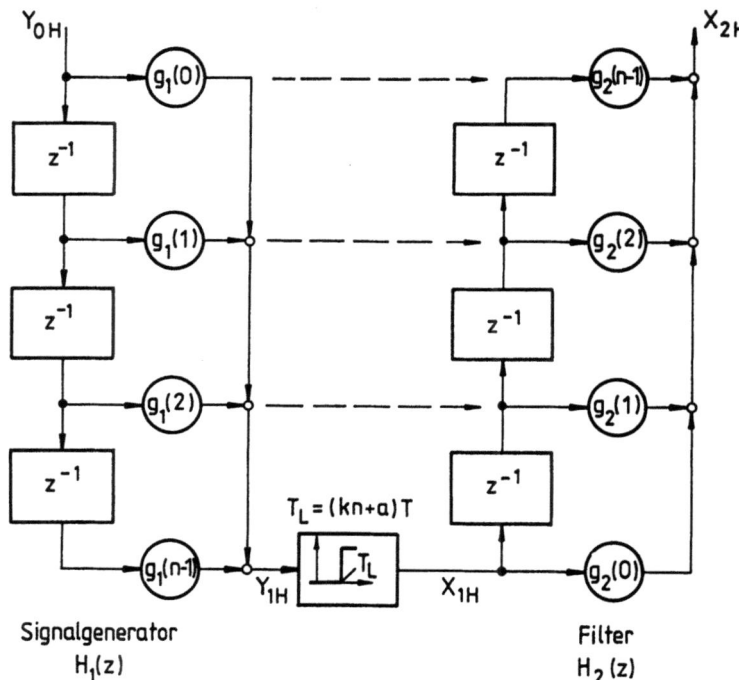

Bild 9.29: Signalerzeugung und Auswertung mit Transversalfilter, $n = 4$

Wegen der Periodizität des Ausgangs-Nutzsignals gilt auch

$$X_{2H}(z) = \left(\sum_{\mu=0}^{n-1} x_2(\mu)z^{-\mu}\right) Y_{0H}(z) \ . \quad (9.62)$$

Die Auswertung der Phasenverschiebung zwischen Y_{0H} und X_{2H} wird durch die Periodizität der Signale (bei konstanter Laufzeit) wesentlich vereinfacht, da bei gestörtem Empfang Mehrfachmessungen möglich sind.

9.4 Angepaßtes Filter zur Laufzeitmessung

Durch Koeffizientenvergleich von Gl. (9.61 und 9.62) unter Berücksichtigung der Periodizität gilt mit $\mu = \mu_1 + \mu_2 + a \bmod n$

$$x_2(\mu) = \sum_{\mu_2=0}^{n-1} g_2(\mu_2)\, g_1(\mu - \mu_2 - a)\,, \quad \mu = 0,1,\ldots n-1\,. \tag{9.63}$$

Die Nutzkomponente des Ausgangssignals läßt sich somit als eine endliche Faltungssumme schreiben.

Maximale Empfangsleistung setzt voraus, daß der Sender stets mit maximaler Leistung arbeitet; das eigentliche Sendesignal kann dann z.B. durch Frequenz- oder Phasenumtastung einer Hochfrequenzschwingung konstanter Amplitude verwirklicht werden. Im einfachsten Fall handelt es sich bei y_{1H} um ein getaktetes Binärsignal, bei dem nur zwei Zustände vorkommen,

$$g_1(\mu_1) = \pm 1\,. \tag{9.64}$$

Andererseits liegen optimale Empfangsbedingungen vor, d.h. bestmögliche Störunterdrückung ist möglich, wenn auch das Empfangsfilter eine Impulsantwort mit konstantem maximalen Betrag hat. Bei entsprechender Normierung ist also auch hier eine binäre Funktion anzustreben,

$$g_2(\mu_2) = \pm 1\,. \tag{9.65}$$

Mit dieser Festlegung setzt sich auch die Faltungssumme für $x_2(\mu)$ aus binären Summanden zusammen; der maximale mögliche Wert der Ausgangsgröße wird somit erreicht, wenn die zusammentreffenden Binärfaktoren g_1, g_2 paarweise gleiches Vorzeichen haben. Dies ist offenbar der Fall, wenn die Impulsantwort des Filters spiegelbildlich zu der des Signalgenerators verläuft,

$$g_2(\mu_2) = g_1(n - 1 - \mu_2)\,. \tag{9.66}$$

Einsetzen in Gl. (9.63) ergibt dann

$$x_2(\mu) = \sum_{\mu_2=0}^{n-1} g_1(n - 1 - \mu_2)\, g_1(\mu - \mu_2 - a)\,, \tag{9.67}$$

oder mit Index-Substitution $n - 1 - \mu_2 = \lambda$,

$$x_2(\mu) = \sum_{\lambda=0}^{n-1} g_1(\lambda)\, g_1(\lambda + \mu - a + 1)\,. \tag{9.68}$$

Der maximale Ausgangswert tritt also bei $\mu - a + 1 = 0$ auf,

$$x_2(a-1) = n\,, \tag{9.69}$$

während sich für $\mu \neq a-1$ die Summanden teilweise aufheben. Dieser Maximalwert kann dann zur Bestimmung der zeitlichen Verschiebung, d.h. des bruchzahligen Laufzeitanteils aT, genutzt werden.

Die Wirkungsweise dieses signal-angepaßten Filters läßt sich anhand von Bild 9.29 auf anschauliche Weise deuten: Wegen der gespiegelten binären Koeffizienten g_1, g_2 sind zum Zeitpunkt $\mu = a-1$ die Vorzeichen der aus der Laufzeitkette des Filters abgegriffenen Signale g_1 mit denen der zugehörigen Filterkoeffizienten g_2 identisch, so daß sämtliche Summanden am Ausgang des Empfangsfilters den Betrag $+1$ liefern. In Bild 9.29 ist dies gestrichelt angedeutet.

Um die bei $\mu = a - 1$ vorliegende Übereinstimmung möglichst deutlich hervortreten zu lassen, sind die Binärfolgen $g_1(\mu_1)$ und damit $g_2(\mu_2)$ so zu wählen, daß die Werte von x_2 für $\mu \neq a-1$ möglichst klein werden. Hinweise für eine zweckmäßige Wahl von $g_1(\mu_1)$ ergeben sich, wenn man Gl. (9.68) als Korrelationssumme deutet, die einen möglichst impulsförmigen Verlauf haben sollte, um bei $\mu = a-1$ ein isoliertes Maximum zu liefern.

Da das Empfangsfilter die gespiegelte Impulsantwort des Signalgnerators aufweist, eignet es sich natürlich nur für die Entdeckung dieser einen Signalfolge. Wenn, wie im vorliegenden Fall, die Impulsantworten binäre Funktionen sind, spricht man von einem binären angepaßten Filter. Seine Wirkungsweise läßt sich anschaulich mit der einer Schlüssel-Schloß-Kombination vergleichen. Das Schloß läßt sich eben nur öffnen, wenn der Schlüssel zum Schloß „paßt" und beim Drehen alle Verriegelungen betätigt. Ähnliche Prinzipien finden sich in der Natur, etwa bei im Organismus gespeicherten Mustern zur Unterscheidung eigener und fremder Zellen, zur Erinnerung an bekannte Bilder, Geschmacksrichtungen oder Geruchsnoten. In der Antike verwendete man zur Identifizierung eines Boten eine Hälfte eines abgebrochenen Stäbchens, dessen Bruchstelle zu der beim Empfänger befindliche Hälfte passen mußte; auch dies läßt sich als Anwendung dieses Prinzips deuten. Die Zahl n der binären Elemente kann dabei sehr große Werte annehmen; ähnliches ist natürlich mit technischen angepaßten Filtern möglich, wenn sie mit mikroelektronischen Komponenten verwirklicht werden.

Bild 9.30a zeigt als Beispiel den Signalverlauf bei Annahme einer pseudostatistischen Binärfolge (engl.: pseudo-random binary sequence, PRBS) mit der Periode $n = 127$ als Filter-Impulsantwort [14,18,24,35]. Die Ausgangsgröße des angepaßten Binärfilters entspricht im ungestörten Fall der impulsförmigen Autokorrelationsfunktion dieses Signals (Bild 9.30b). Damit ist eine eindeutige Identifizierung des Laufzeitanteils aT möglich; aber selbst in dem extremen Fall, daß bei der Digitalisierung des Empfangssignals $F = 40$ Binärwerte falsch erfaßt wurden, ist bei einer PRBS-Folge noch eine Erkennung möglich (Bild 9.30c). Dies deutet darauf hin, daß PRBS-Folgen einen äußerst charakteristischen Verlauf haben, der nicht ohne weiteres durch

9.4 Angepaßtes Filter zur Laufzeitmessung

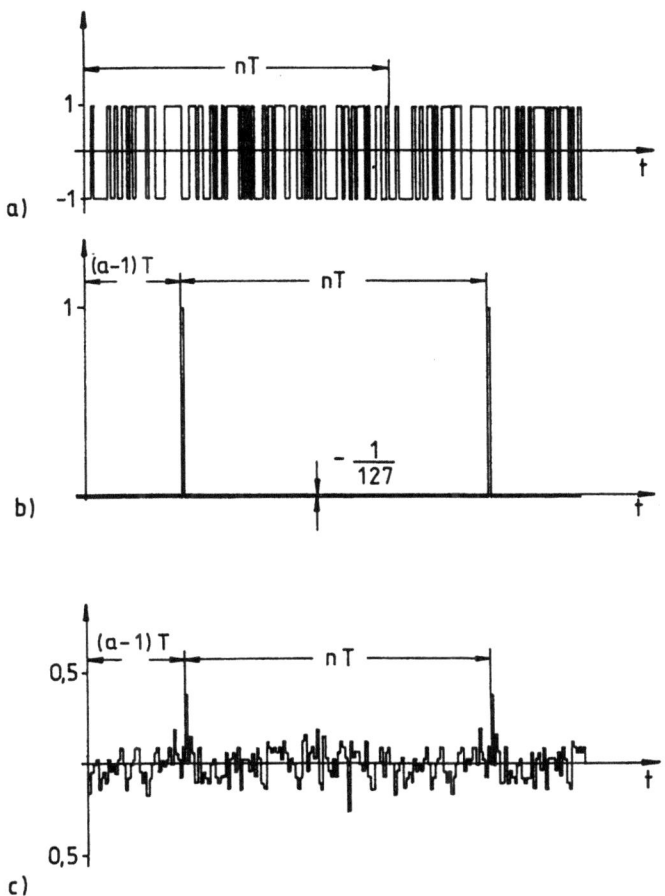

Bild 9.30: Wirkungsweise eines angepaßten Binärfilters
a) Signalverlauf y_1 entsprechend einer pseudostatistischen Binärfolge mit $n = 127$
b) Ausgangssignal x_2 des Filters im ungestörten Fall
c) Ausgangsgröße x_2 des Filters bei $F = 40$ binären Fehlstellen im Signal x_1

zufällige Störungen dupliziert werden kann. Bei nichtperiodischen Störungen ist natürlich auch das Ausgangssignal nicht mehr periodisch, so daß der Korrelations-Impuls bei $\mu = a - 1$ nur zeitweilig sichtbar sein kann. Das auf einem Vergleich des Sende- mit dem Empfangssignal beruhende Korrelationsverfahren stellt ein besonders leistungsfähiges Filterprinzip dar, das auch dann noch zu brauchbaren Ergebnissen führt, wenn andere Verfahren wegen des starken Störpegels versagen. Die Selektivität des Filters, d.h. die zulässige Anzahl von Störungen, nimmt mit der Periodenlänge n zu; gleichzeitig erhöht sich allerdings die Meßzeit, so daß die übertragbare Nutzinformation zurückgeht.

Das beschriebene Verfahren läßt sich in abgewandelter Form auch zur Übertragung anderer als Laufzeitinformation verwenden. Z.B. könnte aus einer Weltraumsonde ein Binärsignal zur Erde übertragen werden, dessen Elemente durch PRBS-Folgen mit zwei unterschiedlichen Längen n_1 und n_2 abgebildet sind; je nachdem, welches der angepaßten Empfangsfilter in einem bestimmten Zeitrahmen anspricht, ist das übertragene Signalbit Null oder Eins; der für eine so gesicherte Übertragung notwendige Zeitbedarf ist freilich sehr groß.

9.5 Auswirkungen von Rundungsfehlern infolge begrenzter Amplitudenauflösung der Wandler und des Rechners

Bisher wurde angenommen, daß alle Umwandlungen und Rechenoperationen fehlerfrei erfolgen, d.h. daß keine Abbildungsfehler in den Wandlern und Rundungsfehler bei den Multiplikationen und Additionen auftreten. Mit einer digitalen Zahlendarstellung ist dies wegen des begrenzten Zahlenbereichs natürlich nur angenähert richtig. So hat ein in den gebräuchlichen Dual-Code verschlüsselnder A/D-Wandler mit einer Wortlänge von b bit eine Auflösung von 2^b verschiedenen Zahlenwerten. Z.B. ergibt sich mit b = 12 bit ein Zahlenbereich von 0 bis 4095; alle unterhalb dieser Schwelle liegenden Änderungen der analogen Eingangsvariablen werden entweder ignoriert oder mit einem vollen Inkrement, d.h. fehlerhaft, abgebildet. Falls das Eingangssignal beide Vorzeichen annehmen kann, muß die stufenförmige Wandlerkennlinie durch Verschiebung symmetriert werden, wie dies in Bild 9.31 am Beispiel eines Wandlers mit 4 bit angedeutet ist; außerdem ist eine Begrenzung bei Übersteuerung erforderlich.

Zu dieser Nichtlinearität am Eingang des diskreten Filters kommen Rundungsfehler, da jeder Koeffizient und jede interne Variable ebenfalls nur mit einer begrenzten Auflösung dargestellt werden kann. Bei einer Addition bzw. Subtraktion kann sich der Zahlenbereich und bei einer Multiplikation die Wortlänge verdoppeln, so daß auch hierbei Rundungsfehler unvermeidlich

9.5 Auswirkungen von Rundungsfehlern

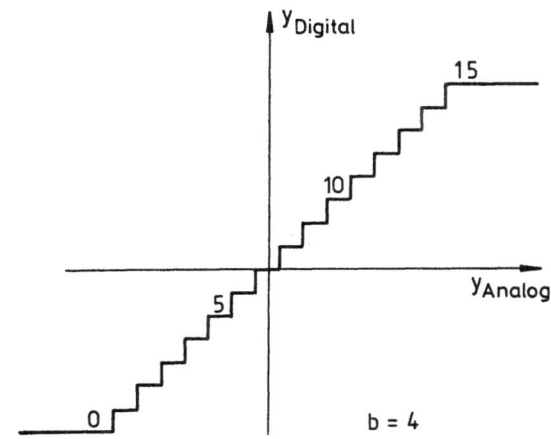

Bild 9.31: Kennlinie eines A/D-Wandlers mit b = 4 bit

sind. Die Wortlänge der Zahlendarstellung im Rechner ist wegen der komplizierten Verarbeitung größer zu wählen als beim A/D-Wandler; 16 oder 32 bit sind bei Mikrorechnern, die im Festkomma-Format arbeiten, meistens ausreichend. Durch programmtechnische Abfragen und Begrenzungen muß jedoch die Möglichkeit eines numerischen Überlaufes bei Rechenoperationen ausgeschlossen werden, um katastrophale Rechenfehler zu vermeiden. Die meisten dieser Probleme wären mit einer rechnerinternen Zahlendarstellung im Gleitkomma-Format einfach lösbar, doch würde dies einen beträchtlichen Verlust an Rechengeschwindigkeit bedeuten, da eine Gleitkomma-Arithmetik bei heutigen Standard-Mikrorechnern nicht schaltungstechnisch (durch „Hardware"), sondern durch umständliche Programme („Software") verwirklicht wird. Dank der schnellen Entwicklung der Mikroelektronik wird sich dieses Problem aber in absehbarer Zeit erledigen.

In Bild 9.32 ist das Blockschema eines diskreten Filters 2. Ordnung gezeichnet, in dem die Auswirkungen der begrenzten Wandler-Auflösung und der digitalen Rundungsfehler durch nichtlineare Funktionsblöcke angedeutet sind. Da bei jeder numerischen Operation Rundungsfehler entstehen können, sind die Auswirkungen äußerst verwickelt; eine allgemeine Analyse ist nicht möglich.

Als Beispiel der Auswirkungen einer begrenzten Zahlendarstellung sind in Bild 9.33 die bei einem quadratischen Polynom

$$z^2 + c_1 z + c_0 = (z - z_1)(z - z_2)$$

endlich vielen möglichen Lagen der Nullstellen z_1, z_2 im Einheitskreis gezeigt, wenn die Koeffizienten c_0, c_1 mit einer Wortlänge von 6 bit dargestellt werden.

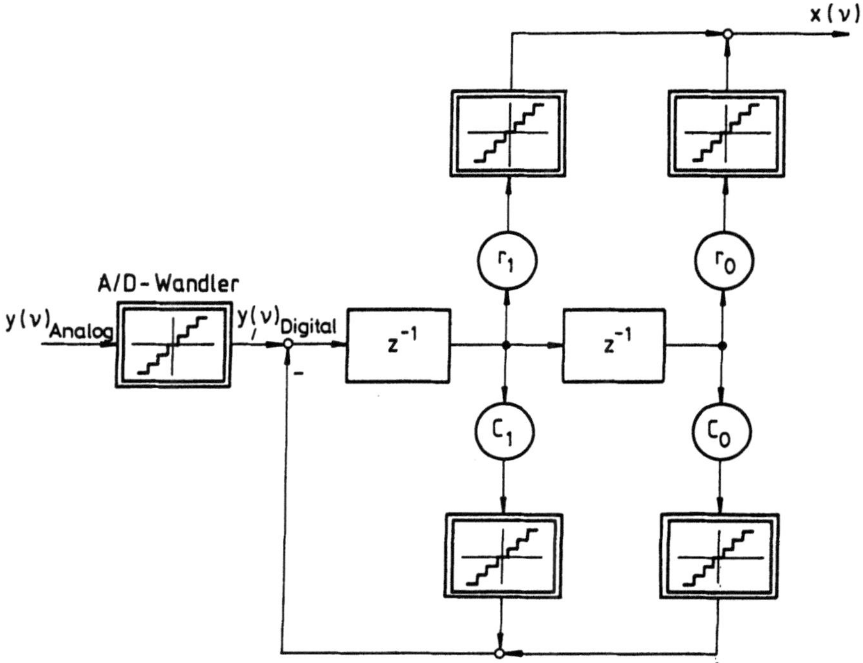

Bild 9.32: Diskretes Filter mit wandlungs- und rundungsbedingten Nichtlinearitäten

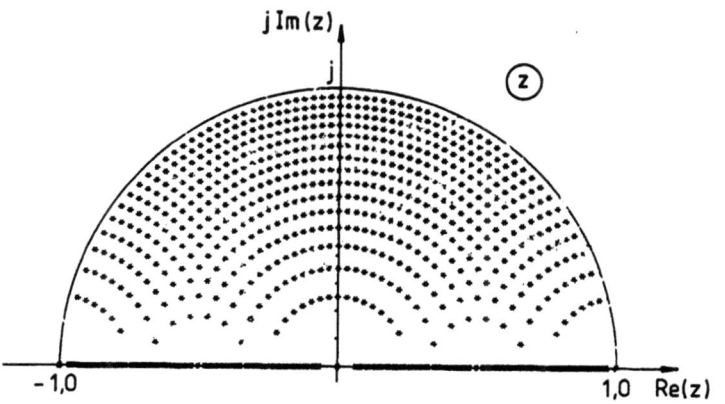

Bild 9.33: Mögliche Lage der Nullstellen eines quadratischen Polynoms bei einer Zahlendarstellung der Koeffizienten c_0, c_1 mit 6 bit

9.5 Auswirkungen von Rundungsfehlern

Bei kleinen Abtastperioden sind die Rundungsfehler besonders ausgeprägt, da dann die Eigenwerte hauptsächlich in der Nähe des Einheitskreises liegen, was die Empfindlichkeit des Algorithmus auf numerische Fehler erhöht. Dieser Effekt läßt sich auch so ausdrücken, daß die digitalisierten Abtastwerte einer stetigen Eingangsgröße sich bei kleinen Werten von T oft nur in den letzten Stellen unterscheiden.

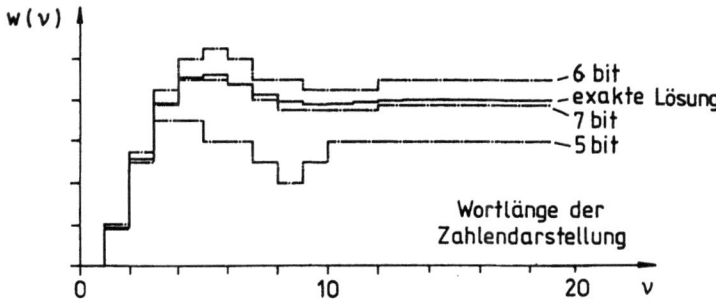

Bild 9.34: Auswirkungen einer zu kleinen Wortlänge im Rechner auf die Einschwingvorgänge eines diskreten Filters 2. Ordnung

In Bild 9.34 sind die Auswirkungen der Wortlänge für die Zahlendarstellung auf die Einschwingvorgänge eines diskreten Filters 2. Ordnung gezeigt. Die entstehenden nichtlinearen Fehler sind nachträglich nicht korrigierbar, vielmehr müssen sie durch Wahl eines geeigneten Rechners mit ausreichender Wortlänge bereits im Ansatz vermieden werden. Wegen der bei kleinen Signalamplituden prinzipbedingt zunehmenden Verzerrungen ist bei digitalen Filtern auf eine gute Ausnutzung des verfügbaren Zahlenbereichs zu achten.

10 Quasistetige lineare Abtastregelung mit digitalem Regler

Die in Abschnitt 9 gefundenen Ergebnisse können nun dazu dienen, eine lineare Regelung unter Verwendung eines zeitdiskret arbeitenden digitalen Reglers zu entwerfen. Die Vorzüge einer digitalen Regelung wurden großenteils schon genannt:

- Flexibilität der programmiertechnischen Lösung („Software statt Hardware"),

- Wegfall von Langzeit-Drifteffekten, dadurch höhere Genauigkeit,

- einfache Verwirklichung beliebiger, auch nichtlinearer Funktionen, z.B. Koordinaten-Transformation, Entkopplung, Vorsteuerung und variable Begrenzung,

- Berechnung von nicht meßbaren Systemgrößen (Beobachter),

- wählbarer Zeitmaßstab einer digitalen Regelung,

- Programmierung selbsteinstellender und selbstüberwachender Regelverfahren,

- Möglichkeit, die Streckeneigenschaften zu identifizieren und den Regler während des Betriebes nachzuführen (adaptive Regelung),

- Potential für Kostenreduktion, da ein digitales Echtzeit-Rechengerät für die verschiedensten Aufgaben verwendet werden kann.

10.1 Blockschaltbild und Übertragungsfunktion

Mit einem digitalen Filter als Regler entsteht das Blockschaltbild 10.1 einer digitalen Regelung, wo die mit einem analogen Abtastfilter F_A zur Vermeidung von Spektralfaltungen (Einhaltung des Abtast-Theorems) geglättete Regelabweichung abgetastet, zwischengespeichert und vom Regler in eine stufenförmige Stellgröße y^{**} umgesetzt wird. Alternativ hierzu kann die Führungsgröße auch digital im Rechner erzeugt werden; dieser Fall kommt z.B. bei mehrschleifigen Regelungen vor, etwa bei Werkzeugmaschinen, wo jede Bewegungsachse durch einen eigenen Lageregelungskreis mit Geschwindigkeits-

10.1 Blockschaltbild und Übertragungsfunktion

und Beschleunigungsvorsteuerung geführt wird, um insgesamt die gewünschte räumliche Bahnkurve des Werkzeugs zu erhalten. Die Regelstrecke selbst arbeitet meistens kontinuierlich, Stell- und Regelgrößen sind analoge Signale. Eine weitere Variante ergibt sich, wenn auch der Sensor digitale Signale erzeugt, so daß die Regelgröße und die Regelabweichung bereits in digitaler Form vorliegen. Beispiele sind absolut messende Lage- oder Winkelgeber oder inkrementelle Geber, wo der digitale Meßwert durch einen Zählvorgang gewonnen wird; dies bedeutet dann gleichzeitig eine Mittelwertbildung über ein Abtastintervall [19,41,51,73]..

Die bei einer Regelung verteilt angreifenden Störeinflüsse sind in Bild 10.1 zu einer konzentrierten kontinuierlichen Störgröße u zusammengefaßt, die bei der Auslegung des Regelkreises berücksichtigt werden soll. Da die Regelabweichung in digitaler Form verarbeitet wird, sind unbekannte Abbildungsfehler im Meßgeber und A/D-Wandler nicht korrigierbar; dagegen wirken Fehler im D/A-Wandler wie normale Störgrößen und werden ausgeregelt.

Das Regelsystem wird im Bildbereich durch folgende Gleichungen beschrieben

$$X_2^* = (F_A F_H F_S)^* Y^* + (F_A F_{S1} U)^*, \tag{10.1}$$
$$Y^* = F_R(z)(F_A X_1)^* - F_R(z) X_2^*. \tag{10.2}$$

Mit den Stufen-Übertragungsfunktionen des diskreten Reglers und der kontinuierlichen Strecke

$$(F_A F_H F_S)^* = H_S(z), \quad F_R(z) = H_R(z) \tag{10.3}$$

gilt damit für den geschlossenen Kreis

$$X_{2H}(z) = \frac{H_R(z) H_S(z)}{1 + H_R(z) H_S(z)} (F_A X_1)^* F_H + \frac{1}{1 + H_R(z) H_S(z)} (F_A F_{S1} U)^* F_H. \tag{10.4}$$

Da das Abtastfilter lediglich die Einhaltung des Abtasttheorems sicherstellen soll, ist es in dem für die Regelung interessierenden Frequenzbereich ohne Bedeutung und kann beim Entwurf des Reglers weggelassen werden, $F_A \approx 1$. Damit vereinfacht sich Gl. 10.4 zu

$$X_{2H}(z) = \frac{H_R(z) H_S(z)}{1 + H_R(z) H_S(z)} X_{1H}(z) + \frac{(F_{S1} U)^* F_H}{1 + H_R(z) H_S(z)}. \tag{10.5}$$

Der Ausdruck $(F_{S1} U)^* F_H$ entspricht dem stufenförmigen Signalverlauf am Ausgang der Regelstrecke, der bei geöffnetem Regelkreis, $H_R = 0$, als Folge der Störgröße U entsteht.

Ziel der Regelung ist, wie immer, ein befriedigender Soll-Ist-Abgleich mit Stör-Unterdrückung, $X_{2H} \approx X_{1H}$, in einem möglichst weiten Frequenzbereich. Diese Forderung schließt Stabilität des geschlossenen Kreises und ausreichende Dämpfung ein.

10 Quasistetige lineare Abtastregelung mit digitalem Rechner

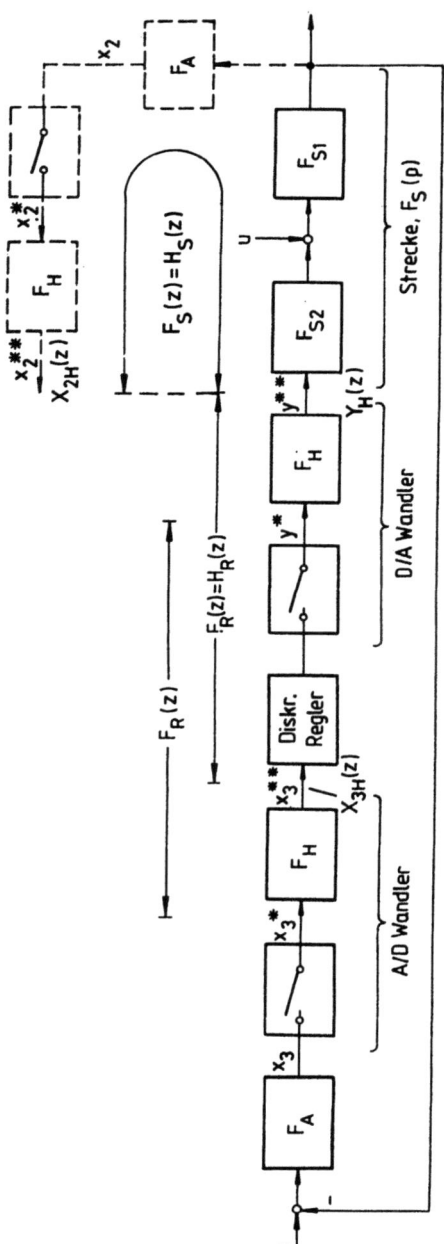

Bild 10.1: Lineare Abtastregelung mit Digitalregler

10.2 Entwurf eines quasistetigen Abtastreglers im Frequenzbereich

Bei der digitalen Verwirklichung eines linearen Abtastreglers nach Bild 10.1 ist die Differenzengleichung

$$\sum_{\mu=0}^{n} c_\mu y(\nu - n + \mu) = \sum_{\mu=k}^{m \leq n} r_\mu x_3(\nu - n + \mu), \quad c_n = 1, \qquad (10.6)$$

in Echtzeit rekursiv zu lösen.

Die dimensionslosen Koeffizienten c_μ, r_μ treten an die Stelle der bei einer kontinuierlichen Regelung vorhandenen Reglerparameter; sie sind so zu wählen, daß der Regelkreis stabil ist und ein brauchbares Stör- und Führungsverhalten aufweist. Außerdem können Zusatzbedingungen, etwa hinsichtlich der Amplitude und des zeitlichen Verlaufs der Stellgröße, oder die Unterdrückung bestimmter Störfrequenzen vorgeschrieben sein.

In den folgenden Abschnitten werden verschiedene Methoden des Reglerentwurfs untersucht, jedoch soll zunächst geprüft werden, inwieweit die bei kontinuierlichen Regelungen bewährten Frequenzbereichsverfahren sich auf lineare Abtastsysteme übertragen lassen. Dies setzt natürlich eine, relativ zur Streckendynamik, kleine Abtastperiode T voraus, so daß der stufenförmige Verlauf der Stellgröße $y^{**}(t)$ angenähert als glatte Kurve betrachtet werden kann. Bei Verwendung eines Mikrorechners als dezentralem Regler ist eine solche Betriebsweise durchaus realistisch, während sie früher mit einem zentralen Prozeßrechner aus Aufwandsgründen ausschied.

Für die Auslegung des Reglers besteht die Wahl, entweder das Übertragungsverhalten der Regelstrecke zu diskretisieren und in den z-Bereich zu übertragen oder die diskrete Reglerfunktion zu verstetigen. Beide Verfahren müssen im Prinzip natürlich zum gleichen Ergebnis führen.

Die kontinuierliche Regelstrecke sei stabil und laufzeitfrei; sie werde durch eine rationale Übertragungsfunktion mit Einzelpolen beschrieben,

$$F_S(p) = \frac{Z_S(p)}{N_S(p)} = \frac{\sum_0^{m \leq n} b_\mu p^\mu}{\sum_0^n a_\mu p^n} = \sum_{\lambda=1}^{n} \frac{R_\lambda(F_S)}{p - p_\lambda}; \qquad (10.7)$$

dabei sei $p_\lambda \neq p_{\lambda+1} \neq 0$, d.h. es liege ein laufzeitfreies Proportionalverhalten mit Tiefpaßeigenschaften vor. Diese Einschränkungen dienen hier nur zur Vereinfachung der Rechnung, sie sind gemäß Ableitung in Abschnitt 4 und 5 nicht notwendig.

Mit diesen Annahmen gilt nach Gl. 5.37 für die Stufen-Übertragungsfunktion eine Partialbruchreihe

$$H_S(z) = (F_H F_S(p))^* = \frac{z-1}{z}\left[\frac{F_S(p)}{Tp}\right]^* = \sum_{\lambda=1}^{n} \frac{B_\lambda}{z - z_\lambda}, \qquad (10.8)$$

d.h. $H_S(z)$ ist ebenfalls eine rationale Funktion mit Einzelpolen. Die Konstanten sind gemäß Gl. (5.31),

$$B_\lambda = \frac{1-z_\lambda}{-p_\lambda} R_\lambda(F_S), \quad z_\lambda = e^{Tp_\lambda}, \tag{10.9}$$

aus den Residuen und Polen von $F_S(p)$ zu berechnen. Für kleine Werte der Abtastperiode, $|Tp_\lambda| \ll 1$, können die z-Pole durch eine Reihenentwicklung angenähert werden,

$$z_\lambda = e^{Tp_\lambda} \approx 1 + Tp_\lambda + \frac{1}{2}(Tp_\lambda)^2 \ldots, \tag{10.10}$$

d.h. sie liegen in der Nähe von $z = 1$ innerhalb des Einheitskreises. Damit gilt für die Residuen der Stufen-Übertragungsfunktion näherungsweise

$$B_\lambda \approx \left(1 + \frac{1}{2}Tp_\lambda\right) T R_\lambda(F_S). \tag{10.11}$$

Durch Einsetzen von Gln. (10.10, 10.11) in Gl. (10.8) findet man wieder

$$\lim_{T \to 0} H_S(z) = F_S(p), \tag{10.12}$$

was wegen $\lim_{T \to 0} F_H(p) = 1$ keinen Widerspruch zu Gl. (4.17) darstellt.

Der Vergleich von Gln. (10.7 und 10.8) läßt erkennen, daß die beiden rationalen Funktionen auch formal große Ähnlichkeit aufweisen. Abgesehen von der Übereinstimmung des Grades n besteht eine direkte Korrespondenz zwischen den Polen p_λ und z_λ, wie schon in Abschnitt 4 gezeigt wurde.

Dagegen gibt es wegen der völlig unterschiedlichen Zahlenwerte von p_λ und z_λ keine direkte Korrespondenz der bei Zusammenfassung der Partialbrüche im Zähler der Übertragungsfunktionen entstehenden Nullstellen [33,47]. Anhand einfacher Überlegungen läßt sich aber zeigen, daß die Stufen-Übertragungsfunktion $H_S(z)$ bei kleiner Abtastperiode, $|Tp_\lambda| \ll 1$, immer dann eine Nullstelle bei $z \approx -1$ aufweist, wenn die Graddifferenz $n - m$ der Übertragungsfunktion $F_S(p)$ gradzahlig ist. Bei ungeraden Werten von $n - m$ ist $H_S(z = -1) \neq 0$, wenngleich auch dann der Betrag der Funktion kleine Werte annehmen kann.

Diese Behauptung läßt sich in folgender Weise begründen: Denkt man sich die Strecke mit der Übertragungsfunktion $F_S(p)$ durch eine Rechteckschwingung $y^{**}(t)$ mit der Periode $2T$ angeregt, so verläuft die Ausgangsgröße $x_2(t)$ wegen der Tiefpaßwirkung ($m < n$) und der relativ hohen Frequenz ($Tp_\lambda \ll 1$) im eingeschwungenen Zustand angenähert sinusförmig; die Phasenverschiebung gegenüber der Grundschwingung der Anregung beträgt $\lim_{\omega \to \infty} \varphi_S = -(n-m)\pi/2$. Sofern $n - m$ geradzahlig ist, trifft deshalb die

10.2 Entwurf eines quasistetigen Abtastreglers im Frequenzbereich

Abtastung am Ausgang mit den Nulldurchgängen, andernfalls mit den Scheitelpunkten der Schwingung $x_2(t)$ zusammen. Da zur Rechteckschwingung mit der Periode $2T$ nach Gl. (9.47) die Bildfunktion

$$Y_H(z) = T\frac{z}{z+1} \tag{10.13}$$

gehört, muß $H_S(z)$ im ersten Fall eine Nullstelle bei $z = -1$ aufweisen. In Bild 10.2 ist der Verlauf von $y(t)$ und $x_2(t)$ bei einer rechteckförmigen Anregung der Strecke skizziert.

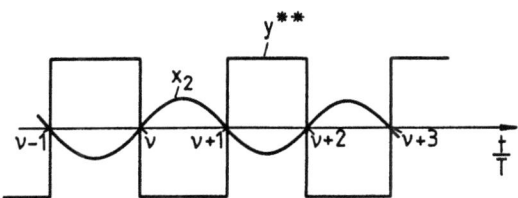

Bild 10.2: Schwingungsanregung mit halber Abtastfrequenz, $n - m$ gerade

Angesichts der insgesamt unübersichtlichen Verhältnisse bei den Nullstellen der Stufen-Übertragungsfunktion erscheint es wenig sinnvoll, zu versuchen, allgemeine Entwurfsverfahren aus dem Frequenzbereich, etwa Bode-Diagramme oder Nyquist-Bedingung mit Phasen- oder Betragsabstand, in den z-Bereich zu übertragen. Viel einfacher ist es, lineare diskrete Regler (Abschnitt 9.3.1) bei kleiner Abtastperiode durch kontinuierliche Reglerfunktionen anzunähern und den Reglerentwurf im p-Bereich auszuführen. Sobald ein geeigneter kontinuierlicher Regler vorliegt, kann die Umsetzung in diskrete Form erfolgen, um die für die Verwirklichung in Echtzeit benötigte Differenzengleichung zu gewinnen.

Nimmt man in Erweiterung des in Abschnitts 9.3 betrachteten idealen PID-Reglers einen realen Regler mit normierter Übertragungsfunktion in Produktform und mit reellen Nullstellen an [20],

$$F_R(p) = V_R \frac{T_v p + 1}{T_v' p + 1}\frac{T_i p + 1}{T_i p}, \quad T_v' < T_v, \tag{10.14}$$

so folgt daraus nach Abspaltung einer Konstanten die für eine Umrechnung in den z-Bereich geeignete Parallelform

$$F_R(p) = k_1 \frac{T_v' p}{T_v' p + 1} + k_2 + k_3 \frac{1}{Tp}. \tag{10.15}$$

Für die Konstanten gilt

$$k_1 = V_R \frac{(T_i - T_v')(T_v - T_v')}{T_i T_v'}, \quad (10.16)$$

$$k_2 = V_R \frac{T_i + T_v - T_v'}{T_i}, \quad (10.17)$$

$$k_3 = V_R \frac{T}{T_i}. \quad (10.18)$$

Dieser Ansatz enthält alle gebräuchlichen Sonderfälle der P, PD, I und PI-Regler; z.B. entsteht für $T_v' = T_v$ ein PI-Regler und für $T_i \to \infty$ ein PD-Regler. Wegen des zusätzlichen Pols bei $p = 0$ infolge von F_H ist die Definition einer Stufen-Übertragungsfunktion auch für $m = n$ zulässig, sofern die Rechenzeit für die anschließende rekursive Lösung der Differenzengleichung klein gegen die Abtastzeit ist; andernfalls ist es zweckmäßig, die Rechenzeit auf eine volle Abtastperiode T zu ergänzen, um eine synchrone Abtastung am Eingang und Ausgang des Reglers zu erhalten.

Durch Anwendung von Gln. (5.39, 4.23) entsteht aus Gl. (10.15) die Stufen-Übertragungsfunktion des Reglers. Mit

$$e^{-T/T_v'} = z_v'$$

gilt

$$H_R(z) = \frac{z-1}{z} \left[\frac{F_R}{Tp}\right](z) = k_1 \frac{z-1}{z - z_v'} + k_2 + k_3 \frac{1}{z-1}. \quad (10.19)$$

Das zugehörige Rechenschema ist in Bild 10.3 gezeichnet. Die in Echtzeit rekursiv zu lösenden Differenzengleichungen lauten somit

$$y(\nu) = k_1 [y_2(\nu) - y_2(\nu - 1)] + k_2 x_3(\nu) + k_3 y_3(\nu - 1), \quad (10.20)$$

wobei die Größen

$$y_2(\nu) = x_3(\nu) + z_v' y_2(\nu - 1), \quad (10.21)$$

$$y_3(\nu) = x_3(\nu) + y_3(\nu - 1) \quad (10.22)$$

als Hilfsvariable zu berechnen sind.

Es ist ohne weiteres möglich, diese Parallelform zu einem allgemeinen diskreten Filter 2. Ordnung, ähnlich Bild 9.13b, zu vereinigen, doch kann es vorteilhaft sein, die gezeichnete Form beizubehalten, um den integrierenden Kanal, wie in Bild10.3 angedeutet, separat begrenzen zu können. Die Begrenzung soll einen Überlauf verhindern; sie kann aber auch steuerbar gemacht werden, z.B. um zu vermeiden, daß eine durch zu schnelle Änderung der Führungsgröße entstandene, vorübergehende Regelabweichung aufintegriert

10.2 Entwurf eines quasistetigen Abtastreglers im Frequenzbereich

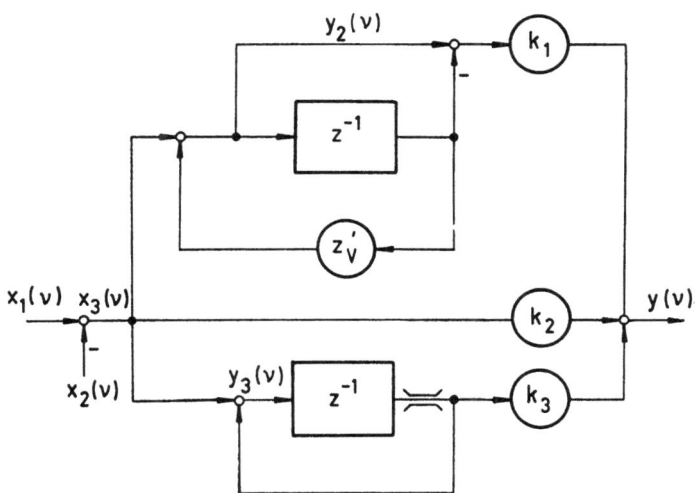

Bild 10.3: Blockschema eines quasistetigen PID-Reglers in Parallelform

wird und zu einem anschließenden starken Überschwingen der Regelgrösse $x_2(\nu)$ führt. Effekte dieser Art sind bei integrierenden Regelstrecken, wie sie etwa beim sog. symmetrischen Optimum vorliegen, von Interesse [20]. Eine andere Möglichkeit wäre, beim Auftreten einer größeren Regelabweichung x_3 die Ausgangsgröße y_3 des Integrators einzufrieren, bis x_3 wieder in einem schmalen Zielbereich liegt. Eine einfache Maßnahme, um das Einschwingverhalten der Regelung zu verbessern, besteht schließlich auch in der Vorsteuerung und zeitweiligen Blockierung von y_3 auf einem durch die Führungsgröße gegebenen Wert; dadurch werden große Regelabweichungen zunächst mit einem PD-Regler abgebaut, während der I-Kanal erst in der Nähe des Abgleichs, quasi als ein Genauigkeitszusatz, aktiviert wird. Umschaltungen dieser Art bedeuten natürlich eine Abkehr von streng linearen Reglern, doch können sie sich als wirksam erweisen, um das dynamische Verhalten der Regelung zu verbessern. Der Eingriff über das Reglerprogramm bietet hierfür eine einfache und kostengünstige Möglichkeit, die bei Analogrechnern nicht besteht.

Neben einer gesteuerten Begrenzung oder Blockierung von bestimmten Hilfsgrößen ist es natürlich notwendig, bei allen im Festkommaformat dargestellten Zahlen einen Überlauf zu verhüten; in den Blockschaltbildern ist dies nicht explizit angegeben. Dieses Problem erledigt sich, sobald Gleitkomma-Arithme-

tik auch bei Standard-Mikrorechnern ohne Verlust an Rechengeschwindigkeit verfügbar ist.
Als Beispiel einer quasistetigen Regelung mit einem Rechner wird die proportional wirkende Strecke mit aperiodischem Tiefpaßverhalten

$$X_2(p) = \frac{V_1V_2V_3}{(T_1p+1)(T_2p+1)(T_3p+1)}Y(p) + \frac{V_1}{T_1p+1}U(p),$$
$$T_3 < T_2 < T_1 \tag{10.23}$$

betrachtet, die mit einem kontinuierlichen Regler gemäß Gl. (10.14) zufriedenstellend regelbar ist [20].

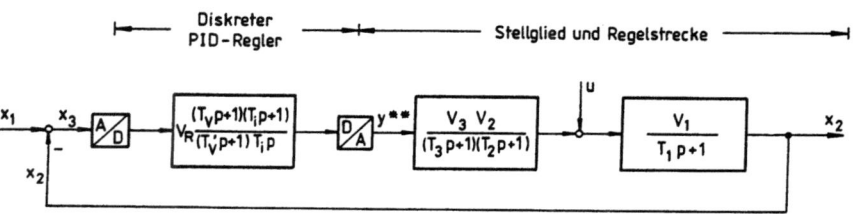

Bild 10.4: Blockschaltbild einer quasi-kontinuierlichen Regelung mit einem Mikrorechner

Mit der Festlegung

$$T_v = T_2 \tag{10.24}$$

und der Abkürzung für die Kreisverstärkung

$$V_k = V_R V_1 V_2 V_3 \tag{10.25}$$

wird die Kreis-Übertragungsfunktion vereinfacht,

$$F_K(p) = F_R F_S = \frac{T_i p + 1}{T_i p} \frac{V_K}{(T_1 p + 1)(T_3 p + 1)(T_v' p + 1)}, \tag{10.26}$$

wobei $T_v' < T_3$ gelten soll.
Mit der Abschätzung

$$T_1 \gg T_v'$$

läßt sich Gl. (10.26) als Anwendungsfall des symmetrischen Optimums annähern,

$$F_K(p) \approx \frac{V_k}{T_i T_1 p^2} \frac{T_i p + 1}{T_3 p + 1}, \tag{10.27}$$

10.2 Entwurf eines quasistetigen Abtastreglers im Frequenzbereich

der mit der Normierung

$$T_i' = a^2 T_3, \qquad (10.28)$$
$$V_k = \frac{1}{a} T_1 / T_3 \qquad (10.29)$$

gelöst wird. $D = (a-1)/2$ ist der Dämpfungsfaktor des periodischen Anteils; $a = 2$ führt somit auf einen für viele Anwendungen noch ausreichend gedämpften Einschwingvorgang.
Mit den Zahlenwerten

$$T_1 = 400ms, \quad T_2 = T_v = 200ms, T_3 = 50ms, \quad T_v' = 20ms,$$
$$T_i' = a^2 T_3 = 200ms, \quad V_1 = V_2 = V_3 = 1, \quad V_R = 4,$$

entsteht der in Bild 10.5a zum Vergleich gezeigte Einschwingvorgang des kontinuierlichen Regelkreises bei sprungförmigen Änderungen der Führungsgrösse x_1 und der Störgröße u.

Wird nun dieser kontinuierliche PID-Regler mit den Gln. (10.16-10.19) in einen zeitdiskreten PID-Regler umgewandelt, so gilt bei Wahl einer Abtastzeit $T = 10ms$, was die Rechenleistung heutiger Mikrorechner bei weitem nicht ausschöpft,

$$k_1 = 32.4, \quad k_2 = 7.6, \quad k_3 = 0.2, \quad z_v' = 0.607.$$

Der mit diesem Abtastregler berechnete Einschwingvorgang ist in Bild 10.5b gezeichnet; er unterscheidet sich nur unwesentlich von dem mit dem kontinuierlichen Regler gefundenen Verlauf. In Bild 10.5c ist das entsprechende Ergebnis für $T = 20ms$ dargestellt.

Mit programmtechnischen Verfahren lassen sich natürlich auch beliebige andere Regelstrukturen verwirklichen. Bild 10.6 zeigt als Beispiel das Blockschaltbild eines Gleichstrom-Regelantriebs [19]; der Anker des Motors wird dabei mit einem höherfrequent schaltenden elektronischen Stellglied, das hier der Einfachheit halber als stetig angenommen ist, mit veränderlicher Spannung gespeist. Der Ankerstrom i_a, der bei gegebenem magnetischen Fluß Φ_e dem elektrischen Drehmoment m_a proportional ist, wird in einer inneren Schleife geregelt, um die Wirkung der drehzahlproportionalen induzierten Spannung e aufzuheben und das Auftreten unzulässiger Ankerströme zu verhindern. m_L bedeutet das an der Motorwelle angreifende Lastmoment, die Zeitkonstante T_{mk} ist ein Maß für das Trägheitsmoment des Motors samt starr angekoppelter Last.

Anschließend wird in einem überlagerten Kreis die Drehzahl ω geregelt, wobei der Ankerstrom-Sollwert als Stellgröße dient. Die Begrenzung des

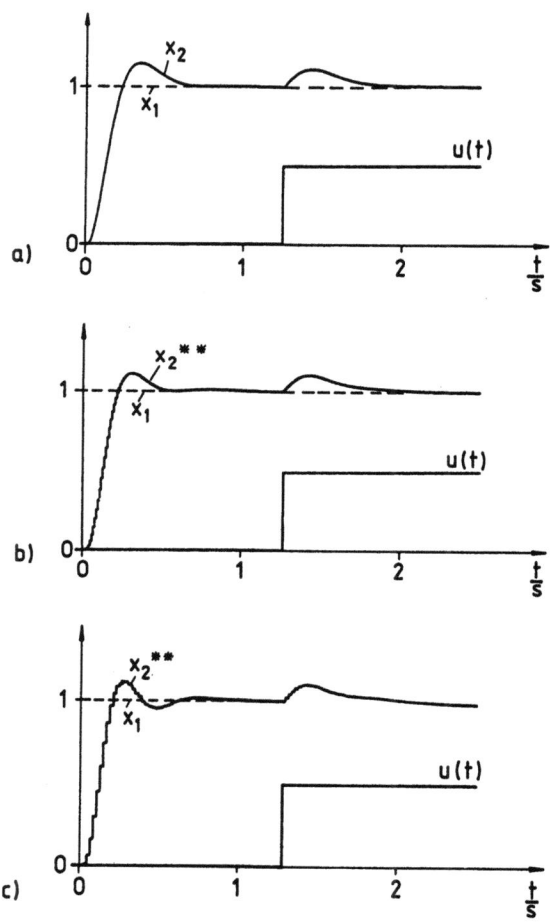

Bild 10.5: Sprungantworten eines Regelkreises mit aperiodischer Regelstrecke 3. Ordnung
   a) kontinuierlicher PID-Regler
   b) diskreter PID-Regler T=10 ms
   c) wie b), aber T=20 ms

10.2 Entwurf eines quasistetigen Abtastreglers im Frequenzbereich

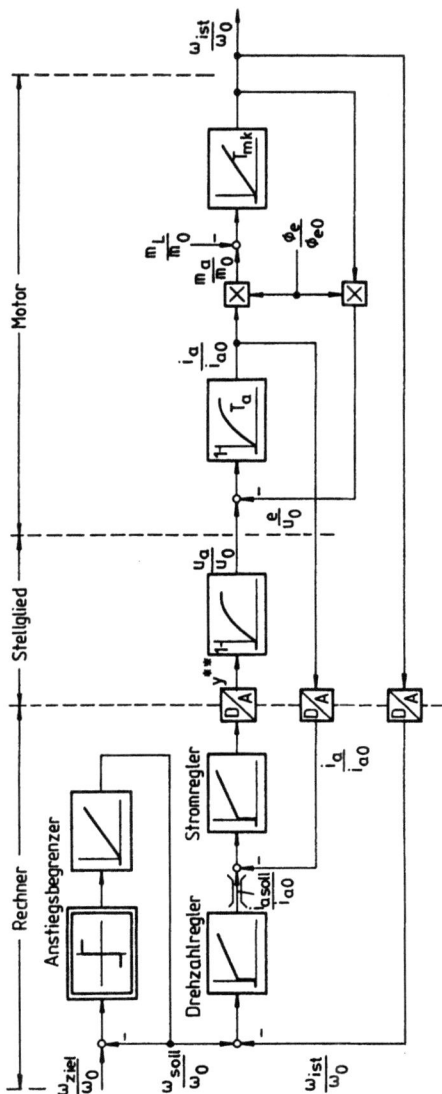

Bild 10.6: Drehzahlregelung eines Gleichstrommotors bei gesteuertem Erregerfluß

Ankerstroms geschieht am einfachsten durch Beschränkung des Ankerstrom-Sollwertes auf einen kurzzeitig zulässigen Bereich, etwa zweifachen Nennstrom. Wegen der schnellen Reaktion des Stromregelkreises (Ersatzzeitkonstante $< 10 ms$) ist dies eine einfache und wirkungsvolle Methode, um den Ankerstrom zu begrenzen und damit den Antrieb vor Überlastung zu schützen.

Der Drehzahl-Sollwert ω_{soll} wird in Bild 10.6 durch einen sog. Anstiegsbegrenzer vorgegeben, der definierte Beschleunigungs- und Verzögerungsvorgänge erzeugt und ebenfalls programmtechnisch verwirklicht werden kann. Damit sind alle wesentlichen Steuer- und Regelfunktionen im Rechner vereinigt; anstelle einer speziell verdrahteten Reglerelektronik gibt es eine funktionsmässig neutrale Mikrorechnerkarte und ein in seinen Parametern anpaßbares Regelprogramm, das sich mit geringen Kosten vervielfältigen läßt. Weiterhin sind die betrieblich wichtigen Steuerungs- und Überwachungsfunktionen als zusätzliche Programmteile im Mikrorechner unterzubringen. Bild 10.6 zeigt natürlich nur das prinzipielle Regelschema; Einzelheiten insbesondere die vorkommenden Zahlenwerte und Normierungsgrößen, sind in [19] erläutert.

In Bild 10.7 sind Einschwingvorgänge beim Anfahren aus dem Stillstand und nachfolgender Belastung des Motors dargestellt, die durch Simulation des gesamten Systems gewonnen wurden. Die kontinuierlichen Vorgänge in der Regelstrecke und die diskreten Verläufe im Rechner wurden dabei möglichst getreu nachgebildet; lediglich der als Stellglied dienende Stromrichter ist zur Vereinfachung als stetig steuerbar angenommen. Das Ergebnis unterscheidet sich wiederum nur geringfügig von dem einer kontinuierlichen Regelung.

Bei Anwendungen dieser Art können wegen der in Wirklichkeit unstetigen Arbeitsweise des Stromrichters und — daraus folgend — der erforderlichen sehr kurzen Reaktionszeiten im inneren Regelkreis zeitliche Engpässe entstehen; die Stromregelung wird deshalb heute meistens noch analog ausgeführt. Im überlagerten Drehzahlregelkreis ist wegen der langsameren Vorgänge mehr Zeit verfügbar. Als charakteristische Abtastzeiten sind etwa 5 - 10 ms anzustreben.

Für die Erzeugung der Zündimpulse des Stromrichters ist eine zeitliche Auflösung im μs-Bereich wünschenswert; da die zugehörige Signalverarbeitung aber unveränderlich ist und nicht die Flexibilität eines programmgesteuerten Betriebes erfordert, wird man solche Aufgaben künftig vorzugsweise mit angepaßten integrierten Schaltungen (mit „Hardware") lösen.

Angesichts der schnellen Entwicklung der Mikroelektronik ist zu erwarten, daß in absehbarer Zeit alle zeitlichen Beschränkungen entfallen werden, so daß die Regelung schließlich in kompakter Form vollständig digital verwirklicht werden kann [z.B. 60].

10.2 Entwurf eines quasistetigen Abtastreglers im Frequenzbereich

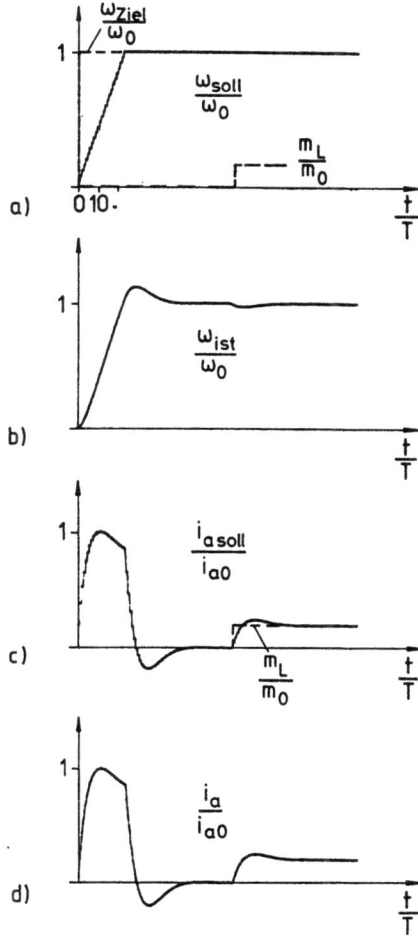

Bild 10.7: Gerechneter Anfahr- und Belastungsvorgang eines digital geregelten Gleichstromantriebs
a) Drehzahl-Sollwert mit Anstiegsbegrenzung b) Drehzahl
c) Ankerstrom-Sollwert d) Ankerstrom

11 Rechnergestützter Entwurf linearer Abtastregler im z-Bereich

Der in Abschnitt 10 skizzierte Weg, bei vergleichsweise hoher Abtastfrequenz den diskreten Regler als quasistetigen PID-Regler zu entwerfen, ist eine einfache Lösung, die aber natürlich die vielfältigen Möglichkeiten einer programmgesteuerten Signalverarbeitung nicht ausschöpft. Im folgenden werden deshalb noch weitere Verfahren diskutiert, die die verfügbare Flexibilität eines Mikrorechners besser nutzen. Die Verwendung einer relativ zur Streckendynamik hochfrequenten Abtastung ist dabei, von Sonderfällen abgesehen, stets erstrebenswert, da nur so eine schnelle Reaktion des Reglers bei Auftreten nichtsynchroner Störgrößen erreichbar ist (Abschnitt 8.4). Früher gültige Gesichtspunkte einer möglichst geringen Belastung des zentralen Prozeßrechners durch einen einzelnen Regelkreis sind mit der Entwicklung der Mikroelektronik hinfällig geworden, da nun der Einsatz dezentraler Rechner wirtschaftlich praktikabel ist; dies schließt natürlich nicht aus, daß dezentrale Rechner in großen Anlagen weiterhin mit Prozeßrechnern gekoppelt sein können, doch sind die in Echtzeit zu übertragenden Daten hinsichtlich ihres Umfanges stark reduziert.[1,2,8,10,13,40].

11.1 Entwurf eines kompensierenden Reglers

Zunächst soll versucht werden, eine Regler-Übertragungsfunktion $H_R(z)$ bei Vorgabe des Führungs- und Störverhaltens des geschlossenen Kreises aus der als bekannt angenommenen Übertragungsfunktion der kontinuierlichen Regelstrecke analytisch zu berechnen. Der Einfachheit halber wird dabei, abweichend von Bild 10.1, das Schema 11.1 zugrunde gelegt, bei dem die nicht meßbare deterministische oder stochastische Störgröße $u(\nu)$ als Stufenfunktion am Ausgang des diskreten Reglers angreifend gedacht ist. Dies bedeutet keine Einschränkung, da in einem linearen System jede Störanregung an einen anderen Angriffsort umgerechnet werden kann. Die kontinuierliche Regelstrecke $F_S(p)$ wird somit durch eine Stufenfunktion mit der Amplitude $y(\nu)+u(\nu)$ beaufschlagt, $x_2(\nu)$ sind die abgetasteten Ausgangswerte des Sensors.

Bei allen in Bild 11.1 vorkommenden Funktionen handelt es sich um Stufenfunktionen, z.B.

$$X^{**}(p) = F_H X^*(p) = X_H(z) ; \tag{11.1}$$

11.1 Entwurf eines kompensierenden Reglers

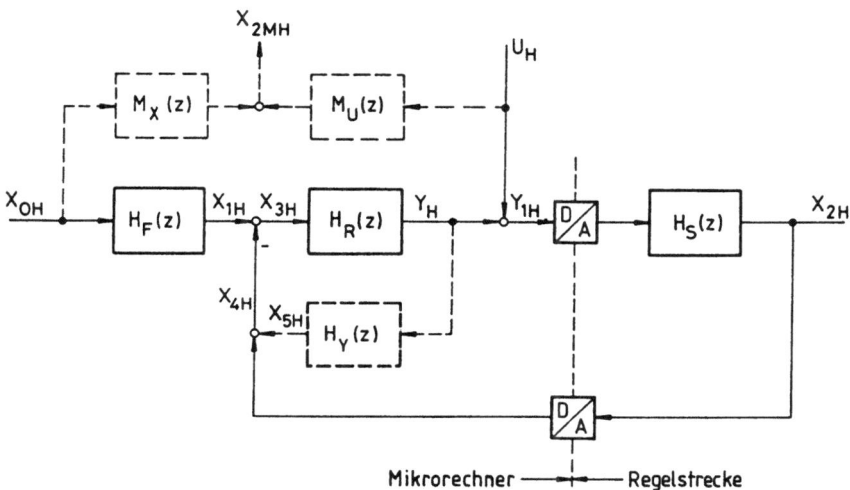

Bild 11.1: Abtastregelung mit synthetischem Angriffspunkt der Störgröße, Führungsgrößenfilter und Rückführung

die Stufen-Übertragungsfunktionen werden wieder mit $H_R(z)$, $H_S(z)$ usw. bezeichnet.

Um das Störverhalten der Regelung entkoppelt vom Führungsverhalten vorschreiben zu können, ist in Bild 11.1 ein diskretes Führungsgrößenfilter $H_F(z)$ eingezeichnet, mit dem der eigentliche Sollwert $x_1(\nu)$, ähnlich wie in Bild 10.6, passend geformt werden kann. Damit ist es möglich, aus einer beliebigen, z.B. unstetigen, Zielgröße $x_0(\nu)$ einen geglätteten Sollwertverlauf $x_1(\nu)$ zu erzeugen, der keine unzulässige Beanspruchung der Regelstrecke ergibt und vom Regler ohne zeitweilige Übersteuerung, d.h. auch dynamisch genau ausgeführt werden kann. Besonders wichtig ist dies bei Fahrzeugen, wo ein unstetiger Verlauf der Stellgröße mit Rücksicht auf die Fahrgäste vermieden werden soll oder bei elastischen mechanischen Konstruktionen, wo abrupte Änderungen der Steuerkräfte zu unerwünschten Schwingungen führen würden. Außerdem ist in Bild 11.1 eine ebenfalls diskret ausgeführte sog. Rückführung $H_Y(z)$ eingetragen, um den dem Regler zugeführten synthetischen Istwert $x_4(\nu)$ beeinflussen zu können. Für die Stufenfunktionen der Regel- und Stellgrößen erhält man im z-Bereich durch Überlagerung von Führungs- und Störgrößen folgende Beziehungen

$$X_{2H}(z) = H_F \frac{H_R H_S}{1 + H_R(H_S + H_Y)} X_{0H}$$
$$+ \left(\frac{1}{H_R} + H_Y\right) \frac{H_R H_S}{1 + H_R(H_S + H_Y)} U_H(z), \qquad (11.2)$$

$$Y_H(z) = \frac{H_F}{H_S} \frac{H_R H_S}{1 + H_R(H_S + H_Y)} X_{0H}(z) - \frac{H_R H_S}{1 + H_R(H_S + H_Y)} U_H(z). \quad (11.3)$$

Dabei ist überall die gemeinsame Führungs-Übertragungsfunktion des geschlossenen Kreises ohne Vorfilter,

$$H_G(z) = \frac{H_R H_S}{1 + H_R(H_S + H_Y)}, \qquad (11.4)$$

abgespalten. Um ein zufriedenstellendes Einschwingverhalten von Regel- und Stellgröße zu erhalten, reicht es also nicht aus, $H_G(z)$ passend zu wählen; vielmehr müssen auch die Funktionen $1/H_S$ und $1/H_R$ stabil und ausreichend gedämpft sein, da sonst das Störverhalten unbefriedigend ist oder der Stellgrößenverlauf schwach gedämpfte Schwingungen und große Amplituden aufweist.

Die Gleichungen machen deutlich, daß das außerhalb des Regelkreises liegende Vorfilter eine Entkopplung des Führungs- und Störverhaltens erlaubt. Die Rückführung taucht im Nenner als Ergänzung der Regelstrecke auf, entsprechend der in Bild 11.1 erkennbaren Parallelschaltung von $H_S(z)$ und $H_Y(z)$. In Bild 11.1 ist gestrichelt noch ein Modell-Ansatz eingetragen,

$$X_{2MH}(z) = M_X(z) X_{0H}(z) + M_U(z) U_H(z), \qquad (11.5)$$

der zur Vorgabe des Übertragungsverhaltens des geschlossen Kreises für Führungs- und Störgrößen dient.

Zunächst soll versucht werden, den Regler aus einer vorgegebenen Führungs-Übertragungsfunktion des geschlossenen Kreises ohne Vorfilter und Rückführung zu bestimmen; wegen der diskreten Form der Darstellung werden dabei natürlich nur die Abtastwerte $x_2(\nu)$ erfaßt. Mit $H_Y = 0, H_F = 1$ folgt dann aus der Bedingung

$$\frac{X_{2H}}{X_{1H}}(z) = \frac{H_R H_S}{1 + H_R H_S} \stackrel{!}{=} M_X(z) \qquad (11.6)$$

die Regler-Übertragungsfunktion

$$H_R(z) = \frac{1}{H_S(z)} \frac{M_X(z)}{1 - M_X(z)}; \qquad (11.7)$$

11.1 Entwurf eines kompensierenden Reglers

damit ist sowohl der Verlauf der Stellgröße, Gl. (11.3),

$$\frac{Y_H}{X_{1H}}(z) = \frac{M_X(z)}{H_S(z)} \, , \tag{11.8}$$

als auch das Stör-Übertragungsverhalten festgelegt, Gl. (11.2),

$$\frac{X_{2H}}{U_H}(z) = \frac{M_X(z)}{H_R(z)} = H_S(z)\left[1 - M_X(z)\right] \, . \tag{11.9}$$

Der Regler ist also, abgesehen von der Vorgabefunktion $M_X(z)$, durch die inverse Strecken-Übertragungsfunktion bestimmt, er wirkt als sog. Kompensationsregler.

In Abschnitt 10.2 wurde gezeigt, daß auch bei einer aperiodischen stabilen Regelstrecke Nullstellen von $H_S(z)$ am linken Rand und außerhalb des Einheitskreises entstehen können, die wegen Gl. (11.7) selbst bei Vorgabe eines gut gedämpften Führungsverhalten $M_X(z)$ auf eine ungedämpfte oder instabile Regler-Übertragungsfunktion führen. Die Folge sind dann ungedämpfte oder aufklingende Schwingungen der Stellgröße (Gl. 11.8) mit halber Abtastfrequenz, die wegen der Nullstelle von $H_S(z)$ bei $z = -1$ in den Abtastwerten $x_2(\nu)$ nicht enthalten sind, d.h. vom Abtastregler nicht wahrgenommen werden. Man bezeichnet diese Erscheinung deshalb als verborgene Schwingungen [16]. Wie in Abschnitt 10.2 deutlich wurde, verschärft sich das Problem mit zunehmender Abtastfrequenz, da dann für gerades $n - m$ immer eine H_S-Nullstelle bei -1 entsteht.

Bevor im nächsten Abschnitt diskutiert wird, wie sich diese Schwierigkeit umgehen läßt, soll der unerwünschte Effekt an einem einfachen Beispiel demonstriert werden.

Die in Abschnitt 5.5 betrachtete Regelstrecke mit zwei reellen Polen,

$$F_S(p) = \frac{V}{(T_1 p + 1)(T_2 p + 1)} \, , \tag{11.10}$$

hatte die Stufen-Übertragungsfunktion (Gl. 5.35)

$$\begin{aligned} H_S(z) &= \frac{V}{T_1 - T_2}\left[T_1 \frac{1 - z_1}{z - z_1} - T_2 \frac{1 - z_2}{z - z_2}\right] \\ &= \frac{r_1(z - z_0)}{(z - z_1)(z - z_2)} \, , \end{aligned} \tag{11.11}$$

mit

$$z_1 = e^{-T/T_1} \, , \quad z_2^{-T/T_2} \, .$$

Die Nullstelle

$$z_0 = \frac{T_1(1 - z_1)z_2 - T_2(1 - z_2)z_1}{T_1(1 - z_1) - T_2(1 - z_2)} \tag{11.12}$$

ist negativ reell, unabhängig von der zufälligen Wahl, $T_1 \gtreqless T_2$. Der Koeffizient r_1 hat den Wert

$$r_1 = \frac{V}{T_1 - T_2}[T_1(1-z_1) - T_2(1-z_2)] \qquad (11.13)$$

Aus Gl. (11.7) folgt nun

$$H_R(z) = \frac{M_X(z)}{1 - M_X(z)} \frac{(z-z_1)(z-z_2)}{r_1(z-z_0)}, \qquad (11.14)$$

d.h. die Nullstelle z_0 der Strecke wird zum Pol des Reglers.

Als Beispiel sei der Extremfall vorgegeben, daß die abgetastete Sprungantwort des geschlossenen Kreises der um einen Takt verschobenen Sprungfunktion entsprechen soll,

$$X_{1H}(z) = F_H T \frac{z}{z-1} : X_{2H}(z) \stackrel{!}{=} F_H T \frac{1}{z-1} ; \qquad (11.15)$$

es soll also gelten

$$M_X(z) = \frac{1}{z} \qquad (11.16)$$

Eine solche abrupte Vorgabe ist natürlich wenig realistisch, da sie zu hohen Stellamplituden führt; bei einer praktischen Aufgabenstellung wäre ein allmählicher Anstieg sinnvoller, doch handelt es sich hier nur um ein prinzipielles Beispiel.

Die gewünschte diskrete Regelabweichung ist dann

$$X_{3H}(z) = X_{1H}(z) - X_{2H}(z) = F_H T \qquad (11.17)$$

entsprechend einem einzelnen Impuls der Höhe 1 und Dauer T bei $\nu = 0$. Die Regler-Übertragungsfunktion (Gl. (11.14)) hat damit die spezielle Form

$$H_R(z) = \frac{1}{r_1} \frac{(z-z_1)(z-z_2)}{(z-1)(z-z_0)} ; \qquad (11.18)$$

der Integratorpol bei $z = 1$ folgt aus der Forderung nach Verschwinden der stationären Regelabweichung.

Durch rückwärtiges Einsetzen findet man

$$\frac{X_{2H}}{X_{1H}}(z) = \frac{H_R H_S}{1 + H_R H_S} = \frac{1}{z}, \qquad (11.19)$$

d.h. die Abtastwerte der Regelgröße folgen der Führungsgröße $x_1(\nu)$ mit einer Laufzeit von einem Takt T.

Die kontinuierliche Ausgangsgröße $x_2(t)$ hat jedoch keineswegs diesen idealen Verlauf; vielmehr können sich zwischen den Abtastzeitpunkten schwach

11.1 Entwurf eines kompensierenden Reglers

gedämpfte oder instabile Schwingungen der halben Abtastfrequenz einstellen, die vom diskreten Regler nicht wahrgenommen werden.

Man erkennt dies am besten am Verlauf der Stellgröße $y(\nu)$, die mit den Gln. (11.17, 11.18) durch Partialbruchzerlegung leicht berechnet werden kann,

$$\begin{aligned} Y_H(z) &= H_R(z) X_{3H}(z) = F_H \frac{T}{r_1} \frac{(z-z_1)(z-z_2)}{(z-1)(z-z_0)} \\ &= F_H \frac{T}{r_1} \left[\frac{z_1 z_2}{z_0} + \frac{(1-z_1)(1-z_2)}{1-z_0} \frac{z}{z-1} \right. \\ &\quad \left. - \frac{(z_1-z_0)(z_2-z_0)}{(1-z_0)z_0} \frac{z}{z-z_0} \right] \end{aligned} \quad (11.20)$$

Die stufenförmige Stellgröße setzt sich somit aus einem einzelnen Impuls bei $\nu = 0$, einer Gleichkomponente und einer schwach gedämpften oder möglicherweise instabilen Schwingung halber Abtastfrequenz (für $z_0 < -1$) zusammen. Die vom Regler ausgegebene erste Stellamplitude hat den Wert $y(0) = 1/r_1$. Mit den Parametern

$$V = 1, \quad T_1 = 2T_2 = 2T$$

erhält man die in Bild 11.2 gezeichneten Verläufe der Stell- und Regelgrössen; sie lassen erkennen, daß zwar die Forderung bezüglich der abgetasteten Regelgröße genau erfüllt wird, die Regelung wegen der dem Abtastregler verborgenen Schwingungen aber dennoch unbrauchbar ist. Die Vorgabe eines weniger abrupten Führungsverhaltens oder die Wahl einer größeren Abtastperiode würde die Schwingungsamplituden reduzieren, jedoch nicht die Ursache dieses Effektes beseitigen, die in der ungeeignet plazierten Polstelle z_0 des Reglers zu suchen ist.

Ausgehend vom erreichten Ruhezustand ist in Bild 11.2 bei $t_1 = 15T$ eine sprungförmige Störgröße angenommen, die die Eigenfrequenz des Reglers wegen der in $H_S(z)$ enthaltenen Nullstelle bei z_0 nicht anregt und die Stellgröße in einem der Regelgröße bei Führungsanregung entsprechenden Einschwingvorgang zurücksetzt. Diese Eigenschaft der Regelung folgt unmittelbar aus der Identität der Übertragungsfunktionen X_{2H}/X_{1H} und Y_H/U_H in Gln. (11.2, 11.3). Man könnte daran denken, auch im Führungsgrößenfilter $H_F(z)$ eine Nullstelle bei z_0 vorzusehen, doch wäre bei ungenauer Abstimmung, Änderung der Streckenparameter oder bei innerhalb der Strecke angreifenden Störgrössen nicht auszuschließen, daß ungeeignete Anregungen an den Reglereingang gelangen, die zu Schwingungen führen und das Regelergebnis unbrauchbar machen. In Bild 11.3 ist schließlich gezeigt, daß bei Verkleinerung der Abtastperiode entsprechend

$$V = 1, \quad T_1 = 2T_2 = 10T$$

182   11 Rechnergestützter Entwurf linearer Abtastregler

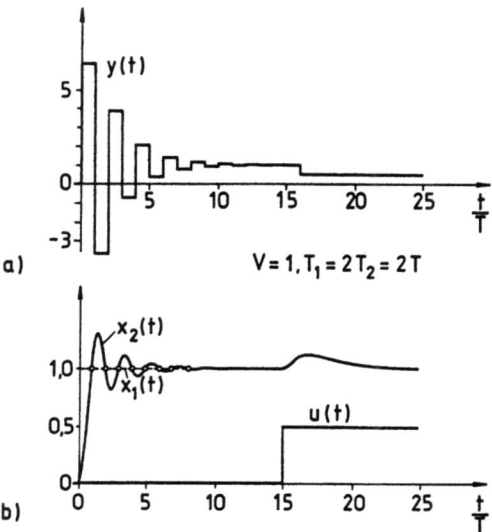

Bild 11.2: Abtastregelung mit Vorgabe des Führungsverhaltens, Auftreten von verborgenen Schwingungen
a) Stellgröße b) Regelgröße

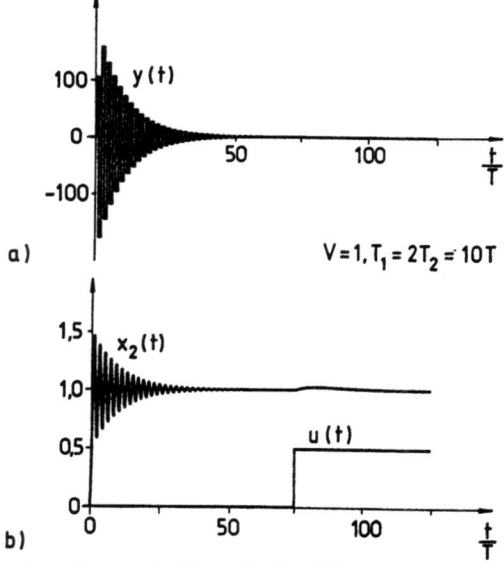

Bild 11.3: Abtastregelung mit Vorgabe des Führungsverhaltens, Zunahme der verborgenen Schwingungen
a) Stellgröße b) Regelgröße

die Nullstelle z_0 der Strecken-Übertragungsfunktion $H_S(z)$ noch dichter an die Stabilitätsgrenze rückt, so daß eine fast ungedämpfte Schwingung entsteht. Da auch hier die Vorgabe

$$x_2(\nu > 0) = x_1 = x_0 = 1$$

exakt erfüllt wird, bleibt die Schwingung dem Regler verborgen. Die sehr großen Amplituden der Stellgröße zeigen, daß es sich hier nur um ein nicht realistisches Rechenbeispiel handelt.

11.2 Entkoppelte Vorgabe des Stör- und Führungsverhaltens

Wie anhand von Bild 11.1 zu sehen, läßt sich das Stör- und Führungsverhalten des Regelkreises durch Einführung eines diskreten Führungsgrößen-Filters entkoppeln. In Anlehnung an Gl. (11.5) wird deshalb zunächst das Störverhalten gemäß

$$\frac{X_{2H}}{U_H}(z) = \frac{H_S(z)}{1 + H_R(z)H_S(z)} \stackrel{!}{=} M_U(z) \tag{11.21}$$

vorgeschrieben, wobei der Rückführkanal wieder weggelassen wird, $H_Y = 0$. Daraus folgt die Regler-Übertragungsfunktion

$$H_R(z) = \frac{1}{M_U(z)} - \frac{1}{H_S(z)} = \frac{H_S(z) - M_U(z)}{H_S(z)M_U(z)}. \tag{11.22}$$

In entsprechender Weise erhält man aus der Modellfunktion für das Führungsverhalten

$$H_F(z)\frac{H_R(z)H_S(z)}{1 + H_R(z)H_S(z)} \stackrel{!}{=} M_X(z) \tag{11.23}$$

das erforderliche Vorfilter

$$H_F(z) = M_X(z)\left[1 + \frac{1}{H_R(z)H_S(z)}\right], \tag{11.24}$$

oder mit Gl. (11.22)

$$H_F(z) = M_X(z)\left[\frac{H_S(z)}{H_S(z) - M_U(z)}\right]. \tag{11.25}$$

Die Ergebnisse lassen sich anhand einfacher Grenzfälle überprüfen:

> Wählt man $M_U = H_S$, d.h. soll der geschlossene Kreis sich bei Störungen ebenso verhalten wie die ungeregelte Strecke, dann ist

kein Regler erforderlich, $H_R = 0$; das gewünschte Führungsverhalten könnte dann auch mit einem Vorfilter beliebiger Verstärkung, $H_F \to \infty$, nicht erreicht werden.

Die Vorgabe $M_U = 0$ bedeutet eine vollständige Unterdrückung der Störeinflüsse, was — Stabilität vorausgesetzt — einen Regler unendlicher Verstärkung und Bandbreite erfordern würde; dies hätte andererseits ein fehler- und verzögerungsfreies Führungsverhalten zur Folge, so daß mit $H_F = M_X$ das gewünschte Gesamt-Übertragungsverhalten erreicht würde.

Die vorher diskutierten Schwierigkeiten wegen der Nullstellen von $H_S(z)$ am Rande oder außerhalb des Einheitskreises sind auch hier vorhanden, wenn auch in etwas anderer Form. Der bei Vorgabe des Stör-Übertragungsverhaltens entstehende Regler, Gl. (11.22), wirkt wegen der Struktur des Regelkreises ($H_Y = 0$) nach wie vor als Kompensationsregler und kann somit auch bei aperiodischen Strecken verborgene Schwingungen verursachen.

Bevor diese Frage weiter untersucht wird, soll die Wahl geeigneter Modellfunktionen für das gewünschte Stör- und Führungsverhalten diskutiert werden.

Will man erreichen, daß eine Gleichstörung $u(\nu)$ durch den geschlossenen Regelkreis vollständig ausgeglichen wird, muß das Störmodell $M_U(z)$ differenzierend wirken, d.h. mindestens eine Nullstelle bei $z = 1$ aufweisen. Andererseits werden die Reglerverstärkung und die erforderliche Stellamplitude umso größer und die Stabilitätsprobleme umso schwieriger, je schneller der von der Störung hervorgerufene Ausgleichsvorgang abklingen soll. Es ist deshalb vorteilhaft, den Zeitmaßstab des Regelvorganges an dem der Regelstrecke selbst zu orientieren; bei einer proportional wirkenden Strecke wäre ein denkbarer Ansatz

$$M_U(z) = \frac{z-1}{z - z_{MU}} H_S(z), \quad 0 < z_{MU} < 1. \tag{11.26}$$

Er bedeutet, daß der geschlossene Kreis auf eine Störgröße U_H so reagieren soll, als wäre der ungeregelten Strecke ein D_1T_1-Glied vor- oder nachgeschaltet; $z_{MU} = e^{-T/T_{MU}}$ bestimmt dabei den Zeitmaßstab des verzögerten Differenzierers (Abschnitt 9.3.3). $z_{MU} = 0$ ergibt die Wirkung eines unverzögerten Differenzierers; der geschlossene Kreis müßte dann auf eine sprungförmige Störung mit der Impulsantwort der Regelstrecke reagieren. Eine gezielte Dämpfung von Eigenschwingungen der Regelstrecke ist mit einem solchen Ansatz natürlich nicht möglich. Auch kann sich für $w_S(0) = 0$ die vorgegebene Stör-Sprungantwort des geschlossenen Kreises frühestens bei $\nu = 2$ von der Sprungantwort der Strecke unterscheiden.

Mit dieser Vorgabe für das Störverhalten folgt aus Gl. (11.22) die erfor-

11.2 Entkoppelte Vorgabe des Stör- und Führungsverhaltens

derliche Regler-Übertragungsfunktion

$$H_R(z) = \frac{1 - z_{MU}}{z - 1} \frac{1}{H_S(z)} \; ; \tag{11.27}$$

sie hat erwartungsgemäß einen Integratorpol bei $z = 1$, jedoch bestehen wegen der inversen Strecken-Übertragungsfunktion die gleichen Probleme wie vorher. Falls $H_S(z)$ nämlich Nullstellen bei $z = -1$ aufweist, zeigt die Stellgröße wieder Schwingungen der halben Abtastfrequenz, die sich auch auf die Regelgröße auswirken, vom Abtastregler aber nicht entdeckt werden; wenn Nullstellen von $H_S(z)$ außerhalb des Einheitskreises liegen, wird der Regler instabil. Die Führungs-Übertragungsfunktion ohne Vorfilter wird mit diesem Regler

$$\frac{X_{2H}}{X_{1H}}(z) = H_G(z) = \frac{H_R H_S}{1 + H_R H_S} = \frac{1 - z_{MU}}{z - z_{MU}} \; , \tag{11.28}$$

entsprechend einem PT_1-Verhalten mit der Verstärkung Eins und der Zeitkonstanten T_{MU}. Sofern ein anderes Führungsverhalten gewünscht wird, kann dies durch ein geeignetes Vorfilter erreicht werden. Zum Beispiel hat der Ansatz

$$H_F(z) = (1 - z_{MX}) \frac{z}{z - z_{MX}} \quad \text{mit} \quad z_{MX} = e^{-T/T_{MX}} \tag{11.29}$$

einen verzögerten Führungsgrößenverlauf $x_1(\nu)$ und damit insgesamt ein PT_2-Verhalten für $x_2(\nu)$ zur Folge.

In Bild 11.4 und 11.5 sind die Ergebnisse eines Reglerentwurfs gemäß den Gln. (11.26, 11.29) gezeigt. Die Regelstrecke und die Abtastperioden T sind dabei gegenüber Bild 11.2, 11.3 unverändert. Als Entwurfsparameter wurde $T_{MU} = T_{MX} = 1.5T_2$ gewählt. Die verborgenen Schwingungen und die bei kleiner Abtastperiode mögliche Instabilität des Reglers sind mit diesem Ansatz offensichtlich nicht zu beseitigen.

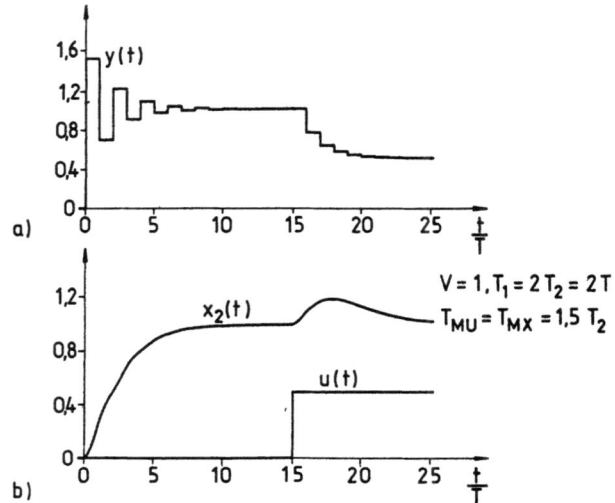

Bild 11.4: Abtastregelung mit entkoppelter Vorgabe des Störungs- und Führungsverhaltens, Auftreten verborgener Schwingungen, $T_1 = 2T_2 = 2T$
a) Stellgröße b) Regelgröße

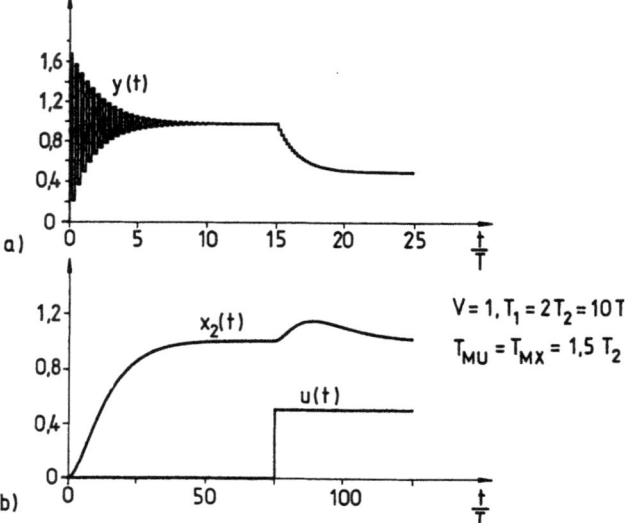

Bild 11.5: Abtastregelung mit entkoppelter Vorgabe des Störungs- und Führungsverhaltens, Zunahme der verborgenen Schwingungen, $T_1 = 2T_2 = 10T$
a) Stellgröße b) Regelgröße

11.3 Bestimmung einer nullstellenfreien diskreten Strecken-Übertragungsfunktion durch Regression

Die beim Entwurf eines kompensierenden Reglers entstehenden Schwierigkeiten sind durch unerwünschte und für das Übertragungsverhalten im Nutzfrequenzbereich unwichtige Nullstellen der diskreten Übertragungsfunktion $H_S(z)$ verursacht, die zu schlecht gedämpften oder instabilen Polen des Reglers führen. Die einfachste Lösung·wäre natürlich, die das Übertragungsverhalten nicht wesentlich verändernden Nullstellen wegzulassen. Dabei ist zu beachten, daß nur in den wenigsten Fällen eine exakte Übertragungsfunktion $H_S(z)$ verfügbar ist. Viel häufiger kommt es vor, daß die zu regelnde Strecke lediglich durch gemessene Einschwingvorgänge $x_2(t)$ bei beliebiger Anregung $y_1(t)$ beschrieben wird, wie in Bild 11.6 angedeutet ist. Dem gemessenen Verlauf sind meist Störungen überlagert; auch begrenzte Meßfehler sind nicht auszuschliessen, deren Einfluß sich allerdings durch mehrmalige Messung und Mittelung reduzieren läßt.

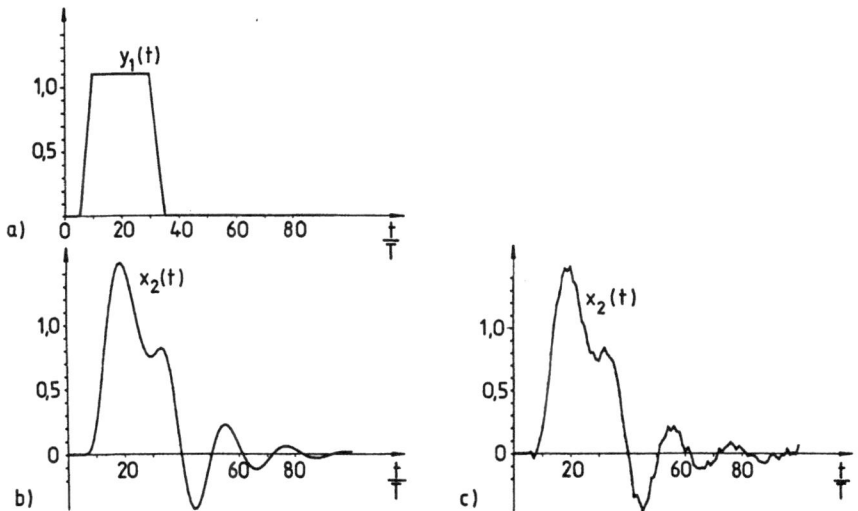

Bild 11.6: Gemessener Einschwingvorgang einer schwach gedämpften Regelstrecke
a) Anregung
b) ungestörte Ausgangsgröße
c) gestörte Ausgangsgröße

Um die aufgetretenen Schwierigkeiten zu vermeiden, liegt der Gedanke nahe, den experimentell gegebenen Zusammenhang durch eine Differenzengleichung mit einem einzelnen Anregungsterm und, daraus folgend, eine Stufen-Übertragungsfunktion zu approximieren, deren Nullstellen sämtlich im Ursprung liegen. Die Koeffizienten lassen sich durch einen Regressionsansatz schätzen, wobei Störungen oder fehlerhafte Meßwerte ausgeglichen werden; die Ordnung n kann, mit kleinen Werten beginnend, schrittweise erhöht werden, bis man eine hinreichende Übereinstimmung zwischen Messung und Modellergebnis erhält. Andererseits soll der verwendete Schätzalgorithmus aber natürlich einfach genug bleiben, um ihn auch mit dem als Regler vorgesehenen Mikrorechner in vertretbarer Zeit bearbeiten zu können. Man bezeichnet die Parameterschätzung auch als „Identifizierung" der Regelstrecke aus den Meßwerten y_1, x_2 [5,14,18].

Nach Wahl einer Abtastperiode T, mit der sich die interessierenden Details der Meßergebnisse noch genügend genau abbilden lassen, wird eine allgemeine Differenzengleichung der gewünschten Form angesetzt,

$$\sum_{\mu=0}^{n} c_\mu x_2(\nu - n + \mu) = y_1(\nu - n + m) + e(\nu), \quad m < n . \tag{11.30}$$

Sie entspricht einem Meßwertefenster der Länge $(n+1)T$ und gilt für aperiodische und periodisch gedämpfte Tiefpaßstrecken mit und ohne Laufzeit. Falls kein ausgeprägter Laufzeiteffekt zu erwarten ist, wird $m = n - 1$ gewählt. Im Interesse einer einfacheren Schreibweise ist hier auf die Normierung $c_n = 1$ verzichtet, dafür ist $r_m = 1$ gesetzt; $e(\nu)$ ist ein unbekanntes Restglied, das notwendig ist, um die Differenzengleichung an die Meßwerte anzupassen; es bietet einen Ausgleich für Ungenauigkeiten z.B. der Modellordnung, Störungen im Meßsignal oder Meßfehler.

Die zum Ansatz (11.30) gehörige nullstellenfreie Stufen-Übertragungsfunktion ist

$$H_S(z) = \frac{z^{n-1}}{c_n z^n + \ldots + c_1 z + c_0} . \tag{11.31}$$

Bild 11.7 zeigt das Blockschaltbild mit der um ein Abtast-Intervall T verschobenen Anregung $y_1(\nu)$ und dem Restglied $e(\nu)$. In der Version b) wird die Eigenschaft des Restgliedes als Ergebnis eines fehlerhaften oder unvollständigen Modells besonders deutlich.

Das Prinzip der linearen Regression besteht bekanntlich darin, die Gl. (11.30) für eine größere Zahl N von Meßwertsätzen der Länge $n + 1$ mit der Nebenbedingung minimaler Fehlerquadratsumme zu lösen,

$$Q = \frac{1}{2} \sum_{0}^{N-1} e^2(\nu) \stackrel{!}{=} \underset{c_\mu}{\text{Min}} . \tag{11.32}$$

Mit dem Ansatz (11.30) für das Restglied

$$e(\nu) = \sum_{\mu=0}^{n} c_\mu x_2(\nu - n + \mu) - y_1(\nu - 1)$$

11.3 Nullstellenfreie diskrete Strecken-Übertragungsfunktion

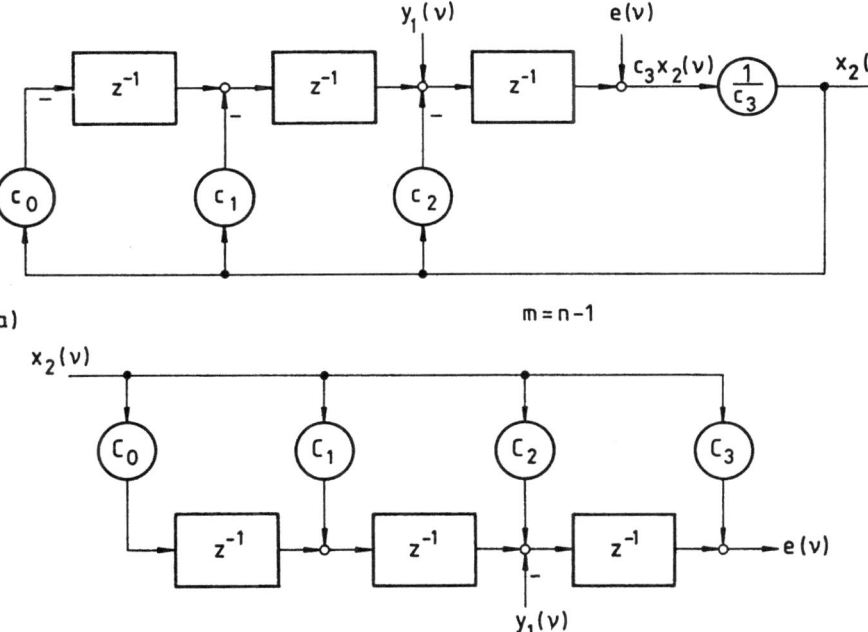

a)

b)

Bild 11.7: Modell einer nullstellenfreien Übertragungsstrecke mit Restglied
Deutung des Restgliedes a) als zusätzliche Anregung,
b) als Modellfehler

muß somit gelten

$$\frac{\partial Q}{\partial c_\mu} = \sum_{\nu=0}^{N-1} e(\nu)\frac{\partial e(\nu)}{\partial c_\mu} = \sum_{\nu=0}^{N-1} e(\nu)x_2(\nu - n + \mu) \stackrel{!}{=} 0,$$
$$\mu = 0, 1, \ldots n. \tag{11.33}$$

Dies führt auf

$$\frac{\partial Q}{\partial c_\mu} = \sum_{\nu=0}^{N-1}\left[\sum_{\lambda=0}^{n} c_\lambda x_2(\nu - n + \lambda) - y_1(\nu - 1)\right] x_2(\nu - n + \mu) = 0. \tag{11.34}$$

Durch Vertauschung der Summen entsteht ein lineares Gleichungssystem für die $n+1$ unbekannten Modellparameter c_μ

$$\frac{\partial Q}{\partial c_\mu} = \sum_{\lambda=0}^{n} c_\lambda \sum_{\nu=0}^{N-1} x_2(\nu - n + \lambda) x_2(\nu - n + \mu) -$$
$$- \sum_{\nu=0}^{N-1} y_1(\nu - 1) x_2(\nu - n + \mu) = 0 ,$$
$$\mu = 0, 1, \ldots n . \qquad (11.35)$$

Die Koeffizienten dieses Gleichungssystems

$$\varphi_{xx}(\lambda - \mu) = \sum_{\nu=0}^{N-1} x_2(\nu - n + \lambda) x_2(\nu - n + \mu) ,$$
$$\varphi_{xy}(n - \mu - 1) = \sum_{\nu=0}^{N-1} y_1(\nu - 1) x_2(\nu - n + \mu) \qquad (11.36)$$

lassen sich als Kurzzeit-Korrelationsfunktionen deuten; sie sind für jede Kombination λ, μ zu berechnen. Wegen der Symmetrieeigenschaft der Autokorrelationsfunktion, $\varphi_{xx}(-i) = \varphi_{xx}(i)$, ist die zu invertierende quadratische $(n+1)$-Matrix Φ_{xx} des Gleichungssystems 11.35 symmetrisch; die Elemente auf der Hauptdiagonalen dominieren.

Als Lösung entsteht ein Vektor der geschätzten Modellparameter,

$$\hat{c} = [\hat{c}_n , \hat{c}_{n-1} , \ldots \hat{c}_1 , \hat{c}_0]_T , \qquad (11.37)$$

für eine nullstellenfreie Näherung $\hat{H}_S(z)$ der Strecken-Übertragungsfunktion. Das auf C.F. Gauß zurückgehende Regressionsverfahren zur Bestimmung eines empirischen mathematischen Modelles ist eine Standardmethode der Signalanalyse, die in einem umfangreichen Schrifttum in zahlreichen Variationen behandelt wird [4,5,14,18]. In Matrizenform lassen sich die zugehörigen Ausdrücke besonders kompakt schreiben.

In Bild 11.8 ist die den Verläufen in Bild 11.6 zugrundeliegende exakte Impulsantwort der Strecke zunächst einer Näherung gegenübergestellt, die bei Weglassen des Zählerpolynoms von $H_S(z)$ und Verstärkungsanpassung entsteht. Man erkennt, daß es sich bei den weggelassenen Nullstellen in der Tat um parasitäre Effekte handelt, die das Übertragungsverhalten nicht nennenswert verändern.

Der in Bild 11.6 gezeichnete kontinuierliche Einschwingvorgang soll nun zur Definition einer nullstellenfreien Stufen-Übertragungsfunktion $\hat{H}_S(z)$ dienen. Hierfür wird mit dem angegebenen Abtastraster für $y_1(\nu), x_2(\nu)$ ein Satz von $N = 50$ Gleichungen (11.30) verwendet, von denen jede einem Meßwertfenster von $n+1$ Wertepaaren entspricht. Die Impulsantworten der durch Regression für $n = 2$ und $n = 3$ entstehenden Näherungsfunktionen $\hat{H}(z)$ sind in Bild 11.9 der exakten Impulsantwort (aus Bild 11.8a) gegenübergestellt.

11.3 Nullstellenfreie diskrete Strecken-Übertragungsfunktion

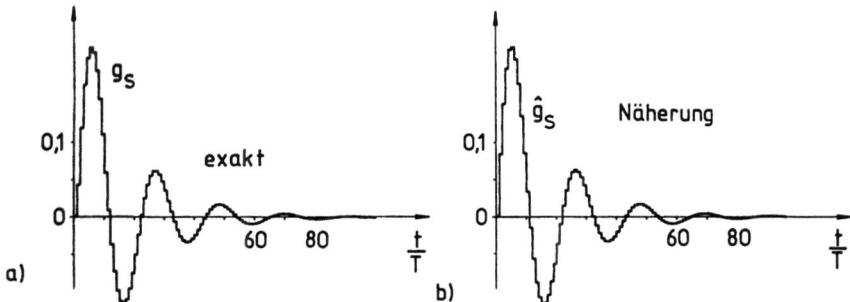

Bild 11.8: Impulsantwort einer schwach gedämpften Strecke 3. Ordnung
a) exakte Lösung
b) durch Weglassen des Zählers von $H_S(z)$ und Verstärkungsanpassung entstandene vereinfachte Lösung

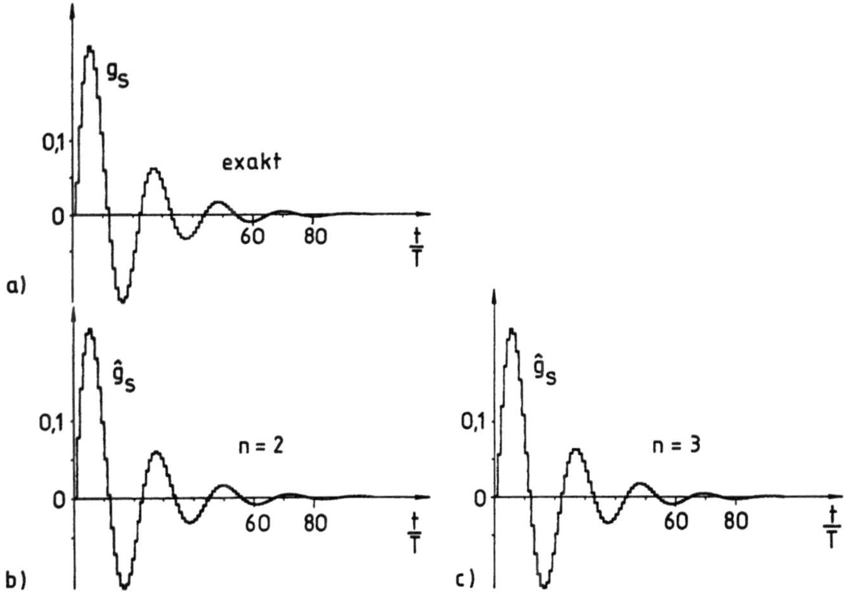

Bild 11.9: Impulsantwort einer aus den ungestörten Meßwerten in Bild 11.6 a,b durch Regression bestimmten nullstellenfreien Übertragungsfunktion
a) exakte Lösung für $H_S(z)$
b) Schätzung für $H_S(z)$ mit $n = 2$
c) Schätzung für $H_S(z)$ mit $n = 3$

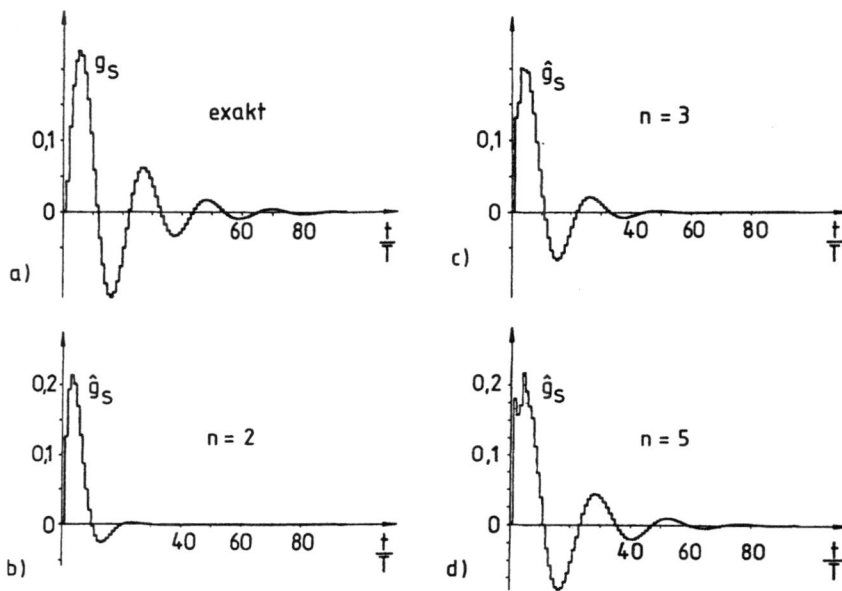

Bild 11.10: Ergebnis der Regression bei Verwendung der gestörten Meßwerte in Bild 11.6 a,c, sonst wie in Bild 11.9
a) exakte Impulsantwort für $H_S(z)$
b) Schätzung für $H_S(z)$ mit $n = 2$,
c) Schätzung für $H_S(z)$ mit $n = 3$
d) Schätzung für $H_S(z)$ mit $n = 5$

In Bild 11.10 ist das entsprechende Ergebnis bei Verwendung gestörter Meßwerte gezeigt. Die Güte der Schätzung geht infolge der Störung deutlich zurück, doch läßt sich dieser Mangel durch Erhöhung der Modellordnung n, d.h. Vergrößerung der Meßwertfenster, beheben. Eine andere Möglichkeit ist die Identifikation eines Störungsmodelles, das zusammen mit dem Streckenmodell geschätzt wird [4,5,14,18].

11.4 Kompensierender Regler für nullstellenfreie Strecken-Übertragungsfunktion

Mit der im vorhergehenden Abschnitt beschriebenen Beschreibung der Strecken-Übertragungsfunktion als nullstellenfreies Regressionsmodell läßt sich nun ein stabiler Regler für vorgebenes Einschwingverhalten bei Stör- und Führungsanregung bestimmen.

11.4 Kompensierender Regler für nullstellenfreie Strecke

Wählt man ein Störverhalten des geschlossenen Kreises, das gemäß Gl. (11.26) der Antwort der Strecke auf einen abklingenden Impuls entspricht,

$$M_U(z) = \frac{z-1}{z - z_{MU}} \hat{H}_S(z) , \qquad (11.38)$$

so hat der zugehörige Regler die Übertragungsfunktion (11.27)

$$H_R(z) = \frac{1 - z_{MU}}{z - 1} \frac{1}{\hat{H}_S(z)} . \qquad (11.39)$$

Mit Gl. (11.31) folgt daraus die an die geschätzte Regelstrecke angepaßte Regler-Übertragungsfunktion

$$H_R(z) = \frac{1 - z_{MU}}{z - 1} \frac{\hat{c}_n z^n + \ldots + \hat{c}_1 z + \hat{c}_0}{z^{n-1}} . \qquad (11.40)$$

Der Zähler ist dabei durch das Streckenmodell bestimmt; außerdem wird für die vollständige Ausregelung der Störgröße ein Integratorpol benötigt. Die Übertragungsfunktion läßt sich in übersichtlicher Form als Transversalfilter (Bild 9.4) zeichnen, dessen Gewichtsfaktoren durch die Koeffizienten $\hat{c}_\mu$ des Streckenmodells gegeben sind; der Integratorpol entsteht durch eine einzelne Mitkopplung (Bild 11.11).

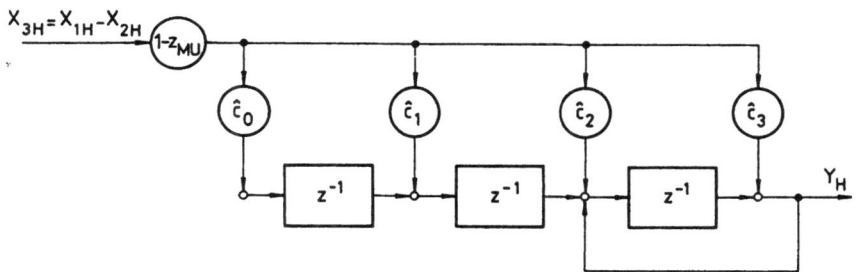

Bild 11.11: Blockschaltbild eines Transversalreglers

Da die Amplitude der Regler-Impulsantwort unmittelbar durch die Schätzkoeffizienten der Regelstrecke bestimmt sind, kann man diese Form des Reglers als Transversalregler bezeichnen; er enthält für $n = 2$ den Sonderfall eines PID-Reglers. Die mit diesem Regler erzielbare Führungs-Sprungantwort des geschlossenen Kreises ohne Vorfilter ist gemäß Gl. (11.28) vom Streckenmodell unabhängig und wird nur durch den Abklingparameter z_{MU} des geforderten Störverhaltens bestimmt. Bei Vorgabe eines zu kurzen Zeitmaßstabes sind auch hier hohe Stellamplituden zu erwarten.

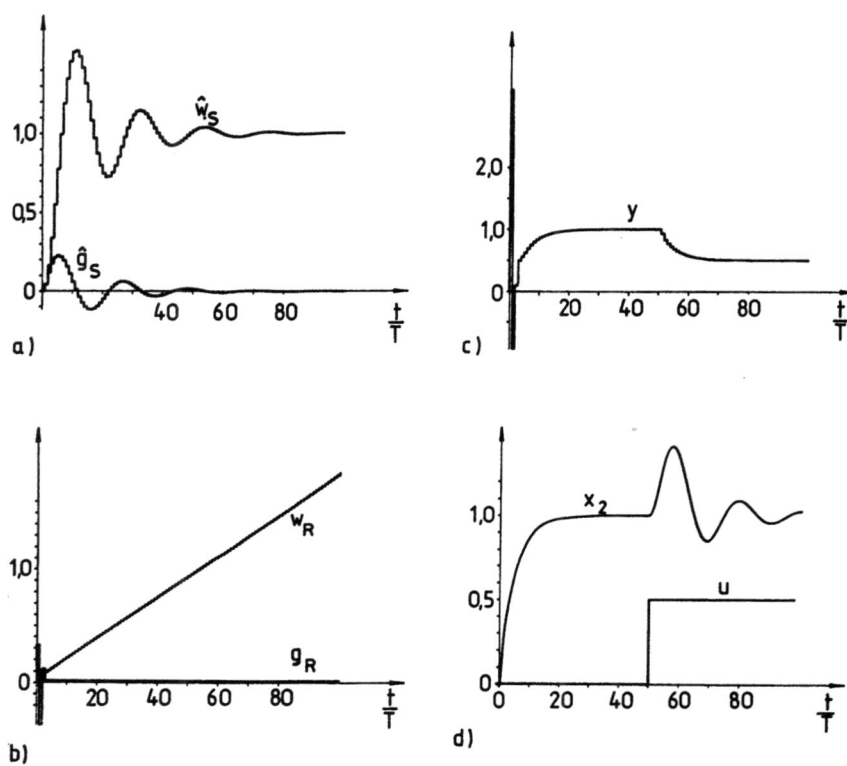

Bild 11.12: Regelung einer schwach gedämpften Regelstrecke mit einem Transversalregler für $n = 3$, Verwendung eines Störmodelles gemäß Gl. (11.38)
a) Impuls- und Sprungantwort der vereinfachten Strecke
b) Impuls- und Sprungantwort des zugehörigen Transversalreglers
c) Stellgröße bei sprungförmiger Führungs- und Störanregung
d) Sprungantworten des geschlossenen Kreises für Führungs- und Störanregung unter Verwendung des exakten Streckenmodells

11.4 Kompensierender Regler für nullstellenfreie Strecke

In Bild 11.12 ist das Ergebnis dieser Reglerauslegung für den in Bild 11.9c betrachteten Fall gezeigt, wo die gedämpfte schwingungsfähige Strecke durch ein nullstellenfreies Streckenmodell 3. Ordnung angenähert wurde. Die Strekken-Sprungantwort, die Regler-Impulsantwort und die Sprungantwort des geschlossenen Kreises für Stör- und Führungsanregung sind dabei zusammen mit dem Stellgrößenverlauf aufgetragen. Für die Simulation des geschlossenen Kreises wurde die Strecke durch das exakte Modell beschrieben. Das Störverhalten ist mit diesem Regler offensichtlich unbefriedigend, da er wegen Gl. (11.40) für Eigenschwingungen der Strecke wie eine Bandsperre wirkt und nicht reagiert. Dies folgt aus der Tatsache, daß es sich auch bei einem Ansatz gemäß Gl. (11.39) um einen Kompensationsregler handelt.

11.5 Störmodell zur Dämpfung von Strecken-Eigenschwingungen

Die Stör-Sprungantwort des geschlossenen Kreises in Bild 11.12d macht deutlich, daß der Ansatz eines Störmodells gemäß Gl. (11.38) lediglich dazu dient, den Gleichanteil der störungsbedingten Auslenkung zu unterdrücken, während die charakteristischen Eigenschwingungen der Regelstrecke unverändert erhalten bleiben. Wie schon erwähnt, führt der Grenzfall $z_{MU} \to 0$ ja auf eine Stör-Sprungantwort des geschlossenen Kreises, die der Impulsantwort der Regelstrecke entspricht. Um solche, möglicherweise schwach gedämpfte Schwingungen wirksam zu unterdrücken, ist deshalb ein anderer Ansatz für das Störmodell erforderlich. Ein einfaches Verfahren, das sich ebenfalls am Zeitverhalten der Strecke orientiert, wurde in [47,48] vorgeschlagen: Eine sprungförmige Störgröße $u(\nu) = s(\nu)$ mit der Bildfunktion

$$U_H(z) = F_H T \frac{z}{z-1} \qquad (11.41)$$

hat am Ausgang der ungeregelten Strecke die diskrete Sprungantwort $x_2(\nu) = w_S(\nu)$ mit $w_S(0) = 0$ zur Folge. Verlangt man nun, daß bei einer sprungförmigen Störanregung im geschlossenen Kreis für die Ausgangsgröße

$$x_2(\nu) \stackrel{!}{=} w_S(\nu) e^{-(\nu-1)T/T_{MU}} = w_S(\nu) z_{MU}^{\nu-1}, \quad \nu \geq 0, \qquad (11.42)$$

gelten soll, wobei $0 < z_{MU} < 1$ ist, so bedeutet dies, daß die Form des Ausgleichsvorganges nicht wie bei Gl. (11.38) nur durch die Regelstrecke bestimmt wird, sondern auch von der gewählten Abklingzeitkonstanten T_{MU} abhängt; der Regler soll also die Strecken-Sprungantwort exponentiell abbauen. Wegen $w_S(0) = 0$ kann sich die Stellgröße, auch bei vernachlässigbarer Rechenzeit, frühestens bei $\nu = 2$ auf die Regelgröße auswirken; in Bild 11.13a ist dies schematisch angedeutet.

Überträgt man die Forderung (11.42) in den z-Bereich, so führt sie auf eine neue Form des Störmodells

$$\begin{aligned} X_{2H}(z) &= U_H(z) M_U(z) = F_H T \frac{z}{z-1} M_U(z) \\ &\stackrel{!}{=} F_H T \sum_{\nu=0}^{\infty} \left[w_S(\nu) z_{MU}^{(\nu-1)} \right] z^{-\nu} \\ &= F_H \frac{1}{z_{MU}} T \sum_{\nu=0}^{\infty} w_S(\nu) \left(\frac{z}{z_{MU}} \right)^{-\nu}. \end{aligned} \qquad (11.43)$$

11.5 Störmodell zur Dämpfung von Strecken-Eigenschwingungen   197

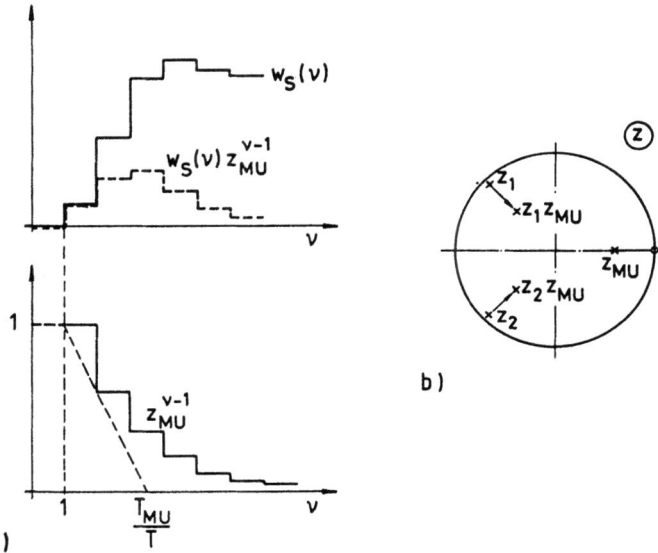

a)

Bild 11.13: Exponentiell gewichtete Strecken-Sprungantwort als Störantwort des geschlossenen Kreises
a) Sprungantwort
b) Pole und Nullstellen des Störmodelles

Der letzte Ausdruck läßt sich nach dem Dämpfungssatz der Laplace-Transformation (Gl. 6.15) umschreiben,

$$\begin{aligned}X_{2H}\left(\frac{z}{z_{MU}}\right) &= F_H \frac{1}{z_{MU}} \left[T \frac{z}{z-1} H_S(z)\right] \left(\tfrac{z}{z_{MU}}\right) \\ &= F_H T \frac{1}{z_{MU}} \frac{z}{z-z_{MU}} H_S\left(\tfrac{z}{z_{MU}}\right) .\end{aligned} \quad (11.44)$$

Durch Vergleich mit Gl. (11.43) folgt

$$M_U(z) = \frac{z-1}{z-z_{MU}} \frac{1}{z_{MU}} H_S\left(\tfrac{z}{z_{MU}}\right) . \quad (11.45)$$

Ebenso wie vorher ergibt sich dabei eine Differentiation, eine in der Störgrösse enthaltene Gleichkomponente wird somit durch den Regler unterdrückt; gleichzeitig werden jedoch wie in Bild 11.13b gezeigt, die Eigenwerte der Regelstrecke mit einem Skalenfaktor $z_{MU} < 1$ reduziert, d.h. weiter ins Innere des Einheitskreises verschoben, so daß die Dämpfung erhöht und der Ausgleichsvorgang abgekürzt wird. Anstelle der einfachen Exponentialfunktion in Gl. (11.42) kann auch eine Funktion höherer Ordnung zur Unterdrückung der Regelabweichung verwendet werden.

Das in Abschnitt 11.4 betrachtete Beispiel einer Regelstrecke 2. Ordnung mit der Stufen-Übertragungsfunktion in Gl. (11.11) ergibt damit als das Störmodell des geschlossenen Kreises

$$
\begin{aligned}
M_U(z) &= \frac{z-1}{z-z_{MU}} \frac{1}{z_{MU}} \frac{r_1\left(\frac{z}{z_{MU}} - z_0\right)}{\left(\frac{z}{z_{MU}} - z_1\right)\left(\frac{z}{z_{MU}} - z_2\right)} \\
&= r_1 \frac{z-1}{z-z_{MU}} \frac{z - z_0 z_{MU}}{(z - z_1 z_{MU})(z - z_2 z_{MU})}.
\end{aligned}
\tag{11.46}
$$

Dieses Störmodell kann dazu dienen, aus Gl. (11.22) die Regler-Übertragungsfunktion zu berechnen. Wegen der hierin vorkommenden inversen Strecken-Übertragungsfunktion besteht allerdings auch hier die Gefahr verborgener Schwingungen.

Es ist deshalb zweckmäßig, für den Reglerentwurf wieder eine nullstellenfreie vereinfachte Strecken-Übertragungsfunktion gemäß Gl. (11.31) zu verwenden. Das allgemeine Störmodell in Gl. (11.45) erhält dann die Form

$$
\begin{aligned}
M_U(z) &= \frac{z-1}{z-z_{MU}} \frac{1}{z_{MU}} \frac{(z/z_{MU})^{n-1}}{\hat{c}_n (z/z_{MU})^n + \ldots + \hat{c}_1 (z/z_{MU}) + \hat{c}_0} \\
&= \frac{z-1}{z-z_{MU}} \frac{z^{n-1}}{\hat{c}_n z^n + \hat{c}_{n-1} z_{MU} z^{n-1} + \ldots + \hat{c}_1 z_{MU}^{n-1} z + \hat{c}_0 z_{MU}^n}.
\end{aligned}
\tag{11.47}
$$

Für das Beispiel in Bild 11.9 eines durch Regression gefundenen nullstellenfreien Modells 3. Ordnung sind die Ergebnisse dieses Reglerentwurfs in Bild 11.14 dargestellt. Als Regler entsteht dabei wieder ein Transversalfilter gemäß Bild 11.11 mit $n = 3$ und nachfolgender Integration; in der Stör-Sprungantwort sind nun aber die in Bild 11.12d noch enthaltenen Strecken-Eigenschwingungen vollständig unterdrückt. Für die Berechnung der Einschwingvorgänge in Bild 11.14 wurde dabei wieder die vollständige Strecken-Übertragungsfunktion zugrunde gelegt; die vereinfachte Form dient ja lediglich zur Bestimmung des Störmodells und des Reglers.

Die in Bild 11.14c noch störende hohe Stellamplitude bei Führungsanregung läßt sich durch Vorschalten eines verzögernden Führungsfilters $H_F(z)$ reduzieren; in Bild 11.15 ist dies für den gleichen Reglerentwurf wie in Bild 11.14 gezeigt. Damit ist das angestrebte Ziel erreicht, daß der Regler im geschlossenen Kreis für Stör- und Führungsanregung ein brauchbares Einschwingverhalten erzeugt, ohne hohe oder stark oszillierende Stellamplituden zu verwenden.

11.5 Störmodell zur Dämpfung von Strecken-Eigenschwingungen

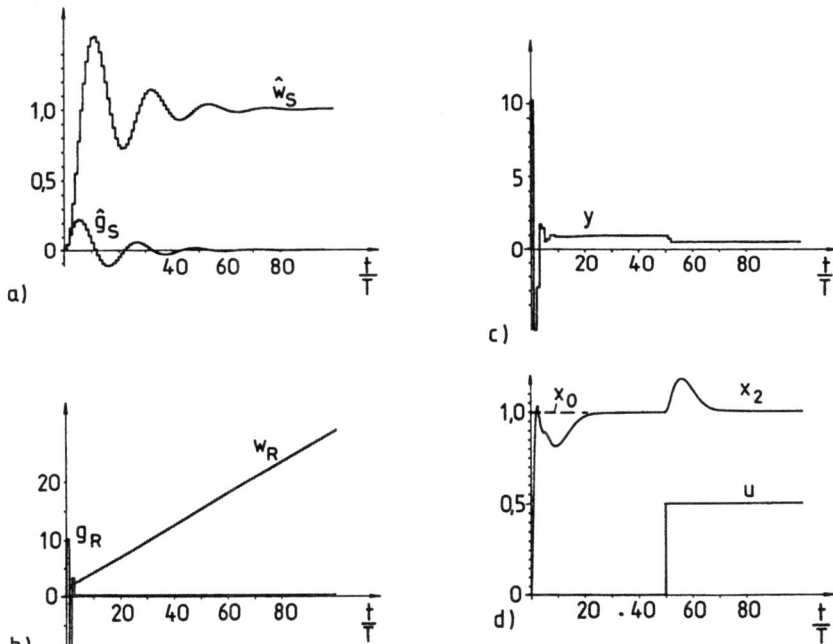

Bild 11.14: Regelung einer schwach gedämpften Regelstrecke mit einem Transversalregler für $n = 3$, Verwendung eines Störmodells gemäß Gl. (11.45)
a) Impuls- und Sprungantwort der vereinfachten Strecke
b) Impuls- und Sprungantwort des zugehörigen Transversalreglers
c) Stellgröße bei sprungförmiger Führungs- und Störanregung
d) Sprungantworten des geschlossenen Kreises ohne Führungsgrößenfilter für Führungs- und Störanregung unter Verwendung des exakten Streckenmodells

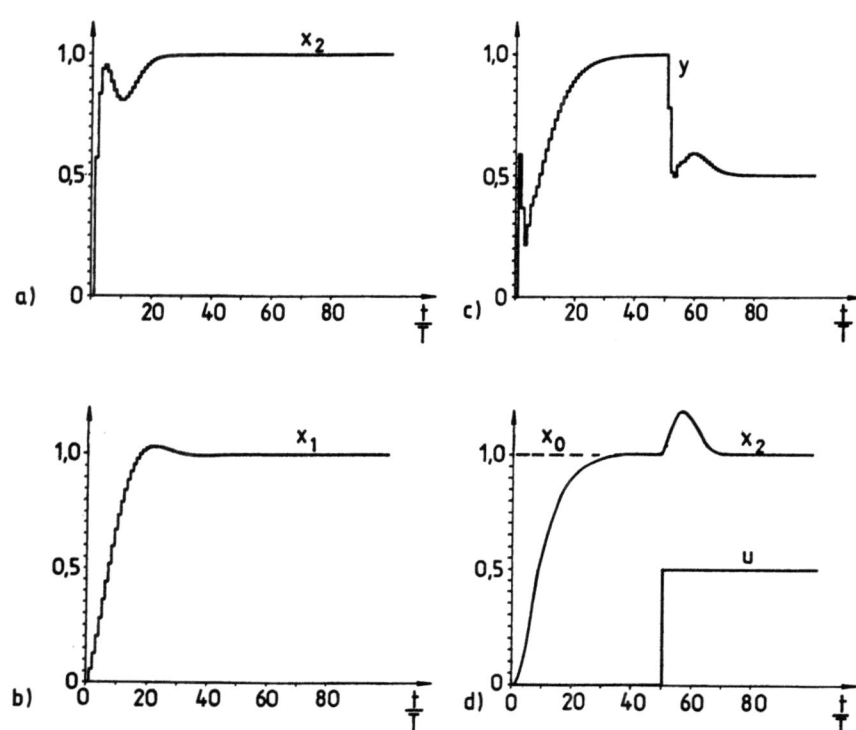

Bild 11.15: Regelung einer schwach gedämpften Regelstrecke wie in Bild 11.14, aber mit Führungsgrößenfilter 2. Ordnung
a) Sprungantwort des geschlossenen Kreises ohne Führungsfilter
b) Sprungantwort des Führungsfilters
c) Stellgröße und
d) Regelgröße des geschlossenen Kreises mit Führungsgrößenfilter bei sprungförmiger Führungs- und Störanregung

11.6 Zeitdiskretes Streckenmodell für eine ganzzahlig vielfache Abtastperiode kT

In Abschnitt 11.3 wurde gezeigt, wie aufgrund experimentell gegebener Verläufe der Eingangs- und Ausgangsgrößen $y_1(t), x(t)$ einer als linear angenommenen Strecke ein angenähertes diskretes Modell in Form einer Differenzengleichung

$$\sum_{\mu=0}^{n} \hat{c}_\mu x(\nu - n + \mu) = y_1(\nu - 1), \quad \nu = 0, 1, \ldots N - 1, \tag{11.48}$$

oder der zugehörigen Stufen-Übertragungsfunktion

$$\hat{H}_S(z) = \frac{z^{n-1}}{\sum\limits_{\mu=0}^{n} \hat{c}_\mu z^\mu} \tag{11.49}$$

durch Regression gewonnen werden kann. Dabei sind $y_1(\nu T), x(\nu T)$ Paare von Abtastwerten, die den kontinuierlichen Signalen im zeitlichen Abstand T entnommen werden. Die mit einem Regressionsansatz geschätzten Modellparameter $\hat{c}_\mu$ hängen natürlich von der gewählten Abtastperiode T ab.

Bei der Wahl von T als der späteren Abtastperiode der Regelung ist zu bedenken, daß eine dynamisch hochwertige Regelung wegen der zu beliebigen Zeitpunkten angreifenden Störgrößen eine vergleichsweise hohe Abtastfrequenz, also kleine Werte von T, erfordert; andererseits soll die Ordnung n des Streckenmodells nicht zu hoch sein, um den rechnerischen Aufwand in Grenzen zu halten. Dies kann dazu führen, daß die Meßwertfenster der Länge nT, wie in Bild 11.16a gezeigt, jeweils nur einen kleinen Teil des Ausgleichsvorgangs überdecken; die Schätzgleichungen haben dann die Tendenz, linear abhängig zu werden, was bei der Regression, d.h. der Lösung des Gleichungssystems (11.35), numerische Probleme ergeben kann.

Um diese Schwierigkeit zu umgehen, hat es sich als zweckmäßig erwiesen, für die Bestimmung eines Streckenmodells anhand des Meßwerteverlaufes — die „Identifizierung" — ein ganzzahlig Vielfaches k der Abtastperiode, d.h. Meßwerte im Abstand kT, zu verwenden [14,34]. Die Meßwertfenster haben dann die Länge nkT, so daß sich eine bessere Überdeckung des gemessenen Ausgleichsvorganges erreichen läßt.

Die neuen Schätzgleichungen lauten dann

$$\sum_{\mu=0}^{n} \hat{c}_{\mu k} x(\nu - kn + k\mu) = y_1(\nu - k), \tag{11.50}$$

entsprechend der zugehörigen Stufen-Übertragungsfunktion

$$\hat{H}_{Sk}(z) = \frac{z^{k(n-1)}}{\sum\limits_{\mu=0}^{n} \hat{c}_{\mu k} z^{k\mu}}. \tag{11.51}$$

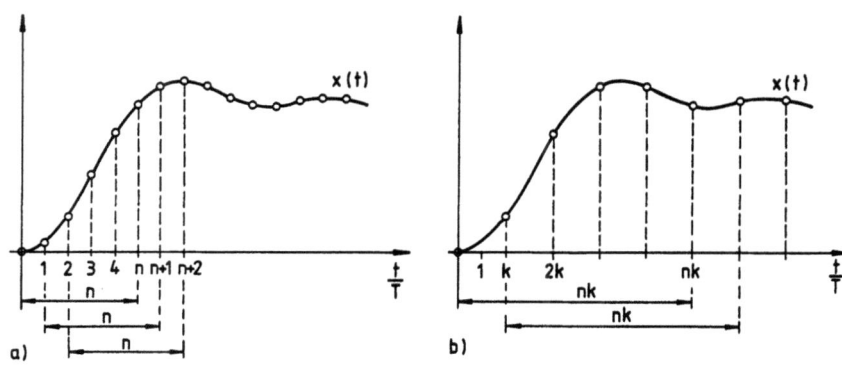

Bild 11.16: Wahl der Abtastwerte für die Bildung eines diskreten Modells
a) Meßwerte im Abstand T
b) Meßwerte im Abstand kT

Die für die Regelung benötigte Übertragungsfunktion in Gl. (11.49) entspricht somit dem Sonderfall für $k=1$,

$$\hat{H}_S(z) = \hat{H}_{S1}(z) \ . \tag{11.52}$$

Die Zerlegung des Nennerpolynoms in z^k führt auf

$$\hat{H}_{Sk}(z) = \frac{z^{k(n-1)}}{\hat{c}_{nk}\prod_{1}^{n}(z^k - z_{\lambda k})} \ . \tag{11.53}$$

Da die Pole p_λ durch die kontinuierliche Strecke, d.h. den Verlauf von $x(t), y(t)$, gegeben und von der Abtastperiode unabhängig sind, muß gelten

$$z_{\lambda k} = e^{kTp_\lambda} = z_\lambda{}^k \ , \tag{11.54}$$

so daß die Partialbruchreihe folgende Form annimmt

$$\hat{H}_{Sk}(z) = \sum_{\lambda=1}^{n} \frac{B_{\lambda k}}{z^k - z_\lambda{}^k} \ . \tag{11.55}$$

Für die Residuen gilt gemäß dem Ergebnis in Gl. (5.30, 5.31)

$$B_{\lambda k} = \frac{1 - z_\lambda{}^k}{-p_\lambda} R_\lambda(F_S) \ . \tag{11.56}$$

Man erhält somit folgende Rechenvorschrift, um aus der identifizierten Stufen-Übertragungsfunktion $\hat{H}_{Sk}(z)$ die für die Regelung benötigte Funktion $\hat{H}_{S1}(z)$ zu finden:

11.6 Zeitdiskretes Streckenmodell für eine Abtastperiode kT

Nach Berechnung der Pole $z_{\lambda k}$ ist zunächst die Partialbruchentwicklung für $\hat{H}_{Sk}(z)$ auszuführen. Mit Gln. (5.30, 5.31, 11.56) folgen daraus die Residuen von $\hat{H}_{S1}$ gemäß

$$B_\lambda = B_{\lambda 1} = \frac{R_\lambda(F_S)}{-p_\lambda}(1 - z_\lambda) = B_{\lambda k}\frac{1 - z_\lambda}{1 - z_\lambda^k}, \qquad (11.57)$$

und die für die Reglerauslegung benötigte Stufen-Übertragungsfunktion mit der Grundperiode T lautet

$$\hat{H}_S(z) = \sum_{\lambda=1}^{n}\frac{B_\lambda}{z - z_\lambda} = \sum_{\lambda=1}^{n} B_{\lambda k}\frac{1 - z_\lambda}{1 - z_\lambda^k}\frac{1}{z - z_\lambda}. \qquad (11.58)$$

Für die Pole $z = \sqrt[k]{z_{\lambda k}}$ wird wegen des Abtasttheorems der Grundwert mit dem kleinsten Winkel genommen.

12 Synthese eines Abtastregelkreises mit Einschwingvorgang endlicher Dauer

Beim Entwurf eines Abtastreglers durch Spezifikation des diskreten Führungs- und Störverhaltens im geschlossenen Kreis zeigte sich, daß die Vorgabe der Abtastwerte der Regelgröße nicht ausreicht, um in jedem Fall den gewünschten gut gedämpften Verlauf der Regelgröße zu erhalten. Vielmehr können am Ausgang der Regelstrecke schwach gedämpfte oder instabile Schwingungen entstehen, die wegen ihrer Phasenlage dem Abtastregler verborgen bleiben.

Daß Einschwingvorgänge im Prinzip unendlich lange dauern, ist eine Eigenschaft jedes kontinuierlichen Systems mit konzentrierten Speichereffekten, da sie (im linearen Fall) Kombinationen von Exponentialfunktionen darstellen; das gleiche gilt für Abtastsysteme, deren Impuls- oder Stufen-Übertragungsfunktionen z-Pole außerhalb des Ursprungs aufweisen. Wie gezeigt wurde, genügt eine feste Abtastphase nicht, um zeitlich unbegrenzte Einschwingvorgänge auszuschließen. Eine Ausnahme bilden lediglich Transversalfilter, d.h. offene Laufzeitketten, bei denen die Pole der Impuls-Übertragungsfunktion für beliebige Abtastphasen im Ursprung der z-Ebene liegen.

Wie in diesem Abschnitt gezeigt werden soll, ist es jedoch möglich, die Regler-Übertragungsfunktion $H_R(z)$ so zu bestimmen, daß die Übertragungsfunktion des geschlossenen Kreises keine Pole außerhalb des Ursprungs aufweist. $x_2(\nu)$ verkörpert dann für jede Abtastphase ε (Abschnitt 5.3) einen zeitlich begrenzten Einschwingvorgang, so daß ab einem bestimmten Zeitpunkt $t = qT$ nach einer Führungs- oder Störanregung sämtliche Ausgleichsvorgänge abgeschlossen sind. Allerdings hängt diese Eigenschaft vom Ort der Anregung ab; ist der Regler z.B. für ein zeitlich begrenztes Führungsverhalten ausgelegt, so gilt sie im allgemeinen bei Störanregungen nicht; auch ist eine genaue Kenntnis des Streckenverhaltens erforderlich. Die praktische Bedeutung des Verfahrens ist deshalb begrenzt. Dennoch handelt es sich um eine zumindest theoretisch interessante Möglichkeit, für die es bei kontinuierlichen und laufzeitfreien Regelsystemen nichts Vergleichbares gibt.

Den folgenden Überlegungen wird wieder der in Bild 11.1 gezeichnete Abtast- Regelkreis mit diskretem Regler $H_R(z)$, aber ohne Rückführung, $H_Y(z) = 0$, zugrunde gelegt, der die kontinuierliche Tiefpaß-Regelstrecke mit einer stufenförmigen Stellgröße $y(\nu)$ ansteuert. Für den Reglerentwurf ist es notwendig, die Regelstrecke im Detail zu beschreiben.

12.1 Zustandsgrößen einer kontinuierlichen linearen Regelstrecke

Eine zeitinvariante Übertragungsstrecke mit der Steuergröße $y(t)$ und der Ausgangsgröße $x_2(t)$, die n unabhängige interne Energiespeicher aufweist, werde durch die lineare Differentialgleichung n. Ordnung beschrieben,

$$\sum_{\mu=0}^{n} a_\mu \frac{d^\mu x_2}{dt^\mu} = \sum_{\mu=0}^{m \leq n} b_\mu \frac{d^\mu y}{dt^\mu}, \qquad (12.1)$$

wobei a_μ, b_μ reelle Konstanten mit der Dimension (Zeit)$^\nu$ sind. Die zugehörige Übertragungsfunktion

$$\frac{X_2(p)}{Y(p)} = F_S(p) = \frac{\sum_{\mu=0}^{m \leq n} b_\mu p^\mu}{\sum_{\mu=0}^{n} a_\mu p^\mu} \qquad (12.2)$$

läßt sich, ähnlich wie in Bild 9.10, durch ein Blockschaltbild in Regelungs-Normalform, Bild 12.1, darstellen, wobei an die Stelle der Verschiebespeicher Integratoren treten; die Parameter $a_\mu/a_{\mu-1} = T_{i\mu}$ entsprechen in der normierten Form Integrator-Zeitkonstanten. Stabilität und Dämpfung werden wegen der Rückkopplungen wieder nur durch die Koeffizienten des homogenen Teils der Differentialgleichung bestimmt, während die dimensionslosen Koeffizienten b_μ/a_μ auch hier die Bedeutung von rückwirkungsfreien Abgriffen oder Wichtungsfaktoren haben [7,11,20].

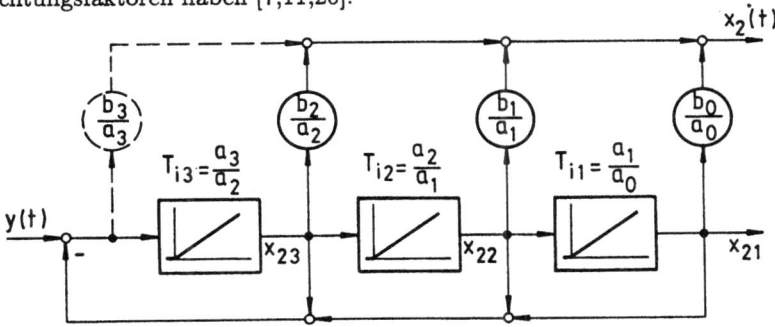

Bild 12.1: Blockschema (n=3) einer kontinuierlichen linearen Übertragungsstrecke in Normalform

Das Blockschema läßt sich somit als Ersatzschaltung für eine beliebige lineare Regelstrecke mit n Energiespeichern verwenden, obwohl das wirkliche System möglicherweise eine ganz andere Struktur aufweist.

Die Ausgangsgrößen $x_{21}(t), x_{22}(t), \ldots x_{2n}(t)$ der n Integratoren sind (bei endlicher Steuergröße) stetige Funktionen, die den energetischen Zustand der Strecke in jedem Augenblick vollständig beschreiben; sie werden deshalb als „Zustandsgrößen" der Regelstrecke bezeichnet.

Die Ausgangsgröße $x_2(t)$ ist somit eine Linearkombination der n Zustandsgrößen; der gestrichelt angedeutete Abgriff ist bei einer Strecke mit Tiefpaßverhalten nicht vorhanden, $b_n = 0$; natürlich können wegen $b_\mu = 0$ noch weitere Abgriffe entfallen.

Charakteristisch für diese Art der Darstellung ist, ähnlich wie im diskreten Fall, Abschnitt 1.8, daß an die Stelle der Differentialgleichung n. Ordnung für die Ausgangsgröße x_2 ein Satz von Differentialgleichungen 1. Ordnung für die Zustandsgrößen $x_{2\lambda}$ tritt,

$$\frac{a_1}{a_0}\frac{dx_{21}}{dt} = x_{22},$$
$$\frac{a_2}{a_1}\frac{dx_{22}}{dt} = x_{23},$$
$$\vdots$$
$$\frac{a_n}{a_{n-1}}\frac{dx_{2n}}{dt} = y - (x_{21} + x_{22} + \ldots x_{2n}); \qquad (12.3)$$

die Ausgangsgröße erhält man durch Überlagerung gemäß einer algebraischen Gleichung

$$x_2(t) = \sum_{\lambda=1}^{n} \frac{b_{\lambda-1}}{a_{\lambda-1}} x_{2\lambda}(t), \quad b_n = 0. \qquad (12.4)$$

Das in Bild 12.1 gezeigte lineare Blockschema läßt sich in verschiedener Weise umzeichnen, so daß andere Zustandsgrößen entstehen, ohne daß das Übertragungsverhalten zwischen $y(t)$ und $x_2(t)$ sich ändert. Die Definition von Zustandsgrößen ist also nicht eindeutig.

Den Sonderfall eines Verzögerungsgliedes ohne Vorhalt erhält man mit

$$a_0 = 1, \quad b_0 = V, \quad b_1 = b_2 \ldots = b_n = 0$$
$$F(p) = \frac{V}{a_n p^n + \ldots + a_1 p + 1}. \qquad (12.5)$$

Für die Zustandsgleichungen gilt dann

$$V x_{21}(t) = x_2(t),$$
$$V x_{22}(t) = a_1 x_2'(t),$$
$$V x_{23}(t) = a_2 x_2''(t),$$
$$\vdots$$
$$V x_{2n}(t) = a_{n-1} x_2^{(n-1)}(t), \qquad (12.6)$$

12.2 Einschwingvorgang endlicher Dauer bei Führungsanregung

d.h. die Ausgangsgröße x_2 und ihre $n-1$ stetigen Ableitungen können als Zustandsvariable definiert werden.
In Bild 12.2 sind als Beispiel die Zustandsgrößen einer Tiefpaßstrecke

$$F_S(p) = \frac{1}{(T_1 p + 1)^3} \quad (12.7)$$

bei sprungförmiger Anregung aufgetragen; sie werden im folgenden als Sprungantworten der Zustandsgrößen $x_{2\lambda}(t) = w_{2\lambda}(t)$ bezeichnet.

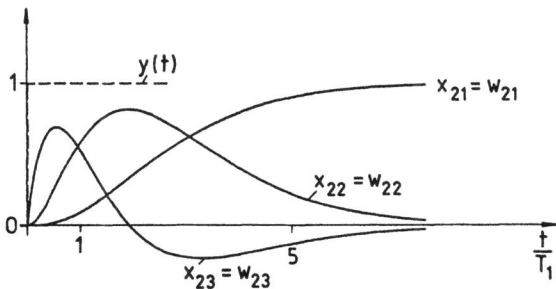

Bild 12.2: Verlauf der Zustandsgrößen einer aperiodischen Verzögerungsstrecke bei sprungförmiger Anregung

12.2 Synthese der Reglerfunktion für Einschwingvorgang endlicher Dauer bei Führungsanregung

Wird bei einem Abtastregelkreis nach Bild 11.1 gefordert, daß der z.B. durch eine sprungförmige Änderung der Führungsgröße $x_1(t)$ bei $t = 0$ ausgelöste Einschwingvorgang nach q Abtastperioden vollständig abgeschlossen ist, so muß sichergestellt sein, daß bei $t = qT$ sämtliche Zustandsgrößen der Strecke ihre jeweiligen Endwerte erreicht haben und vom Regler für $t \geq qT$ nur noch das stationäre Stellsignal geliefert wird. Für eine proportional wirkende Regelstrecke nach Bild 12.1 bedeutet dies, daß im Endpunkt $t = qT$ genau n Randbedingungen

$$\begin{aligned} x_{21}(qT) &= 1/V, \\ x_{22}(qT) &= x_{23}(qT) = \ldots x_{2n}(qT) = 0 \end{aligned} \quad (12.8)$$

erfüllt sein müssen. Da die Stellgröße y einen stufenförmigen Verlauf hat, müssen mindestens n Abtastintervalle mit n freien Stellamplituden $y(\nu), \nu = 0, 1, \ldots n-1$, verstreichen, um diese Randbedingungen erfüllen zu können; es gibt also einen minimalen Wert für die Einschwingdauer, $q \geq n$.

Nach Abschluß des Einschwingvorganges muß ferner am Streckeneingang die erforderliche stationäre Stellgröße anliegen,

$$y(t \geq qT) = 1/V \ . \tag{12.9}$$

In Bild 12.3 ist der prinzipielle Verlauf des Regelvorganges, der wegen der notwendigerweise genauen Anpassung des Reglers an das Streckenverhalten mehr den Charakter einer Steuerung hat, skizziert.

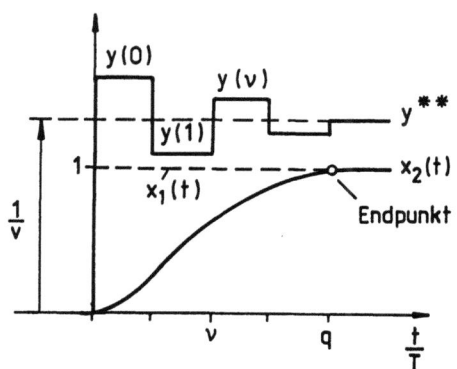

Bild 12.3: Prinzip eines Regelvorganges endlicher Dauer

Schreibt man für den Stellgrößenverlauf mit $y(-1) = 0$ eine Folge von verschobenen Sprungfunktionen,

$$\begin{aligned} y(t) = y^{**}(t) &= \sum_{\nu=0}^{q} [y(\nu) - y(\nu-1)] \, s(t - \nu T) \\ &= \sum_{\nu=0}^{q} \Delta y(\nu) s(t - \nu T) \ , \end{aligned} \tag{12.10}$$

so gilt für die Zustandsgrößen die Faltungssumme,

$$x_{2\lambda}(t) = \sum_{\nu=0}^{q} \Delta y(\nu) w_{2\lambda}(t - \nu T) \ ; \tag{12.11}$$

die Randbedingungen bei $t = qT$ lauten somit

$$\begin{aligned} x_{21}(qT) &= \sum_{\nu=0}^{q-1} \Delta y(\nu) w_{21}(q - \nu) = 1/V \ , \\ x_{22}(qT) &= \sum_{\nu=0}^{q-1} \Delta y(\nu) w_{22}(q - \nu) = 0 \ , \\ &\vdots \\ x_{2n}(qT) &= \sum_{\nu=0}^{q-1} \Delta y(\nu) w_{2n}(q - \nu) = 0 \ . \end{aligned} \tag{12.12}$$

12.2 Einschwingvorgang endlicher Dauer bei Führungsanregung

Für $t \geq qT$ muß außerdem gelten

$$y(t \geq qT) = \sum_{\nu=0}^{q} \Delta y(\nu) = 1/V \, , \qquad (12.13)$$

jedoch hat der letzte Sprung der Stellgröße bei $\nu = q$ wegen der Tiefpaßeigenschaft der Regelstrecke keinen Einfluß auf die Endbedingung. Falls der Einschwingvorgang die kürzestmögliche Dauer haben soll, $q = n$, werden durch dieses lineare Gleichungssystem die ersten $n + 1$ Differenzen der Stellgrösse $\Delta y(0), \Delta y(1), \ldots \Delta y(n)$ festgelegt, d.h. es besteht keine Möglichkeit, die Stellgrößen selbst zu beeinflussen. Es ist deshalb nicht auszuschließen, und berechnete Beispiele bestätigen dies, daß der erforderliche Stellgrößenverlauf unerwünscht hohe Amplituden und starke Schwingungen aufweisen kann.

Um zusätzliche Freiheitsgrade zu gewinnen, die sich zur Einebnung der Stellgröße nutzen lassen, ist es zweckmäßig, den Einschwingvorgang über die kürzestmögliche Dauer hinaus zu verlängern, $q > n$, was natürlich den Reglerentwurf verkompliziert und auch den Rechenaufwand für den im Betrieb abzuarbeitenden Algorithmus erhöht.

Eine einfache Möglichkeit, um die Schwankungen des Stellgrößenverlaufes zu reduzieren, ist die Einführung einer quadratischen Zielfunktion der Differenzen,

$$Q = \frac{1}{2} \sum_{\nu=0}^{q-1} [\Delta y(\nu)]^2 \, , \qquad (12.14)$$

die unter Berücksichtigung der Randbedingungen Gln. (12.12) zu minimieren ist. Das Ergebnis ist dann ein Stellgrößenverlauf, der bei möglichst geringen Schwankungen gerade die Randbedingungen erfüllt. Die letzte Stufe der Stellgröße ist nicht in der Zielfunktion enthalten, da die Randbedingung (12.13) nur den Endwert der Stellgröße bestimmt und nicht Teil des eigentlichen Steuervorganges ist.

Der Reglerentwurf erfordert somit die Lösung einer Minimumsaufgabe mit Nebenbedingung, was am einfachsten durch Ansatz einer Zielfunktion mit konstanten Lagrange-Multiplikatoren M geschehen kann [4].

$$L = Q + \sum_{\lambda=1}^{n} M_\lambda G_\lambda \stackrel{!}{=} \min_{\Delta y(\mu)} \, ; \qquad (12.15)$$

G_λ entspricht dabei den Nebenbedingungen in Gl. (12.12). Einsetzen ergibt

$$L = \frac{1}{2} \sum_{\nu=0}^{q-1} [\Delta y(\nu)]^2 + M_1 \left[\sum_{\nu=0}^{q-1} \Delta y(\nu) w_{21}(q-\nu) - 1/V \right]$$
$$+ M_2 \left[\sum_{\nu=0}^{q-1} \Delta y(\nu) w_{22}(q-\nu) \right]$$

$$\vdots$$
$$+ M_n \left[\sum_{\nu=0}^{q-1} \Delta y(\nu) w_{2n}(q-\nu) \right]. \qquad (12.16)$$

Die Bedingungen für das gesuchte Minimum lauten

$$\frac{\partial L}{\partial \Delta y(\mu)} = \Delta y(\mu) + \sum_{\lambda=1}^{n} M_\lambda w_{2\lambda}(q-\mu) = 0 \, ; \quad \mu = 0, \ldots q-1 \, ; \qquad (12.17)$$

außerdem gelten die Nebenbedingungen

$$\frac{\partial L}{\partial M_\lambda} = G_\lambda = 0 \, , \quad \lambda = 1, \ldots n \, . \qquad (12.18)$$

Man erhält also insgesamt $n + q$ lineare Gleichungen für die $n + q$ Unbekannten M_λ und $\Delta y(\nu)$ für $0 \leq \nu < q$.

Die letzte Änderung der Stellgröße bei $\nu = q$, die keinen Ausgleichsvorgang mehr hervorruft, sondern nur noch den stationären Endwert aufrecht erhält, ist nach Gl. (12.13)

$$\Delta y(q) = 1/V - \sum_{\nu=0}^{q-1} \Delta y(\nu) \, . \qquad (12.19)$$

Die gefundenen Differenzen werden anschließend zur Stellgröße aufsummiert; damit gilt im Bildbereich

$$Y_H(z) = F_H T \frac{z}{z-1} \sum_{\nu=0}^{q} \Delta y(\nu) z^{-\nu} \, . \qquad (12.20)$$

Für die Abtastwerte der Zustandsgrößen erhält man mit Gl. (12.11)

$$x_{2\lambda}(\nu) = \sum_{\mu=0}^{q} \Delta y(\mu) w_{2\lambda}(\nu - \mu) \, , \quad \lambda = 1, \ldots n \qquad (12.21)$$

und daraus durch Überlagerung gemäß Gl. (12.4) die Regelgröße, d.h. die Sprungantwort des geschlossenen Kreises,

$$x_2(\nu) = \sum_{\lambda=1}^{n} \frac{b_{\lambda-1}}{a_{\lambda-1}} x_{2\lambda}(\nu) = \sum_{\lambda=1}^{n} \frac{b_{\lambda-1}}{a_{\lambda-1}} \sum_{\mu=0}^{q} \Delta y(\mu) w_{2\lambda}(\nu - \mu) \, . \qquad (12.22)$$

Damit gilt für die zeitlich begrenzte Regelabweichung

$$x_3(\nu) = 1 - x_2(\nu) \, , \quad \nu = 0, \ldots q-1 \, ; \quad x_3(\nu \geq q) = 0 \, . \qquad (12.23)$$

Die Bildfunktion der stufenförmigen Regelabweichung ist

$$X_{3H}(z) = F_H T \sum_{\nu=0}^{q-1} x_3(\nu) z^{-\nu} = F_H T \sum_{\nu=0}^{q-1} [1 - x_2(\nu)] z^{-\nu} \, . \qquad (12.24)$$

12.2 Einschwingvorgang endlicher Dauer bei Führungsanregung

Mit den so berechneten Ausdrücken für die Stellgröße $Y_H(z)$ und die Regelabweichung $X_{3H}(z)$ läßt sich nun die Übertragungsfunktion des Reglers angeben,

$$H_R(z) = \frac{Y_H(z)}{X_{3H}(z)} = \frac{z}{z-1} \frac{\sum\limits_{\nu=0}^{q} \Delta y(\nu) z^{q-\nu}}{\sum\limits_{\nu=0}^{q-1} x_3(\nu) z^{q-\nu}}$$

$$= \frac{z}{z-1} \frac{\sum\limits_{\nu=0}^{q} \Delta y(\nu) z^{q-\nu}}{\sum\limits_{\nu=0}^{q-1} \left[1 - \sum\limits_{\lambda=1}^{n} \frac{b_{\lambda-1}}{a_{\lambda-1}} \sum\limits_{\mu=0}^{q-1} \Delta y(\mu) w_{2\lambda}(\nu-\mu)\right] z^{q-\nu}}. \quad (12.25)$$

Da der stationäre Regelfehler Null vorgegeben wurde, muß der Regler wieder integrierend wirken.
Die Zähler- und Nennerkoeffizienten dieser Übertragungsfunktion vom Grad q sind durch die aus Gl. (12.17) berechneten Stellgrößendifferenzen vollständig bestimmt.

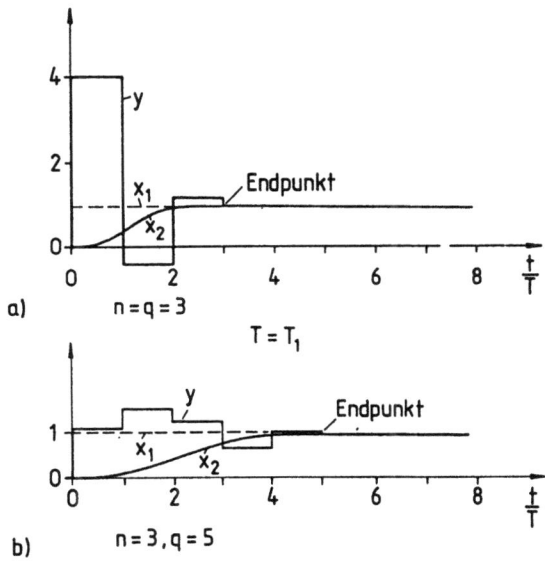

Bild 12.4: Regelung mit Einschwingvorgang endlicher Dauer
a) minimale Dauer b) nicht-minimale Dauer

Anhand eines Rechenbeispiels mit einer Streckenübertragungsfunktion gemäß Gl. (12.7) ist in Bild 12.4a,b der Einfluß einer verlängerten Regelzeit, $q \geq n$, auf den Verlauf des Stellsignals dargestellt; die Amplitude des Stellsignals wird deutlich reduziert.

12.3 Beispiel für endliche Dauer des Einschwingvorganges bei Führungsanregung

Das Prinzip des Reglerentwurfs mit dem Ziel eines Einschwingvorganges endlicher Dauer wird zunächst an einem überschaubaren Beispiel erläutert [17]. Für die bereits in früheren Abschnitten verwendete Regelstrecke mit der Übertragungsfunktion

$$F_S(p) = \frac{V}{(T_1 p + 1)(T_2 p + 1)} = \frac{V}{T_1 T_2 p^2 + (T_1 + T_2)p + 1}$$

erhält man das in Bild 12.5 gezeichnete Zustands-Blockschema in Normalform.

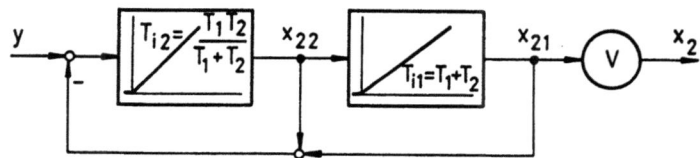

Bild 12.5: Blockschema eines PT_2-Gliedes mit den Zustandsgrößen x_{21}, x_{22}

Für die Sprungantworten der Zustandsgrößen findet man

$$\begin{aligned} w_{21}(t) &= 1 - \frac{T_1}{T_1 - T_2} e^{-t/T_1} + \frac{T_2}{T_1 - T_2} e^{-t/T_2}, \\ w_{22}(t) &= (T_1 + T_2)\frac{dw_{21}}{dt} = \frac{T_1 + T_2}{T_1 - T_2}\left[e^{-t/T_1} - e^{-t/T_2}\right]. \end{aligned} \quad (12.26)$$

Die zugehörigen Abtastwerte sind mit $e^{-T/T_1} = z_1, e^{-T/T_2} = z_2$

$$\begin{aligned} w_{21}(\nu) &= 1 - \frac{T_1}{T_1 - T_2} z_1^{\nu} + \frac{T_2}{T_1 - T_2} z_2^{\nu}, \\ w_{22}(\nu) &= \frac{T_1 + T_2}{T_1 - T_2}(z_1^{\nu} - z_2^{\nu}). \end{aligned} \quad (12.27)$$

Mit $n = q = 2$ haben die Randbedingungen (Gln. 12.12) die Form

$$\begin{aligned} x_{21}(2) &= \Delta y(0) w_{21}(2) + \Delta y(1) w_{21}(1) = 1/V, \\ x_{22}(2) &= \Delta y(0) w_{22}(2) + \Delta y(1) w_{22}(1) = 0. \end{aligned} \quad (12.28)$$

Das Ergebnis folgt nach einer Zwischenrechnung

$$\begin{aligned} \Delta y(0) &= \frac{1}{V}\frac{1}{(1 - z_1)(1 - z_2)}, \\ \Delta y(1) &= -\frac{1}{V}\frac{z_1 + z_2}{(1 - z_1)(1 - z_2)}. \end{aligned} \quad (12.29)$$

12.3 Beispiel für endliche Dauer des Einschwingvorganges

Außerdem muß wegen Gl. (12.13) gelten

$$\Delta y(2) = \frac{1}{V} \frac{z_1 z_2}{(1-z_1)(1-z_2)}, \quad \Delta y(3) = \ldots = 0. \tag{12.30}$$

Einsetzen in Gl. (12.20) ergibt die Bildfunktion der Stellgröße

$$Y_H(z) = F_H \frac{T}{V} \frac{1}{(1-z_1)(1-z_2)} \frac{z^2 - (z_1+z_2)z + z_1 z_2}{z(z-1)}. \tag{12.31}$$

Die Regelabweichung $x_3(\nu)$ besteht wegen $n = q = 2$ nur aus zwei von Nulll verschiedenen Werten

$$\begin{aligned} x_3(0) &= 1, \\ x_3(1) &= 1 - x_2(1) = 1 - V\Delta y(0)w_{21}(1) \\ &= \frac{T_2(1-z_2)z_1 - T_1(1-z_1)z_2}{(T_1-T_2)(1-z_1)(1-z_2)}. \end{aligned} \tag{12.32}$$

Der nächste Abtastwert ist nach Voraussetzung Null, $x_3(2) = 0$, ebenso wie alle nachfolgenden. Somit wird gemäß Gl. (12.24) die Bildfunktion der Regelabweichung

$$X_{3H}(z) = F_H T \left[1 + x_3(1)z^{-1}\right] = F_H T \frac{z - z_3}{z}, \tag{12.33}$$

und die Übertragungsfunktion des Reglers

$$H_R(z) = \frac{Y_H(z)}{X_{3H}(z)} = r_2 \frac{(z-z_1)(z-z_2)}{(z-1)(z-z_3)}. \tag{12.34}$$

Dabei gilt

$$\begin{aligned} r_2 &= \frac{1}{V(1-z_1)(1-z_2)}, \\ z_3 &= \frac{T_1(1-z_1)z_2 - T_2(1-z_2)z_1}{(T_1-T_2)(1-z_1)(1-z_2)} = -x_3(1). \end{aligned} \tag{12.35}$$

Ein Vergleich mit Gl.(11.18) zeigt, daß auch hier die Pole z_1, z_2 der Strecken-Übertragungsfunktion im Zähler erscheinen, jedoch unterscheidet sich der Pol z_3 der Regler-Übertragungsfunktion vom Wert z_0 in Gl. (11.12).

Bei Verwendung dieses Reglers weist der Regelkreis bei Änderungen der Führungsgröße gerade das gewünschte zeitlich begrenzte Einschwingverhalten auf. Durch Einsetzen von Gln. (11.11 und 12.34) findet man nach einigen Zwischenrechnungen die Führungs-Übertragungsfunktion

$$\frac{X_{2H}}{X_{1H}}(z) = H_G(z) = \frac{1}{1-z_0} \frac{z-z_0}{z^2}, \tag{12.36}$$

wobei z_0 den in Gl. (11.12) angegebenen Wert annimmt. Da nur Pole im Ursprung vorhanden sind, enthält die diskrete Sprungantwort keine exponentiell abklingenden Anteile. Anders als bei dem in Abschnitt 11.1 behandelten Beispiel gilt dies auch für Zwischenwerte, d.h. es treten keine verborgenen Schwingungen auf.

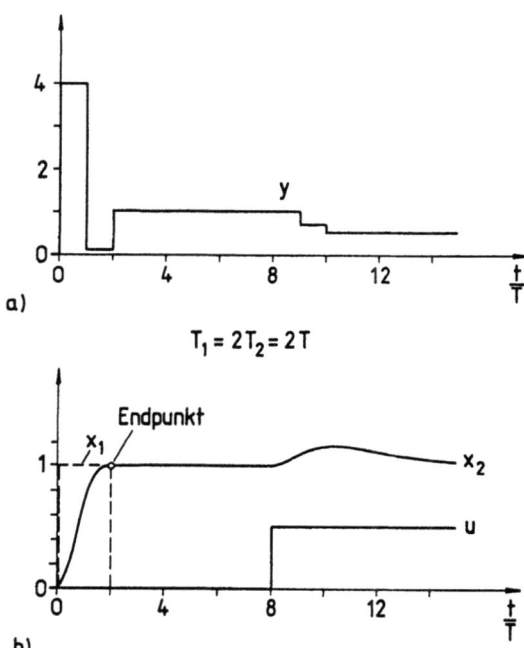

Bild 12.6: Diskrete Regelung mit Einschwingvorgang minimaler Dauer ($n = q = 2$) bei Führungsanregung, unbegrenzter Dauer bei Störanregung
a) Stellgröße b) Regelgröße

In Bild 12.6 ist der zu dieser Reglerauslegung gehörige Einschwingvorgang bei sprungörmiger Änderung der Führungsgröße gezeichnet. Der Stellhub ist zwar ziemlich groß — er könnte durch Verschiebung des Endpunktes reduziert werden — jedoch ist der Verlauf der Regelgröße sehr gut gedämpft.

Nachteilig ist allerdings die für die Bestimmung des Reglers erforderliche umfangreiche Rechnung und die Tatsache, daß hierzu die Parameter der Strecke genau bekannt sein müssen. Außerdem ist ungewiß, ob wegen der exakten Anpassung des Reglers an die Strecke nicht bereits bei geringen Änderungen der Streckeneigenschaften starke Abweichungen vom optimalen Regelvorgang zu beobachten sind.

12.3 Beispiel für endliche Dauer des Einschwingvorganges

Wie aus der Stör-Übertragungsfunktion in Gl. (11.2) erkennbar ist, gilt der zeitlich begrenzte Einschwingvorgang nur für Führungsgrößenänderungen; in der Stör-Übertragungsfunktion

$$\frac{X_{2H}}{U_H}(z) = \frac{H_G(z)}{H_R(z)} \tag{12.37}$$

treten die Streckenpole z_1, z_2 auf; störungsbedingte Auslenkungen klingen deshalb, wie in Bild 12.6 zu erkennen ist, asymptotisch mit den Zeitkonstanten T_1, T_2 ab. Wegen der Identität der Übertragungsfunktionen X_{2H}/X_{1H} und Y_H/U_H zeigt dagegen die Stellgröße y bei Störanregung einen Einschwingvorgang endlicher Dauer.

Die glättende Wirkung eines Reglerentwurfs für nichtminimale Einschwingzeit ist in Bild 12.7 für die gleiche Strecke wie in Bild 12.6 gezeigt. Bei einer Störanregung entsteht jedoch auch hier ein zeitlich unbegrenzter Ausgleichsvorgang.

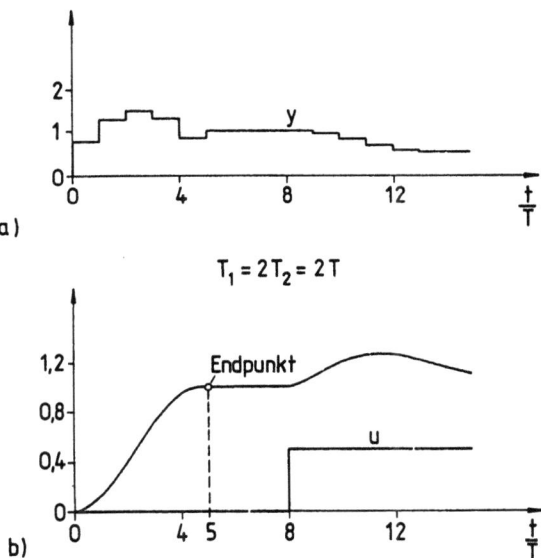

Bild 12.7: Abtastregelung mit Einschwingvorgang nichtminimaler Dauer ($n = 2, q = 5$) bei Führungsanregung, unbegrenzter Dauer bei Störanregung
a) Stellgröße b) Regelgröße

12.4 Synthese des Reglers für Einschwingvorgänge endlicher Dauer bei Stör- und Führungsanregung

Ähnlich wie in Bild 11.1 gezeigt, ist es auch hier möglich, durch Vorschalten eines Filters im Sollwertkanal die Vorgaben für Stör- und Führungsverhalten zu entkoppeln. Dabei wird mit der Annahme $x_1 = 0$ zunächst der Regler für eine Störantwort endlicher Dauer des geschlossenen Kreises berechnet; anschliessend können die in der Führungs-Übertragungsfunktion $H_G(z)$ entstandenen Pole außerhalb des Ursprungs durch ein transversales Führungsgrößenfilter aufgehoben werden, so daß die Regelung bei Stör- und Führungsanregungen einen Einschwingvorgang endlicher Dauer aufweist. Der Rückführzweig ist auch hier entbehrlich, $H_Y(z) = 0$.

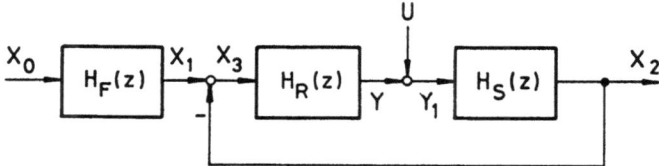

Bild 12.8: Diskrete Regelung mit Stör- und Führungsanregung

Für die Auslegung des Reglers wird wieder angenommen, daß der Regelkreis sich zunächst im Ruhezustand befindet,

$$x_1(0) = y(0) = x_2(0) = 0 , \qquad (12.38)$$

wenn bei $\nu = 0$ am Regelstreckeneingang eine sprungförmige Störgröße angreift,

$$u(\nu \geq 0) = 1 . \qquad (12.39)$$

Dies führt zu einer Auslenkung der Regelgröße, die wegen der nicht vorhandenen Führungsgröße, $x_1 = 0$, unmittelbar als Regelabweichung wirkt, $x_3(\nu) = -x_2(\nu)$. Wegen des Tiefpaßverhaltens der Regelstrecke, $w_S(0) = 0$, kann der Regler, selbst bei vernachlässigbarer Rechenzeit, erstmals bei $\nu = 1$ mit einem Sprung der Stellgröße reagieren, $y(0) = 0$. In Bild 12.9 ist der Verlauf der verschiedenen Größen schematisch angedeutet.

Fordert man, daß der Regelvorgang bei $t = qT$ beendet ist, so müssen alle Zustandsgrößen zu diesem Zeitpunkt wieder den Ruhezustand erreicht haben,

$$x_{21}(q) = x_{22}(q) \ldots = x_{2\lambda}(q) = x_{2n}(q) = 0 . \qquad (12.40)$$

Um zu verhindern, daß für $\nu > q$ neue Abweichungen entstehen, muß ausserdem gelten

$$y(\nu \geq q) = -1 , \qquad (12.41)$$

12.4 Endliche Einschwingdauer bei Stör- und Führungsanregung

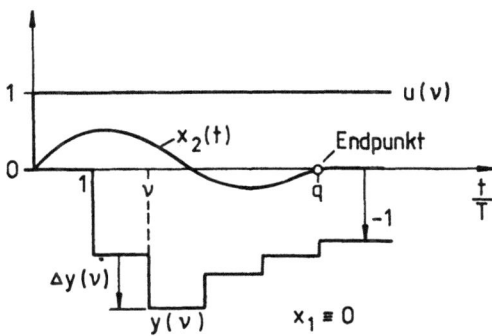

Bild 12.9: Einschwingvorgang endlicher Dauer bei sprungförmiger Störgröße

d.h. die Stellgröße muß das Eingangssignal der Regelstrecke zu Null ergänzen.

Da die Zustandsgrößen der Strecke im Endpunkt sämtlich verschwinden sollen, erhält man einen homogenen Satz der Randbedingungen $G_\lambda = 0$. Als Folge der Anregung durch Stör- und Stellgröße muß somit gelten

$$G_\lambda = w_{2\lambda}(q) + \sum_{\lambda=1}^{q-1} \Delta y(\nu) w_{2\lambda}(q-\nu) \stackrel{!}{=} 0 ,$$
$$\lambda = 1, 2, \ldots n . \quad (12.42)$$

Außerdem folgt aus Gl. (12.41)

$$y(\nu \geq q) = \sum_{\nu=1}^{q} \Delta y(\nu) = -1 . \quad (12.43)$$

Die n linearen Gleichungen (12.42) müssen durch die $q-1$ Stellgrößen-Änderungen erfüllt werden, d.h. die minimale Einschwingdauer ist $q_{min} = n+1$. Der bei $\nu = q$ erfolgende Sprung der Stellgröße ist wieder ohne Einfluß auf die Endbedingung bei qT; er dient lediglich zum stationären Ausgleich der Störgröße.

Da bei minimaler Einschwingdauer der Verlauf der Stellgröße durch die Endbedingungen vollständig festgelegt ist und hohe Stellamplituden vermieden werden sollen, empfiehlt es sich auch hier, $q > n+1$ zu wählen; auf diese Weise wird ein zeitlicher Spielraum geschaffen, der zur Reduktion der Stellgrößen-Ausschläge genutzt werden kann. Die Zielfunktion mit den Nebenbedingungen gemäß Gl. (12.42) und den Lagrangeschen Multiplikatoren M lautet dann entsprechend Gl. (12.15)

$$L = \frac{1}{2} \sum_{\nu=1}^{q-1} [\Delta y(\nu)]^2 + \sum_{\lambda=1}^{n} M_\lambda G_\lambda \stackrel{!}{=} \underset{\Delta y(\nu)}{\text{Min}} . \quad (12.44)$$

Daraus folgen die Extremwertbedingungen

$$\frac{\partial L}{\partial \Delta y(\nu)} = \Delta y(\nu) + \sum_{\lambda=1}^{n} M_\lambda w_{2\lambda}(q-\nu) = 0,$$
$$\nu = 1, 2, \ldots q-1, \qquad (12.45)$$

sowie

$$\frac{\partial L}{\partial M_\lambda} = G_\lambda = 0, \quad \lambda = 1, 2, \ldots n. \qquad (12.46)$$

Dies sind insgesamt $n+q-1$ lineare Gleichungen zur Bestimmung der gleichen Zahl von Unbekannten M_λ und $\Delta y(\nu)$ für $1 \leq \nu \leq q-1$.
Die letzte Stellgrößenänderung folgt aus Gl. (12.43) zu

$$\Delta y(q) = -1 - \sum_{\nu=1}^{q-1} \Delta y(\nu). \qquad (12.47)$$

Nach Lösung dieser Gleichungen erhält man die Bildfunktion der aufsummierten stufenförmigen Stellgröße

$$Y_H(z) = F_H T \frac{z}{z-1} \sum_{\nu=1}^{q} \Delta y(\nu) z^{-\nu}. \qquad (12.48)$$

Nachdem somit der Verlauf der Stellgröße bekannt ist, kann die daraus resultierende Reglerfunktion berechnet werden. Für die Zustandsgrößen der Regelstrecke gilt entsprechend Gl. (12.21)

$$x_{2\lambda}(\nu) = w_{2\lambda}(\nu) + \sum_{\mu=1}^{q} \Delta y(\mu) w_{2\lambda}(\nu - \mu),$$
$$\nu = 1, \ldots q. \qquad (12.49)$$

Die Anregung durch die Störgröße hat also einen Vorlauf von einer Abtastperiode. Überlagerung gemäß Gl. (12.4) liefert die Regelabweichung

$$x_3(\nu) = -x_2(\nu) = -\sum_{\lambda=1}^{n} \frac{b_{\lambda-1}}{a_{\lambda-1}} x_{2\lambda}(\nu),$$
$$\nu = 1, 2, \ldots q-1;$$
$$x_3(\nu \geq q) = 0. \qquad (12.50)$$

Die Bildfunktion der stufenförmigen Regelabweichung ist, entsprechend Gl. (12.24),

$$X_{3H}(z) = F_H T \sum_{\nu=1}^{q-1} x_3(\nu) z^{-\nu}. \qquad (12.51)$$

12.4 Endliche Einschwingdauer bei Stör- und Führungsanregung

Aus Gln. (12.48, 12.51) folgt damit die gesuchte Regler-Übertragungsfunktion

$$H_R(z) = \frac{Y_H}{X_{3H}}(z) = \frac{z}{z-1} \frac{\sum_{\nu=1}^{q} \Delta y(\nu) z^{q-\nu}}{\sum_{\nu=1}^{q-1} x_3(\nu) z^{q-\nu}} . \qquad (12.52)$$

Mit diesem Regler nimmt nach Voraussetzung die Stör-Übertragungsfunktion des geschlossenen Kreises Transversal-Struktur an,

$$\frac{X_{2H}}{U_H}(z) = \frac{H_S}{1 + H_R H_S} = \frac{(z-1)P(z)}{z^q} , \qquad (12.53)$$

wobei $P(z)$ ein Polynom in z vom Grad $q-2$ ist. Die Nullstelle bei $z=1$ rührt wieder vom integrierenden Regler her.

Da die Führungs-Übertragungsfunktion daraus durch Multiplikation mit $H_R(z)$ hervorgeht,

$$\frac{X_{2H}}{X_{1H}}(z) = H_G(z) = \frac{H_R H_S}{1 + H_R H_S} = H_R(z) \frac{(z-1)P(z)}{z^q} , \qquad (12.54)$$

enthält $H_G(z)$ die außerhalb des z-Ursprungs liegenden Pole des Reglers; der Einschwingvorgang des Regelkreises bei Führungsanregung ist also nicht von endlicher Dauer. Diese möglicherweise unerwünschten Pole können jedoch durch ein transversales Führungsfilter

$$H_F(z) = \frac{1}{z^{q-1}} \sum_{\nu=1}^{q-1} x_3(\nu) z^{q-\nu} \qquad (12.55)$$

aufgehoben werden, so daß insgesamt ein System mit endlichen Einschwingvorgängen, auch bei Führungsgrößenanregung, entsteht.

In Bild 12.10 ist der Regelvorgang für die in Abschnitt 12.3 verwendete Tiefpaßstrecke 2. Ordnung gezeigt, wenn der Regler gemäß Gl. (12.52) für zeitlich begrenzte Störantwort ausgelegt ist; erwartungsgemäß stellt sich damit bei einer Führungsanregung ein unbegrenzter Einschwingvorgang mit unerwünschten Schwingungen der Stellgröße ein.

Bild 12.11 zeigt schließlich das entsprechende Ergebnis, wenn zusätzlich ein transversales Führungsfilter gemäß Gl. (12.55) vorgeschaltet wird. Nun entstehen zeitlich begrenzte Ausgleichsvorgänge bei Stör- und Führungsanregung; außerdem wird wegen der quadratischen Wichtung der Stellgrößenänderungen die Stellgröße geglättet.

Wie schon eingangs gesagt, ist die Reglerauslegung für endliche Dauer der Einschwingvorgänge nur von grundsätzlichem Interesse; bei Störanregung kommt noch hinzu, daß es sich ja bei u um eine synthetische Störgröße handelt, während die wirklichen Störgrößen an beliebiger anderer Stelle des Regelkreises angreifen können, für die der Regler nicht ausgelegt ist.

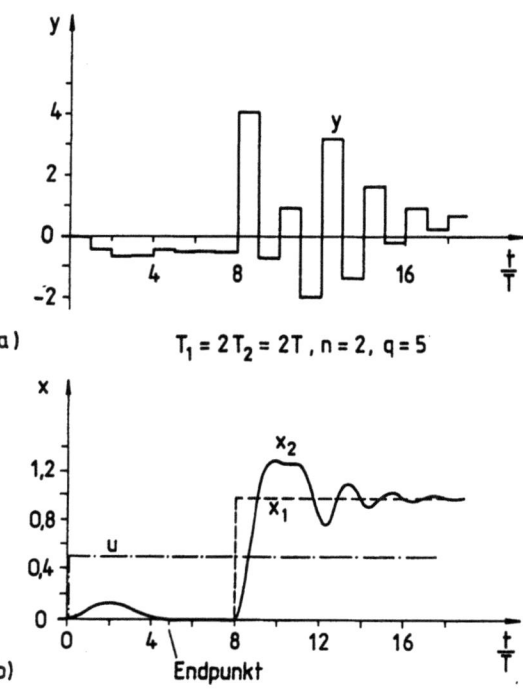

Bild 12.10: Einschwingvorgang endlicher Dauer bei Störanregung, unbegrenzte Dauer bei Führungsanregung
a) Stellgröße b) Regelgröße

12.4 Endliche Einschwingdauer bei Stör- und Führungsanregung 221

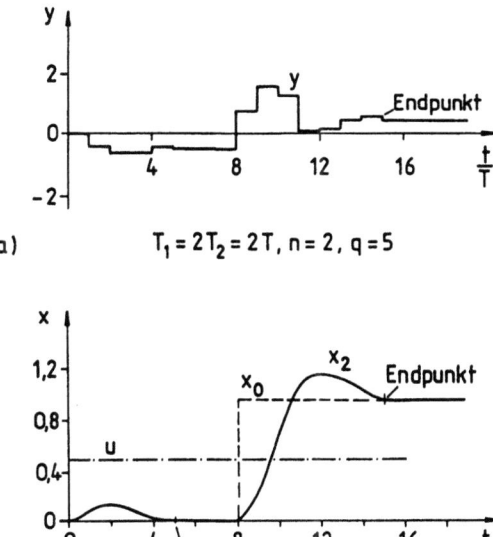

Bild 12.11: Einschwingvorgänge endlicher Dauer bei Stör- und Führungsanregung
a) Stellgröße b) Regelgröße

13 Zeitreihenregler mit nicht-algebraischem Streckenmodell

Für das in Abschnitt 12 behandelte Entwurfsverfahren ist charakteristisch, daß die Eigenschaften der zu regelnden Strecke analytisch, d.h. in Form einer Differentialgleichung oder Übertragungsfunktion, bekannt sein müssen. In praktischen Situationen ist diese Voraussetzung meistens nicht erfüllt, z.B. wenn die Kenntnis des Streckenverhaltens lediglich aus experimentellen Ergebnissen, also Messungen oder statistischen Schätzverfahren, resultiert. In Abschnitt 11.3 wurde deshalb ein empirisches Streckenmodell bestimmt, das ähnliche Übertragungseigenschaften wie die wirkliche Strecke besitzt.

In diesem Abschnitt soll gezeigt werden, daß es im Prinzip auch möglich ist, den Reglerentwurf unmittelbar anhand der Meßergebnisse im Zeitbereich, d.h. ohne vorherige Bestimmung eines Schätzmodells, auszuführen. Dies läßt deutlichere Hinweise auf die notwendige Genauigkeit der Streckenbeschreibung erwarten, als dies bei Entwurfsverfahren im Bildbereich oder Zustandsraum der Fall ist, wo die Streckenparameter aus abstrakten Zahlenwerten ohne direkte Interpretationsmöglichkeit und mit vielleicht engen Toleranzen bestehen. Bei einer Beschreibung des Streckenverhaltens im Zeitbereich mit Faltungssummen lassen sich auch die Wirkungen von Nichtlinearitäten eher beurteilen, obwohl die Faltungssumme selbst natürlich Linearität am Arbeitspunkt voraussetzt, da sie auf der Anwendung des Überlagerungsprinzips beruht.

Beim rechnergestützten Entwurf eines digitalen Reglers ist schließlich zu beachten, daß der numerische Aufwand sich in Grenzen halten sollte, um den Entwurf mit dem als Regler vorgesehenen Zielrechner ausführen zu können. Dies ist eine Voraussetzung für selbsteinstellende Regler, wo der Entwurf bei der Inbetriebnahme erfolgt; bei stark nichtlinearen Strecken kann es notwendig sein, den Entwurf während des Betriebs zu wiederholen.

13.1 Darstellung einer diskreten linearen Übertragungsstrecke durch eine Zeitreihe; Faltung und Entfaltung

Der Zusammenhang zwischen Zeit- und Frequenzbereich bei einer diskreten linearen Übertragungsstrecke ist in Bild 13.1 nochmals angedeutet. $y(\nu)$ und $x(\nu)$ sind dabei Stufenfunktionen, entsprechend Bild 9.2, $Y_H(z)$ und $X_H(z)$

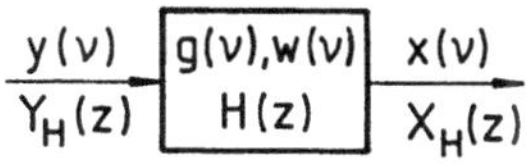

13.1 Diskrete lineare Übertragungsstrecke

$$\frac{y(\nu)}{Y_H(z)} \boxed{\begin{array}{c} g(\nu), w(\nu) \\ H(z) \end{array}} \frac{x(\nu)}{X_H(z)}$$

Bild 13.1: Lineare Übertragung von Stufenfunktionen

sind die zugehörigen Bildfunktionen. Damit gelten die Beziehungen

$$X_H(z) = H(z)Y_H(z), \qquad (13.1)$$
$$H(z) = X_H(z)/Y_H(z), \qquad (13.2)$$
$$Y_H(z) = X_H(z)/H(z). \qquad (13.3)$$

Man kann also, wenigstens im Prinzip, aus zwei der drei Funktionen $Y_H(z)$, $H(z)$, $X_H(z)$ die jeweils dritte berechnen.

Gl. (13.2) entspricht einer „Identifizierung" der Strecke anhand der Ein- und Ausgangsgrößen, Gl. (13.3) einer „Entfaltung", d.h. der Berechnung der Steuerfunktion, die erforderlich ist, um am Ausgang einer als bekannt angenommenen Übertragungsstrecke eine vorgegebene Ausgangsfunktion zu erzeugen. Die Operationen Gln. (13.2) und (13.3) sind bei experimentellen Daten nicht unproblematisch; zum einen können die Signale durch unbekannte und nicht meßbare Störungen verfälscht sein, aber selbst bei exakten Daten und fehlerfreier Rechnung können unbrauchbare Ergebnisse entstehen, z.B. wenn die im Nenner auftretende Funktion Nullstellen außerhalb des Einheitskreises besitzt [33,47,63].

Der Gl. (13.1) entsprechende Zusammenhang im Zeitbereich ist eine Faltungssumme, die sich in verschiedener Weise schreiben läßt; denkt man sich die Stufenfunktion in Bild 13.2a aus blockförmigen Impulsen aufgebaut, Bild 13.2b, so folgt durch Überlagerung

$$x(\nu) = \sum_{\mu=-\infty}^{\nu} y(\mu)g(\nu - \mu) = \sum_{\mu=0}^{\infty} g(\mu)y(\nu - \mu). \qquad (13.4)$$

Dabei ist $g(\nu)$ die diskrete Impulsantwort der Übertragungsstrecke bei Anregung durch einen einzelnen blockförmigen Einheitsimpuls. Wenn die Übertragungsstrecke Tiefpaßverhalten aufweist oder eine Laufzeit enthält, ist $g(0) = 0$.

Manchmal ist es vorteilhaft, das Übertragungsverhalten der Strecke durch die diskrete Sprungantwort $w(\nu)$ zu beschreiben. Die zugehörige Form der Faltungssumme entsteht dann durch Zerlegung der stufenförmigen Anregung

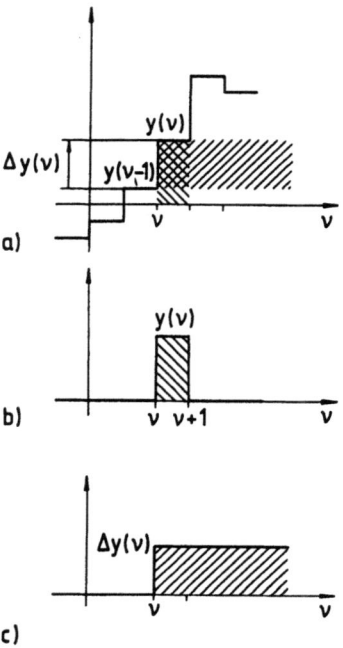

Bild 13.2: Aufbau einer Stufenfunktion aus verschiedenen Funktionsbausteinen
a) Stufenfunktion, b) Impulselement, c) Sprungelement

in horizontale Streifen, entsprechend Bild 13.2c, d.h. in verschobenen Sprungfunktionen. Die Faltungssumme lautet nun

$$x(\nu) = \sum_{\mu=-\infty}^{\nu} \Delta y(\mu) w(\nu - \mu) = \sum_{\mu=0}^{\infty} w(\mu) \Delta y(\nu - \mu) \,. \qquad (13.5)$$

Dabei ist gemäß Abschnitt 6 der Zusammenhang zwischen der diskreten Sprung- und Impulsantwort

$$g(\nu) = w(\nu) - w(\nu - 1) = \Delta w(\nu) \qquad (13.6)$$

oder

$$w(\nu) = \sum_{\mu=0}^{\nu} g(\mu) = w(\nu - 1) + g(\nu) \,. \qquad (13.7)$$

Sofern
$$w(0) = g(0) = 0 \,, \quad \text{gilt} \quad w(1) = g(1) \,.$$

13.1 Diskrete lineare Übertragungsstrecke

Die Faltungssummen lassen sich als skalare Produkte von Vektoren unendlicher Dimension deuten; für Gl. (13.4) gilt zum Beispiel

$$x(\nu) = \mathbf{g}_T \, \mathbf{y} = [g(\nu), g(\nu-1), \ldots] \, [y(0), y(1), y(2) \ldots]_T \quad (13.8)$$

Mit der Annahme, daß die Strecke sich anfangs im Ruhezustand befindet und mit einer bei $\nu = 0$ beginnenden Steuergröße $y(\nu)$ angeregt wird, läßt sich Gl. (13.8) in Form eines linearen Gleichungsschemas schreiben:

$$\underbrace{\begin{bmatrix} g(0) & 0 & 0 & 0 \\ g(1) & g(0) & 0 & 0 \\ g(2) & g(1) & g(0) & 0 \\ \vdots & & & \vdots \\ g(\nu) & g(\nu-1) & g(\nu-2) & \ldots & g(0) \end{bmatrix}}_{\mathbf{G}} \times \underbrace{\begin{bmatrix} y(0) \\ y(1) \\ y(2) \\ \vdots \\ y(\nu) \end{bmatrix}}_{\mathbf{y}} = \underbrace{\begin{bmatrix} x(0) \\ x(1) \\ x(2) \\ \vdots \\ x(\nu) \end{bmatrix}}_{\mathbf{x}} \quad (13.9)$$

Es gilt also die Matrizengleichung

$$\mathbf{G}\,\mathbf{y} = \mathbf{x}, \quad (13.10)$$

wobei $\mathbf{G}$ eine Dreiecksmatrix darstellt, die oberhalb der Hauptdiagonalen nur Nullen enthält. Die Gl. (13.5) entsprechende Form ist

$$\underbrace{\begin{bmatrix} w(0) & 0 & 0 & 0 \\ w(1) & w(0) & 0 & 0 \\ w(2) & w(1) & w(0) & 0 \\ \vdots & & & \vdots \\ w(\nu) & w(\nu-1) & w(\nu-2) & \ldots & w(0) \end{bmatrix}}_{\mathbf{W}} \times \underbrace{\begin{bmatrix} \Delta y(0) \\ \Delta y(1) \\ \Delta y(2) \\ \vdots \\ \Delta y(\nu) \end{bmatrix}}_{\Delta \mathbf{y}} = \underbrace{\begin{bmatrix} x(0) \\ x(1) \\ x(2) \\ \vdots \\ x(\nu) \end{bmatrix}}_{\mathbf{x}} \quad (13.11)$$

oder

$$\mathbf{W}\,\Delta \mathbf{y} = \mathbf{x}. \quad (13.12)$$

Die einer Inversion gemäß Gl. (13.3) entsprechende Operation ist die „Entfaltung" durch Auflösung des Gleichungssystems (13.9, 13.10 oder 13.11, 13.12)

$$\mathbf{y} = \mathbf{G}^{-1}\,\mathbf{x}; \quad (13.13)$$

bei der Dreiecksform der Matrix $\mathbf{G}$ kann dies im Prinzip durch schrittweises rekursives Einsetzen geschehen, z.B.

$$y(0) = \frac{x(0)}{g(0)},$$

$$y(1) = \frac{1}{g(0)}[x(1) - g(1)y(0)] = \frac{1}{g(0)}\left[x(1) - \frac{g(1)}{g(0)}x(0)\right],$$

$$y(2) = \frac{1}{g(0)} [x(2) - g(1)y(1) - g(2)y(0)]$$
$$= \frac{1}{g(0)} \left[x(2) - \frac{g(1)}{g(0)} x(1) + \frac{g^2(1) - g(0)g(2)}{g^2(0)} x(0) \right], \quad \text{usw.} \quad (13.14)$$

Allerdings können sich dabei Stabilitätsprobleme ergeben, deren Abhilfe uns noch beschäftigen wird.

Analoge Beziehungen gelten für die „Identifizierung" der Übertragungsstrecke gemäß Gl. (13.2). Schreibt man die Faltungssumme Gl. (13.4) in der Form

$$\underbrace{\begin{bmatrix} y(0) & 0 & 0 & 0 \\ y(1) & y(0) & 0 & 0 \\ y(2) & y(1) & y(0) & 0 \\ \vdots & & & \vdots \\ y(\nu) & y(\nu-1) & y(\nu-2) & \ldots & y(0) \end{bmatrix}}_{\mathbf{Y}} \times \underbrace{\begin{bmatrix} g(0) \\ g(1) \\ g(2) \\ \vdots \\ g(\nu) \end{bmatrix}}_{\mathbf{g}} = \underbrace{\begin{bmatrix} x(0) \\ x(1) \\ x(2) \\ \vdots \\ x(\nu) \end{bmatrix}}_{\mathbf{x}} \quad (13.15)$$

oder

$$\mathbf{Y}\mathbf{g} = \mathbf{x}, \quad (13.16)$$

so folgt durch Inversion der Dreiecksmatrix $\mathbf{Y}$

$$\mathbf{g} = \mathbf{Y}^{-1}\mathbf{x}. \quad (13.17)$$

Die Auflösung nach $g(\nu)$ kann auch hier durch schrittweises Einsetzen erfolgen.

Die bei einer einfachen „Identifikation" oder „Entfaltung" gemäß Gln. (13.2, 13.3) möglicherweise auftretenden Schwierigkeiten sollen anhand eines einfachsten Beispiels deutlich gemacht werden. Das Transversalfilter

$$H_1(z) = \frac{z + r_0}{z}, \quad r_0 > 1 \quad (13.18)$$

hat die in Bild 13.3a skizzierte diskrete Impulsantwort $g_1(\nu)$ der Dauer $2T$. Die Nullstelle $z_1 = -r_0$ liegt auf der negativen reellen z-Achse außerhalb des Einheitskreises.

Die Impulsantwort $g_2(\nu)$ der inversen Strecke

$$H_2(z) = 1/H_1(z) = \frac{z}{z + r_0} \quad (13.19)$$

läßt sich als jenes diskrete Eingangssignal deuten, das einen einzelnen Rechteckimpuls am Ausgang der Strecke $H_1(z)$ erzeugt. Da der Pol außerhalb des Einheitskreises liegt, ist die inverse Strecke instabil; die Impulsantwort

$$g_2(\nu) = (-r_0)^\nu \quad (13.20)$$

ist in Bild 13.3b gezeichnet.

13.1 Diskrete lineare Übertragungsstrecke

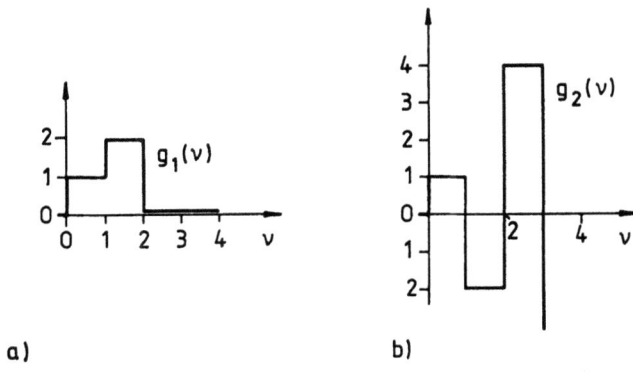

a)   b)

Bild 13.3: Impulsantwort eines Transversalfilters und des zugehörigen inversen Filters

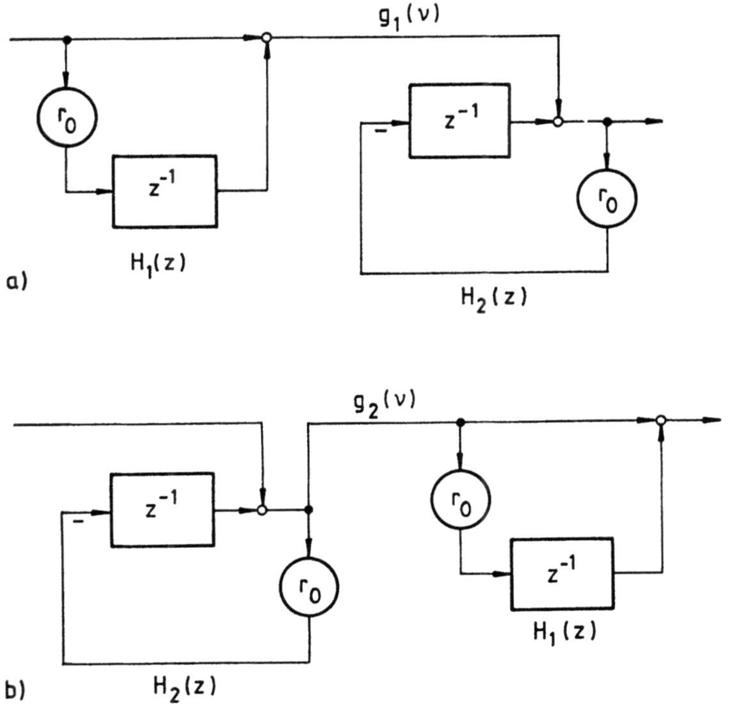

Bild 13.4: Kettenschaltung zweier inverser Filter
     a) stabil — instabil, b) instabil — stabil

Gl. (13.19) ist auch so zu verstehen, daß bei Kettenschaltung von $H_1(z)$ und $H_2(z)$ ein Filter mit der Übertragungsfunktion $H_1(z)H_2(z) = 1$ entsteht, das einen Impuls unverändert überträgt. Dies ist in Bild 13.4 anhand von zwei Schaltungen mit unterschiedlicher Reihenfolge gezeigt. Im ersten Beispiel entsteht nach dem ersten Filter die stabile, im zweiten die instabile Impulsantwort; das Ausgangssignal ist in beiden Fällen das gleiche, wie sich durch Überlagerung der Signale in den einzelnen Zweigen nachprüfen läßt.

Man könnte zunächst vermuten, daß eine Filteranordnung der Form a) weniger bedenklich ist, da die Instabilität des zweiten Teils durch $g_1(\nu)$ nicht angeregt wird; dies ist in Wirklichkeit aber natürlich nicht der Fall, da zwischen den beiden Filterteile auch externe Signale etwa in Form von Rundungsfehlern wirken können, die dann am Ausgang einen instabilen Signalverlauf erzeugen.

Es ist aber darauf hinzuweisen, daß die Instabilität des inversen Filters nicht eine Folge von Rechenungenauigkeiten etc. ist, sondern auch bei exakter Rechnung auftreten kann.

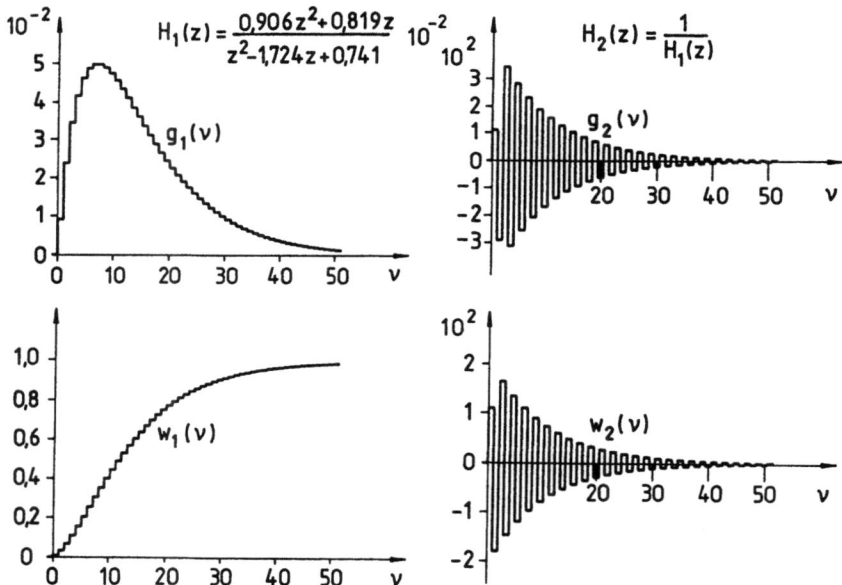

Bild 13.5: Einschwingvorgänge einer aperiodischen Strecke 2. Ordnung und des zugehörigen inversen Filters

Als weiteres Beispiel ist in Bild 13.5 anhand einer aperiodischen Strecke 2. Ordnung die Wirkung von Nullstellen in der Nähe von $z = -1$ auf die Einschwingvorgänge der zugehörigen inversen Übertragungsfunktion gezeigt.

13.2 Entfaltung einer quadratischen Zielfunktion

$g_1(\nu)$ und $w_1(\nu)$ sind die zu der nach Gl. (5.35) berechneten Stufen-Übertragungsfunktion

$$H_1(z) = \frac{0.906z^2 + 0.819z}{z^2 - 1.724z + 0.741} 10^{-2} \qquad (13.21)$$

gehörenden Impuls- und Sprungantworten. Die Nullstelle liegt zwar innerhalb des Einheitskreises, aber dicht beim Punkt -1. Die entsprechenden Antworten $g_2(\nu), w_2(\nu)$ der inversen Übertragungsfunktion

$$H_2(z) = \frac{1}{H_1(z)} \qquad (13.22)$$

weisen deshalb eine schlecht gedämpfte Schwingung halber Abtastfrequenz auf. Bei anderen aperiodischen Strecken können auch instabile Schwingungen entstehen.

Bei einer Strecke, die durch einen experimentell beschriebenen Einschwingvorgang, z.B. die Sprungantwort $w(\nu)$, beschrieben wird und deren Übertragungsfunktion nicht bekannt ist, lassen sich demnach Nullstellen außerhalb des Einheitskreises nicht ausschließen. Dieser Effekt war uns bereits beim Entwurf eines Reglers im Bildbereich begegnet; er ist auch hier zu beachten. Falls aber eine nullstellenfreie Übertragungsfunktion vorliegt, die das Verhalten der Strecke näherungsweise beschreibt, Gl. (11.31), läßt sich die Steuergröße für beliebige Ausgangsgröße x_2 durch einfaches Einsetzen in die zugehörige Differenzengleichung (11.30) berechnen.

13.2 Entfaltung durch Ansatz einer quadratischen Zielfunktion

Um die bei der Identifizierung und Entfaltung, d.h. bei der Auflösung von Gln. (13.10, 13.12, oder 13.16) auftretenden Schwierigkeiten zu umgehen und zu einer eindeutigen und physikalisch sinnvollen Lösung zu gelangen, kann man das Problem als Minimierungsaufgabe mit quadratischer Zielfunktion umschreiben. Hierfür ist die Überlegung maßgebend, daß die gesuchten Funktionen $y(\nu), w(\nu)$ oder $g(\nu)$ nicht nur die gewünschten Werte $x(\nu)$ liefern, sondern gleichzeitig einen stabilen und möglichst glatten Verlauf haben sollen. Zu diesem Zweck wird die Modellgleichung um ein Restglied $e(\nu)$ ergänzt, das zwar nicht exakt Null, im Mittel aber möglichst klein werden soll; gleichzeitig wird der Verlauf der gesuchten Funktion quadratisch gewichtet, um kleinstmögliche Amplitudenwerte zu erhalten.

Die erweiterte Modellgleichung (13.5) für die Auflösung z.B. von Gl. (13.12) lautet dann im Intervall $0 \leq \nu \leq N-1$

$$x(\nu) = \sum_{\lambda=0}^{N-1} \Delta y(\lambda) w(\nu - \lambda) + e(\nu) \qquad (13.23)$$

oder
$$e(\nu) = x(\nu) - \sum_{\lambda=0}^{N-1} \Delta y(\lambda) w(\nu - \lambda) . \qquad (13.24)$$

Unter Berücksichtigung der Stellgrößenänderungen Δy entsteht daraus eine skalare quadratische Zielfunktion

$$Q = \frac{1}{2} \sum_{\nu=0}^{N-1} e^2(\nu) + \frac{h}{2} \sum_{\nu=0}^{N-1} \Delta y^2(\nu) \stackrel{!}{=} \min_{\Delta y(\nu)} . \qquad (13.25)$$

Am Ort des Minimums muß gelten

$$\frac{\partial Q}{\partial \Delta y(\mu)} = \sum_{\nu=0}^{N-1} e(\nu) \frac{\partial e(\nu)}{\partial \Delta y(\mu)} + h \Delta y(\mu) = 0 ; \qquad (13.26)$$

$$\mu = 0, 1, \ldots N-1,$$

wobei aus Gl. (13.24)

$$\frac{\partial e(\nu)}{\partial \Delta y(\mu)} = -w(\nu - \mu) \qquad (13.27)$$

folgt.
Einsetzen in Gl. (13.26) und Umstellung der Summen ergibt

$$-\sum_{\nu=0}^{N-1} \left[x(\nu) - \sum_{\lambda=0}^{N-1} \Delta y(\lambda) w(\nu - \lambda) \right] w(\nu - \mu) + h \Delta y(\mu) =$$
$$\sum_{\lambda=0}^{N-1} \Delta y(\lambda) \sum_{\nu=0}^{N-1} w(\nu - \lambda) w(\nu - \mu) + h \Delta y(\mu) - \sum_{\nu=0}^{N-1} w(\nu - \mu) x(\nu) = 0 ; \qquad (13.28)$$
$$\mu = 0, 1, \ldots N-1 .$$

Man erhält so ein lineares Gleichungssystem für die gesuchten Stellgrössenänderungen $\Delta y(\nu)$.
Der Aufbau des Gleichungssystems wird in Matrizenform verdeutlicht,

$$\mathbf{e} = \mathbf{x} - \mathbf{W} \Delta \mathbf{y} , \qquad (13.29)$$

$$Q = \frac{1}{2} \mathbf{e}_T \mathbf{e} + \frac{h}{2} \Delta \mathbf{y}_T \Delta \mathbf{y}$$
$$= \frac{1}{2} [\mathbf{x}_T \mathbf{x} + \Delta \mathbf{y}_T \mathbf{W}_T \mathbf{W} \Delta \mathbf{y} - 2 \Delta \mathbf{y}_T \mathbf{W}_T \mathbf{x}]$$
$$+ \frac{h}{2} \Delta \mathbf{y}_T \Delta \mathbf{y} \stackrel{!}{=} \text{Min} . \qquad (13.30)$$

Differentiation der skalaren Zielfunktion Q nach dem Vektor $\Delta \mathbf{y}$ liefert den Gradienten-Vektor, der im Minimum verschwindet,

$$\mathbf{grad}Q = \frac{dQ}{d\Delta \mathbf{Q}} = \mathbf{W}_T \mathbf{W} \Delta \mathbf{y} - \mathbf{W}_T \mathbf{x} + h \Delta \mathbf{y} = 0 . \qquad (13.31)$$

Die Lösung lautet mit der Einheitsmatrix **E**

$$\Delta \mathbf{y} = (h\mathbf{E} + \mathbf{W}_T \mathbf{W})^{-1} \mathbf{W}_T \mathbf{x} \,. \tag{13.32}$$

Die zu invertierende Matrix ist symmetrisch, der Gewichtsfaktor h dient dazu, die Elemente der Hauptdiagonalen zu vergrößern, um die Matrix besser zu konditionieren. Als Sonderfall mit $h = 0$ entsteht die sog. Pseudoinverse

$$(\mathbf{W}_T \mathbf{W})^{-1} \mathbf{W}_T = \mathbf{W}^{-1} \mathbf{W}_T^{-1} \mathbf{W}_T = \mathbf{W}^{-1} \,, \tag{13.33}$$

was der einfachen Lösung von Gl. (13.12) entspricht.

Das Bildungsgesetz der symmetrischen und voll besetzten Matrix $\mathbf{W}_T \mathbf{W}$ ist

$$\mathbf{W}_T \mathbf{W} = \begin{bmatrix} \sum_{0}^{N-1} w^2(\nu) & \sum_{1}^{N-1} w(\nu)w(\nu-1) & \ldots & w(N-1)w(0) \\ \sum_{1}^{N-1} w(\nu)w(\nu-1) & \sum_{0}^{N-2} w^2(\nu) & & \\ \vdots & & & w^2(0) \\ w(N-1)w(0) & & & \end{bmatrix} \tag{13.34}$$

Die Elemente lassen sich wieder als Kurzzeit-Korrelationsfunktionen deuten.

Im Gegensatz zu der in Abschnitt 13.1 angestrebten „exakten" Entfaltung, bei der die Stellamplituden durch rekursives Einsetzen in eine Dreiecksmatrix gewonnen wurde, erhält man aus Gl. (13.31) eine näherungsweise Lösung, die aber die Möglichkeit bietet, mit dem Gewichtsfaktor h die störenden Schwingungen zu unterdrücken. Nachteilig ist natürlich der Rechenaufwand um die symmetrische Matrix der Dimension $N \times N$ zu invertieren; dies erfordert auf jeden Fall einen Rechner mit Gleitkomma-Arithmetik und ausreichender Wortlänge.

13.3 Entwurf einer Regelung mit Zeitreihen

13.3.1 Verwendung einer Zeitreihe als nichtparametrisches dynamisches Modell

Eine Entwurfsmethode im Zeitbereich, die für eine experimentelle Beschreibung der Regelstrecke, etwa durch eine gemessene Sprungantwort, besonders geeignet ist, wurde in den letzten Jahren entwickelt, seit immer leistungsfähigere mikroelektronische Komponenten, insbesondere Signalprozessoren, kostengünstig verfügbar wurden. Zum Unterschied von den vorher behandelten Verfahren, wo der Reglealgorithmus aus einer Differenzengleichung bestand, die in Echtzeit zu lösen war, soll er nun eine aus experimentellen Daten bestimmte Zeitreihe, d.h. eine spezielle Lösung der Differenzengleichung umfassen. Die Stellgröße $y(\nu)$ ist dabei in jedem Abtastintervall als Faltungssumme, analog zu Gln. (13.4, 13.5) zu berechnen [25,42-45,69].

In Bild 13.6 ist nochmals das Blockschaltbild 11.1 einer linearen Abtastregelung gezeichnet; die Regelstrecke, der Regler und das gegebenfalls verwendete Führungsgrößenfilter sind durch ihre diskreten Impulsantworten $g(\nu)$ beschrieben, die durch Differenzbildung aus den zugehörigen Sprungantworten hervorgehen,

$$g(\nu) = \Delta w(\nu) = w(\nu) - w(\nu - 1) \,. \tag{13.35}$$

Mit $w_S(0) = g_S(0) = 0, w_F(0) = 0$ und bei Annahme einer gegenüber der Abtastperiode T vernachlässigbaren Rechenzeit des digitalen Reglers gilt also für die Regelstrecke

$$x_2(\nu) = \sum_{\mu=1}^{\infty} g_S(\mu) \left[y(\nu - \mu) + u(\nu - \mu) \right] \,, \tag{13.36}$$

für den Regler

$$y(\nu) = \sum_{\mu=0}^{\infty} g_R(\mu) \left[x_1(\nu - \mu) - x_2(\nu - \mu) \right] \,, \tag{13.37}$$

und für das Führungsgrößenfilter

$$x_1(\nu) = \sum_{\mu=1}^{\infty} g_F(\mu) x_0(\nu - \mu) \,. \tag{13.38}$$

Ähnliche Ausdrücke gelten für die Sprungantworten. Da Faltungssummen auf dem Überlagerungsprinzip beruhen, ist — ebenso wie bei Übertragungsfunktionen — Linearität der Übertragungsglieder am Arbeitspunkt Voraussetzung.

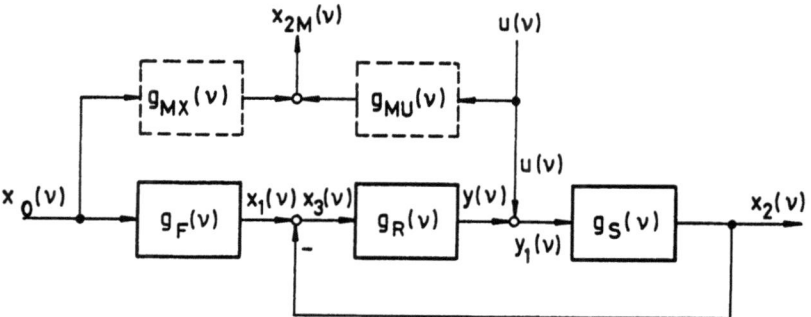

Bild 13.6: Lineare Abtastregelung mit Störungs- und Führungsanregung im Zeitbereich

Der Ansatz einer Zeitreihe mit vielen, $N = 20$ oder mehr, redundanten Parametern erscheint zunächst wenig aussichtsreich, wenn man ihn mit der

13.3 Entwurf einer Regelung mit Zeitreihen

kompakten Beschreibung durch eine Differenzengleichung mit vergleichsweise wenigen Koeffizienten und einer entsprechend geringeren Zahl von Rechenoperationen vergleicht. Hierzu ist zunächst zusagen, daß der Gesichtspunkt des Echtzeit-Rechenaufwandes wegen der schnellen Entwicklung der Mikroelektronik zusehends an Bedeutung verliert. Ein postkartengroßer Mikrorechner mit Signalprozessor kann schon heute eine 16 x 16 bit Festkomma-Multiplikation in weniger als 200 ns ausführen, die Berechnung eines skalaren Vektorproduktes, also einer Faltungssumme, mit $N = 100$ Elementen erfordert bei geschickter Programmierung etwa $100\mu s$. Ein so verwirklichter Zeitreihenregler könnte mit einer Abtastfrequenz bis in den kHz-Bereich betrieben werden, was für die allermeisten Anwendungen genügt; weitere Steigerungen der Rechenleistung, etwa der Übergang zur Gleitkomma-Arithmetik bei gleichen Ausführungszeiten, sind in nächster Zukunft zu erwarten.

Ein besonderer Vorzug der Beschreibung von Regelvorgängen durch Zeitreihen ist, daß physikalische oder analytische Streckenmodelle entbehrlich werden, deren Bestimmung mit meßtechnischen Aufwand verbunden sein kann. Der Einfluß von ungenau oder fehlerhaft ermittelten Koeffizienten ist bei solchen parametrischen Modellen nicht ohne weiteres zu überblicken, während man bei einer Zeitreihe, die unmittelbar aus den redundanten Abtastwerten eines gemessenen Verlaufes hervorgeht, den quantitativen Einfluß einzelner Meßpunkte besser beurteilen kann; es handelt sich dabei ja um ein diskretisiertes Abbild des gemessenen Verlaufes. Schließlich ist bei Zeitreihen auch die numerische Signalverarbeitung übersichtlicher; sie ist zwar umfangreicher, erfolgt aber unmittelbar anhand der Meßwerte. Eine Transformation in einen Parameter-, Bild-, oder Zustandsraum erübrigt sich; vielfach genügen deshalb Festkommarechnungen, die von heutigen Mikrorechnern besonders effektiv bewältigt werden.

Ein weiterer Aspekt sind Nichtlinearitäten, deren Auswirkungen bei einer Signalverarbeitung im Zeitbereich besser überschaubar bleiben und eher berücksichtigt werden können als im Frequenzbereich, wo starke nichtlineare Effekte nur schwer erfaßbar sind, wie das Beispiel der Beschreibungsfunktion zeigt [20]. Eine Zeitreihenverarbeitung ist insgesamt einer Bild- oder Musterverarbeitung ähnlich, wo eine massenweise Verknüpfung redundanter Signale erfolgt.

13.3.2 Prinzip einer Reglerauslegung mit Zeitreihen

Im folgenden soll zunächst das Prinzip der Auslegung eines Zeitreihenreglers für vorgeschriebene Störverhalten des geschlossenen Kreises anhand von Bild 13.6 erläutert werden. Ausgangspunkt ist der auf einer Messung oder Identifikation beruhende Verlauf der diskretisierten Sprung- oder Impulsantwort der Regelstrecke, $w_S(\nu)$ oder $g_S(\nu)$. Da die Zeitreihe die Kennfunktionen in einer Faltungssumme enthält, ist es vorteilhaft, diese in einer Form zu schreiben, bei der die Kennfunktion für $\nu \to \infty$ gegen Null konvergiert. Bei einem Differenzierfilter ist dies die Sprungantwort $w(\nu)$, bei einer proportional wirkenden Strecke die Impulsantwort

$$g(\nu) = \Delta w(\nu) = w(\nu) - w(\nu - 1), \qquad (13.39)$$

während bei einer integrierenden Strecke oder einem Regler erst die Differenz der Impulsantwort,

$$\Delta g(\nu) = g(\nu) - g(\nu - 1), \qquad (13.40)$$

gegen Null strebt.

Man beginnt, ähnlich wie in Abschnitt 11.2, mit der Vorgabe eines Störmodells $x_2(\nu) = x_{2M}(\nu)$ für den geschlossenen Kreis bei Anregung durch eine Störgröße $u(\nu)$, während die Führungsgröße zunächst Null gesetzt wird, $x_1(\nu) = 0$. Aus Gl. (13.36) wird daraus durch Entfaltung die Steuergröße

$$y(\nu) = y_1(\nu) - u(\nu)$$

berechnet. Da wegen $x_1(\nu) = 0$

$$x_3(\nu) = -x_2(\nu)$$

gilt, sind die Eingangs- und Ausgangsgrößen des Reglers bekannt, so daß aus Gl. (13.37) die Reglerimpulsantwort $g_R(\nu)$ durch eine weitere Entfaltung berechnet werden kann.

Die Bestimmung des Führungsgrößenfilters $g_F(\nu)$ geschieht auf analoge Weise. Mit der Annahme $u(\nu) \equiv 0$ wird für eine Führungsanregung $x_0(\nu)$ die gewünschte Reaktion $x_{2M}(\nu)$ des geschlossenen Kreises vorgegeben. Mit dem bereits bekannten Regler $g_R(\nu)$ läßt sich daraus die zugehörige Regelabweichung $x_3(\nu)$ und die notwendige Ausgangsgröße des Filters

$$x_1(\nu) = x_2(\nu) + x_3(\nu) \qquad (13.41)$$

berechnen. Die Bestimmung der Regelabweichung $x_3(\nu)$ aus $x_2(\nu)$ erfordert eine Entfaltung mittels der zuvor durch Faltung von $g_S(\nu)$ und $g_R(\nu)$ gebildeten Impulsantwort des aufgeschnittenen Kreises,

$$g_K(\nu) = \sum_{\mu=0}^{\infty} g_R(\mu) g_S(\nu - \mu), \qquad (13.42)$$

denn es gilt

$$x_2(\nu) = \sum_{\mu=0}^{\infty} g_K(\mu) x_3(\nu - \mu). \qquad (13.43)$$

13.3 Entwurf einer Regelung mit Zeitreihen

Als letzter Schritt erfolgt schließlich die Berechnung des Führungsfilters durch Entfaltung aus $x_0(\nu)$ und $x_1(\nu)$ gemäß Gl. (13.38).

Alle diese Operationen umfassen umfangreiche numerische Rechnungen, doch sind sie wegen ihrer Gleichartigkeit mit demselben Programm ausführbar; wegen der Leistungsfähigkeit heutiger Mikrorechner kann dieses Entwurfsprogramm auf dem eigentliche Regelrechner in vertretbarer Zeit ablaufen, so daß eine rechnergestützte Selbsteinstellung bei der Inbetriebnahme der Regelung möglich ist. Auch ein Betrieb als Hintergrundprogramm parallel zum eigentlichen Reglerprogramm mit dem Ziel einer laufenden Anpassung des Reglers an veränderliches Streckenverhalten, d.h. eine adaptive Regelung, erscheint künftig denkbar.

13.3.3 Berechnung des Stellgrößenverlaufes

Ausgangspunkt der Berechnungen ist, wie bereits erwähnt, der als bekannt angenommene Verlauf der Sprungantwort $w_S(\nu)$ oder Impulsantwort $g_S(\nu)$ der Regelstrecke, die bei gewählter Abtastperiode T eine Zeitreihe definieren. Bei einer proportional wirkenden Strecke empfiehlt es sich, für die Faltungssumme (Gl. 13.36) wegen $\lim_{\nu \to \infty} g_S(\nu) = 0$ die Impulsantwort zu verwenden,

$$x_2(\nu) = \sum_{\lambda=0}^{\nu-1} y_1(\lambda) g_S(\nu - \lambda), \quad y_1(\nu) = y(\nu) + u(\nu). \tag{13.44}$$

Dieser Zusammenhang ist in Bild 13.7 in Form eines Transversalfilters dargestellt.

Die zugehörige Stufen-Übertragungsfunktion lautet

$$H_S(z) = \frac{X_{2H}}{Y_{1H}}(z) = \frac{1}{z^n} \sum_{\mu=1}^{n} g_S(\mu) z^{n-\mu}. \tag{13.45}$$

Soll der geschlossene Regelkreis auf eine sprungförmige Störgröße, $u(\nu) = s(\nu)$, gemäß Gl. (11.42) reagieren, so muß für die Überlagerung von Stör- und Stellgrößen gelten

$$x_2(\nu) = w_S(\nu) + \sum_{\lambda=1}^{\nu-1} y(\lambda) g_S(\nu - \lambda) + e_1(\nu) \stackrel{!}{=} w_S(\nu) z_{MU}{}^{\nu-1}, \quad \nu \geq 1. \tag{13.46}$$

Dabei ist wieder $w_S(0) = g_S(0) = 0$ und anfänglicher Ruhezustand zugrundegelegt. Wegen der vernachlässigten Rechenzeit des Reglers erscheint die erste Auslenkung der Stellgröße bei $\nu = 1$, so daß die Wirkung des Reglers erstmals bei $\nu = 2$ in Erscheinung treten kann. Dieses Gleichungssystem ist nach den gesuchten Stellamplituden $y(\nu)$ aufzulösen. Um die bei der einfachen Entfaltung aufgetretenen Schwierigkeiten zu vermeiden, empfiehlt es sich wieder, auf

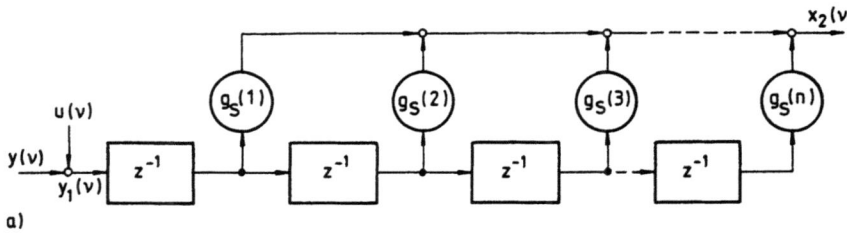

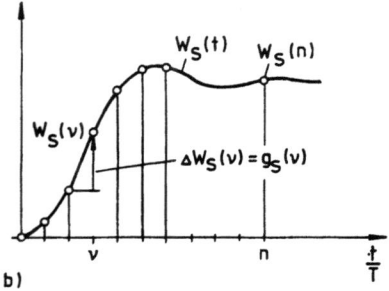

Bild 13.7: Proportional wirkende Regelstrecke als Transversalfilter
a) Blockschaltbild b) Sprungantwort

den Versuch einer exakten Lösung, die wegen der experimentellen Herkunft von $g_S(\nu)$ ohnehin nicht sinnvoll wäre, zu verzichten. Als Zielfunktion für eine Näherungslösung kann wie in Abschnitt 13.2 ein quadratisches Fehlerfunktional dienen; außerdem ist ein Strafterm zur Bewertung der Stellgrößenänderungen notwendig, um unerwünschte Schwingungen zu verhindern und einen möglichst glatten Stellgrößenverlauf zu erhalten. Mit dem Ausdruck für den Fehler

$$e_1(\nu) = \underbrace{\left(z_{MU}{}^{\nu-1} - 1\right) w_S(\nu)}_{k(\nu)} - \sum_{\lambda=1}^{\nu-1} y(\lambda) g_S(\nu - \lambda), \quad \nu = 1, 2 \ldots N, \quad (13.47)$$

lautet die zu minimierende Zielfunktion

$$Q_1 = \frac{1}{2} \sum_{\nu=1}^{N} \left[e_1{}^2 + h_1 \left(y(\nu) - y(\nu - 1) \right)^2 \right] \stackrel{!}{=} \underset{y(\mu)}{\text{Min}}. \quad (13.48)$$

Am Ort des Minimums muß also gelten

$$\frac{\partial Q_1}{\partial y(\mu)} = \sum_{\nu=1}^{N} \left[e_1(\nu) \frac{\partial e_1(\nu)}{\partial y(\mu)} + h_1 \left(y(\mu) - y(\mu - 1) \right) \right] = 0, \quad (13.49)$$

$$\mu = 1, 2 \ldots N,$$

13.3 Entwurf einer Regelung mit Zeitreihen

oder mit Gl. (13.47) und nach Vertauschung der Summen

$$\sum_{\lambda=1}^{\nu-1} y(\lambda) \sum_{\nu=1}^{N} g_S(\nu - \lambda) g_S(\nu - \mu) + h_1 \left[y(\mu) - y(\mu - 1) \right]$$

$$+ \sum_{\nu=1}^{N} k(\nu) g_S(\nu - \mu) = 0, \qquad (13.50)$$

$$\mu = 1, 2, \ldots N.$$

Es entsteht also wieder ein lineares Gleichungssystem für $y(\nu)$, das nach Einführung entsprechender Vektoren in kompakter Form analog zu Gl. (13.32) geschrieben werden kann. Der Gewichtsfaktor h_1, der zur Unterdrückung verborgener Schwingungen dient, muß durch Versuchsrechnungen ermittelt werden. Der so bestimmte Stellgrößenverlauf dient nun zur Berechnung des Zeitreihenreglers.

13.3.4 Berechnung der Regler-Impulsantwort

Mit der aus Gl (13.50) berechneten Näherungslösung für den Stellgrößenverlauf $y(\nu)$ läßt sich nun zunächst aus Gl. (13.44) der genaue Verlauf der Regelgröße $x_2(\nu)$ berechnen. Wegen $x_1(\nu) \equiv 0$ sind damit Ein- und Ausgangsgröße des Reglers bekannt.

Da die störungsbedingte Regelabweichung, wie vorgegeben, im stationären Zustand verschwinden soll, muß der Regler auch bei integrierender Strecke einen Integralterm aufweisen. Um eine gegen Null konvergierende Zeitreihe zu erhalten, ist es demnach günstig, gemäß Gl. (13.40) die Änderung der Impulsantwort, $\Delta g_R(\nu)$, zu verwenden; somit lautet die Faltungssumme des Reglers, bei Vernachlässigung der Rechenzeit,

$$y(\nu) - y(\nu - 1) = \Delta y(\nu) = \sum_{\lambda=0}^{m} \Delta g_R(\lambda) x_3(\nu - \lambda). \qquad (13.51)$$

Das zugehörige Transversalfilter mit nachfolgendem Integrator ist in Bild 13.8 gezeichnet. Die Stufenübertragungsfunktion ist

$$H_R(z) = \frac{Y_H}{X_{3H}}(z) = \frac{z}{z-1} \frac{1}{z_m} \sum_{\mu=0}^{m} \Delta g_R(\mu) z^{m-\mu}. \qquad (13.52)$$

Mit den vorher berechneten Verläufen der Stellgröße $y(\nu)$ und Regelabweichung $x_3(\nu) = -x_2(\nu)$ wird nun aus Gl. (13.51) ein Restglied

$$e_2(\nu) = \Delta y(\nu) + \sum_{\lambda=0}^{m} \Delta g_R(\lambda) x_2(\nu - \lambda), \quad \nu = 0, 1, \ldots N \qquad (13.53)$$

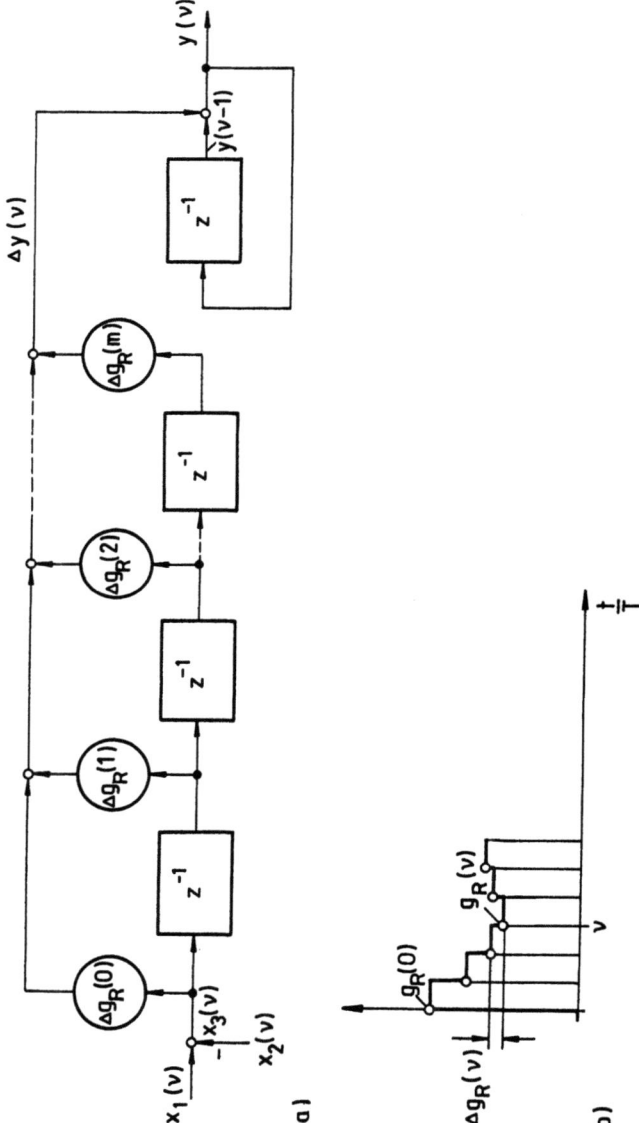

Bild 13.8: Zeitreihenregler als Transversalfilter mit nachfolgendem Integrator
a) Blockschaltbild b) Impulsantwort

definiert und in eine quadratische Zielfunktion eingesetzt, die außerdem wieder einen Strafterm zur Glättung der Reglerkoeffizienten Δg_R umfaßt,

$$Q_2 = \frac{1}{2} \sum_{\nu=0}^{N} \left[e_2{}^2(\nu) + h_2 \Delta g_R{}^2(\nu) \right] \stackrel{!}{=} \underset{\Delta g_R(\mu)}{\text{Min}} . \tag{13.54}$$

Hieraus folgt mit Gl. (13.53) und nach Umstellung der Summen ein Gleichungssystem für die gesuchten Reglerkoeffizienten $\Delta g_R(\mu)$

$$\sum_{\lambda=0}^{m} \Delta g_R(\lambda) \sum_{\nu=0}^{N} x_2(\nu - \lambda) x_2(\nu - \mu) + h_2 \Delta g_R(\mu)$$

$$+ \sum_{\nu=0}^{n} \Delta y(\nu) x_2(\nu - \mu) = 0 ; \tag{13.55}$$

$$\mu = 0, 1, \ldots m .$$

Das Lösungsschema entspricht völlig dem in Gl. (13.50), so daß die Verwendung eines gleichen Programms möglich ist. Wie in Abschnitt 13.3.2 erklärt, kann in einem weiteren Entfaltungsprozeß das Führungsgrößenfilter für ein vorgegebenes Führungsverhalten berechnet werden. Die Vorgehensweise ist analog dem der Reglerbestimmung bei Störanregung. Ergebnisse von Versuchsrechnungen werden im nächsten Abschnitt erläutert.

13.4 Ergebnisse einer Reglerberechnung mit Zeitreihen

Anhand von Beispielen sollen der Entwurf eines Zeitreihenreglers und die damit gewonnenen Ergebnisse gezeigt werden. Als Versuchs-Regelstrecke diene wieder das schon in Abschnitt 11 angenommene schwach gedämpfte ($D = 0.2$) Proportionalglied dritter Ordnung, dessen Sprung- und Impulsantworten in Bild 13.9a nochmals dargestellt sind. In Bild 13.9b ist die Vorgabe der Stör-Sprungantwort des geschlossenen Kreises nach Gl. (13.46) für $T_{MU} = 10T, z_{MU} = e^{-0.1}$, aufgetragen. Daraus läßt sich mit einer quadratischen Zielfunktion gemäß Gl. (13.48) der in Bild 13.9c aufgetragene Stellgrössenverlauf für $N = 50$ berechnen. Bei der gewählten feinen Zeitauflösung erfordert dies allerdings die Inversion einer symmetrischen Matrix der Seitenlänge $N = 50$, was mit einem heutigen Mikrorechner einige Minuten dauert.

Der in Gl. (13.48) enthaltene Gewichtsfaktor h_1 wurde in Versuchsrechnungen im Bereich $10^{-2} < h_1/w_S(1) < 1$ variiert, was sich aber nicht nennenswert auf das Ergebnis auswirkte [48].

In einem zweiten Schritt wird nun aus den so gewonnenen Verläufen von $y(\nu)$ und $x_3(\nu) = -x_2(\nu)$ mit einer quadratischen Zielfunktion gemäß Gl. (13.54) die zugehörige Regler-Impulsantwort $g_R(\nu)$ berechnet. Das

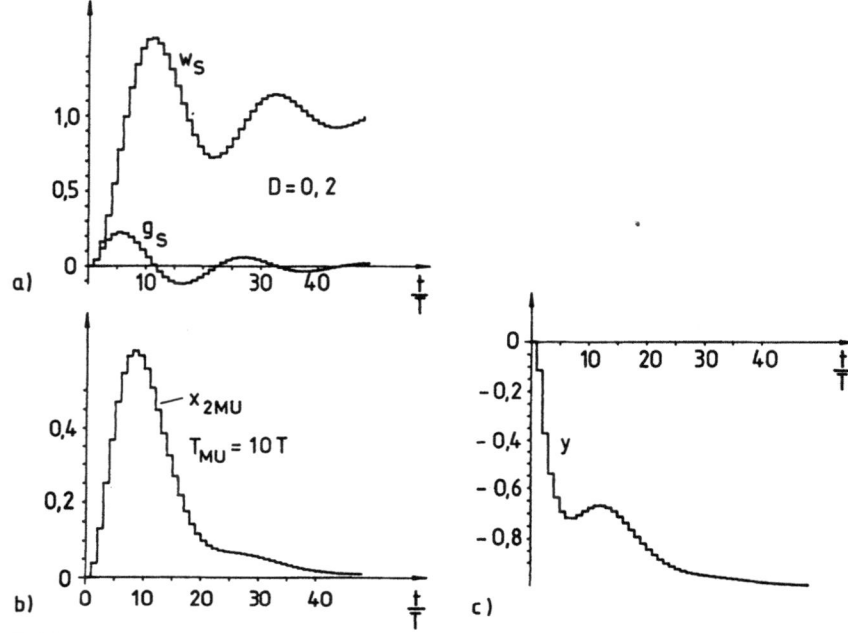

Bild 13.9: Entwurf eines Zeitreihenreglers
a) Sprung- und Impulsantworten der schwach gedämpften Regelstrecke
b) Vorgabe der Stör-Sprungantwort des geschlossenen Kreises
c) Verlauf der erforderlichen Stellgröße

Ergebnis ist in Bild 13.10 für zwei Werte des Wichtungsfaktors h_2 aufgetragen, der hier einen stärkeren Einfluß auf die Schwankungen der entstehenden Regler-Impulsantwort ausübt.

Man erkennt anhand des Verlaufes von $g_R(\nu)$, daß in beiden Fällen ein Zeitreihenregler mit der Länge $m = 10$ ausreicht. Für die weitere Rechnung wurde der Regler mit der etwas weniger zerklüfteten Impulsantwort in Bild 13.10b gewählt, der bei verstärkter Stellgrößenbewertung entsteht.

Mit dem so gefundenen Regler wird zunächst die Führungs-Sprungantwort des geschlossenen Kreises ohne Vorfilter berechnet. Dabei zeigt sich, Bild 13.11a, daß der für gutes Störverhalten ausgelegte Regler nur einen unbefriedigenden Verlauf der Regelgröße bei Führungsanregung liefert, so daß es zweckmäßig ist, ein Führungsfilter vorzuschalten. Als Führungs-Sprungantwort des geschlossenen Kreises wurde die in Bild 13.11b gezeigte Modellfunktion $x_{2M}(\nu) = 1 - z_{MX}^\nu$ mit $z_{MX} = e^{-0.1}$ gewählt. Als Ergebnis einer weiteren Entwurfsrechnung mit quadratischer Zielfunktion unter Ver-

13.4 Ergebnisse einer Reglerberechnung mit Zeitreihen

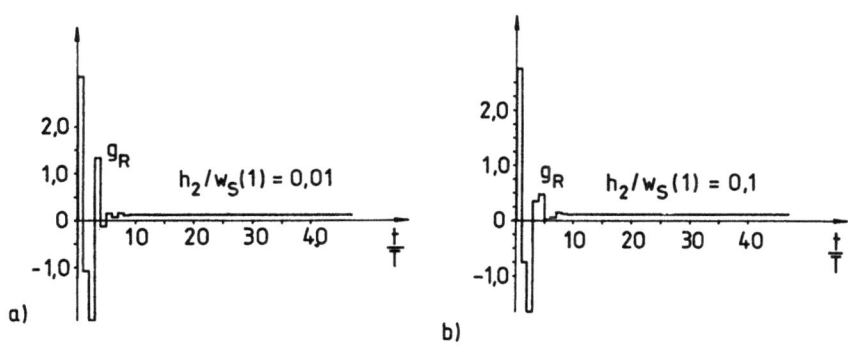

Bild 13.10: Entwurf eines Zeitreihenreglers
Regler-Impulsantwort bei einer Vorgabe gemäß Bild 13.9
a) $h_2/w_S(1) = 0.01$ b) $h_2/w_S(1) = 0.1$

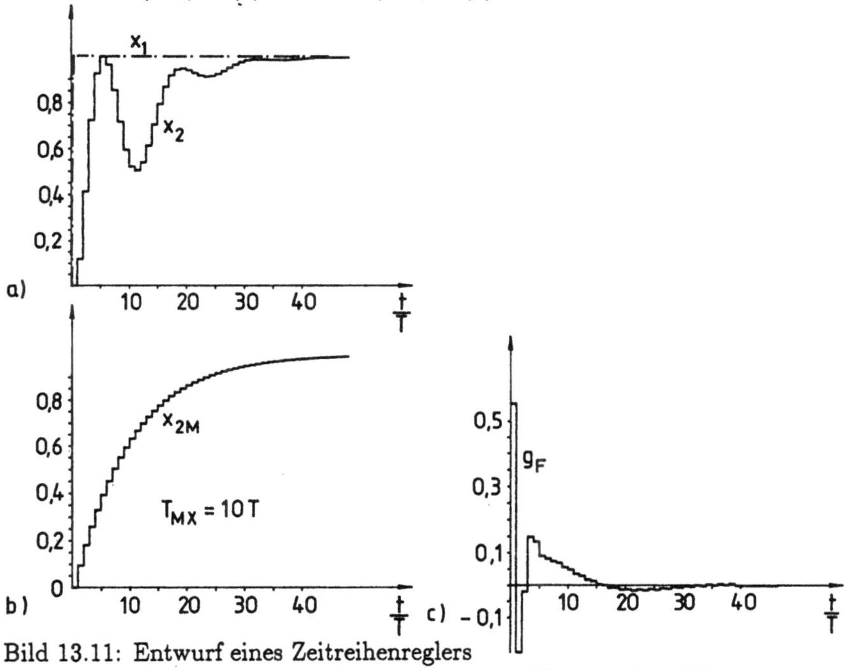

Bild 13.11: Entwurf eines Zeitreihenreglers
a) Sprungantwort des geschlossenen Kreises ohne Führungsgrößenfilter mit dem störoptimierten Regler
b) Vorgabe der Führungs-Sprungantwort des geschlossenen Kreises
c) Impulsantwort des erforderlichen Führungsfilters

wendung des bereits gefundenen Reglers folgt daraus ein Führungsfilter mit der in Bild 13.11c dargestellten Impulsantwort.

Im Bild 13.12 sind die Ergebnisse des gesamten Zeitreihenentwurfs nochmals zusammengestellt. Sie zeigen die Impulsantworten von Regelstrecke (a) und Regler (b), ferner die Verläufe der Stellgröße (c) und Regelgröße (d) bei zeitlich versetzten sprungförmigen Anregungen durch die Führungsgröße x_0 und Störgröße u.

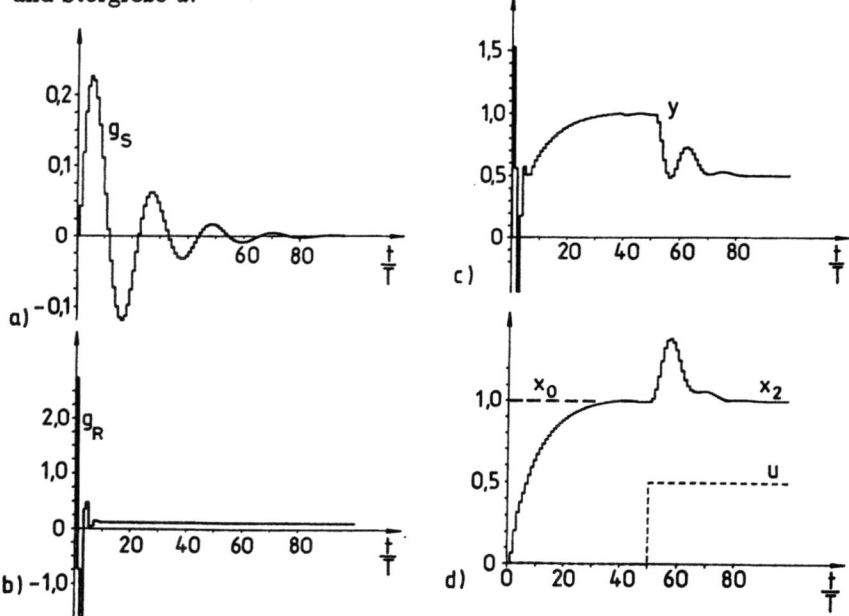

Bild 13.12: Ergebnisse des Entwurfs eines Zeitreihenreglers mit Führungsgrössenfilter
a) Impulsantwort der schwach gedämpften Regelstrecke
b) Impulsantwort des auf Störung optimierten Reglers
c) Verlauf der Stellgröße
d) Verlauf der Regelgröße bei sprungförmiger Führungs- und Störanregung

Um deutlich zu machen, daß dieser Regler auch bei Änderungen der Regelstrecke brauchbare Ergebnisse liefert, sind in Bild 13.13 einige Ergebnisse aufgetragen, die man erhält, wenn der vorher gefundene Regler samt Führungsgrößenfilter sich einer veränderten Strecke gegenübersieht. Die Änderungen betreffen Dämpfungsfaktor und Verstärkung der schwach gedämpften Proportional-Strecke.

13.4 Ergebnisse einer Reglerberechnung mit Zeitreihen

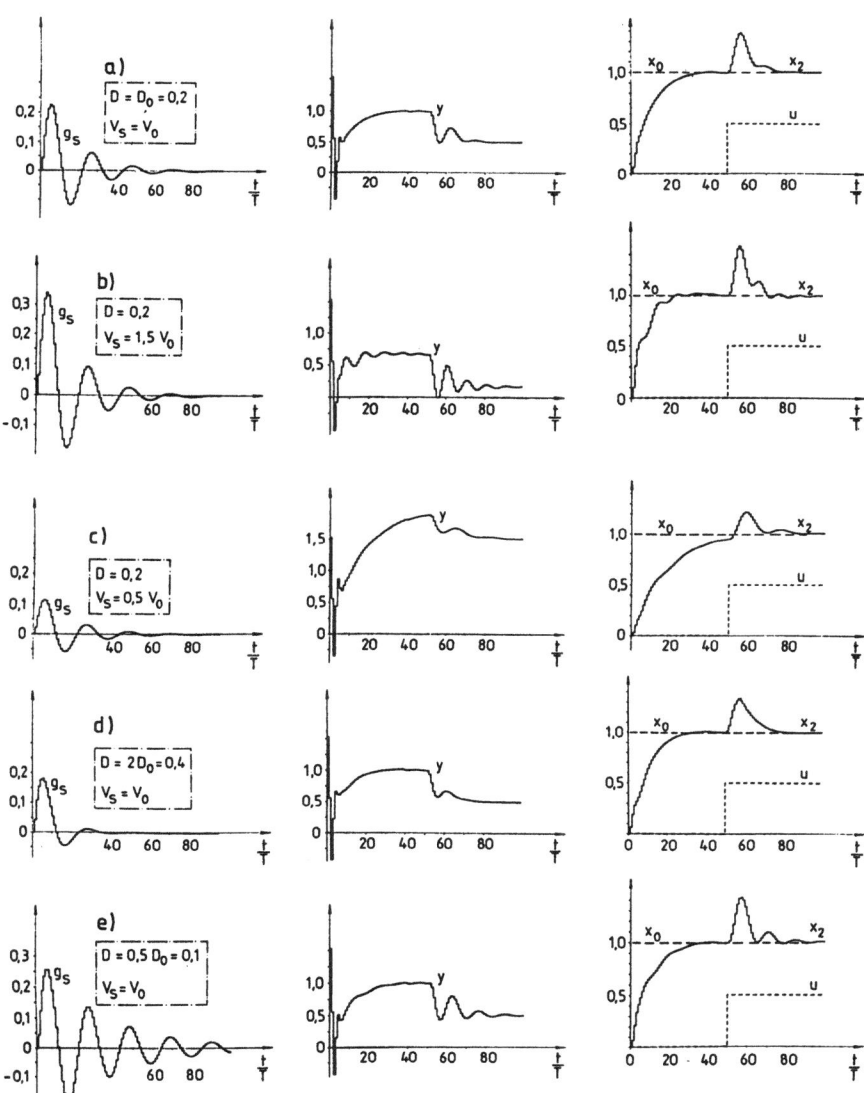

Bild 13.13: Ergebnisse mit einem Zeitreihenregler gemäß Bild 13.12 bei verändertem Verhalten der Regelstrecke
  a) Nominelles Streckenverhalten (wie in Bild 13.12)
  b) Erhöhung der Verstärkung auf $1.5 V_0$
  c) Absenkung der Verstärkung auf $0.5 V_0$
  d) Erhöhung des Dämpfungsfaktors auf $2D_0 = 0.4$
  e) Absenkung des Dämpfungsfaktors auf $0.5 D_0 = 0.1$

Die Bilder zeigen, daß dieser Entwurf sämtliche Forderungen, einschließlich Robustheit und begrenzter Stellamplitude, erfüllt.

Wenn die für den Entwurf verwendeten Gleichungssyteme auch mit demselben Programm berechnet werden können, so ist der erforderliche Rechenaufwand für den Entwurf des Zeitreihenreglers insgesamt doch sehr hoch. Für eine selbsteinstellende Regelung, wo die Entwurfsrechnung nur einmal bei der Inbetriebnahme ausgeführt wird, kann ein Zeitaufwand von 5-10 min. vertretbar sein, dagegen wäre das Verfahren für eine adaptive Regelung, wenn der Regler in Echtzeit der veränderlichen Strecke nachgeführt werden muß, nur bei langsamen Strecken brauchbar; das in Abschnitt 11 beschriebene Verfahren, bei dem ein vollständiger Reglerentwurf mit heutigen Mikrorechnern in wenigen sec. erfolgen kann, ist dann besser geeignet.

14 Entwurf eines prädiktiven Abtastreglers im Zeitbereich

Ein weiteres Entwurfsverfahren, das auf einer experimentellen, nichtanalytischen Beschreibung des Streckenverhaltens basiert, nutzt die Tatsache, daß bei der Regelung einer Tiefpaßstrecke mit stetigem Führungsgrößenverlauf und Kenntnis der Vorgeschichte eine Extrapolation mit begrenztem Zeithorizont möglich ist, so daß eine Vorausschätzung der Wirkung einer Stellgrößenänderung Aussicht auf Erfolg hat. Man kann Prädiktionsverfahren dieser Art als Verallgemeinerung von Regelungen mit Vorhalt deuten, sie sind wegen der erforderlichen Rechenoperationen aber natürlich besonders auf die Verwirklichung mit einem Digitalrechner zugeschnitten [36,49,59,65,66]. Eine einfache Variante dieses Prinzips soll im folgenden vorgestellt werden.

In Bild 14.1 ist, ähnlich wie in Bild 11.1, das Schema eines Abtastregelkreises gezeigt, bei dem die Führungsgröße mit einem diskreten Filter verformt wird, das gleichzeitig als Modell für das angestrebte Führungsverhalten der Regelung dienen soll.

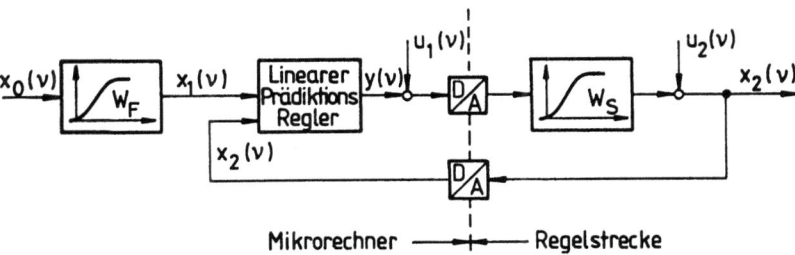

Bild 14.1: Schema einer extrapolierenden Abtastregelung mit Führungsgrössenfilter

Es sei angenommen, daß alle Meßgrößen bis einschließlich $t = \nu T$ vorliegen und daß daraus ein neuer Wert der Stellgröße prädiktiv bestimmt werden soll; die erforderliche Rechenzeit wird als klein gegenüber der Abtastperiode T angenommen.

Beschreibt man den Führungsgrößenverlauf durch die gewünschte Sprungantwort $w_F(\nu)$ eines diskreten Modelles, so folgt $x_1(\nu)$ mit $w_F(0) = 0$ aus einer Faltungssumme

$$x_1(\nu) = \sum_{\mu=-\infty}^{\nu-1} [x_0(\mu) - x_0(\mu-1)] w_F(\nu - \mu) = \sum_{-\infty}^{\nu-1} \Delta x_0(\mu) w_F(\nu - \mu), \quad (14.1)$$

oder

$$x_1(\nu) = \sum_{\mu=1}^{\infty} \Delta x_0(\nu - \mu) w_F(\mu). \quad (14.2)$$

Anstelle der Faltungssumme kann natürlich auch die entsprechende Differenzengleichung des Führungsgrößenfilters verwendet werden.

Wegen $w_F(0) = 0$ und mit Kenntnis von $x_0(\nu)$ ist zur Zeit νT der einen Takt später zu erwartende Wert der Führungsgröße bereits bekannt,

$$x_1(\nu+1) = \sum_{\mu=1}^{\infty} \Delta x_0(\nu+1-\mu) w_F(\mu). \quad (14.3)$$

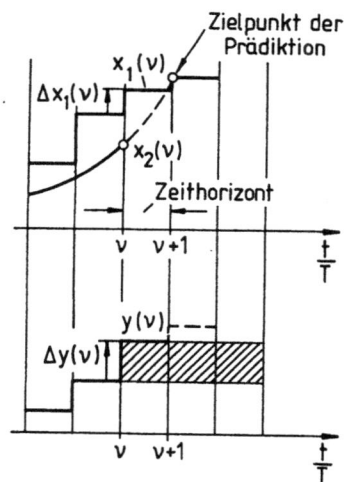

Bild 14.2: Signalverläufe im Prädiktions-Regelkreis

Unter Berücksichtigung einer in den diskreten Teil der Regelung umgerechneten und nicht meßbaren Störgröße $u_1(\nu)$ entsteht am Ausgang des D/A-Wandlers ein stufenförmiger Stellgrößenverlauf $y(\nu) + u_1(\nu)$, so daß mit der als bekannt angenommenen Sprungantwort $w_S(\nu)$ der Regelstrecke auch die Regelgröße $x_2(\nu)$ als Faltungssumme geschrieben werden kann. Mit $w_S(0) = 0$

gilt

$$x_2(\nu) = \sum_1^\infty \Delta y(\nu - \mu) w_S(\mu) + \underbrace{\sum_1^\infty \Delta u_1(\nu - \mu) w_S(\mu) + u_2(\nu)}_{e(\nu)}. \tag{14.4}$$

Die erste Summe entspricht dem von der Anregung $y(\nu)$ verursachten und im voraus berechenbaren Signalverlauf, dagegen ist $e(\nu)$ ein resultierendes Fehlersignal, das von der angenommenen Störgröße $u_1(\nu)$ und weiteren Fehlergrössen $u_2(\nu)$ unbekannter Herkunft herrührt, etwa bedingt durch Meßfehler oder eine ungenaue Beschreibung der Regelstrecke durch $w_S(\nu)$. Das Restglied $e(\nu)$ läßt sich in jedem Abtast-Zeitpunkt aus der gemessenen Regelgröße und den vorherigen Stellgrößen-Änderungen rekursiv berechnen, wenn auch nicht nach seinen Ursachen aufschlüsseln,

$$e(\nu) = x_2(\nu) - \sum_{\mu=1}^\infty \Delta y(\nu - \mu) w_S(\mu). \tag{14.5}$$

Es stellt eine Quelle der Unsicherheit dar und kann durch eine Regelung nicht vollständig kompensiert werden; da $e(\nu)$ aber wenigstens teilweise durch die Dynamik der Regelstrecke verformt wurde, ist das Signal nicht ganz zufällig, sondern weist einen inneren Zusammenhang auf. Um einen Anhalt für den im nächsten Abtastaugenblick zu erwartenden Wert $\hat{e}(\nu + 1)$ zu bekommen, ist es deshalb naheliegend, durch die Folge früher berechneter Fehlergrößen

$$e(\nu), \; e(\nu - 1), \ldots e(\nu - k)$$

ein Polynom vom Grade k zu legen und es bis $(\nu + 1)T$ zu extrapolieren, ähnlich wie in Abschnitt 9.3.5 gezeigt. Je nach Größe der Abtastperiode T wird sich die verbleibende Unsicherheit dann in Grenzen halten.

Das Extrapolationspolynom findet man entsprechend Abschnitt 9.3.5 aus der Bedingung

$$\Delta^{k+1} e(\nu + 1) = 0, \tag{14.6}$$

d.h. durch Nullsetzen der $(k+1)$-ten Differenz. Für den extrapolierten Wert führt dies auf eine Linearkombination entsprechend einem Transversalfilter,

$$\hat{e}(\nu + 1) = \sum_{\lambda=0}^k a_{k\lambda} e(\nu - \lambda), \tag{14.7}$$

mit ganzzahligen Koeffizienten $a_{k\lambda}$, Gl. (1.66). Der stationäre Sonderfall $e(\nu) = const.$ führt dabei auf die Bedingung

$$\sum_0^k a_{k\lambda} = 1 \tag{14.8}$$

Als Beispiel findet man für $k = 2$:

$$\hat{e}(\nu + 1) = 3e(\nu) - 3e(\nu - 1) + e(\nu - 2) \ .$$

Einsetzen der aus Gl. (14.5) berechneten Fehlergrößen $e(\nu - \lambda)$ in Gl. (14.7) liefert nun einen Schätzwert des künftigen Restgliedes, aus dem die bei νT erforderliche Stellgrößenänderung $\Delta y(\nu)$ mit dem Zeithorizont einer Abtastperiode prädiktiv berechnet werden kann,

$$\hat{e}(\nu + 1) = \sum_{\lambda=0}^{k} a_{k\lambda} \left[x_2(\nu - \lambda) - \sum_{\mu=1}^{\infty} \Delta y(\nu - \lambda - \mu) w_S(\mu) \right] \ . \quad (14.9)$$

Mit der Substitution $\mu + \lambda = \mu'$ folgt daraus

$$\hat{e}(\nu + 1) = \sum_{\lambda=0}^{k} a_{k\lambda} x_2(\nu - \lambda) - \sum_{\lambda=0}^{k} a_{k\lambda} \sum_{\mu'=1+\lambda}^{\infty} \Delta y(\nu - \mu') w_S(\mu' - \lambda) \ ; \quad (14.10)$$

die letzte Summe kann wegen $w_S(\nu \leq 0) = 0$ bis $\mu' = 1$ erweitert werden, ohne am Ergebnis etwas zu verändern. Nach Vertauschung der Summations-Reihenfolge gilt mit $\mu' \to \mu$

$$\hat{e}(\nu + 1) = \sum_{\lambda=0}^{k} a_{k\lambda} x_2(\nu - \lambda) - \sum_{\mu=1}^{\infty} \left[\sum_{\lambda=0}^{k} a_{k\lambda} w_S(\mu - \lambda) \right] \Delta y(\nu - \mu) \ . \quad (14.11)$$

Aus Gl. (14.4) findet man damit einen extrapolierten Schätzwert der bei $(\nu + 1)T$ zu erwartenden Regelgröße

$$\begin{aligned}
\hat{x}_2(\nu + 1) &= \sum_{\mu=0}^{\infty} \Delta y(\nu - \mu) w_S(\mu + 1) + \hat{e}(\nu + 1) \\
&= \sum_{\mu=0}^{\infty} \Delta y(\nu - \mu) w_S(\mu + 1) + \sum_{\lambda=0}^{k} a_{k\lambda} x_2(\nu - \lambda) \\
&- \sum_{\mu=1}^{\infty} \left[\sum_{\lambda=0}^{k} a_{k\lambda} w_S(\mu - \lambda) \right] \Delta y(\nu - \mu) \ . \quad (14.12)
\end{aligned}$$

Durch Umschreiben der ersten und Zusammenfassung mit der letzten Summe entsteht schließlich der Ausdruck

$$\begin{aligned}
\hat{x}_2(\nu + 1) &= \sum_{\lambda=0}^{k} a_{k\lambda} x_2(\nu - \lambda) + w_S(1) \Delta y(\nu) \\
&+ \sum_{\mu=1}^{\infty} \left[w_S(\mu + 1) - \sum_{\lambda=0}^{k} a_{k\lambda} w_S(\mu - \lambda) \right] \Delta y(\nu - \mu) \ . \quad (14.13)
\end{aligned}$$

Daraus folgt dann der extrapolierte Schätzwert der Regelabweichung

$$\hat{x}_3(\nu + 1) = x_1(\nu + 1) - \hat{x}_2(\nu + 1) \,. \tag{14.14}$$

Als Zielgröße der Prädiktion kann wieder eine verallgemeinerte quadratische Regelfläche dienen,

$$Q = \frac{1}{2} \sum_{-\infty}^{\infty} \left[\hat{x}_3(\nu + 1)^2 + h\Delta y(\nu)^2 \right] \stackrel{!}{=} \underset{\Delta y(\nu)}{\text{Min}} \,, \tag{14.15}$$

die neben der extrapolierten Regelabweichung die Stellgrößenänderung enthält, um schwach gedämpfte Stellgrößenverläufe zu unterbinden.

Für die bei $t = \nu T$ nötige Entscheidung folgt daraus die Forderung

$$\frac{\partial Q}{\partial \Delta y(\nu)} = \hat{x}_3(\nu + 1)\frac{\partial \hat{x}_3(\nu + 1)}{\partial \Delta y(\nu)} + h\Delta y(\nu) \stackrel{!}{=} 0 \,, \tag{14.16}$$

oder mit Gl. (14.13)

$$\Delta y(\nu) = \frac{w_S(1)}{h}\hat{x}_3(\nu + 1) \,. \tag{14.17}$$

Nach einer Zwischenrechnung findet man mit

$$b = \frac{w_S(1)}{w_S{}^2(1) + h} \tag{14.18}$$

die voraussichtlich günstigste Stellgrößenänderung $\Delta y(\nu)$,

$$\Delta y(\nu) = b\left[\sum_{\mu=1}^{\infty} \Delta x_0(\nu + 1 - \mu)w_F(\mu) - \sum_{\lambda=0}^{k} a_{k\lambda}x_2(\nu - \lambda)\right] - b\sum_{\mu=1}^{\infty} \underbrace{\left[w_S(\mu + 1) - \sum_{\lambda=0}^{k} a_{k\lambda}w_S(\mu - \lambda)\right]}_{d_\mu} \Delta y(\nu - \mu) \,. \tag{14.19}$$

Dieser Ausdruck stellt die rekursive Lösung einer linearen Differenzengleichung in $\Delta y(\nu)$ dar, deren Ordnung allerdings zunächst noch unbegrenzt ist. Die Koeffizienten von $\Delta y(\nu - \mu)$, im wesentlichen d_μ, sind anhand von Bild 14.3 anschaulich zu deuten. Wie ein Vergleich mit Gln. (14.6, 14.7) zeigt, entspricht d_μ der $(k + 1)$. Differenz der Abtastwerte $w_S(\nu)$ der Streckensprungantwort.

Mit wachsendem μ wird ein zunehmend längerer Ausschnitt der Sprungantwort $w_S(\mu)$ in den Koeffizienten berücksichtigt; sobald jedoch die $k + 2$ äquidistanten Abtastwerte

$$w_S(\mu + 1), \, w_S(\mu), \, \ldots \, w_S(\mu - k)$$

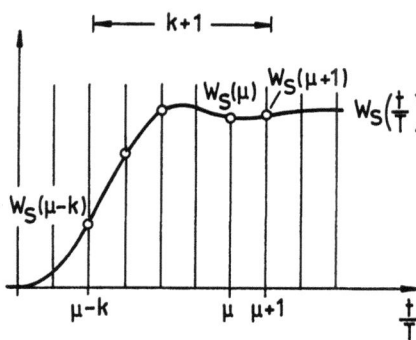

Bild 14.3: Bestimmung der Koeffizienten des Reglers aus der Sprungantwort der Regelstrecke

näherungsweise durch ein Polynom vom Grad k verbunden werden können, verschwindet der Koeffizient d_μ, so daß die Frage, wieviele Glieder der Differenzengleichung (14.19) zu berücksichtigen sind, sich praktisch von selbst beantwortet. Die Koeffizienten entfallen nämlich wegen Gl. (14.8) spätestens dann, wenn das Wertefenster $w_S(\mu - k), \ldots w_S(\mu + 1)$ den stationären Bereich der Strecken-Sprungantwort erreicht hat.

Gleichzeitig erhält man einen Hinweis auf die zweckmäßige Wahl der Parameter k und T; das Meßwertfenster der Breite $(k+1)T$ sollte einen wesentlichen Teil der Sprungantwort w_S überdecken, um den Regelalgorithmus nicht unnötig auszuweiten. Auch der Vorfaktor b deutet darauf hin, daß die Abtastzeit T im Vergleich zum Zeitmaßstab der Sprungantwort nicht beliebig klein gewählt werden sollte. Der Gewichtsfaktor h ist durch Proberechnungen zu bestimmen.

Für die Berechnung der Stellgrößen $\Delta y(\nu)$ in Echtzeit empfiehlt es sich, die Koeffizienten

$$d_\mu = w_S(\mu+1) - \sum_{\lambda=0}^{k} a_{k\lambda} w_S(\mu - \lambda) \qquad (14.20)$$

aus der gemessenen Strecken-Sprungantwort vorab zu ermitteln. Aus den mit Gl. (14.19) prädiktiv bestimmten Stellgrößenänderungen $\Delta y(\nu)$ wird dann mit der Integratorgleichung

$$y(\nu) = y(\nu - 1) + \Delta y(\nu) \qquad (14.21)$$

die Stellgröße selbst berechnet.

Es ist bemerkenswert, daß zum Schluß wieder eine lineare Differenzengleichung für die Stellgröße entsteht, obwohl der Regelalgorithmus in diesem Fall völlig anders aufgebaut ist als in den vorherigen Abschnitten. Bild 14.4 zeigt das zu Gln. (14.19, 14.21) gehörige Blockschema in Zustands-Normalform mit nachgeschaltetem Integrator. Die Regelabweichung $x_1(\nu) - x_2(\nu)$ wird dabei nicht explizit gebildet; vielmehr werden die Führungsgröße $x_0(\nu)$, die Stellgrößenänderung $\Delta y(\nu)$ und die Regelgröße $x_2(\nu)$ an verschiedenen Stellen über Gewichtsfaktoren dem Regler aufgeschaltet. Lediglich für den be-

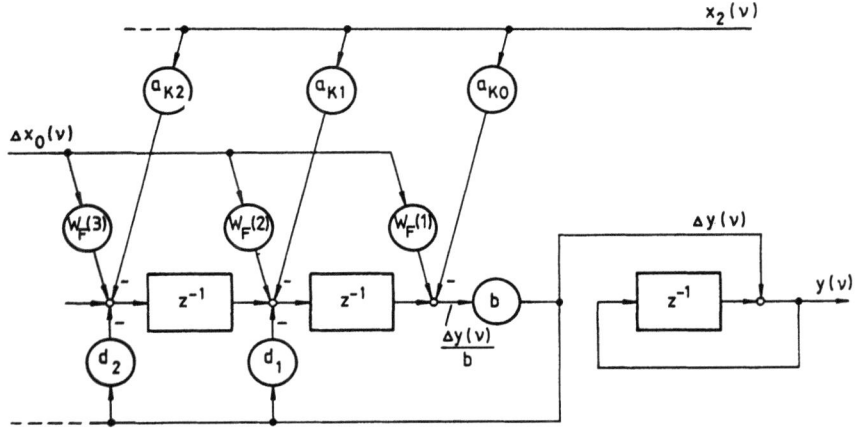

Bild 14.4: Blockschema eines prädiktiven Abtastreglers mit Führungsgrößenfilter

sonderen Fall, daß anstelle eines dynamischen Führungsgrößenmodells $w_F(\nu)$ ein extrapolierender Polynomansatz entsprechend Gl. (14.7) zur Glättung der Führungsgrößen verwendet wird,

$$x_1(\nu+1) = \sum_{\lambda=0}^{k} a_{k\lambda} x_0(\nu - \lambda) , \qquad (14.22)$$

nimmt Gl. (14.19) mit der Regelabweichung $x_3(\nu) = x_0(\nu) - x_2(\nu)$ die normale Form einer linearen Regler-Differenzengleichung an,

$$\Delta y(\nu) = b \left[\sum_{\lambda=0}^{k} a_{k\lambda} x_3(\nu - \lambda) - \sum_{\mu=1}^{\infty} d_\mu \Delta y(\nu - \mu) \right] . \qquad (14.23)$$

Anschließend werden die Inkremente $\Delta y(\nu)$ wieder zur Stellgröße $y(\nu)$ aufsummiert.

Für diesen Sonderfall läßt sich auch eine Regler-Übertragungsfunktion geschlossen angeben,

$$H_R(z) = \frac{Y_H}{X_{3H}}(z) ;$$

mit dem Vorfaktor für die Integration gilt

$$\frac{Y_H(z)}{X_{3H}}(z) = H_R(z) = \frac{1}{1-z^{-1}} \frac{b \sum_{\lambda=0}^{k} a_{k\lambda} z^{-\lambda}}{1 + b \sum_{\mu=1}^{\infty} d_\mu z^{-\mu}}. \qquad (14.24)$$

Diese Schreibweise dient hier nur zur Illustration, da ja in Wirklichkeit die Differenzengleichung (14.19) des Reglers unmittelbar im Zeitbereich gelöst wird. Auch wäre ein extrapolierender Polynomansatz für unstetige Führungsanregung wenig geeignet, wie in Abschnitt 9.3.5 gezeigt wurde. Das zu Gl. (14.24) gehörige Blockschema ist in Bild 14.5 gezeichnet.

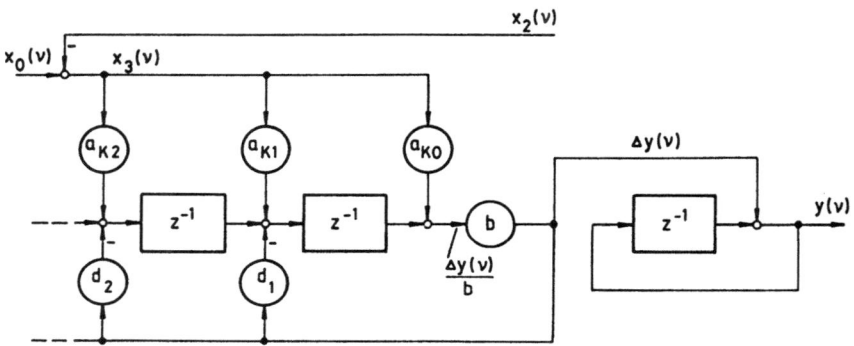

Bild 14.5: Blockschema eines prädiktiven Abtastreglers mit Glättung der Führungsgröße durch ein Polynom

Der extrapolierende Prädiktionsregler läßt sich also aus einer gemessenen Strecken-Sprungantwort $w_S(t)$, einem gewählten Führungsgrößenmodell und den Parametern T, h und k bestimmen. Die Kenntnis der Ordnung und der Koeffizienten der Strecken-Übertragungsfunktion ist nicht erforderlich.

Das Entwurfsverfahren wird im folgenden am Beispiel der Regelstrecke in Bild 10.4, bestehend aus drei Verzögerungsgliedern mit den Zeitkonstanten $T_1 = 400$ ms und $T_2 = 200$ ms und $T_3 = 50$ ms, erprobt; die Störgröße wird dabei vor dem letzten Verzögerungsglied angreifend angenommen. Entsprechend den vorstehenden Überlegungen wird die Abtastzeit $T = T_2 = 200$ ms gewählt. Die Auslegung des Reglers erfolgt für den einfachsten Fall einer linearen Extrapolation, $k = 1$. Es werden zwei Fälle mit den Wichtungsfaktoren für die Stellgröße, $h_1 = 0$ und $h_2 = 0.2$, berechnet. Die Ergebnisse sind in Bild 14.6 und 14.7 gezeigt.

Wie zu erwarten, wirkt sich der Wichtungsfaktor h dämpfend auf die Stellgröße aus. Ein Vergleich mit der quasistetigen Regelung in Bild 10.5

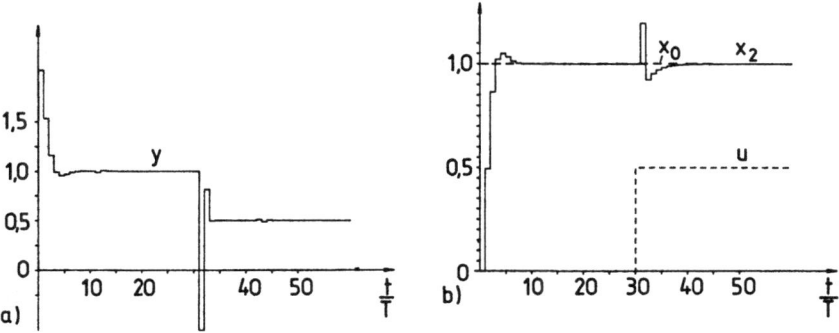

Bild 14.6: Ergebnis einer prädiktiven Regelung mit aperiodischer Strecke gemäß Bild 10.4 bei Stör- und Führungsanregung
$T = 200$ ms, $k = 1$, $h_1 = 0$
a) Stellgröße b) Regelgröße

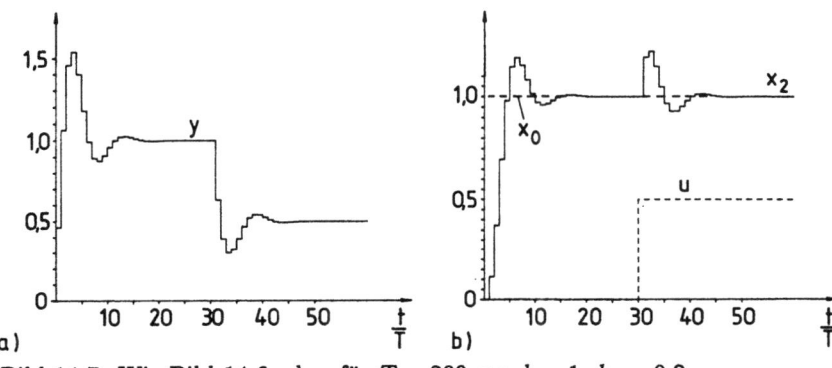

Bild 14.7: Wie Bild 14.6, aber für $T = 200$ ms, $k = 1$, $h_2 = 0.2$
a) Stellgröße b) Regelgröße

läßt aber erkennen, daß der prädiktive Regler gegenüber einem PID-Regler keine besonderen Vorteile aufweist. Auch die Wahl eines anderen Extrapolationsgrades k bringt keine nennenswerte Verbesserung.

15 Entwurf eines selbsteinstellenden Reglers mit einem Parameter-Suchverfahren

Die Berechnung eines Zeitreihenreglers nach Abschnitt 13 erfordert wegen der Entfaltung durch Inversion der $N \times N$-Matrizen einen erheblichen Rechenaufwand. Für selbsteinstellende Regelungen, bei denen der Reglerentwurf durch den als Regler vorgesehenen Mikrorechner erfolgen soll, ist dieses Verfahren nur mit Einschränkungen geeignet. Günstigere Bedingungen können bei einem Parameter-Suchverfahren vorliegen, wo die Entwurfsaufgabe durch iterative Minimisierung einer Zielfunktion gelöst wird. Die Vorgabe kann dabei wieder anhand des Stör- und Führungsverhaltens des geschlossenen Kreises, entsprechend Bild 11.1, geschehen.

Als Regler soll ein allgemeines diskretes Filter mit mehreren freien Parametern dienen, wobei ein Pol bei $z = 1$ zweckmäßigerweise gleich im Ansatz berücksichtigt ist. Das Verhalten der Regelstrecke sei durch Messungen näherungsweise bekannt, so daß sich die Ausgangsgröße anhand eines vereinfachten Regressionsmodells, Gl. (11.30), oder einer Faltungssumme entsprechend Gl. (13.44) vorausberechnen läßt. Durch Simulation des geschlossenen Kreises im Rechner und Vergleich der Ausgangsgröße mit den gewünschten Einschwingvorgängen wird ähnlich wie in Gl. (13.48) eine Zielfunktion berechnet, die durch iterative Anpassung der Reglerparameter einem Minimum zuzuführen ist. In entsprechender Weise lassen sich anschließend auch die Parameter eines Vorfilters ermitteln. Es ist natürlich auch möglich, die Differentialgleichungen der kontinuierlichen Regelstrecke, sofern bekannt, mit einem numerischen Integrationsverfahren, z.B. nach Runge-Kutta, zu integrieren, jedoch ist der dafür erforderliche Rechenaufwand gewöhnlich zu groß.

Wie anhand eines Beispiels gezeigt wird, eignet sich das Entwurfsverfahren mit Minimumsuche auch für allgemeinere Reglerstrukturen, etwa unter Verwendung eines Rückführkanals wie in Bild 11.1; auch die Parameter von Zustandsreglern lassen sich damit berechnen [15,42-45].

In seltenen Fällen kann es sogar zulässig sein, die rechnergestützte Suche nach einem geeigneten Regler anhand von Experimenten, d.h. mit der wirklichen Regelstrecke, durchzuführen. Jedoch ist darauf zu achten, daß keine Gefährdung eintritt, da während des Suchvorganges auch vorübergehend instabile Reglereinstellungen vorkommen können. Bei langsamen Regelstrecken sind mit einer Simulation auf jeden Fall Zeitvorteile zu erwarten, da nur eine einmalige Messung erforderlich ist und die Simulation zeitgerafft abläuft.

15.1 Simulation des geschlossenen Kreises, Ansatz einer Zielfunktion

Als integrierender Regler soll z.B. eine allgemeine quadratische Übertragungsfunktion mit vier freien Parametern,

$$H_R(z) = \frac{Y}{X_3}(z) = \frac{r_{R2}z^2 + r_{R1}z + r_{R0}}{z^2 - (1 + c_{R0})z + c_{R0}}, \qquad (15.1)$$

entsprechend der Differenzengleichung

$$\begin{aligned} y(\nu) &= r_{R2}\,x_3(\nu) + r_{R1}\,x_3(\nu-1) + r_{R0}\,x_3(\nu-2) \\ &\quad + (1 + c_{R0})\,y(\nu-1) - c_{R0}\,y(\nu-2) \end{aligned} \qquad (15.2)$$

gewählt werden; der in Bild 10.3 gezeichnete PID-Regler in Parallelstruktur ist darin als Sonderfall enthalten. Die Rechenzeit zur Auswertung dieser Differenzengleichung muß bei einem Ansatz mit $r_2 \neq 0$ im Vergleich zur Abtastperiode T vernachlässigbar sein. Auch allgemeinere Reglerfunktionen sind zulässig, doch konvergiert das Suchverfahren natürlich um so langsamer, je mehr freie Parameter zu optimieren sind.

Für die Berechnung der diskreten Regelgröße $x_2(\nu)$ zum Zweck der Simulation gibt es folgende Möglichkeiten:

- Regressionsmodell

  Wie in Abschnitt 11.3 beschreiben, können die als Meßwerte verfügbaren Verläufe der Stell- und Regelgrößen dazu dienen, die Regelstrecke zu „identifizieren", d.h. durch eine lineare Differenzengleichung zu approximieren. Die in Gl. (11.30) verwendete vereinfachte Form war

$$\sum_{\mu=0}^{n} c_{S\mu} x_2(\nu - n + \mu) \approx y_1(\nu - n + m), \qquad (15.3)$$

  wobei z.B. $m = n - 1$ gewählt wird.

- Faltungssumme

  Eine Alternative ist die Beschreibung des Streckenverhaltens durch die Impuls- oder Sprungantwort; die Ausgangsgröße folgt daraus mit der Faltungssumme, Gl. (13.36)

$$x_2(\nu) \approx \sum_{\mu=1}^{N} g_S(\mu) y_1(\nu - \mu). \qquad (15.4)$$

Die Differenzengleichung setzt eine vorhergehende Approximation voraus; sie ist aber flexibler, da das Modell gegebenenfalls durch nichtlineare Terme erweitert werden kann, während die Faltungssumme auf lineare Modelle beschränkt ist.

Entsprechend Gl. (13.46) wird zunächst der Regler so optimiert, daß der geschlossene Kreis eine vorgegebene Störsprungantwort x_{2M} aufweist. Für $x_1(\nu) \equiv 0$, d.h. $x_3(\nu) = -x_2(\nu)$ und $y_1(\nu) = y(\nu)+u(\nu)$, wobei $u(\nu) = s(\nu) = 1$, $\nu \geq 0$, soll gelten,

$$e_1(\nu) = x_{2M}(\nu) - x_2(\nu) = w_S(\nu) z_{MU}^{\nu-1} - x_2(\nu) \to \text{Min} ; \quad (15.5)$$

für $x_2(\nu)$ ist der durch Simulation gefundene Wert einzusetzen; außerdem soll die Stellgröße einen möglichst glatten Verlauf annehmen. Entsprechend Gl. (13.48) wird eine quadratische Zielfunktion mit Strafterm angesetzt,

$$Q_1 = \frac{1}{2} \sum_{\nu=1}^{N} \left[e_1{}^2(\nu) + h_1 \Delta y^2(\nu) \right] \stackrel{!}{=} \underset{c_R, r_R}{\text{Min}} \quad (15.6)$$

die bezüglich der Reglerkoeffizienten zu minimieren ist. Die Simulation des geschlossenen Kreises ist in jedem Suchschritt des Optimierungsverfahrens für $0 \leq \nu \leq N$ auszuführen. Ein möglicher Algorithmus des Suchverfahrens wird später diskutiert.

Nach Abschluß des Suchvorganges, wenn brauchbare Parameter des Reglers vorliegen, folgt ein entsprechendes Optimierungsverfahren zur Bestimmung eines Führungsfilters. Ein quadratischer Ansatz der Form

$$H_F(z) = \frac{X_1}{X_0}(z) = \frac{r_{F2} z^2 + r_{F1} z + r_{F0}}{z^2 + c_{F1} z + c_{F0}} \quad (15.7)$$

führt mit der Nebenbedingung für Verstärkung Eins,

$$r_{F0} + r_{F1} + r_{F2} = c_{F0} + c_{F1} + 1 \quad (15.8)$$

wieder auf vier zu optimierende Parameter. Die zugehörige Differenzengleichung lautet

$$\begin{aligned} x_1(\nu) = r_{F2}\, x_0(\nu) &+ r_{F1}\, x_0(\nu-1) + r_{F0}\, x_0(\nu-2) \\ &- c_{F1}\, x_1(\nu) - c_{F0}\, x_1(\nu-2) \,. \end{aligned} \quad (15.9)$$

Mit der Annahme einer sprungförmigen Führungsgröße

$$\begin{aligned} x_0(\nu) &= s(\nu) = 1, \quad \nu \geq 0 \text{ und} \\ u(\nu) &\equiv 0, \quad \text{d.h. } y_1(\nu) = y(\nu), \end{aligned} \quad (15.10)$$

ist nun der geschlossene Kreis samt Führungsfilter zu simulieren; dabei werden die vorher gefundenen „optimalen" Reglerparameter c_R, r_R verwendet.

Die Zielfunktion enthält zweckmäßigerweise wieder die Abweichungen von der gewünschten Führungssprungantwort des geschlossenen Kreises, $x_{2M}(\nu)$,

$$e_2(\nu) = x_{2M}(\nu) - x_2(\nu) ; \tag{15.11}$$

falls aperiodisches Führungsverhalten des geschlossenen Kreises gewünscht wird, könnte z.B.

$$x_{2M}(\nu) = 1 - z_M x^\nu \tag{15.12}$$

gewählt werden. Außerdem ist es wieder zweckmäßig, einen Strafterm hinzuzufügen, um einen möglichst glatten Verlauf der gefilterten Führungsgrösse $x_1(\nu)$ zu erhalten. Damit folgt

$$Q_2 = \frac{1}{2}\sum_{\nu=0}^{N}\left[e_2{}^2(\nu) + h_2 \Delta x_1{}^2(\nu)\right] \stackrel{!}{=} \underset{c_F, r_F}{\text{Min}} \tag{15.13}$$

Für jeden Suchschritt ist auch hier eine vollständige Simulation des geschlossenen Kreises auszuführen.

Die in Gl. (15.6 und 15.13) angegebene Form der Zielfunktion kann in vielfältiger Weise variiert werden; in manchen Fällen hat sich eine Betragsbildung oder Zeitbeschwerung des Fehlers als günstig erwiesen [15,42-45,48,69].

15.2 Minimisierung der Zielfunktion mit einem Suchverfahren

Die skalare quadratische Zielfunktion Q soll bezüglich der Komponenten k_μ eines Koeffizientenvektors $\mathbf{k} = (k_1, k_2, \ldots k_n)_T$ zum Minimum gemacht werden. Dabei ist zu beachten, daß $Q(\mathbf{k})$ analytisch nicht bekannt ist, sondern nur punktweise mit einer aufwendigen Simulationsrechnung bestimmt werden kann. Zwar ist sicher, daß ein Minimum existiert, doch können weitere Nebenminima vorhanden sein, die es notwendig machen, den n-dimensionalen Parameterraum durch Wahl verschiedener Anfangspunkte systematisch abzusuchen. Es gibt zahlreiche Suchstrategien, die für die Lösung dieses Problems anwendbar sind, z.B.

- achsenparallele Suche

- zufallsbestimmte Suche

- Gradientenverfahren,

die sich hinsichtlich des Rechenaufwandes und der Konvergenzeigenschaften unterscheiden. Hier wird nur eines dieser Verfahren, das mit sog. konjugierten Suchrichtungen, skizziert, das bei Aufgaben dieser Art mit bis zu $n = 10$ unbekannten Koeffizienten gute Ergebnisse liefert [9,15,28,62,74].

Für die Lösung wird meistens angenommen, daß mit einfachen Abschätzungen eine gewisse Eingrenzung des Minimums erfolgt ist, so daß die Zielfunktion in der Umgebung des Minimums durch eine allgemeine quadratische Funktion der Form

$$Q(\mathbf{k}) \approx (\mathbf{k} - \mathbf{k}_0)_T \, \mathbf{A} \, (\mathbf{k} - \mathbf{k}_0) + \mathbf{B} \, (\mathbf{k} - \mathbf{k}_0) + Q_{min} \qquad (15.14)$$

approximiert wird, wobei $\mathbf{A}$ und $\mathbf{B}$ unbekannt sind und $\mathbf{k}_0$ gesucht wird. Für den Sonderfall $n = 2$ beschreibt $Q(\mathbf{k})$ somit ein Fehlergebirge über der k_1, k_2-Ebene. Die Höhenlinien sind, wie in Bild 15.1 angedeutet, konzentrische ähnliche Ellipsen. Die konzentrische Schar der elliptischen Höhenlinien läßt

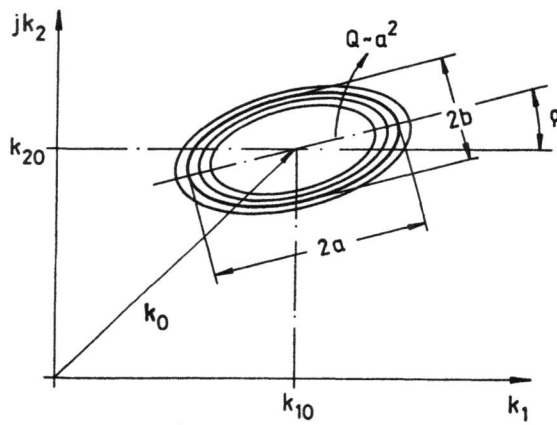

Bild 15.1: Höhenlinien der Zielfunktion Q in der Nähe des Minimums

sich in Parameterform durch folgenden Ausdruck beschreiben

$$\mathbf{k} = \mathbf{k}_0 + a \left(\cos\varphi + j\frac{b}{a}\sin\varphi \right) e^{j\varrho}, \quad \frac{b}{a} = \text{const.} \qquad (15.15)$$

wobei a, b die Halbachsen sind und ϱ den Winkel einer Achse gegenüber der k_1-Achse beschreibt. Das Zentrum $\mathbf{k}_0$, die Öffnung b/a und die Orientierung ϱ der Ellipsen sind unbekannt.

Nach dem von Powell [9,62] vorgeschlagenen Verfahren mit konjugierten Suchrichtungen läßt sich das Minimum einer quadratischen Funktion in genau zwei Schritten finden (Bild 15.2):

Von zwei beliebig gewählten Punkten $\mathbf{k}_a$ und $\mathbf{k}_b$ aus werden durch systematisches Suchen in Richtung $\mathbf{s}_1$, d.h. durch punktweise Berechnung von Q längs zweier paralleler Geraden, die Minima bestimmt

$$Q_a = Q(\mathbf{k}_a + \alpha \mathbf{s}_1) \stackrel{!}{=} \text{Min} : \mathbf{k}_a + \alpha_a \mathbf{s}_1 = \mathbf{k}_{ma}, \qquad (15.16)$$

$$Q_b = Q(\mathbf{k}_b + \alpha \mathbf{s}_1) \stackrel{!}{=} \text{Min} : \mathbf{k}_b + \alpha_b \mathbf{s}_1 = \mathbf{k}_{mb}. \qquad (15.17)$$

15.2 Minimisierung der Zielfunktion mit einem Suchverfahren

Nach Voraussetzung verlaufen die Höhenlinien Q_a, Q_b in den Punkten α_a, α_b tangential zur Suchrichtung s_1. Wegen der Ähnlichkeit der konzentrischen

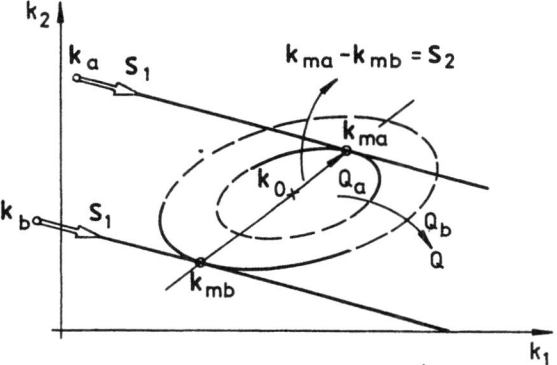

Bild 15.2: Konjugierte Suchrichtungen

Ellipsen muß die Verbindungslinie der beiden Berührungspunkte durch das Zentrum der Ellipsenschar, d.h. den gesuchten Punkt k_0 gehen; man bezeichnet die Richtungen s_1 und $s_2 = k_{ma} - k_{mb}$ als zueinander konjugiert. Es genügt also, ausgehend von k_{ma} oder k_{mb} in Richtung s_2 das Minimum zu suchen, um zum gewünschten Punkt k_0 zu gelangen.

Da das Fehlergebirge $Q(k)$ im weiteren Abstand von k_0 keine quadratische Funktion darstellt und die Höhenlinien deshalb keine konzentrischen ähnlichen Ellipsen sind, führt das Verfahren nicht exakt zum Ziel; die Konstruktion konjugierter Richtungen ist dann wiederholt anzuwenden, wobei jeweils früher berechnete Richtungen weggelassen und durch neue ersetzt werden. Bei einem n-dimensionalen Koeffizientenraum muß ein vollständiger Suchschritt sämtliche Komponenten k_μ erfassen. In Bild 15.3 ist der prinzipielle Verlauf eines Suchvorganges in der k_1, k_2-Ebene gezeigt. Man beginnt zunächst mit einem Suchschritt zur Minimisierung der Zielfunktion in Richtung der beiden Achsen, wobei eine der Richtungen zweimal gewählt wird, um sie als paralleles Geradenpaar (s_1) entsprechend Bild 15.2 zu nutzen. Damit läßt sich eine konjugierte Suchrichtung s_3 konstruieren, in der man bis zum Minimum fortschreitet. Die Folge s_2, s_3 wird dann nochmals durchlaufen, um eine weitere konjugierte Suchrichtung s_4 zu erhalten. Anschließend wird s_2 durch s_3 ersetzt. Für $n > 2$ führen bereits die achsenparallelen Suchschritte auf räumliche Suchrichtungen, so daß bei jedem nachfolgenden Suchvorgang im Prinzip sämtliche Koeffizienten k_μ verändert werden.

Bei der Minimumsuche in einer vorgegebenen Richtung s ist zunächst zu prüfen, nach welcher Seite die Zielfunktion abnimmt. Anschließend wird die Schrittweite $\Delta\alpha$, mit kleinen Werten beginnend, vergrößert, bis ein Wieder-

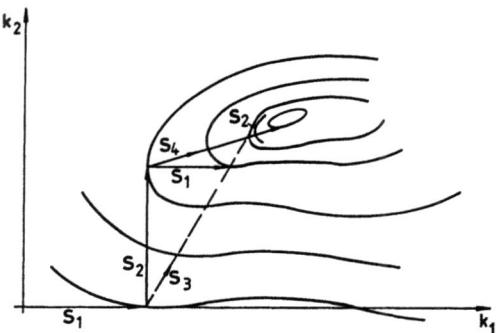

Bild 15.3: Suchvorgang mit konjugierten Richtungen in der k_1, k_2-Ebene

anstieg der Zielfunktion zu beobachten ist, was darauf hindeutet, daß ein Minimum überschritten wurde. Um einen Schätzwert für Ort und Höhe des Minimums zu finden, kann man entsprechend Bild 15.4 durch die drei letzten Punkte eine achsenparallele Parabel legen,

$$Q = Q_{min} + a(\alpha - \alpha_s)^2 \qquad (15.18)$$

wo α_s den Ort und Q_{min} die Höhe des interpolierten Minimums bedeutet. Einsetzen der drei Stützpunkte und Auflösung liefert.

$$\alpha_s = \frac{1}{2}\frac{Q_1(\alpha_2{}^2 - \alpha_3{}^2) + Q_2(\alpha_3{}^2 - \alpha_1{}^2) + Q_3(\alpha_1{}^2 - \alpha_2{}^2)}{Q_1(\alpha_2 - \alpha_3) + Q_2(\alpha_3 - \alpha_1) + Q_3(\alpha_1 - \alpha_2)}, \qquad (15.19)$$

woraus durch erneute Simulation Q_{min} berechnet wird.

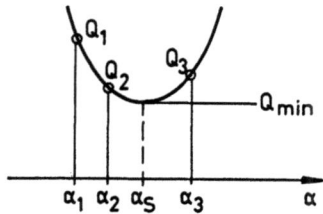

Bild 15.4: Parabelinterpolation bei einer Minimumsuche

Die Minimumsuche wird solange fortgesetzt, bis anhand eines Abbruchkriteriums erkennbar ist, daß keine nennenswerten Verbesserungen mehr möglich

sind. Um sicherzustellen, daß die Suche nicht in einem Nebenminimum geendet hat, empfiehlt es sich, das Suchverfahren mit anderen Anfangspunkten zu wiederholen.
Ein besonderer Vorzug des Powell-Verfahrens ist, daß

- keine Ableitungen, wie beim Gradientenverfahren zu berechnen sind,
- die Suche bei Vorliegen einer quadratischen Form für Q nach zwei Schritten beendet ist.

Es ist daran zu erinnern, daß es sich bei dem beschriebenen Verfahren mit konjugierten Richtungen nur um eines von vielen in der angewandten Mathematik bekannten Minimisierungsverfahren handelt, das in vielfältiger Weise variiert werden kann. Wie Versuchsrechnungen mit Zielfunktionen bis zu 10 Koeffizienten, z.B. bei Zustandsreglern, zeigten, ist das Verfahren für die bei der Reglerauslegung häufig vorkommenden relativ flachen Fehlergebirge gut geeignet. Aber auch mit stärker zerklüfteten Zielfunktionen, etwa bei der bekannten Rosenbrock'schen Bananenfunktion, wird dieses Verfahren fertig.

Im nächsten Abschnitt wird die Anwendung dieser Minimisierungsmethode für die Auslegung eines Reglers mit vier Koeffizienten gezeigt; dabei werden auch Hinweise auf den erforderlichen Rechenaufwand gegeben.

15.3 Selbsteinstellende Regelung für ein Zwei-Massen-Antriebssystem

Als Beispiel für die vielseitige Anwendbarkeit des beschriebenen Optimierungsverfahrens zur Bestimmung von Reglerparametern soll die in Bild 15.5a skizzierte mechanische Übertragung dienen, bei der zwei rotierende Massen mit den Trägheitsmomenten Θ_1 und Θ_2 und drehzahlproportionalen Reibungsdrehmomenten über eine massefreie Welle mit der Torsionssteifigkeit S gekoppelt sind. ω_1, ω_2 sind die Augenblickswerte der Winkelgeschwindigkeiten und $\varepsilon_1, \varepsilon_2$ die zugehörigen Drehwinkel. m_1 ist das über ein Verzögerungsglied, etwa den Stromregelkreis eines Elektromotors, steuerbare Antriebsmoment, $m_2(t)$ das veränderliche aber zunächst als eingeprägt angenommene Lastdrehmoment und m_K das von der Welle übertragene Kupplungsmoment.

Die Aufgabe besteht darin, die Antriebszahl ω_1 so zu regeln, daß die Einschwingvorgänge zügig und dennoch gut gedämpft ablaufen, obwohl möglicherweise wenig streckeninterne Reibung vorhanden ist. Insbesondere sollen auch bei ungünstiger Massenverteilung keine unkontrollierten Schwingungen auf der Lastseite entstehen. Die Lösung dieses nichttrivialen Entwurfsproblems kann dadurch erleichtert werden, daß zusätzlich zum Drehzahl-Istwert ω_1 die Differenzdrehzahl $\omega_1 - \omega_2$ als dämpfende Rückführung aus der Regelstrecke aufgeschaltet wird, wie dies in Bild 11.1 angedeutet ist. Falls diese Größe nicht meßbar ist, kann ein sog. Beobachter verwendet werden [11,71,72]. Die Koeffizienten k_1, k_2, k_3 des digitalen Drehzahlreglers und der Faktor k_4 in der Rückführung sind durch ein Suchverfahren zu bestimmen. Die linear angenommenen Differentialgleichungen der Regelstrecke lauten

$$\Theta_1 \frac{d\omega_1}{dt} = m_1(t) - k_{R1}\omega_1 - m_K, \qquad (15.20)$$

$$\Theta_2 \frac{d\omega_2}{dt} = m_2(t) - k_{R2}\omega_2 + m_K, \qquad (15.21)$$

$$\frac{d}{dt}(\varepsilon_1 - \varepsilon_2) = \frac{d\Delta\varepsilon}{dt} = \omega_1 - \omega_2 = \Delta\omega, \qquad (15.22)$$

wobei

$$m_K = S \Delta\varepsilon. \qquad (15.23)$$

Durch Normierung mit den im Prinzip beliebig wählbaren Größen m_0, ω_0 und ε_0 erhält man das Modell der Regelstrecke in Zustandsform.

$$T_1 \frac{d\frac{\omega_1}{\omega_0}}{dt} = \frac{m_1}{m_0} - d_1 \frac{\omega_1}{\omega_0} - S_{12} \frac{\Delta\varepsilon}{\varepsilon_0}, \qquad (15.24)$$

$$T_2 \frac{d\frac{\omega_2}{\omega_0}}{dt} = \frac{m_2}{m_0} - d_2 \frac{\omega_2}{\omega_0} + S_{12} \frac{\Delta\varepsilon}{\varepsilon_0}, \qquad (15.25)$$

$$T_3 \frac{d\frac{\Delta\varepsilon}{\varepsilon_0}}{dt} = \frac{\omega_1 - \omega_2}{\omega_0} = \frac{\Delta\omega}{\omega_0}, \qquad (15.26)$$

$$T_4 \frac{d\frac{m_1}{m_0}}{dt} = -\frac{m_1}{m_0} + \frac{m_1}{m_0}_{\text{soll}}. \qquad (15.27)$$

Dabei gelten folgende Abkürzungen

$$T_{1,2} = \frac{\Theta_{1,2}\omega_0}{m_0}, \quad T_3 = \frac{\varepsilon_0}{\omega_0}, \quad d_{1,2} = \frac{k_{R1,2}\omega_0}{m_0}, \quad S_{12} = \frac{S\varepsilon_0}{m_0}. \qquad (15.28)$$

Für die Minimisierung der Zielfunktion ist eine wiederholte Simulation des geschlossenen Regelkreises notwendig, wobei es natürlich auf ein möglichst effektives Rechenverfahren ankommt. Man könnte zunächst daran denken, die Regelstrecke mit der aus den Differentialgleichungen, d.h. der kontinuierlichen Übertragungsfunktion $F_S(p)$, zu berechnenden Stufen-Übertragungsfunktion $H_S(z)$ abzubilden und die Ausgleichsvorgänge zeitdiskret zu berechnen. Die Stufen-Übertragungsfunktionen — z.B. für das ungedämpfte System ($d_{1,2} = 0$) — müßte dann aus folgenden Ausdrücken berechnet werden

$$L\left(\frac{\omega_1}{\omega_0}\right) = \frac{1}{(T_4 p + 1)(T_1 + T_2)p} \frac{\frac{T_2 T_1}{S_{12}} p^2 + 1}{\frac{T_1}{S_{12}} \frac{T_1 T_2}{T_1 + T_2} p^2 + 1} L\left(\frac{m_1}{m_0}_{\text{soll}}\right) +$$

$$+ \frac{1}{(T_1 + T_2)p} \frac{1}{\frac{T_1}{S_{12}} \frac{T_1 T_2}{T_1 + T_2} p^2 + 1} L\left(\frac{m_2}{m_0}\right), \qquad (15.29)$$

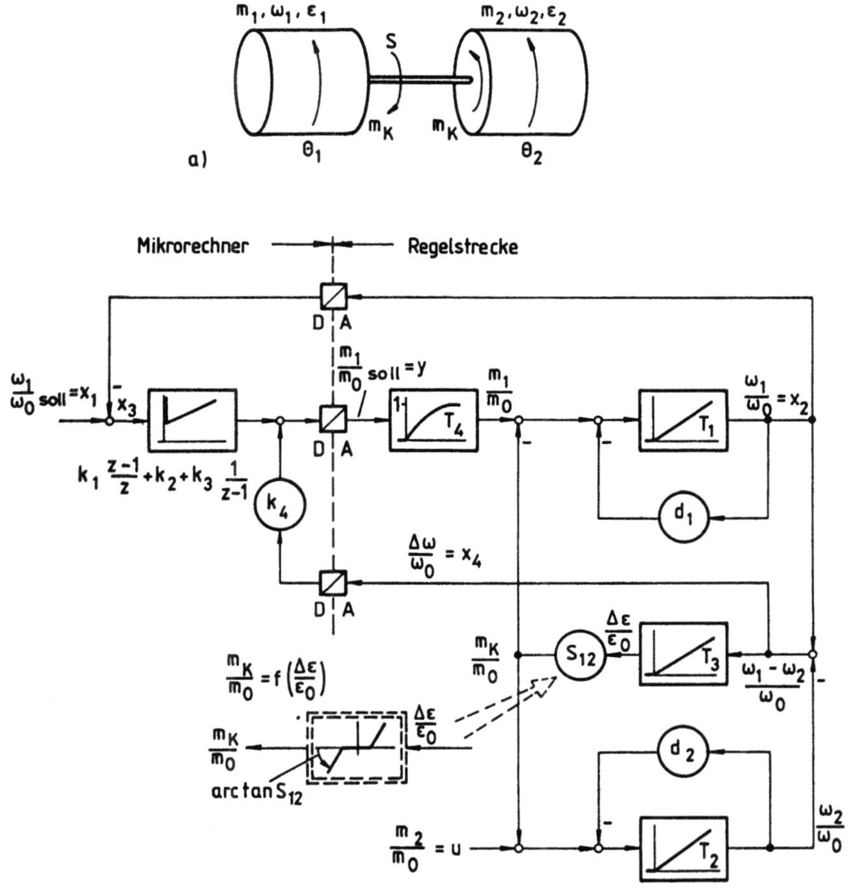

15.3 Selbsteinstellende Regelung für ein Zwei-Massen-Antriebssystem 263

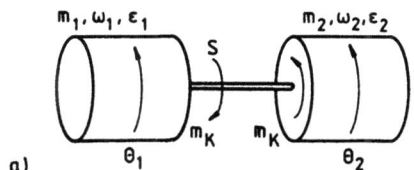

Bild 15.5: Drehzahlregelung eines schwingungsfähigen Zwei-Massen-Systems
a) Zwei-Massen-Rotor, b) Blockschaltbild

und

$$L\left(\frac{\Delta\omega}{\omega_0}\right) = \frac{1}{T_4 p + 1} \frac{T_2}{T_1 + T_2} \frac{\frac{T_3}{S_{12}}p}{\frac{T_3}{S_{12}}\frac{T_1 T_2}{T_1+T_2}p^2 + 1} L\left(\frac{m_1}{m_0}\text{soll}\right) +$$
$$+ \frac{1}{T_1 + T_2} \frac{\frac{T_3}{S_{12}}p}{\frac{T_3}{S_{12}}\frac{T_1 T_2}{T_1+T_2}p^2 + 1} L\left(\frac{m_2}{m_0}\right). \quad (15.30)$$

Selbst für diesen vereinfachten Fall entstehen also komplizierte Ausdrücke, deren Übertragung in den z-Bereich mit Hilfe von Gl. (5.37) erheblichen rechnerischen Aufwand erfordert. Die imaginären Pole und Nullstellen z.B. der Funktion $F_S(p) = \frac{L(\omega_1/\omega_0)}{L(m_{1\text{soll}}/m_0)}$ sind in Bild 15.6 angedeutet. Die entsprechenden Pole der Stufen-Übertragungsfunktion $H_S(z)$ würden bei

$$z = e^{\pm jT\sqrt{\frac{S_{12}}{T_3}\frac{T_1+T_2}{T_1 T_2}}} \quad (15.31)$$

auf dem Einheitskreis liegen. Aus Gl. (15.30) ist die differenzierende Wirkung zu erkennen, die die Differenzdrehzahl für eine Dämpfungsaufschaltung besonders geeignet macht.

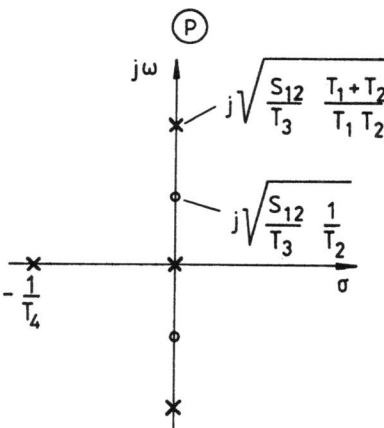

Bild 15.6: Pole und Nullstellen der Übertragungsfunktion eines ungedämpften Zwei-Massen-Systems

Angesichts des rechnerischen Aufwandes für die Transformation $F_S(p) \rightarrow H_S(z)$ liegt der Gedanke nahe, eine nur für kleine Abtastperioden $T \ll T_\mu$ brauchbare Näherung zu verwenden, indem man die den Funktionsblöcken in Bild 15.5b entsprechenden Zustandsgleichungen unmittelbar in den z-Bereich überträgt. Es kann sich dabei natürlich nur um eine Näherung handeln, da der streckeninterne Signalaustausch in Wahrheit nicht zeitdiskret, sondern

15.3 Selbsteinstellende Regelung für ein Zwei-Massen-Antriebssystem

kontinuierlich erfolgt; der Unterschied wurde in Abschnitt 5.1 anhand der Kettenschaltung zweier Übertragungsglieder erläutert. Mit der Näherung

$$T_\mu \frac{dx}{dt} \approx T_\mu \frac{x(\nu) - x(\nu - 1)}{T} \tag{15.32}$$

erhält man aus Gln. (15.24 - 15.27)

$$\frac{\omega_1}{\omega_0}(\nu) = \left(1 - \frac{T}{T_1}d_1\right)\frac{\omega_1}{\omega_0}(\nu - 1) + \frac{T}{T_1}\frac{m_1}{m_0}(\nu - 1)$$
$$- S_{12}\frac{T}{T_1}\frac{\Delta\varepsilon}{\varepsilon_0}(\nu - 1), \tag{15.33}$$

$$\frac{\omega_2}{\omega_0}(\nu) = \left(1 - \frac{T}{T_2}d_2\right)\frac{\omega_2}{\omega_0}(\nu - 1) + \frac{T}{T_2}\frac{m_2}{m_0}(\nu - 1)$$
$$+ S_{12}\frac{T}{T_2}\frac{\Delta\varepsilon}{\varepsilon_0}(\nu - 1), \tag{15.34}$$

$$\frac{\Delta\varepsilon}{\varepsilon_0}(\nu) = \frac{\Delta\varepsilon}{\varepsilon_0}(\nu - 1) + \frac{T}{T_3}\frac{\Delta\omega}{\omega_0}(\nu - 1), \tag{15.35}$$

$$\frac{m_1}{m_0}(\nu) = \left(1 - \frac{T}{T_4}\right)\frac{m_1}{m_0}(\nu - 1) + \frac{T}{T_4}\frac{m_1}{m_0}_{\text{soll}}(\nu - 1). \tag{15.36}$$

Diese nichtkonsolidierte Schreibweise hat den zusätzlichen Vorteil, daß sich gegebenfalls auch nichtlineare Effekte berücksichtigen lassen, wie dies in Bild 15.5 am Beispiel einer mechanischen Lose angedeutet ist. Für das Kupplungsmoment in Gln. (15.23) könnte ein nichtlinearer Ausdruck der Form

$$\frac{m_K}{m_0} = f\left(\frac{\Delta\varepsilon}{\varepsilon_0}\right). \tag{15.37}$$

angesetzt werden; bei einer Berechnung der diskreten Strecken-Übertragungsfunktion $H_S(z)$ aus $F_S(p)$ besteht eine solche Möglichkeit natürlich nicht.

In Bild 15.7 sind die Differenzengleichungen (15.33 bis 15.36) als diskretisiertes Blockschaltbild gezeichnet, das den Rechenablauf besonders übersichtlich beschreibt. Daraus lassen sich gegebenfalls auch angenäherte Übertragungsfunktionen gewinnen, die hier aber nicht benötigt werden. Für den dämpfungsfreien Fall ($d_{1,2} = 0$) würden sie mit der Abkürzung

$$z_4 = e^{-T/T_4} \approx 1 - T/T_4$$

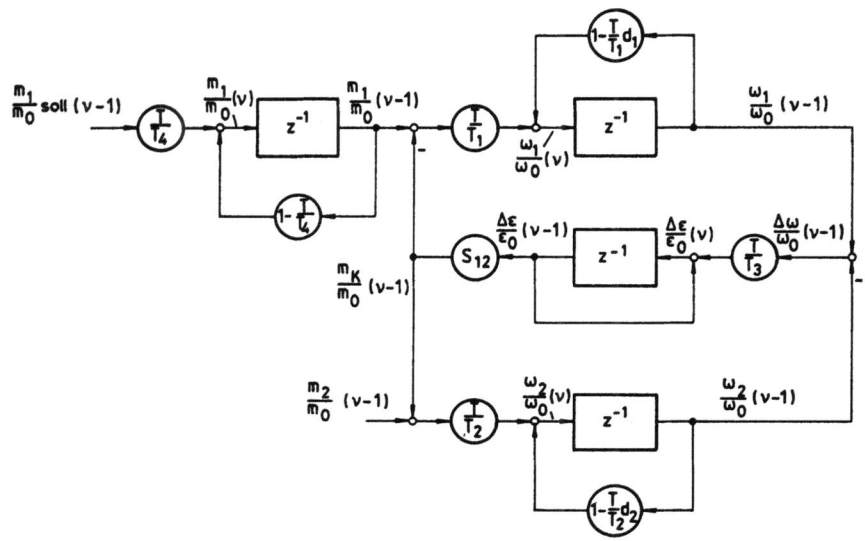

Bild 15.7: Blockschaltbild des diskretisierten Zwei-Massen-Systems

folgende Form annehmen

$$L\left(\frac{\omega_1}{\omega_0}\right)(z) =$$
$$\frac{1-z_4}{z-z_4}\frac{T}{T_1+T_2}\frac{1}{z-1}\frac{\frac{1}{S_{12}}\frac{T_2T_3}{T^2}(z-1)^2+1}{\frac{1}{S_{12}}\frac{T_1T_2T_3}{T^2(T_1+T_2)}(z-1)^2+1}L\left(\frac{m_1}{m_0}\text{soll}\right)(z)$$
$$+\frac{T}{T_1+T_2}\frac{1}{z-1}\frac{1}{\frac{1}{S_{12}}\frac{T_1T_2T_3}{T^2(T_1+T_2)}(z-1)^2+1}L\left(\frac{m_2}{m_0}\right)(z). \qquad (15.38)$$

$$L\left(\frac{\Delta\omega}{\omega_0}\right)(z) =$$
$$\frac{1-z_4}{z-z_4}\frac{1}{S_{12}}\frac{T_2T_3}{T(T_1+T_2)}\frac{z-1}{\frac{1}{S_{12}}\frac{T_1T_2T_3}{T^2(T_1+T_2)}(z-1)^2+1}L\left(\frac{m_1}{m_0}\text{soll}\right)(z)$$
$$+\frac{1}{S_{12}}\frac{T_1T_3}{T(T_1+T_2)}\frac{z-1}{\frac{1}{S_{12}}\frac{T_1T_2T_3}{T^2(T_1+T_2)}(z-1)^2+1}L\left(\frac{m_2}{m_0}\right)(z). \qquad (15.39)$$

Die differenzierende Wirkung des Drehzahldifferenzsignals ist auch hier zu erkennen.

Daß es sich bei dieser Darstellung um eine Näherung handelt, wird aus

15.3 Selbsteinstellende Regelung für ein Zwei-Massen-Antriebssystem

zwei Beobachtungen deutlich:

- Nach Anregung durch eine Änderung des Lastmomentes m_2 vergehen drei Abtastperioden T, bis die Änderung sich in der Motordrehzahl ω_1, und mindestens vier Abtastperioden, bis sie sich über den Regler im Motordrehmoment m_1 bemerkbar macht; dies ist bei der Störvorgabe zur Bestimmung des Reglers zu berücksichtigen.

- Die in den angenäherten Übertragungsfunktionen für den ungedämpften Fall enthaltene Pole liegen bei

$$z_{1,2} = 1 \pm jT\sqrt{\frac{S_{12}}{T_3}\frac{T_1+T_2}{T_1 T_2}} \,, \tag{15.40}$$

d.h. außerhalb des Einheitskreises, was natürlich durch die scheinbaren Laufzeiteffekte in der Streckenbeschreibung verursacht ist. Für den vorliegenden Zweck ist dies nicht weiter störend, da dann die Reglerparameter für eine vermeintlich instabile Regelstrecke gesucht werden. Außerdem könnte man mit passenden Koeffizienten $d_{1,2}$ Stabilität des Streckenmodells wiederherstellen.

Falls das Strecken-Übertragungsverhalten als gemessener Verlauf vorliegt, kann die bei der Parametersuche erforderliche Simulation auch anhand der Faltungssumme, Gl. (15.4), erfolgen.

Für den Regler mit Rückführung wird ein PID-Ansatz in Parallelform gemäß Gl. (9.29) mit zusätzlicher Aufschaltung der Differenzdrehzahl versucht. Entsprechend Bild 15.5 gilt

$$M_{1sollH}(z) = \left[k_1\frac{z-1}{z} + k_2 + k_3\frac{1}{z-1}\right][\Omega_{1sollH}(z) - \Omega_{1H}(z)] + k_4\Delta\Omega(z) \,, \tag{15.41}$$

oder, als Differenzengleichung geschrieben, Gl. (9.30),

$$\begin{aligned}\frac{m_1}{m_0}\text{soll}(\nu) =\ & \frac{m_1}{m_0}\text{soll}(\nu-1) + (k_1+k_2)\left[\frac{\omega_1}{\omega_0}\text{soll} - \frac{\omega_1}{\omega_0}\right](\nu) \\ & -(2k_1+k_2-k_3)\left[\frac{\omega_1}{\omega_0}\text{soll} - \frac{\omega_1}{\omega_0}\right](\nu-1) \\ & +k_1\left[\frac{\omega_1}{\omega_0}\text{soll} - \frac{\omega_1}{\omega_0}\right](\nu-2) + k_4\frac{\Delta\omega}{\omega_0}(\nu)\,.\end{aligned} \tag{15.42}$$

Die Rechenzeit im Regler ist dabei gegenüber der Abtastperiode vernachlässigt. Die Führungsgröße $\frac{\omega_1}{\omega_0}$soll kann anschließend wieder mit einem Führungsfilter geglättet werden, falls sich dies als notwendig herausstellt.

Für die Berechnung des Reglers wird, ausgehend vom Ruhezustand, eine sprungförmige Änderung des Lastdrehmomentes angenommen,

$$\frac{m_2}{m_0}(\nu) = s(\nu) = 1\,, \quad \nu \geq 0\,. \tag{15.43}$$

Um ein an das Streckenverhalten angepaßtes Störmodell vorgeben zu können, berechnet man zunächst wieder die zugehörige Sprungantwort der ungeregelten Strecke

$$\frac{\omega_1}{\omega_0}(\nu) \equiv w_S(\nu).$$

Wenn die Simulation anhand des Blockschaltbildes 15.7 erfolgen soll, ist zu beachten, daß bei Annahme einer Laststörung die Drehzahl ω_1 erst mit einer Laufzeit von drei Abtastperioden reagiert; eine Änderung des Antriebsdrehmomentes m_1 ist erst bei $\nu = 4$ und eine Auswirkung auf ω_1 bei $\nu = 5$ möglich; dies muß bei der Vorgabe berücksichtigt werden,

$$\frac{\omega_1}{\omega_0}(\nu) = w_S(\nu), \quad \nu = 0, \ldots 4$$

$$\frac{\omega_1}{\omega_0}(\nu) \stackrel{!}{=} w_S(\nu) z_{MU}^{\nu-4}, \quad \nu \geq 4. \tag{15.44}$$

Die Zielfunktion ist somit auf den Zeitbereich $\nu \geq 4$ zu beschränken. Um einen stark oszillierenden Verlauf der Stellgröße zu vermeiden, wird deren Änderung als Strafterm hinzugefügt. Somit gilt

$$Q_1 = \frac{1}{2} \sum_{\nu=4}^{N} \left[w_S(\nu) z_{MU}^{\nu-4} - \frac{\omega_1}{\omega_0}(\nu) \right]^2$$

$$+ \frac{1}{2} h_1 \sum_{\nu=4}^{N} \left[\frac{m_1}{m_0}\text{soll}(\nu) - \frac{m_1}{m_0}\text{soll}(\nu-1) \right]^2 \stackrel{!}{=} \underset{k_\mu}{\text{Min}}. \tag{15.45}$$

Eine weitere Ergänzung der Zielfunktion um den Term

$$\frac{1}{2} h_2 \sum_{\nu=4}^{N} \left[\frac{\Delta\omega(\nu)}{\omega_0} - \frac{\Delta\omega(\nu-1)}{\omega_0} \right]^2 \tag{15.46}$$

kann vorteilhaft sein, um Schwingungen der ungeregelten Lastdrehzahl zu unterdrücken, die sich vor allem bei ungünstigem Masseverhältnis $\Theta_2 \ll \Theta_1$ ausbilden können, obwohl die Motordrehzahl ω_1 selbst einen annehmbaren Verlauf zeigt. Alle in der Zielfunktion auftretenden Variablen folgen aus der Simulationsrechnung; die Gewichtsfaktoren h sind durch Proberechnungen zu bestimmen. In Bild 15.8 ist das Prinzip des Reglerentwurfs unter Verwendung eines zweistufigen Suchverfahrens für Regler und Führungsgrößenfilter nochmals im Zusammenhang dargestellt. Dabei ist abweichend vom Ansatz in Gl. (15.7) ein transversales Führungsfilter gezeichnet.

Unabhängig von der Wahl des Störmodells kann für die Regleroptimierung natürlich auch ein beliebiger Verlauf der synthetischen Störgröße $u(\nu)$ angenommen werden, wie er den Gegebenheiten der zu regelnden Anlage am ehesten entspricht. Für bestimmte Aufgaben, etwa Fahrzeuge oder Flugkörper könnte eine stochastische Störanregung mit bestimmtem Leistungsspektrum

15.3 Selbsteinstellende Regelung für ein Zwei-Massen-Antriebssystem

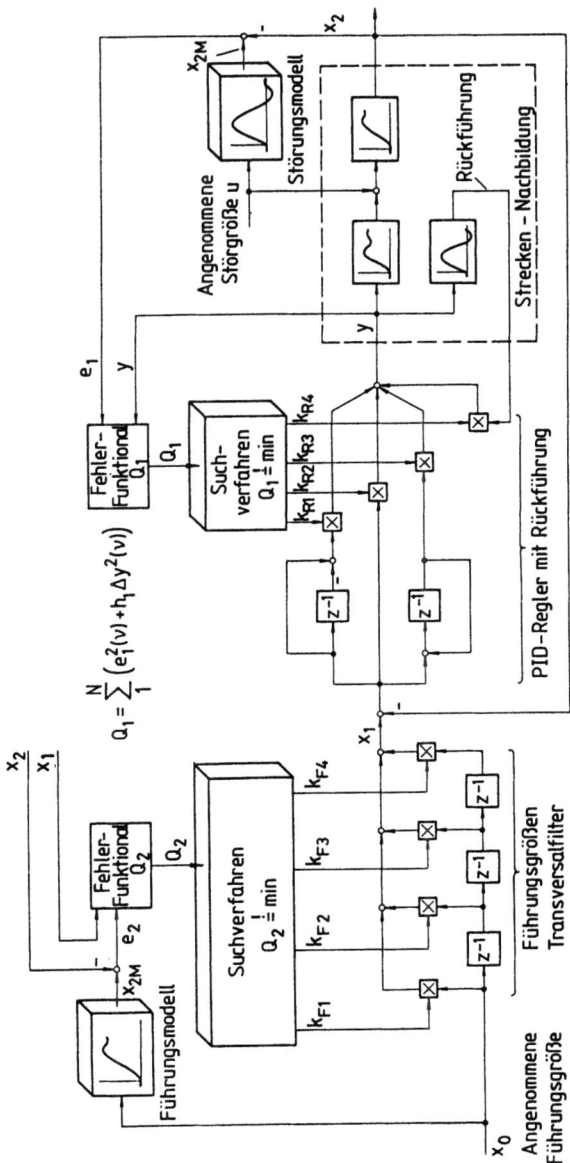

Bild 15.8: Selbsteinstellende Regelung mit zweistufigem Suchverfahren

besonders charakteristisch sein. Der Regler wird dann für diese spezifische Anregung optimiert.

Als Beispiel soll zunächst das in Bild 15.5 gezeichnete lineare Zwei-Massen-Antriebssystem ohne innere Reibung ($d_1 = d_2 = 0$) untersucht werden. Dabei wird eine Eigenfrequenz von 25 Hz bei einer Abtastfrequenz von 200 Hz ($T = 5$ ms) und einer Verzögerung $T_4 = 4$ ms angenommen, was der Realität bei manchen Stellantrieben nahekommt. In Bild 15.9 zeigt die anhand von $H_S(z)$ d.h. exakt berechneten Einschwingvorgänge bei sprungförmiger Laststörung, wobei sich erwartungsgemäß eine ungedämpfte Schwingung einstellt, der bei ω_1 ein linearer Anstieg überlagert ist.

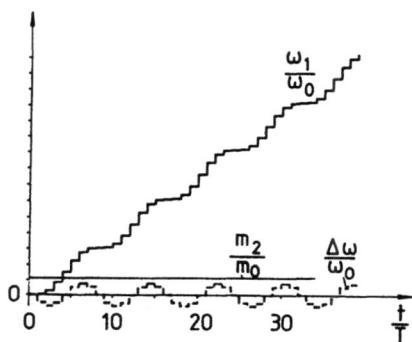

Bild 15.9: Sprungantworten des reibungsfreien Zwei-Massen-Antriebs

Die Konvergenz des Suchverfahrens mit konjugierten Richtungen ist in Bild 15.10 gezeigt. Man erkennt, daß in diesem Fall die Zielfunktion Q_1 sehr schnell abnimmt und bereits nach wenigen Schritten auf einen Satz von optimalen Reglerkoeffizienten konvergiert.

Die mit der so gefundenen Reglereinstellung berechneten Einschwingvorgänge des geschlossenen Kreises sind in Bild 15.11 gezeichnet. Sie lassen erkennen, daß die Regelung stabil ist und das gewünschte Verhalten bei Störanregung aufweist; dagegen ist das damit erzielte Führungsverhalten noch unbefriedigend.

Dieser Mangel läßt sich durch Einfügung eines Führungsfilters beheben, wobei in diesem Fall ein Ansatz 2. Ordnung mit zwei freien Koeffizienten genügte. Mit einem gut gedämpften ($D = 1/\sqrt{2}$) Führungsmodell 2. Ordnung erhält man das in Bild 15.12 dargestellte Ergebnis, es zeigt nun die Sprungantworten des geschlossenen Kreises mit vorgegebenem Stör- und Führungsverhalten. Auch der gut geglättete Verlauf der Stellgröße mit mäßigen Amplituden ist positiv zu bewerten.

Mit einem heute üblichen Mikrorechner mit Gleitkomma-Zusatz, z.B. einer 80 186/8087-Kombination, dauert der gesamte Entwurf der Regelung weniger

15.3 Selbsteinstellende Regelung für ein Zwei-Massen-Antriebssystem

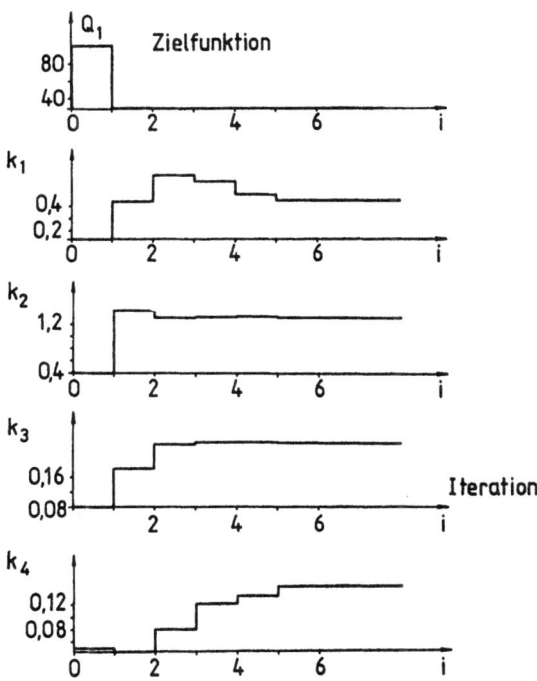

Bild 15.10: Konvergenz des Suchverfahrens mit konjugierten Richtungen

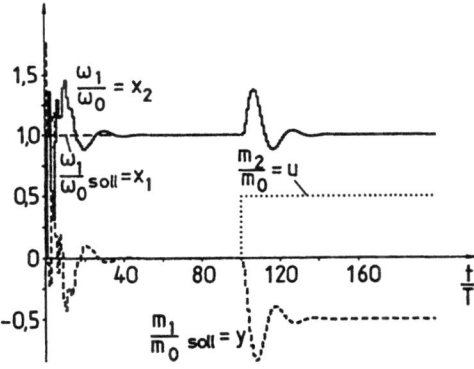

Bild 15.11: Sprungantworten des geschlossenen Regelkreises mit störoptimiertem Regler, ohne Führungsfilter

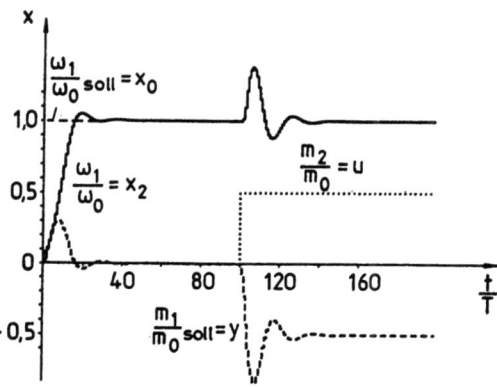

Bild 15.12: Sprungantworten des geschlossenen Regelkreises mit störoptimiertem Regler und optimiertem Führungsfilter

als 1 min. Für eine rechnergestützte Inbetriebnahme wäre dies somit ein brauchbarer Weg.

15.4 Gesteuerte Adaptation bei der Regelung einer nichtlinearen Strecke

Bei manchen Regelstrecken sind Parameter in bestimmter, vorher bekannter, Weise vom Betriebspunkt abhängig, so daß insgesamt ein nichtlinear veränderliches Streckenverhalten entsteht. Dies ist z.B. bei Robotern der Fall, wo sich die statischen und dynamischen Eigenschaften, Trägheitsmomente und Federkonstanten, geometriabhängig ändern. Es ist dann oft nicht möglich, eine „robuste" Reglereinstellung zu finden, die in allen Bereichen annehmbare Einschwingvorgänge liefert. Optimiert man den Regler am Nennpunkt, so kann die Regelung an manchen Arbeitspunkten zu langsam reagieren, an anderen dagegen schlecht gedämpft oder gar instabil sein. In solchen Fällen verspricht die bereichsweise Nachführung der Reglerparameter aufgrund einer vorab durchgeführten Reglersynthese bessere Ergebnisse; man spricht dann von gesteuerter Adaptation („gain scheduling"). Das Verfahren läßt sich allerdings nur bei systematischen und reproduzierbaren Änderungen der Streckenparameter als Funktion meßbarer Größen verwenden [29].

Wenn das Verhalten der Regelstrecke sich in unbekannter und nicht vorhersehbarer Weise ändert, ist nur eine geregelte Adaptation mit Identifizierung während des Betriebes möglich. Dies wäre zwar ein allgemeinverwendbares Prinzip, doch bestehen erhebliche praktische Probleme, vor allem bei schnellen Veränderungen, da die Identifizierung der Regelstrecke, Nachführung des Reglers und die Regelung selbst im gleichen Zeitmaßstab (in Echtzeit) ablau-

15.4 Gesteuerte Adaptation bei nichtlinearer Strecke

fen müssen; die Frage nach der Stabilität ist nicht allgemein zu beantworten.

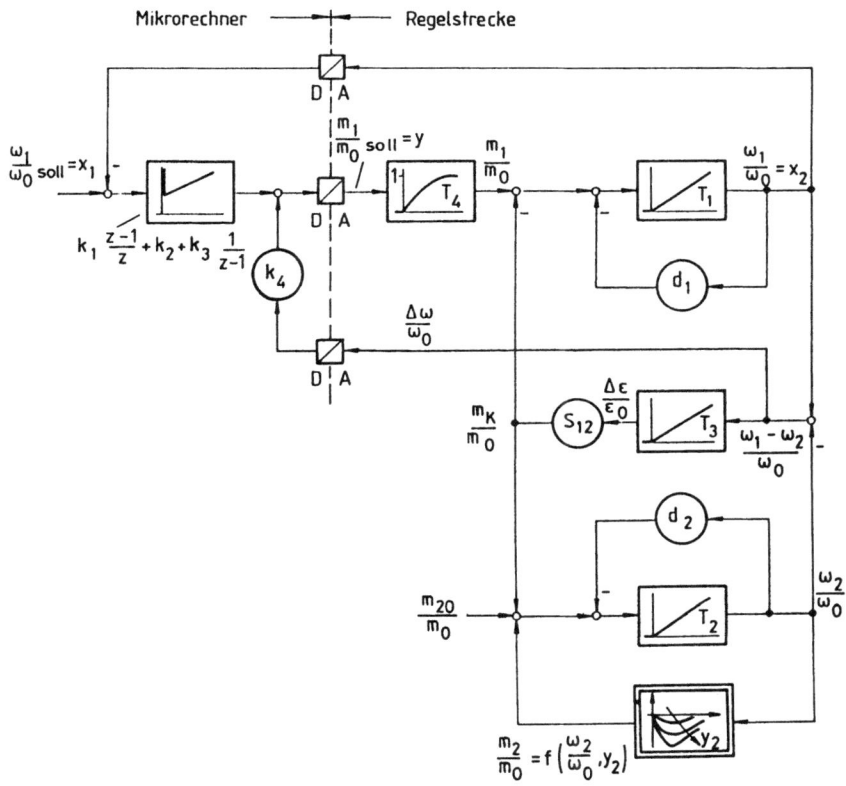

Bild 15.13: Drehzahlregelung eines Zwei-Massen-Systems mit nichtlinearer Last

Das vorher beschriebene Entwurfsverfahren für selbsteinstellende Regler soll nun für den Fall einer nichtlinearen Regelstrecke mit determinierten Abhängigkeiten erweitert werden. Hierzu ist gemäß Bild 15.13 angenommen, daß das Lastmoment

$$\frac{m_2}{m_0} = f\left(\frac{\omega_2}{\omega_0}, y_2\right) \tag{15.47}$$

nichtlinear von der Drehzahl ω_2 und einem Steuerparameter y_2 abhängt. Im Bild ist eine Kurvenschar gezeichnet, die einen Extremwert durchläuft, so

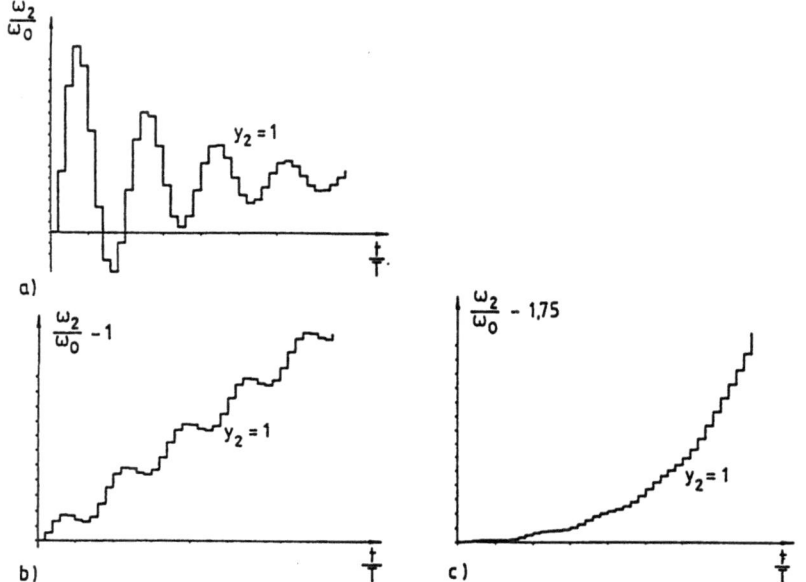

Bild 15.14: Sprungantworten der nichtlinearen Regelstrecke in verschiedenen Arbeitsbereichen, $y_2 = 1$
a) $\omega_2 \approx 0$, b) $\omega_2 \approx \omega_0$, c) $\omega_2 \approx 1.75\omega_0$

daß der wirksame Dämpfungseinfluß

$$\frac{\partial m_2}{\partial \omega_2} \gtreqless 0$$

negative und positive Werte annimmt, was zu bereichsweiser Instabilität des ungeregelten Antriebs führen kann. Lastkennlinien dieser Art kommen z.B. bei hydraulischen Prüfständen und Stellantrieben mit Haftreibung vor. Für die Messung an instabilen Regelstrecken kann es notwendig sein, nichtoptimierte Stützregler zur Arbeitspunkteinstellung zu verwenden.

Für das Rechenbeispiel wird ein Ansatz

$$\frac{m_2}{m_0} = -\frac{2y_2}{\frac{\omega_2}{\omega_0} + \frac{\omega_0}{\omega_2}} \tag{15.48}$$

gewählt, der bei vernachlässigter Reibung ($d_1 = d_2 = 0$) für $|\omega_2| > \omega_0$ zu Instabilität der Strecke führt; bei $\omega_2 \approx \omega_0$, d.h. im Scheitelpunkt der Lastkennlinie verhält sich die Regelstrecke entsprechend Bild 15.5.

In Bild 15.14 ist das stark veränderliche Verhalten der Regelstrecke in drei Drehzahlbereichen gezeigt.

15.4 Gesteuerte Adaptation bei nichtlinearer Strecke

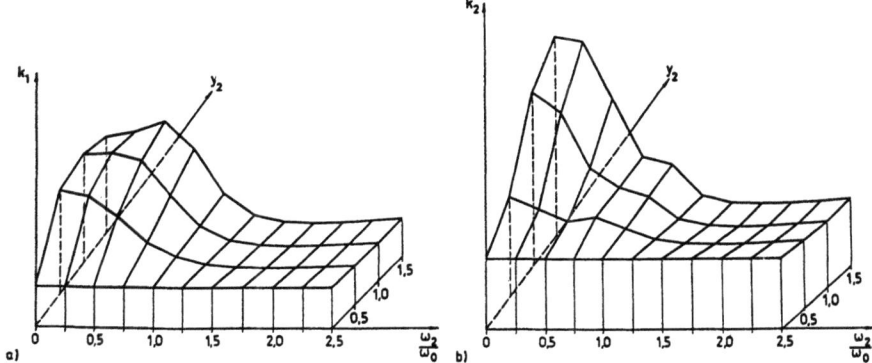

Bild 15.15: Bereichsweise optimierte Reglerparameter als Stützpunkte in der ω_2, y_2-Ebene
a) Verstärkung k_1 des D-Kanals b) Verstärkung k_2 des P-Kanals

Anhand der gemessenen oder (hier) berechneten Sprungantwort der Strecke wird nun an mehreren Arbeitspunkten in der ω_2, y_2-Ebene, bei achsenparalleler Unterteilung z.B. in den Bereichen

$$\omega_{2i} < \omega_2 < \omega_{2,i+1}, \quad y_{2j} < y_2 < y_{2,j+1},$$

jeweils ein Satz optimaler Regler- und Filterparameter k_μ berechnet, so daß insgesamt ein Feld von arbeitspunktabhängig zugeordneten Koeffizienten entsteht.

Bild 15.15 zeigt das Ergebnis für zwei der Regler-Koeffizienten bei (unnötig feiner) Unterteilung der ω_2, y_2-Ebene.

Die Stützpunkte sind dabei nach Art eines Drahtmodells durch räumliche Geraden verbunden. Man erkennt, daß erhebliche Änderungen der Reglerkoeffizienten notwendig sind, um ein definiertes Störverhalten der Regelung zu erzielen. Entsprechend wird beim Führungsfilter verfahren.

Um unerwünschte Ausgleichsvorgänge zu vermeiden, die bei abrupter Änderung der Reglerkoeffizienten an den Bereichsgrenzen entstehen könnten, empfiehlt es sich, zwischen den Stützwerten zu interpolieren und die erforderlichen Änderungen Δk_μ bei jeder Abtastung zu berücksichtigen; Regler und Führungsfilter werden dann quasi-kontinuierlich nachgeführt und zusätzliche Ausgleichsvorgänge entfallen.

Ein einfaches Interpolationsverfahren ist der Ansatz eines Ausgleichspoly-

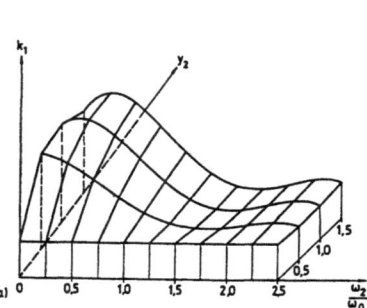
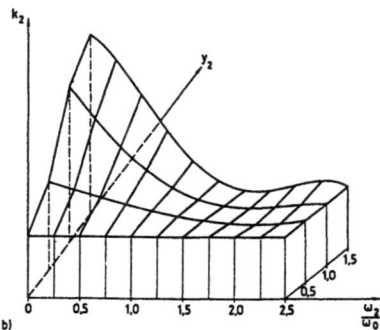

Bild 15.16: Ausgleichskurven der optimierten Reglerparameter für
$y_2 = 0.5, 1.0, 1.5$
a) wie in Bild 15.15a, b) wie Bild 15.15b

noms für jeden Reglerkoeffizienten, etwa in der Form

$$k_\mu = a_{\mu 0} + b_{\mu 1}\left(\frac{\omega_2}{\omega_0}\right) + b_{\mu 2}\left(\frac{\omega_2}{\omega_0}\right)^2 + b_{\mu 3}\left(\frac{\omega_2}{\omega_0}\right)^3 \ldots$$
$$+ c_{\mu 1} y_2 + c_{\mu 2} y_2^2 + c_{\mu 3} y_2^3 + \ldots \qquad (15.49)$$

Die Polynomkoeffizienten können, ähnlich wie in Abschnitt 11.3 gezeigt, durch Regression aus den vorher bestimmten Stützwerten gewonnen werden.

In Bild 15.16 sind die in Bild 15.15 gezeichneten Stützpunkte durch Ausgleichspolynome 4. Grades approximiert.

Bild 15.17 zeigt nun einige mit dem bereichsweise optimierten und quasikontinuierlich nachgeführten Regler gewonnene Einschwingvorgänge bei kleinen Anregungsamplituden. Das Störverhalten ist bei allen Drehzahlen gut gedämpft, aber etwas arbeitspunktabhängig, dagegen wird das Führungsverhalten durch das feste Führungsmodell ($D = 1/\sqrt{2}$) weitgehend normalisiert.

Zum Vergleich ist in Bild 15.18 gezeigt, daß ein bei $\omega_2 = 0$ optimierter und dann konstant gehaltener Regler die Instabilität der Strecke im oberen Drehzahlbereich nicht beherrschen kann.

In Bild 15.19 sind schließlich Regelvorgänge großer Amplituden dargestellt, die sich über mehrere Bereiche erstrecken; die Regler- und Filterparameter werden dabei konstant gehalten bzw. nachgeführt. Die Ergebnisse zeigen,

15.4 Gesteuerte Adaptation bei nichtlinearer Strecke

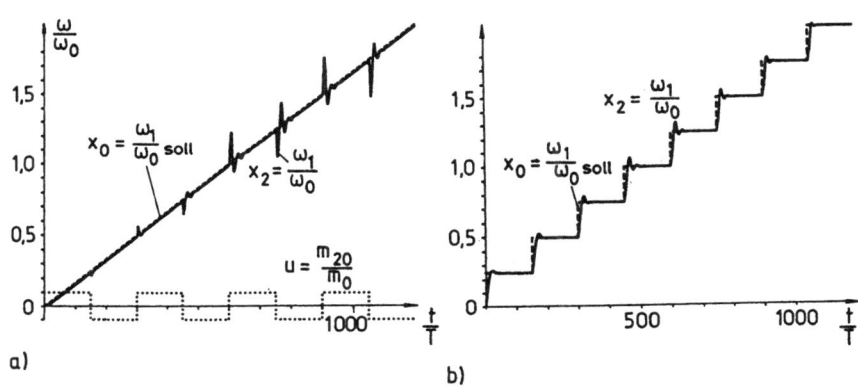

Bild 15.17: Sprungantworten des geschlossenen Kreises mit gesteuert adaptivem Regler und Führungsfilter, $y_2 = 1$
a) Sprungförmige Laststörungen bei veränderlichem Drehzahlsollwert und
b) Führungsgrößenänderungen

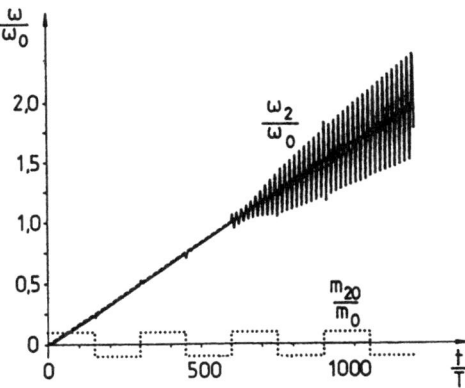

Bild 15.18: Störanregung des geschlossenen Kreises bei veränderlichem Drehzahlsollwert mit einem bei $\omega_2 = 0$ optimierten und dann konstant gehaltenen Regler, $y_2 = 1$

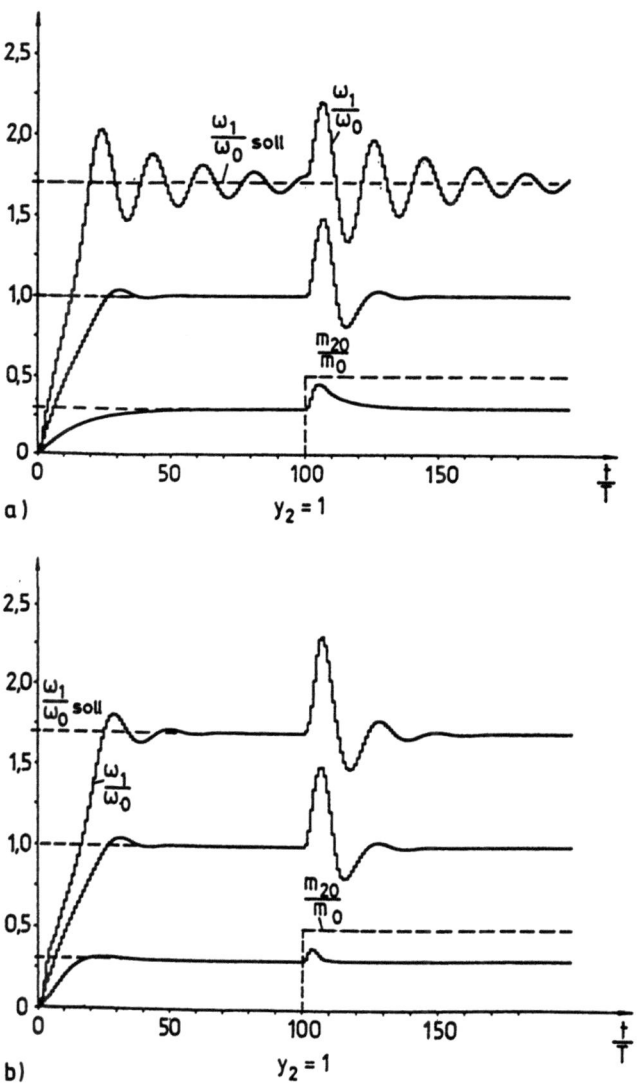

Bild 15.19: Vergleich der Sprungantworten des geschlossenen Kreises bei grosser Amplitude der Führungsgrößenänderung, $y_2 = 1$
a) Bei $\omega_2 = \omega_0$ optimierter konstanter Regler
b) Adaptiver Regler mit sollwert-gesteuertem Parameterfeld $\mathbf{k} = \mathbf{f}(\omega_{1\mathrm{soll}})$

15.4 Gesteuerte Adaptation bei nichtlinearer Strecke

daß der gesteuert adaptive Regler auch dabei zufriedenstellend arbeitet, obwohl das Entwurfsverfahren mit lokaler Optimierung des Reglers für diesen Betriebsfall nicht gilt; allerdings ist es zweckmäßig, das Parameterfeld nicht als Funktion der Istdrehzahl, sondern der Solldrehzahl $\omega_{1\text{soll}}$ auszuwerten, um beste Einschwingvorgänge zu erzielen.

16 Nichtlineare Abtastsysteme

Sieht man von Quantisierungseffekten bei der digitalen Zahlendarstellung einmal ab, so zeichneten sich die meisten der bisher betrachteten Systeme durch Linearität aus, d.h. sie waren mit linearen Differential- oder Differenzengleichungen zu beschreiben. Dies hängt damit zusammen, daß bisher nur Signale vorkamen, deren Information in der Amplitude bzw. einer Impulsfläche lag. Eine derartige Amplitudenmodulation läßt sich aber nur dann leicht in eine gerätetechnische Praxis umsetzen, solange es sich um Signale auf niedrigem Leistungsniveau handelt; anders ist es bei Systemen der Leistungselektronik, wo die aktiven Bauelemente wegen der andernfalls auftretenden Leistungsverluste einfache Schalter sein müssen, die entweder geöffnet oder geschlossen sind. Eine Pulsweiten- oder Pulsphasen-Steuerung stellt dann das einzige praktikable Steuerverfahren dar. Da die Schaltvorgänge meistens mit einer festen Taktfrequenz ablaufen, kann es dennoch vorteilhaft sein, solche Systeme als zeitdiskret im bisher definierten Sinne zu behandeln. Allerdings werden die Systemgleichungen nichtlinear, was die analytische Behandlung natürlich erschwert.

Eine Schaltung der Leistungselektronik mit n binären Schaltelementen ist selbst ein digitales System mit, im Prinzip, 2^n möglichen Schaltzuständen. Die Regelung einer solchen Regelstrecke kann analog oder, mit Hilfe eines zeitdiskreten Reglers, digital erfolgen; beide Möglichkeiten werden im folgenden an Beispielen erläutert. Dabei können auch nichtlineare Effekte gezielt eingesetzt werden, um das Regelverhalten zu verbessern; ein Beispiel sind zeitoptimale Verstellvorgänge, wie sie bei Stellantrieben häufig angestrebt werden.

16.1 Pulsweiten-Modulation als Beispiel einer zeitdiskreten nichtlinearen Signalverarbeitung

Bild 16.1 zeigt eine Grundschaltung der Leistungselektronik, eine Brückenschaltung mit vier gesteuerten Schaltern, in diesem Fall Transistoren mit parallelen Dioden, die dazu dienen, einen induktiven Laststromkreis aus einer eingeprägten Gleichspannungsquelle mit steuerbarem Strom zu speisen. Bei der Last kann es sich um den Ankerkreis eines Gleichstrom-Stellantriebes oder um eine Wicklung einer Drehstrommaschine handeln.

Die Steuerung erfolgt durch Einschalten der Transistoren Tr_1, Tr_1' oder Tr_2, Tr_2' in den Brückendiagonalen, so daß der Lastkreis abwechselnd an die

16.1 Pulsweiten-Modulation

Spannungen $u_a = \pm U_0$ gelegt wird; der Mittelwert der Spannung, $\bar{u}_a$, wird durch das Einschaltverhältnis der beiden Transistorpaare, d.h. das Pulsweiten-Verhältnis der am Lastkreis liegenden Rechteckspannung gesteuert. Die Frequenz des Schaltvorganges hängt von der Art der elektronischen Schalter ab; mit bipolaren Leistungstransistoren, die bis etwa 100 kW Verwendung finden, liegt sie im Bereich einiger kHz, mit Feldeffekt-Transistoren kleinerer Leistung sind mehr als 20 kHz, also jenseits der Hörgrenze, erreichbar. Bei großen Leistungen, wo z.B. abschaltbare Thyristoren (GTO) eingesetzt werden, liegen die Schaltfrequenzen üblicherweise bei 1-2 kHz.

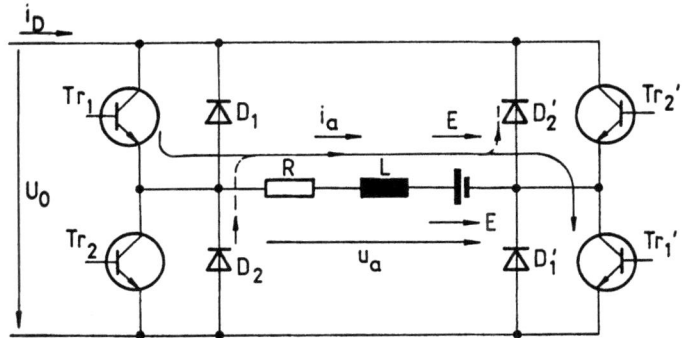

Bild 16.1: 4-Quadranten-Steller mit Schalttransistoren

Bei der Steuerung der Transistoren muß unbedingt vermieden werden, daß zwei in Reihe liegende Schalter Tr_1 und Tr_2 oder Tr'_1 und Tr'_2 gleichzeitig leitend sind, weil dies einem Kurzschluß der Versorgungsspannung gleichkäme und zur Zerstörung der Transistoren führen könnte. Da der Schaltvorgang selbst eine endliche Zeit dauert (einige μs bei bipolaren Leistungstransistoren), werden die Einschaltsignale etwas verkürzt, so daß bei jedem Umschaltvorgang alle vier Transistoren kurzzeitig gesperrt sind. Wegen der Induktivität L im Lastzweig, die bei einer Motorwicklung unvermeidlich und zur Glättung des Stromes auch erwünscht ist, muß der Laststrom i_a stetig verlaufen; er kommutiert dann von den sperrenden Transistoren Tr_1, Tr'_1 in die gegenüberliegenden sog. Freilaufdioden D_2, D'_2, wie dies in Bild 16.1 gestrichelt angedeutet ist. Sofern der Laststrom während der Freilauf-Periode nicht auf Null geht, bleiben die Dioden stromführend, auch nachdem die Transistoren Tr_2, Tr'_2 eingeschaltet werden; für die Spannung gilt während dieses Intervalls $u_a = -U_0$.

In Bild 16.2 sind die verschiedenen Größen im stationären periodischen Zustand gezeichnet. Effekte bei der Kommutierung, die für die Funktion des Stellers wesentlich sind, wegen der kleinen Schaltungsinduktivitäten aber nur sehr kurze Zeit dauern, sind dabei weggelassen.

Während der Intervalle, in denen Dioden Strom führen, wird Energie aus dem Lastkreis in die Gleichspannungsquelle zurückgeliefert. Sofern der

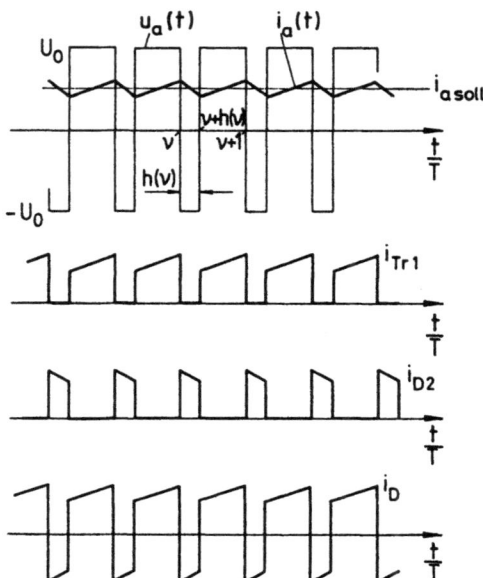

Bild 16.2: Ströme und Spannungen in einem 4-Quadranten-Steller im stationären Betrieb

Lastzweig eine Spannungsquelle enthält, etwa die induzierte Ankerspannung bei einem Gleichstromantrieb, können die Rückspeiseabschnitte auch überwiegen, so daß sich ein mittlerer Strom- und Energiefluß vom Lastkreis zur Spannungsquelle ergibt; der Motor arbeitet dann generatorisch, d.h. im Bremsbetrieb. Die Schaltung kann demnach bei beiden Vorzeichen der mittleren Lastspannung $\bar{u}_a$ und des Laststromes $\bar{i}_a$, d.h. in allen vier Quadranten der $\bar{u}_a, \bar{i}_a$-Ebene betrieben werden. Dies ist in Bild 16.3 gezeigt, wo die Pulsweiten so gesteuert werden, daß sich im Lastzweig ($E = 0$) ein niederfrequnter, nahezu sinusförmiger Wechselstrom einstellt, dem geringe Schalt-Oberschwingungen überlagert sind. Wegen der induktiven Blindleistung durchläuft die Schaltung zyklisch alle Quadranten der $\bar{u}_a, \bar{i}_a$-Ebene, d.h. sie arbeitet als Wechselrichter; dabei stellt sich eine entsprechende Phasenverschiebung zwischen den Grundschwingungen der Ausgangsspannung und des Stromes ein.

Wegen des meist niederohmigen Lastzweiges, des schnellen Reaktionsvermögens des Stellers und der begrenzten Überlastbarkeit der aktiven Schaltelemente ist ein gesteuerter Betrieb nicht empfehlenswert, er würde die Schaltelemente und die Last durch Überströme gefährden. Es ist deshalb notwendig, den Strom in einem geschlossenen Regelkreis zu überwachen und gegebenfalls durch Steuereingriff zu begrenzen. Dem Stromregelkreis können weitere Re-

16.1 Pulsweiten-Modulation

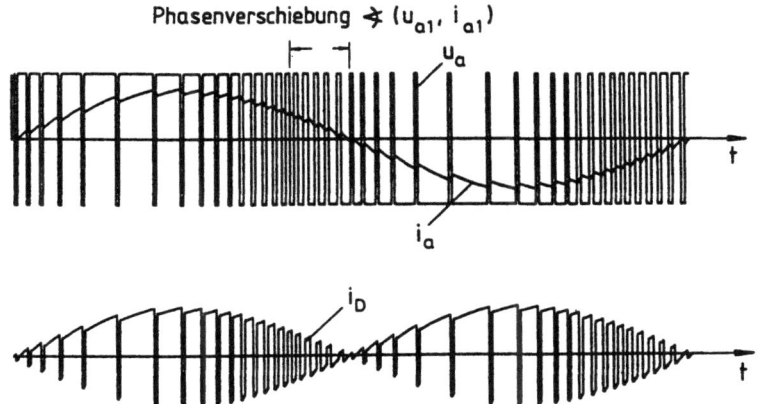

Bild 16.3: Betrieb eines 4-Quadranten-Stellers mit variabler Schaltfrequenz als Wechselrichter

gelungen, z.b. für Drehzahl und Winkel des Stellantriebs, überlagert sein. Bei den nachfolgenden Überlegungen wird nur die Stromregelung als innerster und schnellster Regelkreis untersucht, denn nur dort ist eine diskretisierte Darstellungsweise angebracht; die Drehzahl des Motors ist während eines Schaltspiels (< 1 ms) als konstant anzunehmen, d.h. es wird $E = const.$ gesetzt.

In Bild 16.4 wird die prinzipielle Anordnung des Stromregelkreises gezeigt.

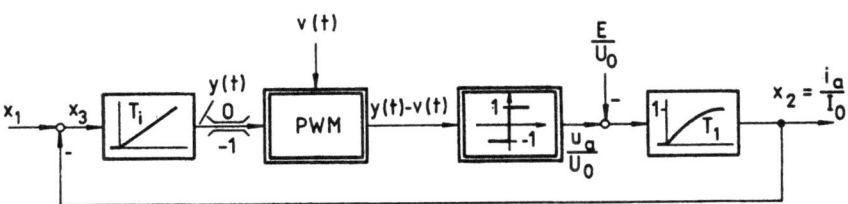

Bild 16.4: Prinzip des Stromregelkreises mit Pulsweitenmodulator

Der Regler erzeugt in gewohnter Weise auf der Basis der Regelabweichung ein Stellsignal $y(t)$, das einem Pulsweitenmodulator zugeführt wird. Ausgangsgröße des Modulators sind die Schaltsignale für die Transistoren, wobei die vorher erwähnte Verkürzung der Einschaltsignale zur Vermeidung eines Brückenkurzschlusses unberücksichtigt bleibt. Dem Pulsweitenmodulator wird weiterhin ein externes Taktsignal $v(t)$ zugeführt, um zu erreichen, daß der Steuervorgang mit fester Frequenz abläuft.

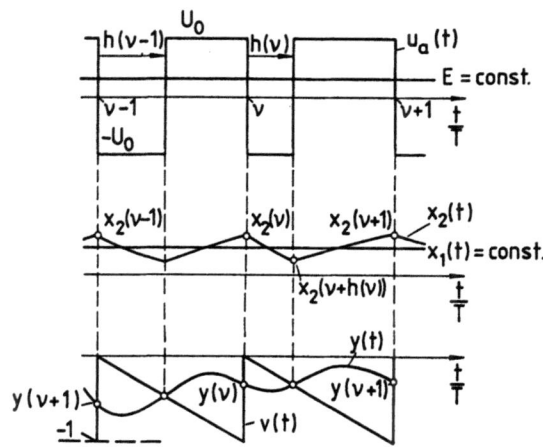

Bild 16.5: Wirkungsweise der Stromregelung mit Pulsweitenmodulator

Als Regelstrecke wirkt der durch eine lineare Differentialgleichung beschriebene Lastzweig

$$L\frac{di_a}{dt} + Ri_a + E = u_a \quad (16.1)$$

oder, nach Normierung mit dem Kurzschlußstrom $I_0 = U_0/R$, $i_a/I_0 = x_2$,

$$T_1\frac{dx_2}{dt} + x_2 = -\frac{E}{U_0} + \frac{u_a}{U_0}, \quad \text{wobei} \quad L/R = T_1 \quad \text{und} \quad \frac{u_a}{U_0} = \pm 1. \quad (16.2)$$

Der passive Teil des Lastzweiges hat also PT_1-Übertragungsverhalten. Die Wirkungsweise eines analogen Modulators ist in Bild 16.5 gezeigt, das einen Ausschnitt von zwei Taktperioden darstellt. Der Umschaltvorgang auf negative Spannung, d.h. auf leitende Transistoren Tr_2, Tr'_2 soll definitionsgemäß phasenstarr mit der Taktfrequenz $f = 1/T$ erfolgen, während die Umschaltung auf die Transistoren Tr_1, Tr'_1 mit einer von der Stellgröße $y(t)$ abhängigen Schaltverzögerung $h(\nu)T$ stattfindet.

$h(\nu)$ wird in jeder Taktperiode $\nu T \leq t \leq (\nu + 1)T$ durch den Schnittpunkt der Stellgröße $y(t)$ mit einem sägezahnförmigen Abtastsignal $v(t)$ neu bestimmt. Eine positive Regelabweichung $x_3(t)$ führt somit zu einer Vorverlegung des Schnittpunktes, d.h. zu einer Erhöhung der mittleren Ausgangsspannung im betrachteten Zeitintervall. Im stationären Zustand sind die Verläufe periodisch, d.h. $h(\nu + 1) = h(\nu)$. Durch eine Begrenzung der Stellgröße und zusätzliche Verriegelungen wird dafür gesorgt, daß in jedem Intervall T genau eine Umschaltung von Tr_2 auf Tr_1 stattfindet.

Für die Regelung erweist sich wegen des einfachen Streckenverhaltens ein

16.1 Pulsweiten-Modulation

I-Regler als ausreichend, der — ebenso wie der Modulator — mit Rechenverstärkern ausgeführt sein kann; Erweiterungen werden später diskutiert.
Die Nichtlinearität des in Bild 16.4 gezeichneten Systems kommt dadurch zustande, daß der Abtastzeitpunkt $t = (\nu + h(\nu))T$ wegen des sägezahnförmigen Abtastsignals $v(t)$ vom Verlauf der abzutastenden Stellgröße $y(t)$ abhängt; da die variable Pulsweite $h(\nu)$ im Exponenten auftritt, werden die entsprechenden Systemgleichungen nichtlinear.

Die nachfolgenden Überlegungen beziehen sich nur auf das Zeitintervall $\nu T \leq t \leq (\nu + 1)T$; wegen der Gleichartigkeit der Zusammenhänge lassen sich die gefundenen Ergebnisse jedoch rekursiv auf Nachbarabschnitte übertragen. Ziel ist dabei die Beschränkung auf die zeitsynchronen Abtastwerte $x_2(\nu), x_2(\nu + 1) \ldots, y(\nu), y(\nu + 1)$ etc. , um zu einer zeitdiskreten Beschreibung zu gelangen. Die genaue Form der zwischen diesen Abtastwerten liegenden Zeitfunktion ist wegen der vergleichsweise hohen Schaltfrequenz für die überlagerten Regelungen unerheblich, sie ist im Bedarfsfall aber leicht rekonstruierbar.

Im Intervall $\nu T \leq t \leq (\nu + h(\nu))T$ gilt mit der Anfangsbedingung $x_2(\nu T) = x_2(\nu)$ in Anlehnung an Abschnitt 1.4

$$x_2(t) = e^{-(t-\nu T)/T_1} x_2(\nu) - \left[1 - e^{-(t-\nu T)/T_1}\right]\left(1 + \frac{E}{U_0}\right) ; \qquad (16.3)$$

daraus folgt bei $t = (\nu + h(\nu))T$, also am Ende des Intervalls

$$x_2(\nu + h(\nu)) = e^{-h(\nu)T/T_1} x_2(\nu) - \left[1 - e^{-h(\nu)T/T_1}\right]\left(1 + \frac{E}{U_0}\right) \qquad (16.4)$$

oder mit der Abkürzung $e^{-T/T_1} = z_1$,

$$x_2(\nu + h(\nu)) = z_1^{h(\nu)} x_2(\nu) - \left[1 - z_1^{h(\nu)}\right]\left(1 + \frac{E}{U_0}\right) . \qquad (16.5)$$

Im Abschnitt $(\nu + h(\nu))T \leq t \leq (\nu + 1)T$ gilt entsprechend

$$\begin{aligned} x_2(t) &= e^{-(t-\nu T - h(\nu)T)/T_1} x_2(\nu + h(\nu)) + \\ &\quad + \left[1 - e^{-(t-\nu T - h(\nu)T)/T_1}\right]\left(1 - \frac{E}{U_0}\right) , \end{aligned} \qquad (16.6)$$

oder mit Gl. (16.5)

$$\begin{aligned} x_2(t) &= \left[z_1^{h(\nu)} x_2(\nu) - \left(1 - z_1^{h(\nu)}\right)\left(1 + \frac{E}{U_0}\right)\right] z_1^{-h(\nu)} e^{-(t-\nu T)/T_1} + \\ &\quad + \left[1 - z_1^{-h(\nu)} e^{-(t-\nu T)/T_1}\right]\left(1 - \frac{E}{U_0}\right) . \end{aligned} \qquad (16.7)$$

Für $t = (\nu + 1)T$ folgt daraus

$$\begin{aligned} x_2(\nu + 1) &= z_1 x_2(\nu) - \left(z_1^{1-h(\nu)} - z_1\right)\left(1 - \frac{E}{U_0}\right) + \\ &\quad + \left(1 - z_1^{1-h(\nu)}\right)\left(1 - \frac{E}{U_0}\right) \\ &= z_1 x_2(\nu) - (1 - z_1)\frac{E}{U_0} + 1 + z_1 - 2z_1^{1-h(\nu)} \,. \end{aligned} \quad (16.8)$$

Die Regelgröße $x_2(\nu+1)$ am Ende der Periode läßt sich also rekursiv aus dem Anfangswert $x_2(\nu)$ und der im Intervall gültigen Pulsweite $h(\nu)$ berechnen. In entsprechender Weise erhält man für die Stellgröße

$$y(t) = y(\nu) + \frac{1}{T_i}\int_{\nu T}^{t}(x_1 - x_2)d\tau \,. \quad (16.9)$$

Bei Annahme einer im betrachteten Intervall konstanten Führungsgröße x_1 folgt durch Einsetzen von Gln. (16.3 und 16.7) nach einer Zwischenrechnung

$$\begin{aligned} y(\nu + h(\nu)) &= y(\nu) + \frac{T}{T_i}h(\nu)x_1 - \frac{T_1}{T_i}\left(1 - z_1^{h(\nu)}\right)x_2(\nu) \\ &\quad - \left[\frac{T_1}{T_i}\left(1 - z_1^{h(\nu)}\right) - \frac{T}{T_i}h(\nu)\right]\left(1 + \frac{E}{U_0}\right) \end{aligned} \quad (16.10)$$

und

$$\begin{aligned} y(\nu + 1) &= y(\nu) + \frac{T}{T_i}x_1 - \frac{T_1}{T_i}(1 - z_1)x_2(\nu) - \left[\frac{T_1}{T_i}(1 - z_1) - \frac{T}{T_i}\right]\frac{E}{U_0} \\ &\quad + \left[\frac{T_1}{T_i}\left(1 + z_1 - 2z_1^{1-h(\nu)}\right) - \frac{T}{T_i}(1 - 2h(\nu))\right] \,. \end{aligned} \quad (16.11)$$

Eine weitere Beziehung erhält man schließlich aus der Schaltbedingung gemäß Bild 16.5

$$y(\nu + h(\nu)) - v(h(\nu)) = y(\nu + h(\nu)) + h(\nu) = 0 \,. \quad (16.12)$$

Die Gleichungen (16.8, 16.11, 16.12 mit 16.10) lassen sich übersichtlicher in folgender Weise schreiben

$$x_2(\nu + 1) = f_1\left[x_2(\nu), h(\nu), \frac{E}{U_0}\right] , \quad (16.13)$$

$$y(\nu + 1) = f_2\left[x_2(\nu), y(\nu), h(\nu), x_1, \frac{E}{U_0}\right] , \quad (16.14)$$

$$0 = f_3\left[x_2(\nu), y(\nu), h(\nu), x_1, \frac{E}{U_0}\right] , \quad (16.15)$$

wobei die rechten Seiten Funktionen der angegebenen Werte sind. Eine allgemeine Lösung dieses Systems von nichtlinearen Differenzengleichungen ist nicht möglich. Die Gleichungen sind allenfalls schrittweise numerisch lösbar, was sich für ein Entwurfsverfahren aber natürlich wenig eignet [46,55].

16.2 Linearisierung am Arbeitspunkt, analoge Regelung

Um Hinweise auf die Stabilitäts- und Dämpfungsverhältnisse des nichtlinearen Systems zu gewinnen und eine Aussage über die zweckmäßige Wahl der Regler-Integrierzeit T_i zu ermöglichen, werden die Differenzengleichungen (16.13 - 16.15) in einem wählbaren stationären Betriebspunkt linearisiert. Dadurch entstehen linearisierte Differenzengleichungen, die zwar nur für kleine Auslenkungen gelten, doch kann der Arbeitspunkt anschließend variiert werden, um die regelungstechnisch ungünstigsten Betriebsbedingungen zu finden. Das Verfahren kann bei extremer Nichtlinearität versagen, z.b. wenn Schwingungen großer Amplituden auftreten, die voraussetzungsgemäß bei der Linearisierung nicht erfaßt werden. Im vorliegenden Beispiel ist dies jedoch nicht der Fall, da die Nichtlinearitäten eher gradueller Art sind. Dennoch wird man sich nach Anwendung eines solchen Näherungsverfahren meist durch eine abschliessende Kontrollrechnung, z.B. Simulation mit dem Digitalrechner oder durch Laborversuche, von der Gültigkeit der gefundenen Ergebnisse überzeugen.

Der stationäre Arbeitspunkt wird am einfachsten durch die Vorgabe einer konstanten Pulsweite $h(\nu) = h_0 = const.$ definiert. Dies führt mit der Periodizitätsbedingung

$$x_2(\nu+1) = x_2(\nu) = x_{20} = const.$$
$$y(\nu+1) = y(\nu) = y_0 = const.$$

auf

$$x_{20} = \frac{1 + z_1 - 2z_1{}^{h_0}}{1 - z_1} - \frac{E}{U_0}, \tag{16.16}$$

$$x_{10} = 1 - 2h_0 - \frac{E}{U_0}, \tag{16.17}$$

$$y_0 = 2\frac{T_1}{T_i} \frac{\left(1 - z_1{}^{h_0}\right)\left(1 - z_1{}^{1-h_0}\right)}{1 - z_1} - \left[1 + 2\frac{T}{T_i}(1 - h_0)\right] h_0 . \tag{16.18}$$

Der Ausdruck für x_{10} entspricht dem Mittelwert der Regelgröße, eine Wirkung des Integralreglers. Im folgenden wird angenommen, daß das System für $t < \nu T$ durch eine kleine Störung dx_1 aus dem stationären Zustand ausgelenkt wurde und anschließend einem neuen stabilen Zustand zustrebt. Mit dem Ansatz

$$\begin{aligned} h(\nu) &= h_0 + dh(\nu), \\ x_2(\nu) &= x_{20} + dx_2(\nu), \\ y(\nu) &= y_0 + dy(\nu), \\ x_1(\nu) &= x_{10} + dx_1 = const. \end{aligned} \tag{16.19}$$

berechnet man nun z.B. aus Gl. (16.13) den Anfang einer Reihenentwicklung

$$dx_2(\nu+1) = \frac{\partial f_1}{\partial x_1}\Big|_0 dx_1 + \frac{\partial f_1}{\partial x_2(\nu)}\Big|_0 dx_2(\nu) + \frac{\partial f_1}{\partial y(\nu)}\Big|_0 dy(\nu)$$
$$+ \frac{\partial f_1}{\partial h(\nu)}\Big|_0 dh(\nu)$$
$$= a_{11}dx_1 + a_{12}dx_2(\nu) + a_{13}dy(\nu) + a_{14}dh(\nu) . \quad (16.20)$$

Entsprechend folgt aus Gln. (16.14, 16.15)

$$dy(\nu+1) = a_{21}dx_1 + a_{22}dx_2(\nu) + a_{23}dy(\nu) + a_{24}dh(\nu) , \quad (16.21)$$

und

$$0 = a_{31}dx_1 + a_{32}dx_2(\nu) + a_{33}dy(\nu) + a_{34}dh(\nu) . \quad (16.22)$$

Die Koeffizienten a_{ik} dieser linearisierten Differenzengleichungen sind die am stationären Arbeitspunkt gebildeten partiellen Ableitungen nach den entsprechenden Variablen; sie sind somit Funktionen von h_0. So gilt z.B.

$$a_{14} = \frac{\partial x_2(\nu+1)}{\partial h(\nu)}\Big|_{h_0} = -2\frac{T}{T_1}z_1^{1-h_0} , \quad (16.23)$$

Eliminiert man $dh(\nu)$ mittels Gl. (16.22) aus Gln. (16.20, 16.21), so entstehen zwei Gleichungen

$$dx_2(\nu+1) = b_{11}dx_1 + b_{12}dx_2(\nu) + b_{13}dy(\nu) , \quad (16.24)$$
$$dy(\nu+1) = b_{21}dx_1 + b_{22}dx_2(\nu) + b_{23}dy(\nu) . \quad (16.25)$$

Durch Verschiebung des Argumentes in Gl. (16.24) findet man

$$dx_2(\nu+2) = b_{11}dx_1 + b_{12}dx_2(\nu+1) + b_{13}dy(\nu+1) , \quad (16.26)$$

so daß die Elimination von $dy(\nu)$ und $dy(\nu+1)$ möglich ist. Insgesamt erhält man eine linearisierte Differenzengleichung 2. Ordnung in dx_2 oder dy

$$dx_2(\nu+2) + c_1 dx_2(\nu+1) + c_0 dx_2(\nu) = r_0 dx_1 . \quad (16.27)$$

Das Problem ist damit auf den in Abschnitt 1.5 behandelten Fall zurückgeführt. Zur Beurteilung von Stabilität und Dämpfung genügt die Kenntnis der Koeffizienten der homogenen Differenzengleichung.

Schrittweises Einsetzen liefert die gesuchten Koeffizienten in der Form

$$c_0 = b_{12}b_{23} - b_{13}b_{22} = \frac{1}{a^2_{34}}[(a_{12}a_{34} - a_{14}a_{32})(a_{23}a_{34} - a_{24}a_{33})$$
$$- (a_{13}a_{34} - a_{14}a_{33})(a_{22}a_{34} - a_{24}a_{32})] , \quad (16.28)$$
$$c_1 = -(b_{12} + b_{23})$$
$$= -(a_{12} + a_{23}) + \frac{1}{a_{34}}(a_{14}a_{32} + a_{24}a_{33}) . \quad (16.29)$$

16.2 Linearisierung am Arbeitspunkt, analoge Regelung

Nach Einsetzen der partiellen Ableitungen am Arbeitspunkt und einer längeren Zwischenrechnung entsteht schließlich ein sehr übersichtliches Ergebnis

$$c_0 = z_1 < 1, \quad (16.30)$$

$$c_1 = -1 - z_1 + \frac{1 - z_1}{\frac{T_i}{2T} + \frac{1 - z_1 h_0}{1 - z_1} - h_0}, \quad (16.31)$$

das sich mit der Annahme $T \ll T_1$ und der daraus folgenden Näherung

$$z_1 = e^{-T/T_1} \approx 1 - T/T_1 + \frac{1}{2}(T/T_1)^2$$

$$z_1^{h_0} = e^{-h_0 T/T_1} \approx 1 - h_0 T/T_1 + \frac{1}{2}(h_0 T/T_1)^2$$

weiter vereinfachen läßt,

$$c_0 \approx 1 - T/T_1, \quad (16.32)$$

$$c_1 \approx -2 + \frac{T}{T_1}\left(1 + \frac{2T}{T_i}\right). \quad (16.33)$$

Die Koeffizienten der linearisierten Differenzengleichung (16.27) sind also vom Arbeitspunkt h_0 näherungsweise unabhängig. In Bild 16.6 ist der durch Gl. (16.32, 16.33) gegebene Zusammenhang für einen festen Wert des Parameters T/T_1 in das aus Abschnitt 2.3 bekannte Koeffizientendreieck eingetragen. Man erhält eine horizontale Gerade, die mit T_i/T_1 beziffert ist und für $T_i \to \infty$, d.h. ohne Regelung, auf dem linken Rand des Dreiecks endet.

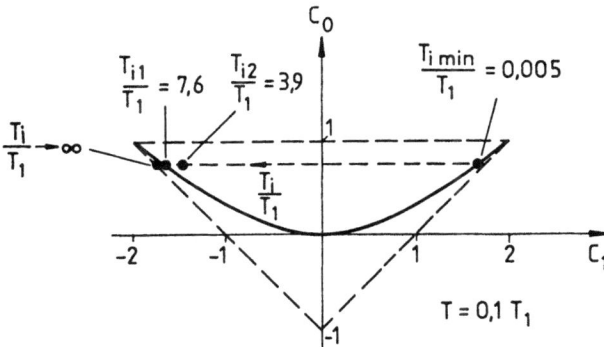

Bild 16.6: Koeffizienten der linearisierten Differenzengleichung für variable Regler-Integrierzeit

Als Sonderfälle findet man für den Schnittpunkt der Geraden mit der Parabel $c_0 = c_1^2/4$, d.h. aperiodischen Grenzfall,

$$T_{i1}/T_1 = 8 - 4T/T_1, \quad (16.34)$$

und aus Gl. (2.31) für vorgegebene Mindestdämpfung des dominierenden Vorganges, $D = 1/\sqrt{2}$,

$$T_{i2}/T_1 = 4\frac{1 - T/2T_1}{1 - T/4T_1}. \tag{16.35}$$

Diese Werte sind in Bild 16.6 für eingetragen. Ihre Berechnung setzt allerdings eine verfeinerte Näherung für Gln. (16.30, 16.31) voraus.

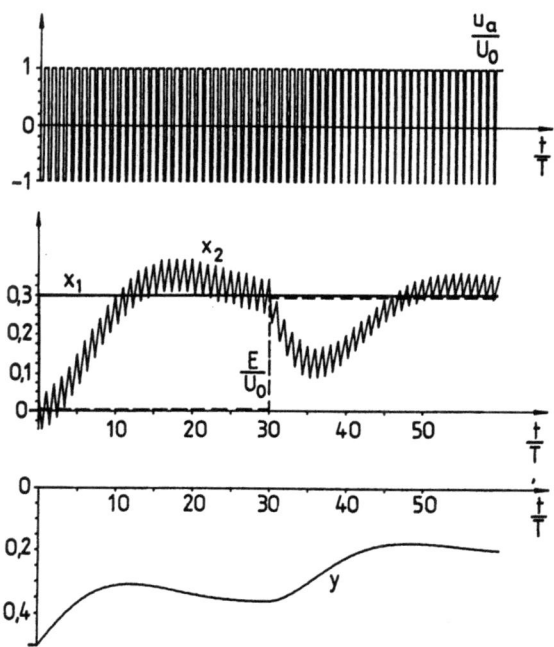

Bild 16.7: Berechnete Einschwingvorgänge eines Regelkreises mit pulsweitenmodulierter Stellgröße bei kleiner Auslenkung der Führungs- und Störgröße

In Bild 16.7 sind berechnete Einschwingvorgänge für $T_i = T_{i2} = 3.9T_1$ aufgetragen; dabei wurde eine kleine Auslenkung der Führungsgröße dx_1 sowie eine nachfolgende sprungförmige Änderung der Gegenspannung E angenommen. Der generelle Verlauf der Regelgröße dx_2 entspricht den Erwartungen; die Oberschwingungen des Stromes sind durch das schaltende Stellglied bedingt und lassen sich nur durch andere Wahl des Verhältnisses T/T_1 reduzieren. Der angenommene Wert $T/T_1 = 0.1$ entspricht etwa den realen Verhältnissen bei einem Stellantrieb, wenn ein Motor mit der Ankerkreis-Zeitkonstanten $T_1 = 5$ ms aus einem Transistor-Stellglied mit einer Schaltfre-

16.2 Linearisierung am Arbeitspunkt, analoge Regelung

quenz von 2 kHz, entsprechend $T = 0.5$ ms, gespeist wird. (Im Bild ist zur besseren Darstellung $T = 0.2T_1$ gewählt).
Bei Wahl einer genügend hohen Schaltfrequenz entfallen in Gln. (16.34, 16.35) die von T abhängigen Anteile; man erhält als Grenzfälle

$$T_{i10} = 8T_1 \quad \text{und} \quad T_{i20} = 4T_1 \; ;$$

entsprechend dem bei einer stetigen linearen Regelung mit PT_1-Strecke und I-Regler zu erwartenden Ergebnis, wenn man die Streckenverstärkung, d.h. den normierten Hub des Stellgliedes $(u_{a1} - u_{a2})/U_0 = 2$ berücksichtigt [20]. Der Einfluß des Modulators und schaltenden Stellgliedes auf die Reglerauslegung kann dann vernachlässigt werden, d.h. die häufig verwendete Annahme einer mittleren statistischen Laufzeit von der Größe einer halben Abtastperiode T liegt auf der sicheren Seite. Diese Vereinfachung gilt allerdings, wie genauere Untersuchungen zeigen, nur bei Verwendung eines integrierenden Reglers, der die Regelabweichung kontinuierlich, auch außerhalb der Abtastaugenblicke, bewertet.

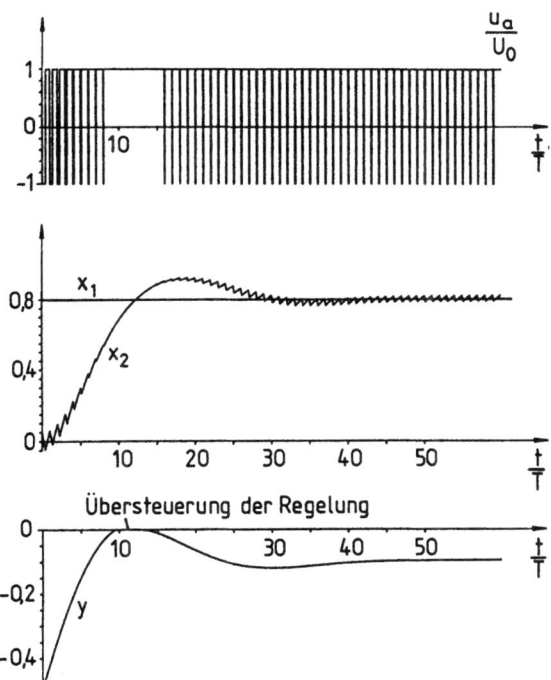

Bild 16.8: Berechneter Einschaltvorgang eines Regelkreises mit pulsweitenmodulierter Stellgröße bei großer Auslenkung

Ein merklicher Effekt des Modulators und schaltenden Stellgliedes auf die Dynamik des Regelkreises ist erst außerhalb des Bereichs guter Dämpfung, also für kleine Werte von T_i, zu erwarten. Während die Stabilitätsgrenze des stetigen Regelkreises bei $T_i \to 0$ liegt, wird sie beim Abtastsystem erreicht, sobald die Koeffizienten c_0, c_1 zu einem Punkt am Rand des Stabilitätsdreiecks gehören. Im vorliegenden Fall ist diese Grenze bei $c_1 = 1 + z_1$, d.h. nach Gl. (16.31) für

$$\frac{T_{imin}}{T_1} \approx \frac{T}{T_1} \tan h \frac{T}{2T_1} \approx 0.005$$

erreicht.

In Bild 16.8 ist schließlich ein berechneter Einschaltvorgang mit größeren Auslenkungen dargestellt, bei dem die Variablen nicht auf einen schmalen Linearitätsbereich beschränkt sind. Das Stellglied ist dabei zeitweilig übersteuert; sobald aber die Variablen in die Nähe ihrer stationären Werte kommen, ist die linearisierte Rechnung wieder gültig.

16.3 Verallgemeinerung

16.3.1 Regelstrecke 2. Ordnung

Obwohl es sich bei der im vorhergehenden Abschnitt untersuchten Regelung um ein vergleichsweise einfaches System 2. Ordnung handelte, war der Rechenaufwand beachtlich. Eine Erweiterung auf Systeme höherer Ordnung wäre zwar möglich, wegen der rechnerischen Schwierigkeiten jedoch von geringem praktischen Wert. Lediglich für den Fall einer PT_2-Regelstrecke mit abgestimmtem PI-Regler lassen sich die gefundenen Ergebnisse sofort übernehmen.

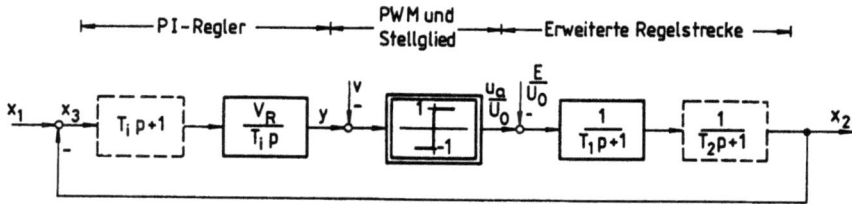

Bild 16.9: Regelung einer PT_2-Strecke mit pulsweitenmodulierter Stellgröße und PI-Regler

Wie in Bild 16.9 gezeigt, entsteht eine solche Kombination durch die gestrichelt eingetragene Ergänzung von Bild 16.4. Die nichtlinearen Teile (Modulation und Stellglied) sind ohnehin identisch; bei den linearen Teilen ergibt sich mit der Wahl $T_i = T_2$ und Zusammenfassung Übereinstimmung. Man kann

16.3 Verallgemeinerung

also erwarten, daß sich die beiden Anordnungen, was Stabilität und Dämpfung anbelangt, gleichartig verhalten.

Der genaue Verlauf der Regelgröße unterscheidet sich natürlich von dem mit einer PT_1-Strecke, da die Strecke 2. Ordnung die Schaltoberschwingungen wirksamer dämpft. Wie Bild 16.10 zeigt, entspricht aber die Form des Einschwingvorganges im wesentlichen dem in Bild 16.7.

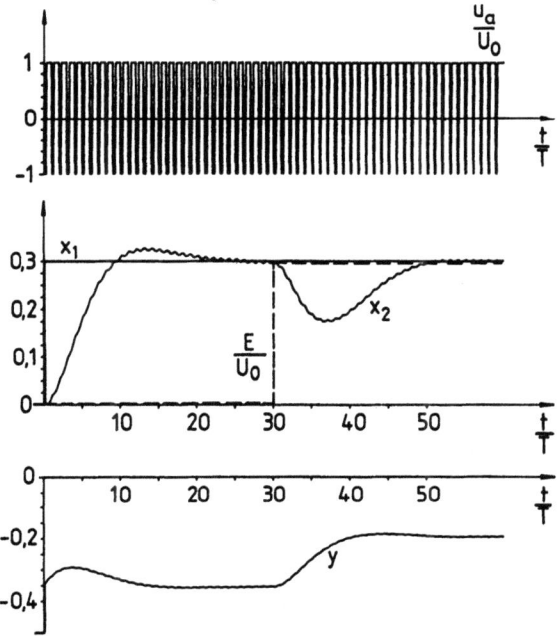

Bild 16.10: Berechneter Einschwingvorgang wie in Bild 16.7, aber mit PT_2-Strecke und angepaßtem PI-Regler

Es ist im allgemeinen nicht notwendig, noch kompliziertere Fälle genau zu analysieren, da das Prinzip der Kaskadenregelung die Möglichkeit bietet, die durch Modulator und Stellglied verursachten Effekte auf einen innersten Regelkreis zu beschränken, dessen Wirkung auf die übergeordneten Regelungen als angenähert linear und stetig betrachtet werden kann.

16.3.2 Netzgeführte Stromrichter

Bei ortsfesten elektrischen Verbrauchern größerer Leistung, die mit steuerbarem Gleichstrom oder niederfrequentem Wechselstrom gespeist werden sollen, verwendet man vorzugsweise netzgeführte Thyristor-Stromrichter; Bild 16.11

zeigt eine Einphasen-Brückenschaltung, die ähnlich wie der Transistor-Steller in Bild 16.1 aufgebaut ist. Oberhalb einer Leistung von einigen kW werden meist mehrpulsige Schaltungen verwendet, um im speisenden Drehstromnetz symmetrische Ströme zu erhalten und das Oberschwingungsspektrum im Lastkreis zu verbessern. Stromrichter in Drehstrom-Brückenschaltung werden bis in den MW-Bereich ausgeführt.

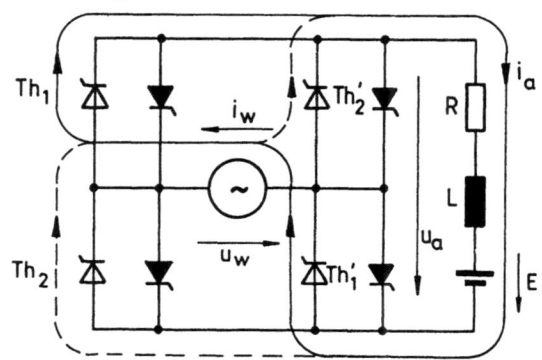

Bild 16.11: Zweipulsiger netzgeführter Stromrichter in kreisstromfreier Gegenparallelschaltung

Die Wirkungsweise ist ähnlich wie im Fall des Transistorstellers:
Wie der vereinfachte Kurvenverlauf der Ausgangsspannung $u_a(t)$ in Bild 16.12 erkennen läßt, erfolgt die Steuerung über den Zündwinkel α, wenn die vorher sperrenden Thyristoren Th_1, Th_1' leitend werden und in einem schnell ablaufenden Kommutierungsvorgang den Laststrom i_a übernehmen. Mit der Annahme eines nicht lückenden Laststromes $i_a > 0$ und bei Vernachlässigung des Kommutierungsintervalls wird damit der steuerbare Mittelwert der Ausgangsspannung

$$\bar{u}_a = \frac{1}{\pi} \int_0^\pi u_a d\tau = \frac{2\sqrt{2}}{\pi} U_w \cos\alpha \,, \qquad (16.36)$$

wobei U_w der Effektivwert der speisenden Wechselspannung u_w ist. Durch Veränderung des Zündwinkels im Bereich $0 < \alpha < \pi$ kann somit die mittlere Ausgangsspannung $\bar{u}_a$ zwischen einem positiven und negativen Maximalwert verändert werden. Um auch negativen Laststrom i_a, d.h. insgesamt Vier-Quadrant-Betrieb, zu erhalten, wird der eine Satz von 4 Thyristoren (Th_1, Th_1', Th_2, Th_2') permanent gesperrt, während die in Bild 16.11 ausgefüllten und bisher gesperrten Thyristoren die Stromführung übernehmen.

Die Zündsteuerung kann unter Verwendung eines mit der Netzspannung synchronisierten Sägezahn-Signals ähnlich arbeiten wie vorher; allerdings handelt es sich dabei nicht um eine Steuerung der relativen Pulsweite wie in

16.3 Verallgemeinerung

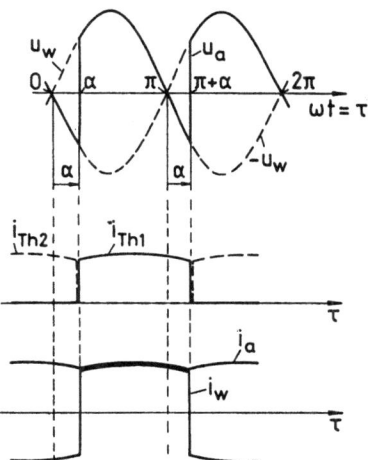

Bild 16.12: Vereinfachte Verläufe der Spannungen und Ströme eines zweipulsigen netzgeführten Stromrichters im stationären Zustand

Bild 16.4, sondern der Phasenlage der Zündsignale bezüglich der Netzspannung. Man kann diesen Vorgang deshalb auch als Pulsphasen-Modulation bezeichnen.

Die Berechnung der dynamischen Vorgänge läuft ebenfalls ähnlich ab; wegen der Kurvenform der treibenden Spannung gestaltet sie sich jedoch noch wesentlich umständlicher. Genaue Untersuchungen haben gezeigt, daß auch hier die Wirkung von Modulator und Stellglied im Strom-Regelkreis vernachlässigt werden kann, wenn der Regler einen Integrator enthält und man sich auf Parameterbereiche guter Dämpfung beschränkt [38,55]. In Bild 16.13 sind Regelvorgänge mit netzgeführtem Stromrichter bei Anregung durch Änderung der Führungsgröße und der Störgröße, d.h. der Gegenspannung E, gezeigt; die Regelparameter sind dabei ähnlich wie für Bild 16.7 gewählt.

Die Einschwingvorgänge in Bild 16.14 entsprechen denen in Bild 16.13 mit dem Unterschied, daß nun anstelle des I-Reglers ein auf auf die Verzögerung der Strecke abgestimmter PI-Regler verwendet wurde. Die bei einer linearen Regelung zu erwartende Erhöhung der Regelgeschwindigkeit ist auch hier zu beobachten.

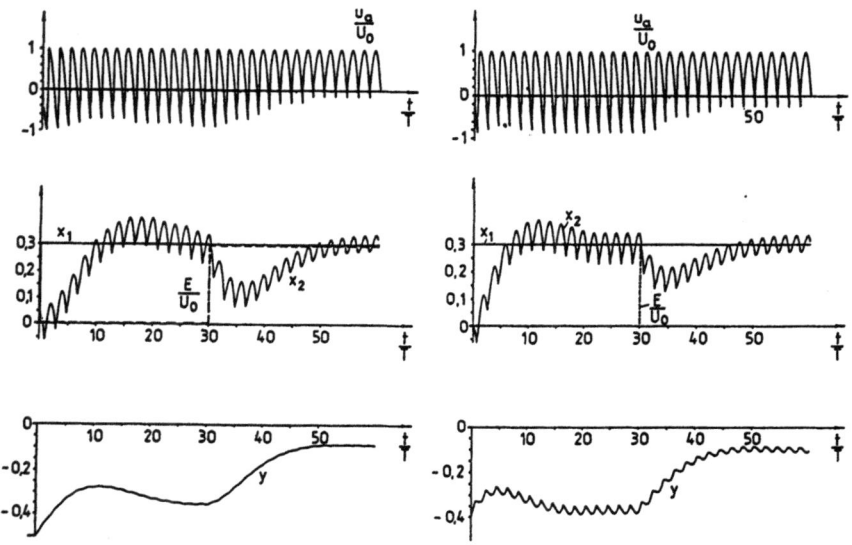

Bild 16.13: Einschwingvorgänge einer Stromregelung mit netzgeführtem Stromrichter, PT_1-Strecke und I-Regler

Bild 16.14: Einschwingvorgänge einer Stromregelung mit netzgeführtem Stromrichter, PT_1-Strecke und PI-Regler

16.4 Digitale Stromregelung mit schaltendem Stellglied

Mikrorechner haben sich in den letzten Jahren auch bei elektrischen Antrieben als leistungsfähige und flexible Regler durchgesetzt; wegen der, verglichen mit verfahrenstechnischen Prozessen, schnellen elektromechanischen Regelstrecken sind allerdings die dynamischen Anforderungen hoch; die verwendeten Abtastzeiten betragen üblicherweise einige ms. Noch härtere Bedingungen sind zu stellen, wenn auch die Stromregelungen als innerste Regelkreise digital ausgeführt werden sollen, was wegen des gerätetechnischen Aufwandes und im Interesse der Einheitlichkeit des digitalen Regelprinzips wünschenswert wäre. Für die Stromregelung sind Abtastfrequenzen notwendig, die sich am Leistungs-Stellglied, d.h. der Schaltfrequenz des 4-Quadrant-Stellers oder Wechselrichters orientieren und im Bereich von 1-5 kHz liegen können. Dank der neueren Entwicklungen bei Mikrorechnern und Signalprozessoren lassen

16.4 Digitale Stromregelung mit schaltendem Stellglied

sich heute auch solche Forderungen erfüllen. Es kann jedoch nötig sein, das Regelverfahren etwas zu vereinfachen, um zu einer kostenmäßig vertretbaren Rechenleistung zu gelangen. Ansatzpunkt ist die bei einem analogen Regler unproblematische kontinuierliche Integration der Regelabweichung, die bei einfacher Übertragung ins Diskrete eine feinstufige Unterteilung der Schaltperiode T des Stellgliedes erfordern würde. Dies ist aber offensichtlich nicht notwendig, sofern ein angemessenes Verhältnis der Schaltperiode zur dominierenden Streckenzeitkonstanten, z.B. $T/T_1 < 0.2$, gewählt wird, so daß die der Regelgröße überlagerten Oberschwingungen hinreichend klein sind. Da je Schaltperiode des Stellgliedes genau ein variabler Umschaltzeitpunkt zu bestimmen ist, reicht es aus, einen einzigen Meßwert je Schaltintervall zu verwenden, d.h. das mit einer festen Frequenz schaltende Stellglied in eine synchron arbeitende zeitdiskrete Regelung einzubeziehen.

Bei Betrachtung des Verlaufs der Regelgröße anhand von Bild 16.5 liegt es natürlich nahe, den Meßwert x_2 im Zeitraster $t = \nu T$ zu erfassen und $x_2(\nu)$ als diskrete Regelgröße zu definieren. Anhand der diskreten Regelabweichung $x_3(\nu)$ ist dann vom Regler das anschließende Schaltintervall $h(\nu)$ zu berechnen. Das tatsächlich pulsweitenmodulierte Steuersignal für das Stellglied kann außerhalb des Rechners von einem Zähler erzeugt werden, der vom Mikrorechner entsprechend $h(\nu)$ gesetzt und mit einem hochfrequenten Signal, z.B. 1 MHz, nach Null gezählt wird. Sobald der Zählerstand Null erreicht hat, wird das Stellglied umgeschaltet. Der Zählerstand steht somit in Analogie zum sägezahnförmigen Abtastsignal in Bild 16.5. In Bild 16.15 sind diese Vorgänge schematisch aufgetragen.

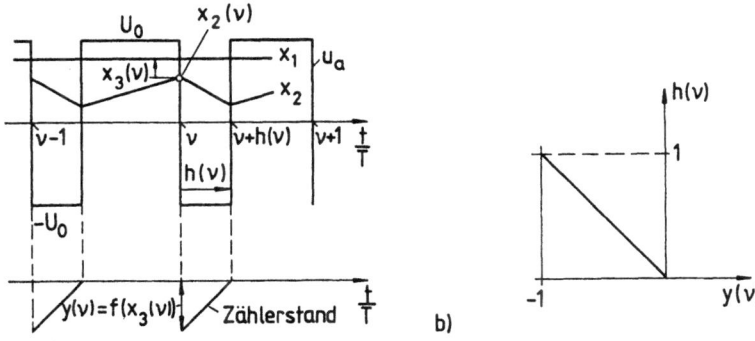

Bild 16.15: Diskrete Stromregelung mit synchroner Abtastung
a) zeitliche Verläufe
b) Modulator-Kennlinie

Auf diese Weise entsteht der in Bild 16.16 gezeichnete nichtlineare diskrete Regelkreis mit Modulator und Stellglied.

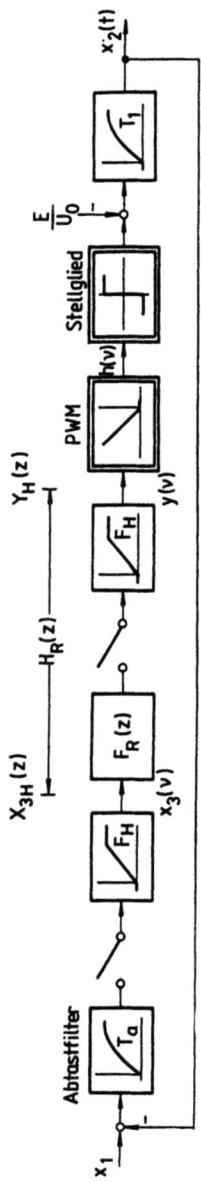

Bild 16.16: Blockschaltbild der nichtlinearen zeitdiskreten Stromregelung

16.4 Digitale Stromregelung mit schaltendem Stellglied

Das zeitliche Verhalten der diskretisierten Regelstrecke wird durch Gl. (16.8) beschrieben,

$$x_2(\nu + 1) = z_1 x_2(\nu) - (1 - z_1)\frac{E}{U_0} + 1 + z_1 - 2z_1^{1-h(\nu)}, \qquad (16.37)$$

wobei $h(\nu)$ die der Stellgröße zugeordnete Schaltverzögerung ist,

$$0 \leq h(\nu) = -y(\nu) \leq 1; \qquad (16.38)$$

daraus folgt die nichtlineare Differenzengleichung

$$x_2(\nu + 1) = z_1 x_2(\nu) - (1 - z_1)\frac{E}{U_0} + 1 + z_1 - 2z_1^{1+y(\nu)}. \qquad (16.39)$$

Bei Ansatz eines einfachen Integralreglers, der für die vorliegende Aufgabe ausreicht, gilt

$$y(\nu) = y(\nu - 1) + r_R[x_1(\nu) - x_2(\nu)]; \qquad (16.40)$$

r_R ist dabei die Reglerverstärkung. Für die Festlegung von r_R ist eine Linearisierung von Gl. (16.39) am Arbeitspunkt zweckmäßig,

$$dx_2(\nu + 1) = z_1 dx_2(\nu) + 2\frac{T}{T_1} z_1^{1+y_0} dy(\nu); \qquad (16.41)$$

für die Elimination der Stellgröße werden die Gln. (16.40, 16.41) außerdem um einen Takt verschoben

$$dx_2(\nu + 2) = z_1 dx_2(\nu + 1) + 2\frac{T}{T_1} z_1^{1+y_0} dy(\nu + 1), \qquad (16.42)$$

$$dy(\nu + 1) = dy(\nu) + r_R[dx_1(\nu + 1) - dx_2(\nu + 1)]. \qquad (16.43)$$

Durch Einsetzen ensteht daraus wieder eine linearisierte Differenzengleichung 2. Ordnung

$$dx_2(\nu + 2) + c_1 dx_2(\nu + 1) + c_0 dx_2(\nu) = r_1 dx_1(\nu + 1), \qquad (16.44)$$

wobei die Koeffizienten mit $y_0 = -h_0$ folgende Werte annehmen

$$\begin{aligned} c_0 &= z_1 < 1, \\ c_1 &= -1 - z_1 + 2\frac{T}{T_1} z_1^{1-h_0} r_R; \\ r_1 &= 2\frac{T}{T_1} z_1^{1-h_0} r_R. \end{aligned} \qquad (16.45)$$

Für verschiedene Werte der Reglerverstärkung r_R erhält man, ähnlich wie in Bild 16.6, c_0, c_1-Kombinationen, die auf einer Parallelen zur c_1-Achse liegen.

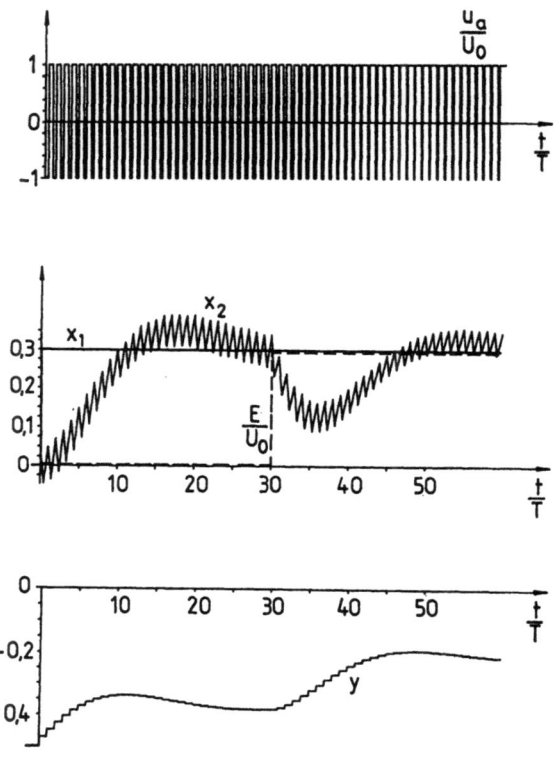

Bild 16.17: Einschwingvorgänge der digitalen Stromregelung bei Führungs- und Störanregung, Wahl der Parameter wie in Bild 16.7

16.4 Digitale Stromregelung mit schaltendem Stellglied

Die Gerade beginnt für $r_R = 0$ an der linken Begrenzung des Stabilitätsdreiecks und erstreckt sich für $r_R > 0$ nach rechts. Den Wert der Reglerverstärkung für vorgegebene Dämpfung des dominierenden Einschwingvorganges findet man wieder mit Gl. (2.31); $D = 1/\sqrt{2}$, entsprechend $\vartheta = \pi/4$, führt nach einer Reihenentwicklung auf

$$r_R \approx \frac{1}{4}\frac{T}{T_1}\frac{1}{1 - \frac{T}{T_1}(1 - h_0)} \qquad (16.46)$$

Die Dämpfungseigenschaften des geschlossenen Kreises hängen in diesem Fall also etwas vom Arbeitspunkt ab, derart, daß die Dämpfung am unteren Ende des Aussteuerbereiches (x_{2min} entsprechend $h_0 \approx 1$) absinkt. Dieser Effekt ist anschaulich so zu erklären, daß dann im Regelkreis eine Laufzeit T von der Messung der Regelabweichung bei $t = \nu T$ bis zur Änderung des Schaltzeitpunktes bei $t = (\nu + h_0)T$ wirksam ist. Bei $h_0 \approx 0$, d.h. am oberen Ende des Aussteuerbereiches, entfällt dieser Effekt.

In Bild 16.17 sind Einschwingvorgänge der digitalen Stromregelung bei Änderungen der Führungsgröße x_1 und der Störgröße E dargestellt. Die Reglereinstellung entspricht dabei Gl. (16.46). Die bei ausreichender Abtastfrequenz mit einem diskreten Regler erzielbare Regelgüte ist offenbar der mit einem analogen Regler (Bild 16.7) vergleichbar. Durch Verwendung eines PI-Algorithmus könnte, ebenso wie bei Bild 16.14, die Regelgeschwindigkeit noch erhöht werden.

Literaturverzeichnis

Lehrbücher

[1] J. Ackermann: Abtastregelung, Bde. I, II 2.Aufl.
Springer Verlag (1983)

[2] K.J. Aström, B. Wittenmark: Computer controlled systems,
Prentice Hall (1984)

[3] S.A. Azizi: Entwurf und Realisierung digitaler Filter, 3.Aufl.
Oldenbourg Verlag (1987)

[4] I.N. Bronstein, K.A. Semendjajew: Taschenbuch der Mathematik, 23.Aufl.
BSB B.G. Teubner Verlagsgesellschaft Leipzig (1987)

[5] P. Eykhoff: System identification,
Wiley (1974)

[6] F.A. Fischer: Einführung in die statistische Übertragungstheorie,
BI-Verlag (1967)

[7] O. Föllinger: Regelungstechnik. 5.Aufl.,
Hüthig Verlag (1985)

[8] O. Föllinger: Lineare Abtastsysteme, 3.Aufl.,
Oldenbourg Verlag (1986)

[9] R.L. Fox: Optimizing methods for engineering design,
Addison Wesley (1971)

[10] M. Günther: Zeitdiskrete Steuerungssysteme,
Hüthig Verlag (1986)

[11] P. Hippe, Ch. Wurmthaler: Zustandsregelung,
Springer Verlag (1985)

[12] W. Hurewicz: Kap. 5 in: Theory of Servomechanisms
MIT-Serie Bd. 25, Mc Graw Hill (1947)

[13] R. Isermann: Digitale Regelsysteme, Bde. I/II, 2.Aufl.,
Springer Verlag (1987)

[14] R. Isermann: Identifikation dynamischer Systeme, Bde. I/II,
Springer Verlag (1988)

[15] H.G. Jacob: Rechnergestützte Optimierung statischer und dynamischer Systeme
Springer-Fachberichte Messen-Steuern-Regeln, Springer Verlag (1982)

[16] E.I. Jury: Theory and Application of the z-Transform,
J. Wiley (1964)

[17] W. Leonhard: Diskrete Regelsysteme,
BI-Verlag (1972) vergriffen

[18] W. Leonhard: Statistische Analyse linearer Regelsysteme,
Teubner Verlag (1973)

[19] W. Leonhard: Regelung in der elektrischen Antriebstechnik,
Teubner Verlag (1974)

[20] W. Leonhard: Einführung in die Regelungstechnik, 4./8. Auflage
Vieweg Verlag (1987)

[21] W. Leonhard, E. Schnieder: Aufgabensammlung zur Regelungstechnik, 2.Aufl.,
Vieweg Verlag (1987)

[22] H.D. Lüke: Signalübertragung,
Springer Verlag (1975)

[23] R.C. Oldenbourg, H. Sartorius: Dynamik selbsttätiger Regelungen,
Oldenbourg Verlag (1944 und 1951) vergriffen

[24] W.W. Peterson: Prüfbare und korrigierbare Codes,
Oldenbourg Verlag (1967)

[25] W. Rupprecht: Orthogonalfilter und adaptive Datenentzerrung,
Datakontext Verlag (1987)

[26] H.W. Schüßler: Digitale Systeme zur Signalverarbeitung,
Springer Verlag (1973)

[27] V. Strejc: State space theory of discrete linear control,
Academia Verlag, Prag (1981)

[28] H. Tolle: Optimierungsverfahren,
Springer Verlag (1971)

[29] H. Unbehauen: Regelungstechnik, Bd.III,
Vieweg Verlag (1985)

[30] J.S. Zypkin: Theorie der linearen Impulssysteme,
Oldenbourg Verlag (1967)

Aufsätze und Dissertationen

[31] K. Anke: Zur mathematischen Beschreibung von Regelkreisen mit periodischen Tastern,
Regelungstechnik 1956, S. 147

[32] K. Anke, C. Kessler: Theorie und Schaltungstechnik der Registerregelung,
Regelungstechnik 1960, S. 233

[33] K.J. Aström, P. Hagander, J. Sternby: Zeros of sampled systems,
Automatica 1984, S. 31

[34] A. Brickwedde: Selbsteinstellender, on-line adaptiver Regler auf Mikrorechnerbasis für elektrische Antriebe,
Dissertation TU Braunschweig, 1985

[35] P.A.N. Briggs, P.H. Hammond, M.T.G. Hughes, G.O. Plumb: Correlation analysis of process dynamics using pseudo-random binary test perturbations,
Proc. Inst. of Mech. Eng. 1965, S. 53

[36] P.M. Bruijn, L.J. Bootsma, H.B. Verbruggen: Predictive control using impulse response models,
Proc. IFAC/IFIP-Conference, Düsseldorf 1980, S. 315

[37] A. Cohn: Über die Anzahl der Wurzeln einer algebraischen Gleichung in einem Kreis,
Math. Zeitschrift 1922, S. 110

[38] K. Fieger: Über die Anwendung der Abtasttheorie auf nichtlineare Regelkreise mit nichtstetigen Stellgliedern,
Dissertation TU Braunschweig 1967

[39] K. Fieger, J. Middel: Vereinfachte Behandlung linearer Abtastregelkreise,
Regelungstechnik 1967, S. 445

[40] O. Föllinger: Synthese von Abtastsystemen im Zeitbereich,
Regelungstechnik 1965, S. 269

[41] W. Fritzsche: Genaue und schnelle Regelungen von Drehzahlen durch digitale Methoden,
AEG Mitteilungen 1960, S. 419

[42] G. Fromme: Einsatz eines Mikrorechners als selbstoptimierender Regler für Strecken mit abschnittsweise konstanten Parametern,
Regelungstechnik 1982, S. 189

[43] G. Fromme, M. Haverland: Selbsteinstellende Digitalregler im Zeitbereich,
Regelungstechnik 1983, S. 338

[44] G. Fromme, M. Haverland, H. Ahlers: Selbsteinstellende Zustandsregler,
Regelungstechnik 1984, S. 81

[45] G. Fromme: Selbsteinstellende Regelung mit nichtparametrischem Modell der Strecke,
Dissertation TU Braunschweig, 1984

[46] M. Grötzbach: Steuerung einer Tiefpaß-Regelstrecke höherer Ordnung mit periodisch geschaltetem Stellglied,
Archiv f. Elektrotechnik 1976, S. 321

[47] M. Haverland: Der Einfluß von Nullstellen bei abgetasteten Regelsystemen,
Automatisierungstechnik 1986, S. 194

[48] M. Haverland: Ein lernender Regler für die Flugzeuglängsbewegung,
Dissertation TU Braunschweig, 1988

[49] A. Jakubasch, H.B. Kuntze, Ch. Arber, J. Richalet: Anwendung eines neuen Verfahrens zur schnellen und robusten Positionsregelung von Industrierobotern,
Robotersysteme 1987, S. 129

[50] G. Kessler: Das zeitliche Verhalten einer kontinuierlichen elastischen Bahn zwischen aufeinanderfolgenden Walzenpaaren,
Regelungstechnik 1960, S. 436 und 1961; S. 154

[51] G. Kessler: Digitale Regelung der Relation zweier Drehzahlen,
Elektrotechn. Zeitschrift A, 1961, S.574

Literaturverzeichnis

[52] K. Küpfmüller: Über die Dynamik der selbsttätigen Verstärkungsregler,
El. Nachrichtentechnik 1928, S. 456

[53] W. Leonhard, H. Müller: Ein stetig wirkender digitaler Drehzahlregler,
Elektrotechn. Zeitschrift A, 1962, S. 381

[54] W. Leonhard: Zählende Rechenschaltungen für Regelaufgaben,
Archiv für Elektrotechnik 1964, S. 215

[55] W. Leonhard:Regelkreis mit gesteuertem Stromrichter als nichtlineares Abtastproblem,
Elektrotechn. Zeitschrift 1965, S. 513

[56] W. Leonhard: Zur Anwendung von Digitalrechnern als Abtastregler,
Archiv für Elektrotechnik 1966, S. 75

[57] W. Leonhard: Angepaßte diskrete Filter mit Binärsignalen,
Messen, Steuern, Regeln 1972, S. 212

[58] W. Leonhard: Zur Dynamik von Schrittregelungen,
Elektrotechn. Zeitschrift 1968, S. 1

[59] W. Leonhard: Extrapolierender Digitalrechner auf der Basis einer nichtalgebraischen
Beschreibung der Regelstrecke,
Regelungstechnik 1980, S. 220

[60] W. Leonhard: Microcomputer Control of High Dynamic Performance ac-Drives —
A Survey,
Automatica 1986, S. 1

[61] Ch. Lutz, D. Ströle: Übertragungsverhalten des Längsregisters bei
Rollen-Rotationsmaschinen,
Siemens-Zeitschrift 1967, S. 382

[62] M.J.D. Powell: An efficient method for finding the minimum of a function of several
variables without calculating derivatives,
Computer Journ. 1964, S. 303

[63] A. Reiner: Direkte Berechnung der Steuerfunktion eines Übertragungssystems bei
numerisch gegebener Sprungantwort,
Regelungstechnik 1974, S. 307

[64] H. Rohling, W. Borchert: Zum Mismatched-Filter-Entwurf für periodische
binärphasencodierte Signale,
Nachrichtentechn. Zeitschrift Archiv 1988, S.111

[65] J. Richalet, A. Rault, J.L. Testud, J. Papon: Model predictive heuristic control:
Applications to industrial processes,
Automatica 1978, S. 413

[66] G. Schmidt, Y.Xi: Prädiktive Regelverfahren, theoretische Hintergründe und
Anwendungsbeispiele,
Automatisierungstechnik 1985, S. 302

[67] I. Schur: Über Potenzreihen, die im Inneren des Einheitskreises beschränkt sind,
Journ. f. Mathematik 1917, S. 205 und 1918, S.122

[68] C.E. Shannon: A mathematical theory of communication,
Bell Syst. techn. Journ. 1948, S. 623

[69] M. Siedentop: Adaptive Regelung mit nichtalgebraischer Beschreibung der Regelstrecke,
Dissertation TU Braunschweig, 1987

[70] M. Thoma: Ein einfaches Verfahren zur Stabilitätsprüfung von linearen Abtastsystemen,
Regelungstechnik 1962, S. 302

[71] U. Waschatz: Adaptive Regelung elektrischer Antriebe mit Hilfe von Mikrorechnern,
Dissertation TU Braunschweig, 1984

[72] G. Weihrich: Drehzahlregelung von Gleichstromantrieben unter Verwendung eines Zustands- und Störgrößenbeobachters,
Regelungstechnik 1978, S. 349

[73] A. Weinmann: Mittelwertbildende Systeme in automatischen Regelungen,
Archiv für Elektrotechnik 1965, S. 398

[74] W.I. Zangwill: Minimizing a function without calculating derivatives,
Computer Journ. 1967, S. 293

Sachverzeichnis

Abbildung 34
Abtastfilter 66, 163
-periode 18, 118, 201
-raster 60
-regelung 18, 49, 98, 107, 113, 164
-signal 285
-theorem 62, 163
Adaptation 272
Amplitudenauflösung 158
-modulation 22, 76
Analog-Digital-Wandlung 94, 122
Anfangsbedingung 285
-zustand 23
angepaßtes Filter 151
Anstiegsfunktion 91
Approximation 114
Ausgleichsvorgänge 24
bandbegrenztes Signal 66
Beobachter-Normalform 124
Blockschaltbild 98, 162, 170
charakteristische Gleichung 26
charakteristisches Polynom 31, 39
Dämpfung 30, 32, 88, 105, 108
Dämpfungssatz 64
Differentialgleichung 16
Differenzbildung 86
Differenzierfilter 143, 147
Differenzengleichung 16, 20, 24, 27, 124, 165
-operator 28
Digital-Analog-Wandlung 122
digitales Filter 124
Digitalrechner 11, 125
Dirac-Impuls 47
diskontinuierliche Funktion 44

diskrete Funktion 15
-Laplace-Transformation 57
dominierende Eigenwerte 37, 39
Doppelpole 57
Drehzahlregelung 173, 263
Dreiecksmatrix 225
Eigenschwingungen 196
-werte 25, 26, 30
Einschwingvorgang 33, 38
Einzelpole 54, 57
endliche Dauer 204
Entfaltung 223
entkoppelte Vorgabe 183
Exponentialfunktion 31, 89
Extrapolationsfilter 149
Fallbügelregler 10, 99
Faltung 88, 222
Faltungssumme 51, 222, 255
Fehlersignal 247
Filter 124
Finite impulse response (FIR) filter 128
Frequenzbereich 93
Führungsgrößenfilter 178
-modell 178, 232
-übertragungsverhalten 178
gedämpfte Schwingung 92
geometrische Reihe 20, 55, 97
gespiegelte Impulsantwort 140
gesteuerte Adaptation 275
Grenzkurven 39, 40, 105, 117
Halteglied 46
Höhenlinien 258
homogene Differenzengleichung 16, 26
-Lösung 20

Identifizierung 188, 201, 223
Impulsantwort 46
-modulation 62, 66
-reihe 51
-speicher 46, 83
-Übertragungsfunktion 52, 54, 58, 68, 79, 99, 104, 107, 115
inhomogene Lösung 20
Integralregler 100
Integration 88, 101, 130
Integrationskonstante 25
Interpolation 49, 82, 260
Kettenschaltung 70
Koeffizientendreieck 36, 289
kompensierender Regler 176
komplexe Eigenwerte 30
konjugierte Richtungen 259
konforme Abbildung 31
kontinuierliche Regelstrecke 165, 205
Variable 14, 74
Konvergenzbedingung 56
Korrelation 156
Lagrangescher Multiplikator 209
Laplace-Transformation 44
Laufzeit 58, 113
lineares Gleichungssystem 25
lineare Übertragung 53
Linearisierung 287
Mehrfachpole 55
Meßwertverarbeitung 122
Mikrorechner 233
Mindestdämpfung 105
Minimisierung 257
Mischvorgang 17
Mittelwertbildner 46, 126, 142
-bildung 99
modifizierte z-Transformation 76
Modulation 47
modulierte Impulsreihe 47, 50, 74
Nebenbedingung 209, 217
nichtalgebraisches Streckenmodell 232
nichtlineare Differenzengleichung 286

-Strecke 272
nichtlineares Abtastsystem 280
Normalform 125, 131
Nullstellen 60, 166, 223, 264
Ortskurven 42, 47
-Kriterium 41
Parameteroptimierung 256
Partialbrüche 70, 78, 95
PID-Abtastregler 134, 169
Pole 60, 68, 264
Polverteilung 61
Polygonzug 83
Potenzreihe 26
Prädiktionsfilter 149
prädiktive Regler 245
pseudostatistische Binärfolge 156
Pulsweitenmodulation 280
quadratische Zielfunktion 209, 217, 230, 236
quasistetige Abtastregelung 162
Rampenfunktion 90
rationale Übertragungsfunktion 55
rechnergestützter Reglerentwurf 176
Rechteckimpulse 64
reelle Eigenwerte 30
Regelabweichung 94
-größe 94
Regelungs-Normalform 132
Regler-Übertragungsfunktion 180
Registerregelung 102
Regression 187, 255
Reihenentwicklung 94
Residuum 70, 166
Restglied 188
Riemannsche Fläche 31
Rückführung 177, 267
-kopplung 98
-transformation 95
Rundungsfehler 158
Schätzungsmodell 188
Schalttransistoren 281
Schieberegister 124

Sachverzeichnis

Seitenfrequenzen 65
selbsteinstellender Regler 254, 261, 269
Signalverarbeitung 122
Simulation 255
Spektrum 65
Sprungantwort 20, 46
-funktion 89
Stabilität 30, 104, 108, 116
Stabilitätsbedingung 32
-bereich 36
-grenze 35
Stellgröße 101, 235
Stör-Modell 178, 196, 232
-Übertragungsverhalten 138, 140, 178
Strafterm 256
Streckenmodell 201
Stromrichter 293
Stroboskop 18
Stromregelung 284, 296
Stufenfunktion 19, 23, 44, 49, 79, 123, 224
-übertragungsfunktion 80, 165
Suchverfahren 254, 267
Summation 87
Tiefpaß 54, 113
Träger-Impulsreihe 49
Transversalfilter 126, 141, 236
-regler 193
Überlagerung 51
Übertragungsfunktion 53, 99, 104, 107, 162
-glied 19
Verschiebeoperator 27
Verschiebungsregel 86
Verzögerungsglied 19, 23, 68, 96
Vierquadrantensteller 281
Wanderkennlinie 159
Wertefolge 94
Zahlenfolge 14
zeitdiskrete Variable 11, 14

Zeitbereich 93
Zeitreihe 11, 222, 231
Zielfunktion 209, 217, 230, 236, 257, 268
Zinsrechnung 15
z-Transformation 57, 85
Zustandsgrößen 27, 205
-Normalform 27, 131
Zwei-Massen-System 261
Zwischenabtastung 71

Teubner Studienbücher

Elektrotechnik/Maschinenbau

Eckhardt: **Grundzüge der elektrischen Maschinen.** DM 36,–
Elsner: **Nachrichtentheorie**
Band 1: Grundlagen. Vergriffen
Band 2: Der Übertragungskanal. DM 18,80
Heinlein: **Grundlagen der faseroptischen Übertragungstechnik.** DM 32,–
Hess: **Digitale Filter. Eine Einführung.** DM 39,–
Heumann: **Grundlagen der Leistungselektronik.** 4. Aufl. DM 38,–
Klein: **Finite Systemtheorie.** DM 26,80
Kröger/Unbehauen: **Technische Elektrodynamik.** DM 42,–
Lautz: **Elektromagnetische Felder.** 3. Aufl. DM 32,–
Leonhard: **Digitale Signalverarbeitung in der Meß- und Regelungstechnik.** 2. Aufl. DM 42,–
Leonhard: **Regelung in der elektrischen Antriebstechnik.** DM 32,–
Leonhard: **Regelung in der elektrischen Energieversorgung.** DM 32,–
Leonhard: **Statistische Analyse linearer Regelsysteme.** DM 32,–
Matthies: **Einführung in die Ölhydraulik.** DM 36,–
Michel: **Zweitor-Analyse mit Leistungswellen.** DM 32,–
Profos: **Einführung in die Systemdynamik.** DM 36,–
Profos: **Meßfehler.** DM 32,–
Schaufelberger: **Echtzeit-Programmierung bei Automatisierungssystemen.** DM 29,80
Stölting/Beisse: **Elektrische Kleinmaschinen.** DM 39,80

Preisänderungen vorbehalten

 B. G. Teubner Stuttgart

Mathematische Methoden in der Technik

Band 1: **Törnig/Gipser/Kaspar, Numerische Lösung von partiellen Differentialgleichungen der Technik**
183 Seiten. DM 38,–

Band 2: **Dutter, Geostatistik**
159 Seiten. DM 36,–

Band 3: **Spellucci/Törnig, Eigenwertberechnung in den Ingenieurwissenschaften**
196 Seiten. DM 38,–

Band 4: **Buchberger/Kutzler/Feilmeier/Kratz/Kulisch/Rump, Rechnerorientierte Verfahren**
281 Seiten. DM 48,–

Band 5: **Babovsky/Beth/Neunzert/Schulz-Reese, Mathematische Methoden in der Systemtheorie: Fourieranalysis**
173 Seiten. DM 38,–

Band 8: **Weiß, Stochastische Modelle für Anwender**
192 Seiten. DM 38,–

Band 9: **Antes, Anwendungen der Methode der Randelemente in der Elastodynamik und der Fluiddynamik**
196 Seiten. DM 38,–

Band 10: Vogt, **Methoden der Statistischen Qualitätskontrolle**
295 Seiten. DM 48,–

In Vorbereitung

Band 6: **Krüger/Scheiba, Mathematische Methoden in der Systemtheorie: Stochastische Prozesse**

Preisänderungen vorbehalten

 B. G. Teubner Stuttgart

Teubner Studienbücher zur Statistik

Afflerbach: **Statistik-Praktikum mit dem PC**
198 Seiten. DM 24,80

Behnen/Neuhaus: **Grundkurs Stochastik**
376 Seiten. DM 39,80

v. Collani: **Optimale Wareneingangskontrolle**
150 Seiten. DM 29,80

Dinges/Rost: **Prinzipien der Stochastik**
294 Seiten. DM 38,—

Floret: **Maß- und Integrationstheorie**
360 Seiten. DM 38,—

Kohlas: **Stochastische Methoden des Operations Research**
192 Seiten. DM 26,80

Lehn/Wegmann: **Einführung in die Statistik**
220 Seiten. DM 26,80

Lehn/Wegmann/Rettig: **Aufgabensammlung zur Einführung in die Statistik**
246 Seiten. DM 26,80

Rauhut/Schmitz/Zachow: **Spieltheorie**
400 Seiten. DM 38,—

Topsøe: **Informationstheorie**
88 Seiten. DM 19,80

Uhlmann: **Statistische Qualitätskontrolle**
2. Aufl. 229 Seiten. DM 39,—

Witting: **Mathematische Statistik**
3. Aufl. 223 Seiten. DM 29,80

Wolfsdorf: **Versicherungsmathematik**
Teil 1: Personenversicherung
491 Seiten. DM 45,—
Teil 2: Theoretische Grundlagen, Risikotheorie, Sachversicherung
407 Seiten. DM 39,80

Preisänderungen vorbehalten

 B. G. Teubner Stuttgart

MIX
Papier aus verantwortungsvollen Quellen
Paper from responsible sources
FSC® C105338

If you have any concerns about our products,
you can contact us on
ProductSafety@springernature.com

In case Publisher is established outside the EU,
the EU authorized representative is:
**Springer Nature Customer Service Center GmbH
Europaplatz 3, 69115 Heidelberg, Germany**

Printed by Libri Plureos GmbH
in Hamburg, Germany